热注运行工
特种作业培训教程

杨立华　张　伟　主编

中国石油大学出版社
CHINA UNIVERSITY OF PETROLEUM PRESS

图书在版编目（CIP）数据

热注运行工特种作业培训教程 / 杨立华,张伟主编.
—东营:中国石油大学出版社,2017.12
ISBN 978-7-5636-5829-9

Ⅰ.①热… Ⅱ.①杨… ②张… Ⅲ.①石油开采—注
蒸汽—技术培训—教材 Ⅳ.①TE357.44

中国版本图书馆 CIP 数据核字(2017)第 293697 号

书　　名:热注运行工特种作业培训教程
作　　者:杨立华　张　伟

责任编辑:杨　勇(电话 0532—86983559)
封面设计:赵志勇

出 版 者:中国石油大学出版社
　　　　　(地址:山东省青岛市黄岛区长江西路 66 号　邮编:266580)
网　　址:http://www.uppbook.com.cn
电子邮箱:upccbsyangy@126.com
排 版 者:青岛天舒常青文化传媒有限公司
印 刷 者:沂南县汶凤印刷有限公司
发 行 者:中国石油大学出版社(电话 0532—86983560,86983437)
开　　本:185 mm×260 mm
印　　张:25
字　　数:605 千
版 印 次:2018 年 3 月第 1 版　2018 年 3 月第 1 次印刷
书　　号:ISBN 978-7-5636-5829-9
定　　价:68.00 元

编 写 人 员

主　　编	杨立华	张　伟		
副主编	王　鹏	马春阳	孙世义	王延平
编写人员	魏　东	田宝军	赵更全	郭伟荣
	宋　岩	洪　亮	朱春红	柳转阳
	陈林政	白　冰	毕彩梅	孙　宁
	杜朝喜	赵仁东	姚明亮	马向波
	王立军	杨　明		

■□ 前 言 Preface

随着我国稠油资源的不断开发，热注作业人员逐渐增多，注蒸汽采油工艺也迅速在各个油田推广应用。注汽开采的主要特点是生产介质压力高、温度高，现场条件较为恶劣，生产环节连续性强，工艺较为复杂。因此，热注作业人员必须熟练掌握锅炉操作的基本技能和HSE的相关知识，熟知岗位风险，培养危害因素辨识能力，最大限度地避免各种事故发生，确保热注作业人员人身安全和企业财产不受损失，切实保障热注生产安全进行。

为了规范锅炉安全管理人员和操作人员的考核工作，根据《特种设备安全监察条例》《特种设备作业人员监督管理办法》《特种设备作业人员考核规则》，依据《锅炉安全管理人员和操作人员考核大纲》，提高热注作业人员业务素质和技术水平，确保注汽锅炉安全运行，我们组织有关专家编写了这本《热注运行工特种作业培训教程》。本教程适合热注作业人员复审及取证培训、考试之用，亦可供热注安全管理人员参考。

本书从注汽锅炉给水与水处理及基础知识入手，介绍了水汽系统的运行，燃烧器及燃料系统的运行，水处理装置及水质分析的相关操作,辅助管阀和机泵的运行、维护管理,热注现场电气仪表和自动控制设备。除专业知识以外,还包含热注标准法规与热注专业相关的应急、危险点源等方面知识。

限于时间和水平,书中难免存在不足之处,请广大读者提出宝贵意见。

作　者

2017 年 10 月

目 录 Contents

第一章　锅炉给水与水处理

第一节　结垢与腐蚀

天然水分为地面水和地下水,两者都含有杂质。水中的杂质按其与水混合形态的不同可大致分为 3 类:悬浮物质,如泥沙、动植物残渣、工业废物和油脂等;胶体物质,主要为水中的铁、铝、硅、铬的化合物及一些有机质等;溶解物质,如溶于水的各种酸、碱、盐等物质和气体。锅炉的给水如不经处理,会使汽水系统结垢和腐蚀。

一、水垢的形成及分类

1. 水垢的形成

带有杂质的给水在锅炉中受热时,水中的重碳酸盐类会受热分解,生成难溶的沉淀物。水中的非碳酸盐类的溶解度是随温度升高而逐渐下降的,当达到饱和浓度后,这种盐类便沉淀析出。当水不断蒸发、浓缩,其含盐浓度超过饱和浓度后,一些盐类也将从水中析出形成结晶沉淀物质。结晶可以以壁面粗糙点为核心直接形成在受热面上,也可以以水中的胶体质点、气泡及其他物质的悬浮质点为核心形成在水中。壁面上形成的结晶在金属表面上形成坚硬而质密的沉淀物,称为水垢。

2. 水垢的分类

水垢按化学成分可以分为以下几种:

(1) 碳酸盐水垢。碳酸盐水垢是最常见的水垢,主要成分是 CaO 和 CO_2,化合物形态以 $CaCO_3$ 为主,有时也存在少量镁的化合物。水垢呈白色,主要在水未沸腾处形成,在炉水强烈沸腾的条件下形成泥渣。

(2) 硫酸盐水垢。硫酸盐水垢的主要化学成分是 CaO 和 SO_3,化合物形态主要为 $CaSO_4$ 及其含水化合物。这种水垢坚硬质密,常沉积在温度高、蒸发率较大的受热面,如锅炉管束。水垢呈白色或黄白色。

(3) 硅酸盐水垢。硅酸盐水垢的主要化学成分是 CaO 和 SiO_2,化合物形态以 $CaSiO_3$ 和 $5CaO \cdot 5SiO_2 \cdot H_2O$ 等为主。这类水垢最硬,导热性最差,一般生成在锅炉热负荷高的地方。水垢呈灰色或灰白色,难于清除。

(4) 混合水垢。混合水垢由钙镁的碳酸盐、硅酸盐以及铁铝氧化物组成,其性质随成分不同而差别较大。

(5) 铁垢和铜垢。铁垢主要成分是铁的化合物,可分为氧化铁和磷酸盐铁,通常发生在炉水中磷酸根含量过大、含铁高和碱度低时。当炉水含铜量高时,铜垢生成易发生在热负荷高的管壁上。

二、锅炉结垢的危害和防止

锅炉结垢将使锅炉不能经济地运行。水垢的导热性能极差,其导热系数仅为钢材的几十分之一到几百分之一。相关测试表明:在铁表面结 1 mm 厚水垢,锅炉效率降低 5% 左右,结 5 mm 厚水垢,锅炉要多消耗 15% 的燃料。

锅炉结垢会使受热面传热工况恶化,排烟温度升高,锅炉热效率降低。由于水垢导热性差,受热面金属壁温将升高而过热,可能造成炉管烧坏或爆管,威胁生产安全。水垢还会引起垢下腐蚀,加速锅炉受热面损坏。防止锅炉结垢的方法是根据锅炉的水质要求,按规定的水质指标进行合格的锅炉用水处理。

三、锅内腐蚀及防止

金属材料和周围介质(如水、水蒸气、空气和烟气等)接触时,因发生化学或电化学过程而受到的损坏称为金属腐蚀。与周围介质起纯化学作用而发生的金属破坏过程称为化学腐蚀;如在腐蚀过程中还伴有电流产生,则称为电化学腐蚀。这是从腐蚀的过程原理上进行分类。

按腐蚀形式可分为均匀腐蚀和局部腐蚀。金属与腐蚀性介质接触的表面以大致相同的速度遭受腐蚀的,称为均匀腐蚀。如果只是局部区域遭受腐蚀则称为局部腐蚀。局部腐蚀又可分为斑形腐蚀、溃疡腐蚀、点腐蚀、晶间腐蚀以及穿晶腐蚀,如图 1-1 所示。

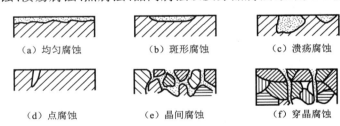

(a)均匀腐蚀　　　　(b)斑形腐蚀　　　　(c)溃疡腐蚀

(d)点腐蚀　　　　(e)晶间腐蚀　　　　(f)穿晶腐蚀

图 1-1　腐蚀的形式

均匀腐蚀的危害较小,不会使锅炉立即发生故障,但将缩短锅炉的使用年限。局部腐蚀危害较大,会使管壁穿孔,造成事故停炉。

锅炉汽水通道内发生的腐蚀统称为锅内腐蚀。锅内腐蚀可分为汽水腐蚀、气体腐蚀、垢下腐蚀、晶间腐蚀、腐蚀疲劳、磨损腐蚀等几种。

1. 汽水腐蚀

汽水腐蚀是一种纯化学腐蚀,是由于金属铁被水蒸气氧化而发生的。

汽水腐蚀主要发生在过热时,其表现形式为均匀腐蚀。化学反应方程式为(过热蒸汽温度为 450 ℃时):

$$3Fe + 4H_2O \longrightarrow Fe_3O_4 + 4H_2 \uparrow$$

注汽锅炉防止汽水腐蚀的方法是防止发生过热现象。

2. 气体腐蚀

锅炉给水如不除氧,就会含有较多氧气,有时还含有二氧化碳气体,这些气体均会引起金属腐蚀,其腐蚀性质属于电化学腐蚀。电化学腐蚀是由于在金属上形成若干微电池的结果,如图 1-2 所示。

图中 A 为微电池的阳极,铁在这里失去电子,以 Fe^{2+} 离子形式溶入水中,电子 e 则留在金属表面上。B 为微电池的阴极。当水中含有氢、氧、二氧化碳等的阳离子时,这些阳离子为易接受电子的物质。这样,金属表面上的电子就会从 A 流向 B,并在阴极 B 处与水中的阳离子结合而消失。于是 A 处的电平衡遭到破坏,使 Fe^{2+} 离子继续转入水中,从而使阳极 A 处的金属不断受到腐蚀。这种在阴极 B 上接受电子并使之消失的作用称为去极化,引起去极化作用的物质叫作去极剂。图中的去极剂是 H^+,其去极作用为:

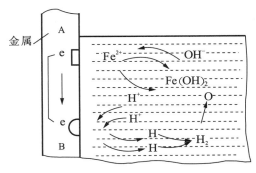

图 1-2　金属的电化学腐蚀

$$2H^+ + 2e \longrightarrow 2H \longrightarrow H_2 \uparrow$$

氧是强烈的去极剂,其去极化作用为:

$$O_2 + 4e + 2H_2O \longrightarrow 4OH^-$$

此外,氧还能将溶于水中的 $Fe(OH)_2$ 氧化,生成 $Fe(OH)_3$ 沉淀,从而加快腐蚀。氧腐蚀具有局部溃疡性质,主要发生在给水管道和对流段中,因为给水的氧气首先与这些管道和受热面接触。

防止氧腐蚀的方法是给水除氧,此外还可以提高给水管道和对流段内的水速,避免氧气停留在个别点上,使氧气与受热面和管道均匀接触,形成均匀腐蚀。

给水中存在二氧化碳气体时,将发生如下反应,使水中的 H^+ 增多,使水呈酸性:

$$CO_2 + H_2O \longrightarrow H_2CO_3 \longrightarrow H^+ + HCO_3^-$$

H^+ 是去极剂,会使腐蚀加剧。CO_2 气体腐蚀一般为均匀腐蚀,形成的铁锈粗松,易被水冲走,不能形成保护膜,使腐蚀连续进行下去。

注汽锅炉中的氧腐蚀较为常见,除氧方法一般有物理除氧、化学除氧和解析除氧。物理除氧方法主要是热力除氧,即利用气体在液体中的溶解度随温度升高而降低的特性,在除氧器中将水加热到沸点,不断地将脱出的氧气和二氧化碳气体排除。热力除氧不仅能除去氧气,同时也能除去氮气和二氧化碳气体,效果稳定可靠,除氧后水中不增加含盐量,但用汽较多。根据经验公式,所用汽量约为出口水量的 1/10,可见并不经济。

化学除氧包括钢屑除氧和加反应剂除氧。钢屑除氧的原理是使水通过钢屑过滤器,钢屑被氧化,从而可将水中的溶解氧除去。钢屑除氧设备简单,运行方便,但新换钢屑效果较好,以后逐渐下降,只能除去水中约 50% 的氧,需和其他除氧方法联合使用。

加反应剂除氧方法有亚硫酸钠、亚硫酸、氢氧化亚铁以及联铵除氧等。采用亚硫酸钠除氧,装置简单,除氧较为彻底,但这种反应剂温度高于 $280\ ℃$ 后会分解出 H_2S、SO_2 等有害气体,此外亚硫酸钠会与给水中的氧气氧化合成硫酸钠,因此会增加水中的含盐量,同时由于亚硫酸钠溶于水后会与空气中的氧气反应,时间一长,就会失效,这是采用亚硫酸钠反应剂的缺陷。目前 SG 采油厂注汽锅炉都采用此方法除氧,采用控制过剩量及定时($8\ h$)换药的方法将此试剂缺陷尽量弥补。采用联氨(N_2H_4)除氧,会生成 N_2 和 H_2O,所以不会增加水中的含盐量,但这种反应剂价格高,且易挥发、有毒,较少单独使用。

解析除氧的原理是利用气体在水中的溶解度与水面上这种气体的分压力有关,分压力越小,则这种气体在水中的溶解度也越小的特性,使含氧水与不含氧气体强烈混合,由于不含氧气体中氧气的分压力接近于零,溶于水中的氧气就会因水面上氧气分压力极小而从水中分离出来。这种除氧方法的优点是设备简单,耗钢材少,操作方便,不用化学药品。缺点是除氧效果受诸多条件影响,而且只能除氧,除氧后二氧化碳含量增加。

3. 垢下腐蚀

当锅炉金属表面有水垢时,在水垢下面发生的腐蚀称为垢下腐蚀。垢下腐蚀发生的原因是由于积水垢处金属温度较高,当渗透到水垢下面的炉水蒸浓时,其中杂质可以腐蚀金属。

当浓缩炉水中游离 $NaOH$ 很多时,金属表面上的 Fe_3O_4 保护膜遭到破坏,金属暴露在水垢下强碱性浓缩炉水中,发生碱性腐蚀。碱性腐蚀的特征是凹凸不平的腐蚀坑,腐蚀坑达到一定深度后,受热面管子会发生鼓包或爆管。当浓缩炉水中含有较多的 $MgCl_2$ 和 $CaCl_2$ 时,这两种化合物会和水作用生成盐酸,故在水垢下聚集有很多 H^+,发生酸性水对金属的腐蚀,称为酸性腐蚀。

4. 晶间腐蚀

晶间腐蚀也是一种电化学腐蚀,是由于在高应力下晶粒边缘发生电位差,形成腐蚀电池引起的。这种腐蚀的主要原因之一是水中含有苛性钠,其腐蚀破坏形式为金属脆化,因此也称为苛性脆化。这种腐蚀较少发生,减少炉水中游离苛性钠量可以防止晶间腐蚀的发生。

5. 腐蚀疲劳

腐蚀疲劳是金属在炉水作用下经常受到方向和大小不一的应力作用时发生的,其裂纹有的是穿晶的,有的是晶间的。当直流锅炉的蒸发受热面内发生脉动或水平蒸发管中发生汽水分层时,受热面管子会受到交变的热应力,此时有可能发生腐蚀疲劳。

防止腐蚀疲劳应从消除应力方面着手。直流锅炉中不得发生脉动,蒸发管不能有汽水分层现象。

6. 磨损腐蚀

磨损腐蚀的发生,同时存在电化学腐蚀和机械磨损,并可分为冲击腐蚀和空穴腐蚀两种。前者的磨损作用是由于液体湍流或冲击造成的,后者的磨损作用是由于水击造成的。研究表明,在做不规则流动的液体内会产生空穴,空穴内存在少量水蒸气或低压空气,根据压力和流动条件的变化空穴周期性地生成或消失。当靠近空穴的金属表面因受到水击而磨损时,这种磨损将破坏金属表面的保护膜,使腐蚀加深。

第二节　锅炉的水质标准

各种参考资料中关于注汽锅炉给水的水质要求略有不同,下述锅炉的水垢标准数据大都取自上海四方锅炉厂锅炉给水要求。

(1)硬度。硬度表示水中钙、镁盐的总含量。硬度又分碳酸盐硬度(暂时硬度)和非碳酸盐硬度(永久硬度)。

(2)pH 值。pH 表示水的酸碱度,pH=7 时,水为中性;pH>7,水呈碱性;pH < 7,水呈酸性。锅炉用水要求弱碱性,pH 在 7.5～8.3 之间。之所以要求锅炉给水呈弱碱性,一是

因为若给水中含有二氧化硅,给水呈弱碱性可防止硅酸盐水垢沉积在炉管内壁上。前文已经讲过硅酸盐水垢热导性最差,极为坚硬,难于清除。二是给水保持弱碱性可以防止酸性腐蚀。

(3)含氧量。含氧量表示水中氧的含量。注汽锅炉给水含氧量一般要求小于 10 mg/L,以防止发生氧腐蚀。

(4)二氧化硅的质量浓度要求小于 20 mg/L。

(5)不溶解于水的悬浮物的质量浓度要求不大于 5 mg/L。

(6)含油量要求小于 1 mg/L。

(7)钠离子的质量浓度要求小于 0.01 mg/L。

(8)铜离子的质量浓度要求小于 0.05 mg/L。

(9)铁离子含量要求为零。

第三节 锅炉水质的软化

锅炉给水的处理主要包括水的净化、软化、除盐、除氧等过程。水的净化过程在水站进行。除氧过程前文已经介绍。注汽锅炉的蒸汽干度要求在 80% 以下,这样水中的盐可被 20% 以上的水分带走,注入井底。下面主要讲述锅炉给水的软化过程。

水的软化主要采用化学软化处理、磁场软化处理和离子交换软化处理 3 种方法。

一、化学软化处理

最简单的化学软化方法是石灰软化处理法。将生石灰调制成石灰乳加入水中,石灰乳与水中的钙、镁重碳酸盐及其镁盐作用生成碳酸钙和氢氧化镁沉淀析出。这种方法主要去除暂时硬度,处理后仍有部分残余硬度。还可加入纯碱(Na_2CO_3)用于除去永久硬度。但水中的残余硬度仍较大,不适于注汽锅炉使用。

二、磁场软化处理

磁场软化处理的原理是:使水流过磁场,与磁力线相交,水中钙、镁离子受到磁场作用,破坏了原来离子间静电引力状态,每一离子按外界磁场同一方向建立新的磁场,导致结晶条件改变,形成很松弛的结晶物质,不以水垢形态附着在受热面上,因而避免了锅炉结垢。磁场软化处理法一般只用于一些取暖锅炉和对蒸汽品质要求不高的小型工业锅炉上,除垢能力可达 80% 以上。

三、离子交换软化处理

目前注汽锅炉水处理均采用此种软化处理方法。离子交换软化处理原理为:采用阳离子交换剂,在水中解离出钠阳离子去代替水中的钙、镁离子,从而将水软化。阳离子交换法一般采用单级阳离子交换器,当进水硬度较大或要求软化水残余硬度很小时,就必须采用双级软化交换系统。注汽锅炉水处理采用的也是双级软化交换系统,每组交换器分为一级罐和二级罐。

第四节　注汽锅炉的水处理

　　注汽锅炉的水处理主要作用是降低水中钙、镁盐类的含量,防止炉管内壁结垢,减少水中的溶解气体,减轻锅炉受热面的腐蚀,稳定地供应数量充足质量合格的锅炉给水,是锅炉安全运行的保障。所采用的水质处理方法即前文介绍的离子交换软化处理法。通常意义上的水处理装置主要由砂滤器、软水器、热力除氧器、盐水系统、化学除残硬装置、化学除氧装置、自动控制系统和检测仪表8部分组成。在实际运用过程中,砂滤器和化学除残硬装置已经与软水器合为一体,软水器一级罐底部的石英石、鹅卵石起到了砂滤器的作用,软水器的二级罐起到了化学除残硬的效果。

一、离子交换器的外部结构

　　离子交换器的外部结构如图 1-3 所示,由两组树脂罐组成,每组分为一级罐和二级罐,罐顶部有呼吸阀,通常还配有排水管。

图 1-3　离子交换器外部结构图
1——一级罐;2——二级罐;3——排气阀;4——人孔盖;5——空气排出管

二、离子交换器的内部结构

　　一级罐的内部结构如图 1-4 所示,二级罐内没有砾石层和石英球层(或石英砂层),只有钠离子交换树脂。一级罐的砾石层和石英球层(或石英砂层)起到了砂滤器的作用,可滤去水中的悬浮物和其他杂质,保证软水器的正常运行。

　　固定床离子交换器通常采用压力式容器,主要由以下几个部分组成。

　　(1)本体。一般为立式圆柱形容器,通常是钢制焊接结构,内衬有防腐层,上下封头与筒体焊接。

　　(2)上部进、出水装置。该装置目的是使水分布均匀,防止直接冲刷上层交换剂;当为出水装置时,汇集排水。常见的方式有以下几种:

　　① 漏斗式。漏斗的顶部距交换器上封头一般为 $100\sim200$ mm,角度为 $60°$ 或 $90°$,其漏斗的直径为进口管径的 $1.5\sim3.0$ 倍,上口为敞开式。通常用 60 目左右的尼龙布扎口。

　　② 分水板式。在进水口的下部 $200\sim250$ mm 处,设一块分水板,分水板的直径为进水管径的 $2\sim3$ 倍。

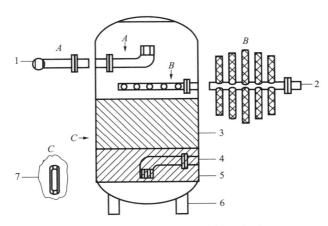

图 1-4　离子交换器内部结构示意图

1—布水器；2—布盐器；3—离子交换剂层；4—集水器；5—石英砂及砾石层；6—支柱；7—观察窗

③ 多孔管式。它的通水面积应为进水管截面积的 5 倍以上，且在侧上方开孔。

④ 其他较小设备也有采用孔板滤水帽式的。

（3）下部出（进）水装置（见图 1-5）。当为出水装置时，目的是汇集出水，防止交换剂填充料泄漏。当为进水装置时，使水分配均匀。常采用的形式有孔板滤水帽式、法兰垫层式和穿形板垫层式。

（4）中间排液装置。逆流再生交换器要设置中排，目的是使由底向上流的再生液、置换水和由上向下流的压缩空气或顶压水，能够均匀地通过此装置排出。另外，作为反洗水的入口，能使进水分配均匀。目前，中间排水装置有 2 种形式，即母管支管式和鱼刺式。

（5）再生液进入装置（见图 1-6）。常见的低压湿蒸汽发生器水处理交换器，再生液都是共用上部进水装置或下部排水装置进入，不另设再生液进入装置。

图 1-5　出（进）水装置

图 1-6　再生液进入装置

（6）空气排出管从交换器最上端引出，直径一般为进水管直径的 1/4～1/3。

（7）人孔。便于检修和装填树脂。

（8）观察窗。主要起观察树脂表面、填装高度和反洗时树脂膨胀程度的作用。

（9）支柱。有 4 根支柱，也有的用 3 根支柱，安装位置多在距圆柱体中心 2/3 半径处。

三、钠离子交换树脂在装填时的注意事项

（1）不要将棉纱及其他杂物（尤其是铁类杂质等）带进树脂中，否则会使软水器中的分配器和集水器堵塞及使树脂中毒失效。

（2）一定要在软水器罐内充水（或盐水）后再装填树脂，否则会使内部设备因受冲击而损坏。

（3）装填的高度以反洗后的高度为准。

（4）装填前要先检查软水器内各组成部分是否松动，有无局部脱落。

（5）装填好后要进行盐水浸泡。

四、离子交换软化处理过程

离子交换剂又称离子交换树脂，简称树脂。湿蒸汽发生器软水装置使用的离子交换剂主要是钠离子交换剂（阳离子交换剂）。当硬水通过钠离子交换剂时，水中的钙、镁离子被钠离子交换剂中的钠离子置换，这样硬水流过钠离子交换剂层后，就除去了可形成水垢的钙、镁离子，而成为合格的软化水。采用钠离子交换树脂软化水质后，其碱度基本不变。

钠离子交换树脂除硬过程的化学方程式为：

$$2NaR + Ca^{2+} \longrightarrow CaR_2 + 2Na^+$$
$$2NaR + Mg^{2+} \longrightarrow MgR_2 + 2Na^+$$

钠离子交换树脂与硬水经过离子交换作用后，其钠离子逐渐被钙、镁离子置换而失去软化能力。失去交换能力的钠离子交换树脂可以使用还原剂（氯化钠溶液）再生。其再生过程的化学反应方程式为：

$$CaR_2 + 2NaCl \longrightarrow 2NaR + CaCl_2$$
$$MgR_2 + 2NaCl \longrightarrow 2NaCl + MgCl_2$$

钠离子交换树脂的使用温度要求不超过 120 ℃，使用温度过高或过低，都影响钠离子交换树脂的强度和交换能力。钠离子交换树脂主要有外形、粒度、密度、水分、颜色、耐磨性、耐热性、膨胀性和溶解性等物理性质。

五、离子交换器流程

1.运行流程

离子交换软化处理的设备主要是软水器，软水器（离子交换器）有 2 组（A 组、B 组），每组有 2 个软水罐：一级罐和二级罐。一级罐的底层是砾石层，中间是石英球层（或石英砂层），上部是钠离子交换树脂。

为了确保给湿蒸汽发生器提供合格的软化水，软水器采用 2 组，每组 2 个软水罐，其中一级罐起主要作用，一般要求其出口硬度达到合格。如果由于某种原因使一级罐出口出现漏硬，二级罐就会除掉出现的漏硬，从而起到保证软化水合格的作用。由于实际使用过程中，化学除残硬装置并未安装，所以二级罐实际起到了除残硬的作用。

离子交换器运行流程如图 1-7 所示（以 SG-25 型湿蒸汽发生器水处理为例）。生水经给水离心泵打压，再经 1 号气动阀进入一级软水罐上部，向下经过离子交换剂床，钙、镁离子被钠离子置换掉，从一级软水罐下部流出，经 2 号气动阀进入二级软水罐上部，向下经过离子交换剂床，再进一步除掉可能漏掉的钙、镁离子。从二级罐下部流出的软化水通过 3 号阀和流量计送到湿蒸汽发生器柱塞泵入口。流量计有一个积算器，可以累积水的流量，并在流过预定水量时，向 PLC 程序控制器发送一个电信号，说明树脂已失效，系统即能自动停止运行转入再生。目前，鉴于各地水质的不同，不能用同一个制水量标准作为树脂是否需要再生的依据，应以水处理操作人员取样化验得出的硬度数据为依据，人为进行手动再生。

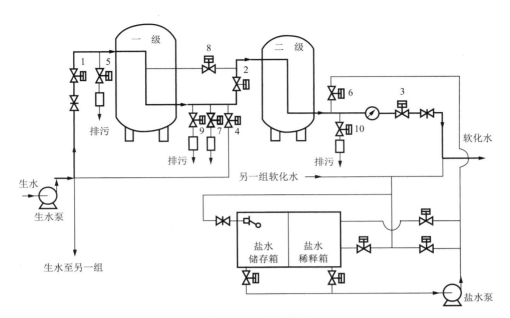

图 1-7　运行流程图

2.反洗流程

反洗的作用是清除树脂交换时积存的杂质,同时使树脂颗粒疏松膨胀,重新均匀分布。反洗流量是以反洗时树脂能够均匀浮起,而又不流失为依据来确定的,流量的大小由限流器控制。流量过大容易冲出树脂,流量过小起不到反洗的作用。反洗时间由排出污水的混浊情况而定,即开始反洗到排出污水无杂质时为止,一般为 15 min。

反洗流程(见图 1-8):生水→生水泵→4 号气动阀→一级罐下部(入口)→一级罐上部(出口)→5 号气动阀→限流器→排污。

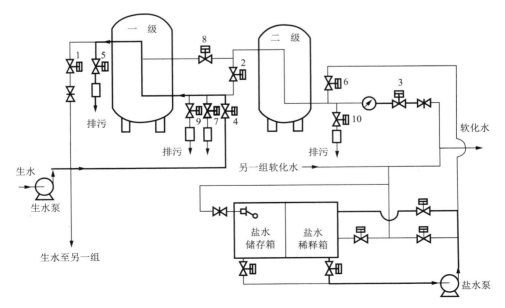

图 1-8　反洗流程图

反洗的同时,盐水稀释箱内的盐水通过盐水泵进行循环,保证盐水浓度均匀。

3.进盐流程

进盐的作用是使盐水与树脂充分接触,使树脂恢复交换能力。进盐的流量由限流器控制。进盐时间是根据排污水中含盐量小于3.0%(质量分数)确定的,一般为40 min。

进盐流程(见图1-9):盐水→盐水泵→6号气动阀→二级罐下部(入口)→二级罐上部(出口)→8号气动阀→一级罐上部(入口)→一级罐下部(出口)→7号气动阀→限流器→排污。

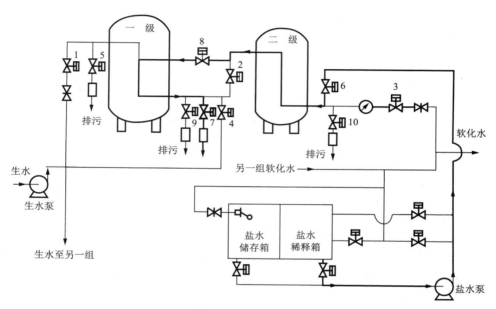

图1-9 进盐流程图

4.置换流程

置换的作用是在进盐结束后,用软化水替换掉留在软水器及进盐管路内的盐水,这样可使盐水被充分利用,加强树脂的还原效果。置换时间是根据排污水中含盐量小于1.5%(质量分数)确定的,一般为40 min。

置换流程(见图1-10):运行组软化水→6号气动阀→二级罐下部(入口)→二级罐上部(出口)→8号气动阀→一级罐上部(入口)→一级罐下部(出口)→7号气动阀→限流器→排污。

5.一级正洗流程

正洗的作用是用生水彻底清洗软水器中残留的盐水和已经交换出的钙、镁离子。

正洗时间主要是由化验排污水中钙、镁离子等盐类含量的多少来确定的,也可以通过化验氯根质量浓度与生水氯根质量浓度之差小于50 mg/L为依据来确定。一般一级正洗25 min,二级正洗15 min。

一级正洗流程(见图1-11):生水→生水泵→1号气动阀→一级罐上部(入口)→一级罐下部(出口)→9号气动阀→限流器→排污。

一级正洗的同时,盐水配制开始,质量分数为26%的浓盐水通过盐水泵,从盐水储存箱输送到盐水稀释箱,所输送的盐水量取决于再生的用盐量,用盐水稀释箱的液面控制。

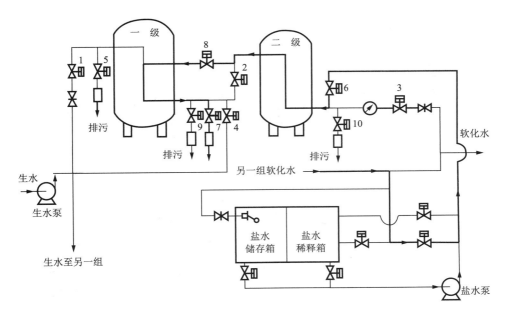

图 1-10　置换流程图

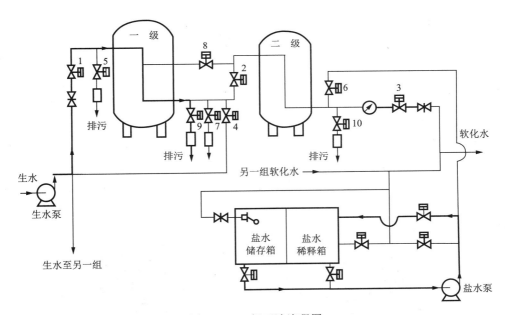

图 1-11　一级正洗流程图

6.二级正洗流程

二级正洗流程(见图 1-12):生水→生水泵→1 号气动阀→一级罐上部(入口)→一级罐下部(出口)→2 号气动阀→二级罐上部(入口)→二级罐下部(出口)→10 号气动阀→限流器→排污。

二级正洗的同时,软化水进入盐水稀释箱,盐水泵使盐水循环,起到搅拌作用,盐水稀释至 10%(质量分数),稀释用的软化水量用盐水稀释箱的液面来控制。

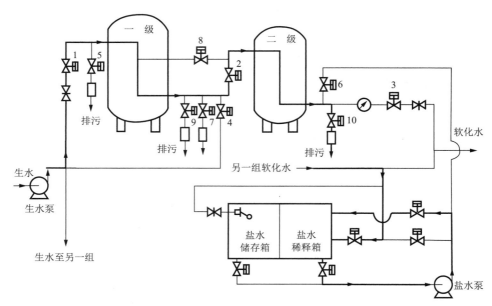

图 1-12 二级正洗流程图

第五节 水处理流程控制部件

一、气动阀

1.气动阀的种类

水处理装置的再生流程切换是通过气动阀实现的。现在使用的气动阀有气开阀和气关阀 2 种,常用的为气关阀,如图 1-13 所示。气开阀与气关阀的结构区别是:前者阀杆是空心的,后者阀杆是实心的。气开阀是靠流体通过空心阀杆进入膜片室,通过流体的压力关闭液动阀,靠气源压力打开气动阀。气关阀正好相反,靠气源压力关闭液动阀,靠流体压力打开液动阀。

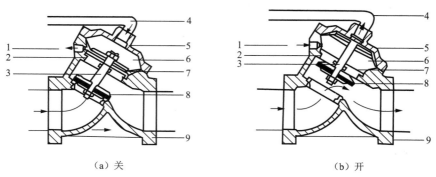

(a) 关   (b) 开

图 1-13 气关阀结构示意图

1—排气孔;2—O 形圈;3—阀杆(阀芯);4—信号管;5—阀盖;

6—高压室(膜片室);7—膜片;8—阀塞;9—阀体

2. 气开阀与气关阀接法的区别

气开阀的气源信号管接在排气孔的位置;气关阀接在阀盖顶部。此处只对气关阀进行介绍。

当信号管有气信号时,气信号压力作用在膜片上方,膜片连同阀芯一起下移从而关闭气动阀。当信号管无气信号时,阀芯在管内液体压力作用下向上移动,打开气动阀。

3. 气动阀的维护保养

(1) 定期对气动阀阀芯加润滑油保养,保证动作灵活,开关到位。

(2) 检查膜片是否完好,并清理膜片室污垢。

(3) 拆卸膜片时,应用平口螺丝刀抵住阀芯顶端凹口,用扳手拆卸螺母。

(4) 膜片不能用汽油或柴油等油类清洗。

(5) 气动阀排气孔漏气时,说明膜片破损或阀芯螺母未固定紧,应及时处理。

(6) 气动阀排气孔漏水时,说明阀塞密封圈磨损或损坏,应及时处理。

(7) 观察排污管线漏水情况,及时维修、保养或更换气动阀。

(8) 根据再生效果和运行工况,确定气动阀工作是否正常。

二、电磁阀

控制气源信号通断的是电磁阀,其组成结构如图 1-14 所示,当电磁阀带电时,阀芯克服弹簧阻力上移,阀 1、2 接口通;当电磁阀失电时,阀芯在弹簧作用下闭合,阀 1、3 接口通。

电磁阀的工作环境温度为 52 ℃;工作压力不能超过线圈铭牌上的额定压力;工作电源为 110 V;电磁阀阀芯、阀体、弹簧等应定期进行清洗;电磁阀的气源应保持干净、稳定。

三、空气过滤减压阀

水处理的气源信号由空压机提供,通过空气过滤减压阀调整到 0.5 MPa。空气过滤减压阀结构如图 1-15 所示。其主要作用是为气动仪表或气动设备提供干净和稳定的气源,保证仪表和气动设备的正常工作。

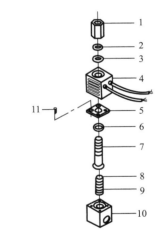

图 1-14　电磁阀结构示意图
1—接头;2—接头密封圈;3—弹簧垫圈;4—线圈;
5—压盖;6—密封圈;7—阀杆;8—阀芯(铁芯);
9—阀芯弹簧;10—阀体;11—固定螺钉

四、空气过滤减压阀日常维护保养的注意事项

(1) 定期清洗过滤网和减压阀内杂质、污垢。

(2) 减压阀定时放水,冬季每 8 h 一次。

(3) 膜片清洗时不能用汽油或柴油等油类。

(4) 拆卸时应泄压并调松调节螺丝,防止弹簧伤人。

(5) 空气过滤减压阀的最大输入(IN)压力为 1.75 MPa;输出(OUT)压力为 0.02~0.7 MPa;稳定工作压力为 0.35~0.7 MPa;工作环境温度为 −29~66 ℃。

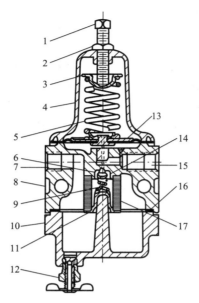

图 1-15 空气过滤减压阀结构示意图

1—调节螺丝；2—锁紧螺母；3—弹簧压盖；4—阀盖；5—控制弹簧；6—阀芯；
7—入口(IN)；8—阀体；9—阀芯弹簧；10—过滤器压盖；11—固定架；12—排水阀；
13—膜片总成；14—阀芯弹簧基座；15—出口(OUT)；16—密封圈；17—过滤器

第六节 除氧系统

水中的溶解氧等气体在高温条件下，对锅炉的金属表面会产生腐蚀，可使炉管内壁出现腐蚀麻坑，使炉管壁变薄，易发生爆管事故，是造成锅炉腐蚀的主要原因之一。为了保证锅炉安全运行，必须采取除氧的措施。注汽锅炉给水一般可采用化学除氧和物理除氧 2 种方法。

一、化学除氧

常用的化学除氧主要有钢屑除氧和药剂除氧 2 种。应用较广泛的是药剂除氧。

1.钢屑除氧

钢屑除氧法是使水经过钢屑过滤器，一定温度(70～90 ℃)的水与过滤器中的钢屑充分接触，则水中的溶解氧与钢屑反应，钢屑被氧化，同时水中的溶解氧减少，达到了除氧的目的。钢屑除氧法可将含氧量降为 0.1～0.2 mg/L。其反应方程式为：

$$3Fe + 2O_2 \longrightarrow Fe_3O_4$$

2.药剂除氧

药剂除氧法主要是通过向水中加入药品，使其与水中的溶解氧反应，化合生成无腐蚀性的物质。现在常用的药剂为亚硫酸钠(Na_2SO_3)。其反应方程式为：

$$2Na_2SO_3 + O_2 \longrightarrow 2Na_2SO_4$$

亚硫酸钠的加入量应以软化水含氧量的高低来确定，以最终使含氧量在要求的范围内，同时使亚硫酸钠过剩量在 7～15 mg/L 之间为标准。

3.加药前应做的工作

（1）洗净加药箱,保持加药箱清洁。

（2）检查加药泵能否正常运转。

（3）保持加药泵进出管线畅通,止回阀灵活。

（4）配好适量药液。

4.药液配制时的注意事项

（1）加入的药品必须全部溶解,配制好的药液要清洁。

（2）配药必须用软化水,按操作程序配制,浓度要合格。

（3）检查过剩量,并及时调整药泵刻度。

（4）由于药液时间过长会失效,所以药液随配随用,配量适当。

二、物理除氧法

物理除氧法有真空除氧法和热力除氧法。

真空除氧法现在使用的设备有真空泵等,主要是在泵腔内产生真空效应,使水中的溶解氧等气体从水中析出,降低水中溶解氧的含量。由于应用较少,本书不作介绍。

热力除氧主要原理是使水的温度升高,降低水中溶解氧等气体的溶解度,使水中的溶解氧析出,达到除氧的目的。除氧时,为了使氧气能从水中析出,除了将水加热至沸腾外,还必须使气体能有效地从水中分离出来。如将水分散成细滴或雾状,则既能缩短气体从水内部向气水界面扩散的路程,又能增大气水扩散界面的面积,使气、水分离效果更加显著。热力除氧器就是根据这些原则来设计的。

注汽锅炉使用的是淋水盘式热力除氧器,其结构如图 1-16 所示。

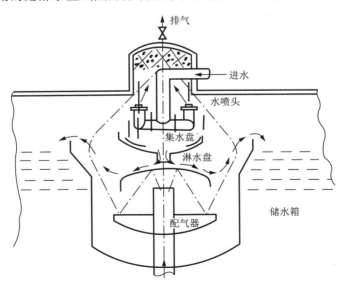

图 1-16　淋水盘式热力除氧器结构示意图

淋水盘式热力除氧器由除氧头和除氧水箱 2 部分组成。除氧头内有进水管、水喷头、集水盘、淋水盘、配气器等。外部配有放气阀、溢流阻汽器、水位计、热交换器、调节器等。

如图 1-16 所示,蒸汽从除氧头的下部进入除氧器,按箭头所指方向通过淋水盘和集水盘上升到水喷头的上部空间;水则由除氧头的上部进入除氧器,经水喷头以雾状喷出,并与蒸汽进行热交换,然后下行落入集水盘(集水盘内水温只比饱和温度低 1~2 ℃),使水中 95% 的溶解氧和二氧化碳脱出并由排气孔排出。集水盘内的水继续下行,经淋水盘与蒸汽继续热交换,又将所含残氧继续脱出,脱氧水和蒸汽凝结水一同流入储水箱,再由增压泵送给锅炉柱塞泵。

一般除氧头内压力保持在 3 psi(约 21 kPa,1 psi＝6.894 757 kPa,下同),相应饱和温度为 104 ℃,要求除氧器液位保持稳定。除氧器上热交换器的作用是降低锅炉给水泵入口的水温,使之控制在 76 ℃ 以下,保持给水泵的正常运行,同时提高除氧器的软化水进口温度(保持在 50 ℃ 以上),以减轻除氧器的热负荷。

第七节　检修与常见故障

一、水处理装置启动前的检查

1.流程检查

检查储水罐进、出口阀是否打开,水罐内是否有水;检查供水泵出、入口阀是否打开;检查运行流程上的阀是否打开,排污和支路上应关闭的阀是否关闭,是否符合运行要求;检查整体设备有无异常。

2.机泵检查

检查生水泵、增压泵、盐水泵、药泵等机泵固定螺丝是否齐全、紧固;检查电机护罩是否装上,周围有无杂物;检查各机泵润滑系统是否缺油;检查各机泵手动盘车是否在 3 周以上。

3.供电检查

检查操作盘各开关是否处于"停"或"断"的位置;检查配电间三相电压是否平衡(380 V左右);检查各空气开关是否合上。

4.仪表检查

检查各压力表是否齐全,指针指示是否正常;检查供气气源是否正常;检查各仪表是否处于投运状态,有无关闭现象。

二、水处理装置运行时的检查

检查各机泵运转是否正常,有无异常声音;检查各仪表运行和显示是否正常、准确,误差应在规定范围内;检查操作盘各指示灯显示是否正常;检查供电电压是否稳定,波动范围应不超过规定要求;检查设备有无渗漏;检查软水器再生时再生各步骤是否正常,盐水浓度是否合格;检查除氧器液面是否稳定,除氧温度和除氧压力是否符合要求;检查加药系统是否正常;检查化验水质是否合格。

三、常见故障

1.软水器压降大

出现这种不正常现象时,一方面应检查是否是仪表本身的误差,否则有可能是由于集水器或喷水帽堵塞,或者是由于离子交换剂反洗不彻底,杂质和油污等与其黏结在一起而造成阻力增大,使软水器压降较大。

2.再生后软化水的硬度达不到规定标准

原因可能是:盐水没有进入软水器;进盐量少,盐水浓度低;再生各步骤没有达到要求时间;由于阀漏等原因造成生水窜到取样处而出现硬度(假象);取样不准确,造成假象;树脂中毒或失效;布盐器出现故障,造成盐水偏流,与树脂没有充分接触;进盐压力低,进盐流程有节流现象。

3.软水器进盐压力高,盐水进不去

原因可能是:盐水泵出口手动阀未开;进盐流程 6、7、8 号阀未开或卡住;二级罐集水器堵塞;一级罐布盐器、集水器堵塞;限流器堵塞;冬季排污管线冻堵;运行组 6 号液动阀内漏或未关严;3 号液动阀内漏或未关严;反洗 4 号液动阀内漏或未关严;1 号液动阀内漏或未关严;盐水泵出口单流阀堵塞。

4.亚硫酸钠过剩量过高

原因可能是:过剩的亚硫酸钠能产生有毒气体危害人体,产生的硫化氢气体有爆炸的危险,产生的氢氧化钠可使水的 pH 升高而引起锅炉苛性脆化,同时在过热状态下亦容易引起锅炉结垢。

5.水处理过程加不进药

原因可能是:药泵出口单流阀损坏或堵塞;药泵出、入口手动阀未打开;药泵出、入口管线堵塞;药泵阀片漏;药泵损坏;药泵冲程过小。

第二章 锅炉基本知识

　　锅炉是利用燃料或其他能源的热能,把水加热成热水或蒸汽的机械设备。锅炉包括锅和炉两大部分,锅的原义是指在火上加热的盛水容器,炉是指燃烧燃料的场所。

　　锅炉中产生的热水或蒸汽可直接为生产和生活提供所需要的热能,也可通过蒸汽动力装置转换为机械能,或再通过发电机将机械能转换为电能。提供热水的锅炉称为热水锅炉,主要用于生活,工业生产中也有少量应用。产生蒸汽的锅炉称为蒸汽锅炉,又叫蒸汽发生器,常简称为锅炉,是蒸汽动力装置的重要组成部分,多用于火电站、船舶、机车和工矿企业。

　　锅炉承受高温高压,安全问题十分重要。即使是小型锅炉,一旦发生爆炸,后果也十分严重。因此,对锅炉的材料选用、设计计算、制造和检验等都制定了严格的法规。

第一节 锅炉的分类

　　锅炉的分类方式众多,现在我国锅炉的分类方法有按用途分类、按结构分类、按循环方式分类、按锅炉出口工质压力分类、按燃烧方式分类、按所用燃料或能源分类、按排渣方式分类、按炉膛烟气压力分类、按炉筒布置分类、按炉型分类、按锅炉房形式分类、按锅炉出厂形式分类等 10 多种分类方法。

　　热注锅炉侧重于下面 3 种分类方法:

　　(1)按循环方式分类,热注锅炉是强制循环的直流锅炉,特点是无汽包,给水靠水泵压头一次通过受热面产生蒸汽,适用于高压和超临界压力锅炉。优点是质量小,制造和安装方便,启停迅速,节省材料,调节灵敏,便于移动。缺点是给水品质及自动调节要求较高,蒸发受热面阻力大,给水泵耗电较大。

　　(2)按锅炉炉膛烟气压力分类,热注锅炉为微正压锅炉,特点是炉膛压力一般为 1 000 Pa以下,不需引风机,宜于低氧燃烧。

　　(3)按锅炉出口工质压力分类,属超高压锅炉。

　　目前我国锅炉按压力分类见表 2-1。

表 2-1 锅炉按压力分类

锅炉类型	简要说明
低压锅炉	一般压力小于 1.274 MPa
中压锅炉	一般压力为 3.822 MPa
高压锅炉	一般压力为 9.8 MPa
超高压锅炉	一般压力为 13.72 MPa
亚临界压力锅炉	一般压力为 16.66 MPa
超临界压力锅炉	压力大于 22.11 MPa

　　注汽锅炉是专为稠油开采设计的锅炉,是一种强制循环的直流锅炉,又称为蒸汽发生器。锅炉炉管的入口到出口由单一连通的炉管组成,是用泵强制水通过炉管各个受热面而产生蒸汽的锅炉。与其他类型锅炉相比其具有如下特点:

　　(1) 没有汽包,不需长时间烘炉,属强制流动,蒸发受热面可任意布置。

　　(2) 进入锅炉的水全部变为蒸汽输出,没有排污装置。

　　(3) 工作压力高,启停快,可任意改变工作压力。

　　(4) 对水质要求严格,易结垢。

　　(5) 对自动化控制系统要求较高,消耗电能较大。

第二节　注汽锅炉的结构及工艺流程

　　注汽锅炉由主要部件和辅助装置构成,见表2-2。

表 2-2　注汽锅炉的主要部件和辅助装置的名称及作用

名　称		主要作用
主要部件	辐射段	保证燃料燃尽并使出口烟气温度冷却到对流段受热面能安全工作
	对流段	利用锅炉尾部烟气的热量加热给水,以降低排烟温度,节约燃料
	燃烧器	将燃料和燃烧所需空气送入炉膛并使燃料着火稳定,燃烧良好
辅助装置	给水泵	将水处理设备处理的给水供应给锅炉
	燃料供给系统	储存和运输燃料到锅炉燃烧
	自动控制装置	自动检测、自动保护、自动调节和程序控制
	给水预热器	提升进入对流段的给水温度,防止发生低温腐蚀
	送风装置	由送风机将空气送入炉膛

　　注汽锅炉为单管直流锅炉,给水经柱塞泵升压后,进入给水预热器(汽水热交换器)升温后再进入对流段,然后经给水预热器进入辐射段,产生饱和蒸汽注入井底。注汽锅炉工艺流程如图 2-1 所示。

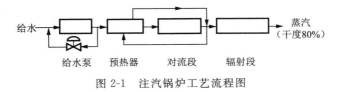

图 2-1　注汽锅炉工艺流程图

第三节　注汽锅炉的参数和型号

一、注汽锅炉的参数

　　注汽锅炉的参数一般是指锅炉的容量、蒸汽压力、蒸汽温度和给水温度。

　　注汽锅炉的容量用额定蒸发量表示。额定蒸发量表明锅炉在额定蒸汽压力、蒸汽温度、规定的锅炉效率和给水温度下,连续运行时所必须保证的最大蒸发量,单位为 t/h。

工业热水锅炉以供热量为容量单位,其单位为 kW。锅炉蒸汽压力和温度是指锅炉出口处的饱和蒸汽压力和温度,压力的单位为 MPa。

锅炉给水温度是指进入省煤器的给水的温度。对无省煤器的锅炉即指进入锅炉锅筒的水的温度。

二、常见注汽锅炉的型号

我国工业锅炉型号由 3 部分组成。第 1 部分分 3 段,分别表示锅炉型号、燃烧方式和蒸发量;第 2 部分表示工质参数,分额定蒸汽压力和额定蒸汽温度;第 3 部分表示燃料种类和设计次序,分 2 段,第 1 段表示燃料种类,第 2 段表示设计次序。下面对常见注汽锅炉型号进行说明。

1.上海四方锅炉厂制造的注汽锅炉

上海四方锅炉厂生产的注汽锅炉常见型号有 SF-9.2/17.9-YQ 及 SF-52.8/17.2-YQ。

SF 表示该锅炉由四方锅炉厂制造;9.2 表示该锅炉的额定蒸发量是 9.2 t/h;17.9 表示该锅炉的额定蒸汽压力为 17.9 MPa;YQ 表示油气,含义是油气两用;同理,52.8 表示锅炉的额定蒸发量,17.2 表示锅炉的额定蒸汽压力。

2.美国休斯敦和丹尼尔制造的注汽锅炉

美国制造注汽锅炉主要有 3 种,型号分别为 SG-50-NDS-27、SG-25-NDXT-25 和 SG-20-NDXT-25。目前常接触的是前 2 种。

SG 表示蒸汽发生器,是英文 Steam Generator(直译为蒸汽发生器)的缩写;50/25/20 分别表示锅炉的输出热量为 50/25/20 MMBtu/h;N 表示北美燃烧器,D 表示锅炉所用燃料为油气两用,S 和 X 表示自动化程度,T 表示拖车式;27/25 表示锅炉出口额定压力分别是 2 700/2 500 psi。

3.日本川崎制造的注汽锅炉

日本川崎制造的注汽锅炉主要有 3 种,型号分别为 OH50-ND-25XAM、OH25-ND-25XAM 和 OH20-ND-25XAMT。目前常使用的为前 2 种。

OH 表示强制采油热力公司;50/25/20 表示锅炉的输出热量,同美国锅炉;N、D 意义同美国锅炉;XAM 表示自动化程度较高;T 表示拖车式。

4.抚顺锅炉厂制造的注汽锅炉

抚顺锅炉厂制造的锅炉主要有 2 种,型号分别为 FG-630 和 YZF50-17-P。

FG 表示抚顺锅炉厂;630 表示该锅炉输出热量为 $630×10^4$ J;Y 表示压力容器;ZF 表示中国抚顺制造;17 表示额定压力为 17 MPa;P 表示控制方式为 PLC 控制。

第四节　锅炉的技术经济指标

锅炉的技术经济指标一般用锅炉的热效率、成本及可靠性 3 项来表示。

一、锅炉热效率

锅炉热效率是指送入锅炉的全部热量中被有效利用的百分数,目前燃油、气锅炉的热效率不应低于80%。注汽锅炉的热效率一般在80%～88%之间。

二、锅炉成本

一般用钢材消耗率来表示锅炉成本。钢材消耗率的定义为锅炉单位蒸发量所用的钢材质量,单位是t/t。此项指标受锅炉参数、循环方式、燃料种类及锅炉结构的影响。锅炉容量大、采用直流循环、燃油或燃气均可使钢材消耗率减小。工业锅炉的钢材消耗率一般为5～6 t/t,注汽锅炉的钢材消耗率一般为3～5 t/t。锅炉吨位越大,钢材消耗率越低。

三、锅炉可靠性

常用下列3种指标衡量锅炉可靠性:

(1) 连续运行时数＝2次检修之间的运行时数。

(2) 事故率＝事故停用时数/(运行总时数＋事故停用时数)×100%。

(3) 可用率＝(运行总时数＋备用总时数)/统计时间总时数×100%。

目前注汽锅炉的可靠性往往用注汽时率来表示:注汽时率＝设备运行时间/(设备运行时间＋设备故障停炉时间)。

第五节　水汽系统

锅炉的水汽系统主要有给水换热器、对流段、过渡段、辐射段四大部分,这四大部分也是锅炉炉体的组成部分。

辐射段为圆筒形,外壳是5 mm厚的钢板,内部衬以38 mm的隔热层、90 mm的耐火层。目前多用硅酸盐保温棉,主要是为了减少热量损失,提高锅炉热效率,并向炉管反射热量(再辐射)。外壳内焊有人字形挂钩,伸入炉衬内把炉衬固定在外壳内。辐射段炉管是单路、直管管束,沿炉衬内壁水平方向往复排列。小锅炉(锅炉额定蒸发量为11.5 t/h左右)的炉管是直径63.5 mm和76.2 mm的炉管串联而成的,大锅炉(锅炉额定蒸发量为23 t/h左右)的炉管是直径76.2 mm的炉管连接而成的。一般两管之间间隔为一个管径,炉管与炉衬的距离也为一个管径。

对流段为箱形或梯形。对流段的炉管也是单路、直管管束,小锅炉对流段的炉管直径为63.5 mm,大锅炉对流段的炉管直径为76.2 mm。对流段内的炉管在炉壳内水平方向往复排列。对流段受热量占锅炉总受热量的40%,为了加大受热面积,减小炉管长度,采用了翅片管。用翅片管可比光管短,长度仅为光管的1/3。但由于对流段入口烟气温度高达871～982 ℃,会烧坏翅片管,故在对流段下部用3层光管把烟气温度降低到648～760 ℃,这3层光管称为温度缓冲管。对流管束结构和布置要使传热系数最大,烟道气压力降为最小。炉壳侧墙和翅片管的最大间隙为0.25×2.54 cm(0.25 in),不能过大,以防烟道气不经过翅片管而沿炉壳内壁窜走,降低锅炉热效率。翅片管是在光管外螺旋缠绕钢带,并用高频焊或氩气保护焊的方法使其与炉管焊成一体。

对流段和辐射段之间用半圆形的过渡段连接在一起,过渡段和对流段之间易于拆装,辐射段底部有排污孔,用于排掉炉膛内的污物,如积水等。过渡段底部也有排污孔,作用相同。

锅炉给水换热器主要由内热管和外冷管组成,如图 2-2 所示,是一组双管换热器(外管为进对流段给水,内管为对流段出口高温水)。经给水泵打出的锅炉给水,在换热器中经过升温,应保证进入对流段时使对流段入口温度达到露点(116~138 ℃)以上,防止烟气中的水蒸气和硫酸蒸气凝结在对流段的翅片管上造成翅片管腐蚀。预热用的高温水来自对流段出口。但对流段入口温度不宜过高,以免使锅炉烟温过高,造成燃烧效率下降。

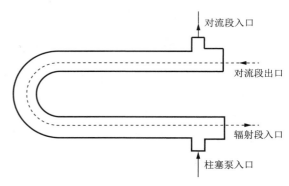

图 2-2　换热器结构示意图

值得注意的是锅炉受压元件强度计算中,换热器内管设计壁厚较低(10 mm),由于锅炉长年运行,给水预热器受进对流段及出对流段高压水汽长期冲刷,以及锅炉长时间停炉未能采取有效的保养措施,可能会在内管内外壁造成腐蚀,从而出现内管断裂事故。现象是烟温突然急剧升高,锅炉压力、温度及干度突然降低,分析原因:锅炉给水经柱塞泵打压后进入给水换热器,因为换热器内管断裂,绝大部分给水直接进入辐射段,由于进入辐射段的给水未经充分换热,温度较低,造成锅炉蒸温下降,压力下降,干度降低,进入对流段的给水由于水量急剧降低,温度上升,造成对流段出口温度及烟温上升,时间一长,会使锅炉对流段因缺水造成管线烧塌。目前,给水换热器内管尚无有效检测手段,只能在出现此现象时综合分析,仔细判断,避免出现烧塌对流段事故。

图 2-3 所示为简单的锅炉汽水流程图,供水泵是一个三缸(大锅炉用)或五缸(小锅炉用)的柱塞泵,用来产生给水压力和水量,以达到锅炉的设计额定压力和蒸发量。从水处理来的软化水压力不能低于 0.07 MPa,柱塞泵入口安装有胶囊式减振器,这样可防止给水泵产生气穴或剧烈的振动,造成设备损坏或仪表失灵。柱塞泵出口减振器是为了防止锅炉排量波动不稳定,水流成脉动流动。柱塞泵的输出排量不小于锅炉额定排量的 30%,即锅炉额定蒸发量为 23 t/h,排量不小于 6.9 t/h;锅炉额定蒸发量为 11.5 t/h,排量不小于 3.5 t/h,否则锅炉将自动停炉。

软化水经过减振器、柱塞泵、节流装置后,进入锅炉给水换热器,使水温提高到 121 ℃左右,换热器出口水温的控制可由旁通阀调节来实现。由于锅炉燃料燃烧过程中,产生的烟气中含有二氧化硫等酸性气体,与水结合生成酸性液体,腐蚀炉管并危害锅炉安全运行,所以要提高换热器出口(对流段入口)温度,使其高于烟气中水蒸气的露点。软化水经锅炉给水换热器进入对流段的翅片管和光管,在这里吸收 40% 的热量,使水温升到 318 ℃,再进入锅炉给水换热器,失去一部分热量,水温降到 274 ℃,再进入辐射段。软化水经过辐射段炉管,吸收 60% 的热量,变成温度达到 353 ℃,压力为 17.5 MPa,干度为 80% 的饱和蒸汽。饱和蒸汽经过取样分离器,分离出的水样去取样冷却器,温度降为 76 ℃左右取出测量干度。从取样分离器出来的汽水经汽水分离器,分离出部分蒸汽经三级减压至 1 MPa 后分流:一是去除氧器进行热力除氧;二是去燃油加热器、油罐及油管套管;三是去蒸汽雾化。大部分饱和蒸汽则经出口阀送入注汽管线。

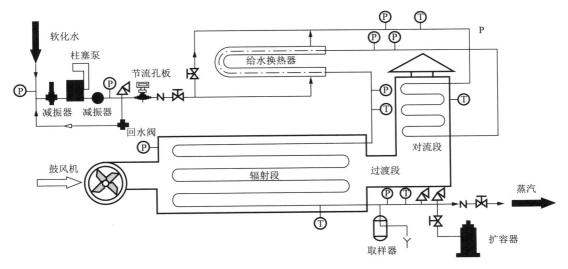

图 2-3　锅炉汽水流程图

如图 2-4 所示为取样汽水分离器,是用来取饱和水样的设备。如图 2-5 所示为取样冷却器,它是一种有效的逆流换热器,与锅炉给水换热器是一个原理制成的。

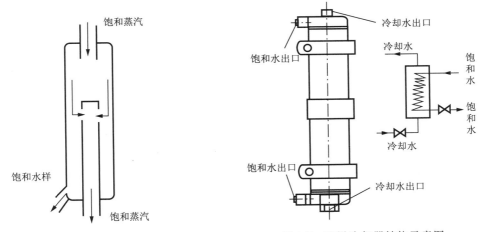

图 2-4　取样汽水分离器结构示意图　　　　图 2-5　取样冷却器结构示意图

第六节　燃料系统

注汽锅炉的燃料系统有燃气系统和燃油系统。本节主要对燃气系统、燃油系统和水火跟踪系统进行介绍。

一、燃气系统

天然气必须经过脱水、脱硫、脱油、除尘和干燥等处理,以保证气体燃料中的杂质含量达到表 2-3 中的要求。

表 2-3　燃气系统天然气达标参数

参　数	数　值	参　数	数　值
硫化氢/(mg·m^{-3})	<20	萘/(mg·m^{-3})	<50(冬季)
氨/(mg·m^{-3})	<50		<100(夏季)
焦油及灰尘/(mg·m^{-3})	<10	一氧化碳/%(体积分数)	<10

　　锅炉运行中天然气的供给必须是连续不断的,并且保证一定压力(正常情况下不低于0.1 MPa),锅炉在燃烧过程中不得任意改动燃料的种类或成分,如果在燃烧过程中改变燃料的种类或成分,必须对锅炉进行重新调整,否则可能产生以下几种情况:

　　(1) 锅炉出力不足,燃烧稳定性恶化。

　　(2) 锅炉的化学不完全燃烧热损失增加,锅炉运行效率降低。

　　(3) 锅炉出口蒸汽干度超过设计值,甚至过热。

　　(4) 锅炉辐射热面传热恶化,炉管强度降低,甚至变形。

　　以上情况说明在锅炉油气混烧时,一定要注意燃料变化情况,否则可能会发生事故或引起锅炉效率降低,降低节能效果。

　　烧天然气时,要求133L型压力调节器入口天然气供气压力要稳定在15 psi(表压)。压力高于60 psi会损坏压力调节器的零件。另外,高于正常压力时电动阀常常不能打开,低于正常压力时则气量不足。图 2-6 所示为燃气及引燃系统流程图。

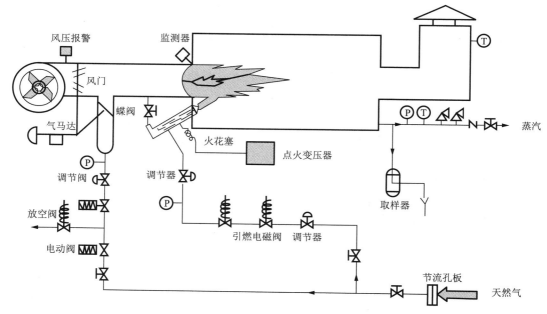

图 2-6　燃气及引燃系统流程图

　　压力为 20 psi 的天然气经过孔板流量计后分为 2 路:一路是燃气系统。天然气经过阀 5 和 2 个电动阀进入 133L 自力式调压阀,133L 自力式调压阀把天然气压力降低到 1.5～3 kPa 之间,并稳定在一个数值送入直径为 250 mm 的膨胀管,经过蝶阀调节后进入燃烧器。蝶阀和风门受气动执行器(气马达)联动控制,膨胀管的作用是扩容稳压缓冲。在停炉时,2

个电动阀快速关闭,放空电磁阀打开排气。另一路是引燃系统。天然气经阀 6 进入第一个 Y600 自力式调压阀,将天然气压力降为 14 kPa,再经过 2 个引燃电磁阀分为 2 部分,一部分进入引燃主火嘴,另一部分进入第二个 Y600 自力式调压阀,将气压进一步降低到 1.5 kPa 后送入引燃点火嘴,点火嘴用火花塞(电极间隙为 1.6～2.4 mm)点燃,再引燃主火嘴。在天然气进口处,装有燃气压力开关,整定值为 70 kPa,当天然气压力低于此压力值时,将自动停止锅炉运行,并发出报警信号。

北美燃烧器的风门、天然气蝶阀和燃油控制阀是联动的,三者关系根据燃烧效果调整。

在引燃时,引燃枪的助燃风不能过大,天然气与空气比例要调节适当。风门要处于最小位置。引燃气路各部分压力要符合规定要求。引燃指示灯亮不能说明引燃火着,只能说明引燃电磁阀打开及点火变压器带电,火焰指示表有显示方说明引燃火着。

二、燃油系统

北美油气两用燃烧器能适应含水较少的原油,但要在一定限度内保持稳定。油加热升温以后,这时水就像溶解气一样,以气泡形式跑出来并使焰形畸变。限制低含水量的主要目的就是为了使焰形稳定,含水量变了,黏度和热焓都要变,燃料和空气比是联动的,燃料黏度和热焓有了变化都会影响燃料空气比,也就是影响蒸汽温度和干度。

原油黏度随温度升高而下降,对原油黏度和温度关系的正确认识和运用是烧好原油的关键。重质原油加热降黏后易于泵输入、易于控制、易于良好雾化,提高工作效率。当然油温也不能过高。

燃油热泵组的作用是把原油加热并将具有足够压力的原油输送到炉内。一般燃油热泵组尽量靠近油罐安装,以便原油泵的吸入。

如图 2-7 所示为燃油热泵组流程图。图中原油经过过滤器 1 进入油泵 2,升压后进入热交换器 4。自力式温度调节阀 5 自动调节蒸汽量以保持燃油出口温度,油质不同燃油温度也不一样,一般在 60 ℃左右,然后经电加热器送到燃烧器。电加热器 6 是为启动时没有蒸汽而设的,当有蒸汽时,电加热器只起补偿作用。燃油热泵组的出口压力一般为 1.05 MPa 左右,由调压阀 7 来控制。调压阀 3 起超压安全保护作用。

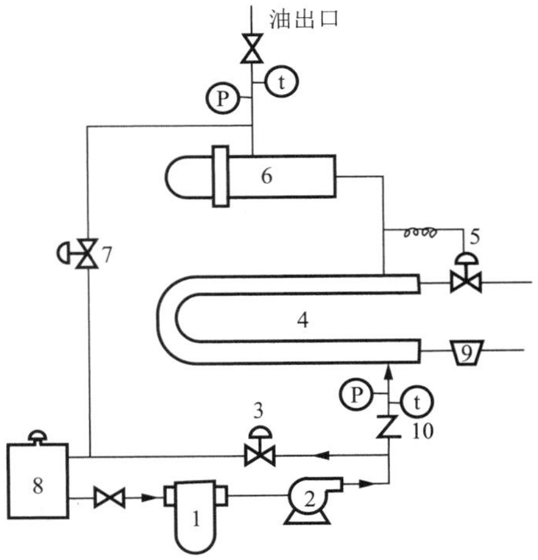

图 2-7　燃油热泵组流程图

燃油及雾化流程如图 2-8 所示。从燃油热泵组来的原油温度为 60 ℃左右,压力为 1.05 MPa,经蒸汽加热器升温到 93 ℃左右。蒸汽取自取样分离器,经减压阀压力降为 0.8 MPa 左右,此处安装有一安全阀,整定值为 1.4 MPa。燃油温度由 25T 自力式温度调节阀来控制。锅炉启动初期没有蒸汽,这时要用电加热器(功率为 10 kW)加热调温。电加热器出口装有油温低限开关,当油温低于 70 ℃时,自动停炉报警。回油阀起安全保护作用。燃油经过过滤器、95H 减压阀,压力降为 0.77 MPa 左右,油压开关报警整定值为 0.56 MPa。溢流阀在压力超高时打开,将原油送往回油管线,燃油经油控制阀、电动阀(小锅炉 2 个为电磁阀、大锅炉 1 个为电动阀)及油流量计进入油枪。

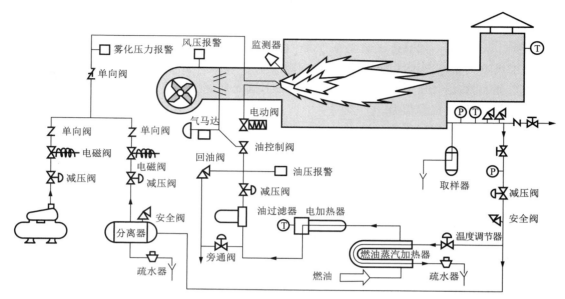

图 2-8 燃油及雾化流程图

锅炉启动运行过程中,采用空气或蒸汽 2 种雾化方式。点炉初期用空气雾化,由空气压缩机提供气源,其储气缸压力在 0.35～0.8 MPa 之间。经空气过滤减压阀降压为 0.25 MPa,经雾化切换电磁阀及单流阀送到油嘴进行空气雾化。当锅炉内已产生蒸汽,干度达到 40% 时,便可进行雾化切换,这时要使风门处于小火位置,并将引燃火焰点燃,防止切换过程中造成灭火。蒸汽经减压阀后引到雾化分离器,分离器上有安全阀,整定值为 1.4 MPa。干蒸汽经 98H 减压阀压力降为 0.42 MPa 左右,再经雾化电磁阀送入油枪。雾化总管上装有雾化压力低开关,其整定值为 0.175 MPa,当雾化压力低于 0.175 MPa 时,自动停炉报警。小锅炉雾化耗汽量为 90.8 kg/h,大锅炉雾化耗汽量为 72.64 kg/h,二者所用油嘴不同。燃油雾化的作用是使燃料充分燃烧,提高燃油热效率。

三、水火跟踪

水量和火量的跟踪主要通过偏置调节器来实现,差压变送器输出的水量信号,一方面送到水量表显示运行排量,另一方面送到偏置调节器的输入端,作为输入信号与偏置调节器给定偏置信号叠加输出。当偏置信号不变时,偏置调节器叠加输出信号随水量信号的变化而变化,偏置调节器叠加输出信号直接送到火量表和气动执行器上,使风门、蝶阀和油阀的开度随水量信号的变化而变化,从而实现了水火跟踪。

实现水火跟踪的目的是为了在水量变化的情况下自动改变火量来保证干度不变。

图 2-9 所示为锅炉火量调节流程图。手动调节火量主要由偏置调节器来实现,当饱和蒸汽干度低于要求干度时,需要提高火量,这时可手动顺时针调节偏置调节器的旋钮,使其有一正偏置信号与差压变送器来的信号叠加输出,一方面送到火量表上显示火量,另一方面送到气动执行器上增大风门及蝶阀开度,达到提高火量的目的。反之,当蒸汽干度超过要求值需要降低火量时,可手动逆时针调节偏置调节器的旋钮,使偏置信号减小,从而降低偏置调节器的输出,火量显示值下降,从而使风门、蝶阀开度随之关小,达到降低火量进而降低蒸汽干度的目的。

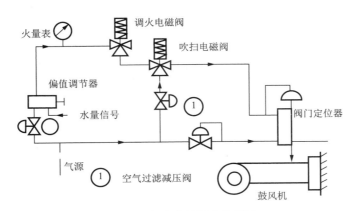

图 2-9　锅炉火量调节流程图

　　吹扫电磁阀的作用是吹扫时带电,把吹扫调节器输出的气信号送到气动执行器上,把风门打开。吹扫结束后失电,可传递偏置调节器输出的调火信号。调火电磁阀有 2 个作用:一是带电时,把偏置调节器送来的气信号输出到气动执行器上进行自动调火;二是失电时,把气动执行器的膜片通向大气,使风门处于小火关闭位置,以便于点引燃火或雾化切换时不至于灭火。

　　图 2-10 所示为未使用变频器的水量调节流程图。手动调节水量是通过定值器来完成的。当需要改变水量时,手动调节定值器的旋钮,其输出信号一方面通过旁通压力表显示,另一方面经过调水电磁阀送到回水阀的气动膜室内,改变回水阀的开度,从而改变回水量的大小。由于柱塞泵的排量是一定的,故改变回水量的大小相应使进入锅炉的水量发生变化,即达到了调节水量的目的。锅炉水量经差压变送器检测,其输出信号送到水流量表上,显示出锅炉水量的变化。

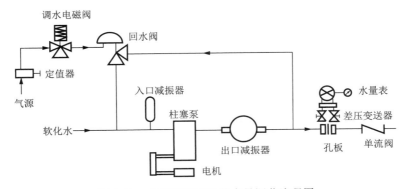

图 2-10　未使用变频器的水量调节流程图

　　锅炉使用变频调节器后,回水阀将完全关闭,通过调节变频器来改变柱塞泵的转速达到改变柱塞泵的排量,从而达到改变锅炉排量的目的。变频器将在本书第七章中介绍。

第七节　燃烧器

燃烧器主要有北美燃烧器和德国的扎克燃烧器。

一、北美燃烧器

1. 基本结构

北美燃烧器是一种油气两用燃烧器,是由前段、天然气段、风门段和中间段、后段 4 个基本部分组成的。图 2-11 所示是北美燃烧器的基本结构。

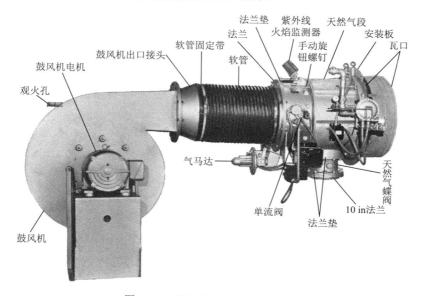

图 2-11　北美燃烧器的基本结构

(1) 前段。

前段包括瓦口和铸铁安装板。瓦口部分镶入炉膛前侧炉墙中心,以避免火焰冲刷炉管、支架和耐火材料造成的事故损坏。瓦口耐温为 1 426.7 ℃。

(2) 天然气段。

天然气段包括天然气进口和调节蝶阀、环形天然气送气口、空气扩散器、点火变压器(将 110 V 变为 6 000 V)和引燃器。大锅炉的空气扩散器是平流式的。小锅炉的空气扩散器是有角度的,能产生轻度的旋流以促进燃气或燃油与空气的混合。具有旋流式扩散器的燃烧器的过量空气系数最小可调节到 10% 或排出烟气含氧量最少 2%(体积分数)。过量空气系数若再低,常常会出现较长的“散、软”的火焰。这种火焰温度较低,并且充满整个炉膛,盘绕着炉管,对炉管、对流段以及锅炉危害非常大。

(3) 风门段和中间段。

风门段和中间段包括用连杆控制的可调风门(挡风板)、气动薄膜控制器(气马达)、大小火联锁开关及紫外线火焰监测器和喷油器(油枪)。其作用是用气动薄膜控制器(气马达)操纵风门连杆机构,使火量自动跟踪水量按比例变化,产生干度 80% 的饱和蒸汽。

（4）后段。

后段包括鼓风机、电动机。鼓风机和燃烧器用软管和卡子连接,用来提供足够的空气。

2. 技术要求

（1）燃烧比较完全。

（2）燃烧稳定,当天然气压力和热值在正常范围内波动时,不发生回火和脱火现象。

（3）燃烧效率较高。

（4）在锅炉额定工作压力下,燃烧器能达到所要求的热负荷。

（5）结构紧凑,材料消耗少,调节方便,工作时无杂音。

天然气正常燃烧时火焰轮廓比较稳定,为接近白色的淡蓝发亮稍有黄色的火焰。燃烧不良会使炉管,尤其是翅片管结焦。火焰外围不规则时,火苗冲刷炉管会烧坏炉管。燃烧空气量过多时,火焰呈炽白色,热效率降低。

紫外线火焰监测器用于监测火焰,把火焰内的紫外线信号经其内的光电管转换成电信号,送给放大器及程序器,当锅炉出现故障灭火时,立即发出信号关闭燃料阀,以保证锅炉安全运行。

大锅炉雾化空气消耗量为 1.4 m³/min,雾化蒸汽消耗量为 72.64 kg/h,燃油压力为 0.875～1.05 MPa,天然气压力为 0.105 5 MPa;小锅炉雾化空气消耗量为 1.9 m³/min,雾化蒸汽消耗量为 90.8 kg/h,燃油压力为 0.875～1.05 MPa,天然气压力为 0.105 5 MPa。

火焰正常燃烧:大锅炉燃油时,火焰直径为 1.8 m,长度为 9.2 m;烧天然气时,火焰直径为 1.2 m,长度为 1.5 m。小锅炉燃油时,火焰直径为 1.5 m,长度为 4.6 m;烧天然气时,火焰直径为 0.9 m,长度为 0.9 m。

锅炉使用的油喷嘴又叫燃油雾化器,锅炉上使用的有机械式雾化喷嘴、转杯式雾化喷嘴和蒸汽雾化喷嘴等多种形式。

机械式雾化喷嘴又名离心式雾化喷嘴,有简单压力式和回油式 2 种,最常用的是切向槽简单压力式雾化喷嘴（见图 2-12）。经油泵升压的压力油,由进油管经分流片的 8 个小孔汇合到环形槽中,然后流经旋流片的切向槽切向进入旋流片中心的旋流室,从而获得高速的旋转运动,最后由喷孔喷出。由于油沿切向槽进入旋流室时的流速很高,具有很大的旋转动能,因此喷出喷孔时油不但被雾化,而且具有一定的雾化扩展角,一般在 60°～100°范围内。这种喷嘴调节性能差。回油式雾化喷嘴与简单压力式原理基本相同,只是旋流室前后有 2 个通道,一个喷向炉内,另一个通过回油阀流回油箱。这种雾化喷嘴调节性能较好。

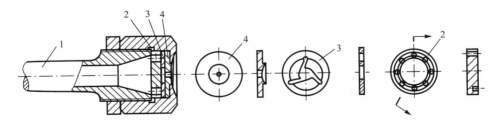

图 2-12　切向槽简单压力式雾化喷嘴结构示意图

1—进油管;2—分流片;3—旋流片;4—雾化片

图 2-13 所示为转杯式雾化喷嘴。它由高速旋转的转杯和输油空心轴组成,轴上还装置

有一次风机的叶轮。油通过空心轴进至转杯根部,由于高速旋转运动,油沿转杯内壁向杯口方向流动,随着转杯直径的增大,内表面积也越来越大,迫使油膜越来越薄,最终在离心力的作用下甩离杯口,化为油雾。同时,一次风机鼓入的高速空气流,也有效地帮助油滴雾化得更细。显然,离心力是油雾化的根本动力,所以转杯的转速对雾化质量起着保证作用,黏度较高的重油或渣油,则要求转杯有较高的转速(3 000~6 000 r/min)。转杯式油喷嘴的特点是对油的适应性较好,喷油量调节范围大,燃烧火焰短而宽。此外,因不存在喷孔的堵塞和磨损,对油中所含杂质不甚敏感,而且送油压头不高,无须装设高压油泵。但它有高速转动的部件,制造加工较为复杂,振动和噪声也尚待进一步改进解决。

　　蒸汽雾化喷嘴是一种利用高压蒸汽的喷射而将燃油雾化的喷嘴,其结构形式如图 2-14 所示。

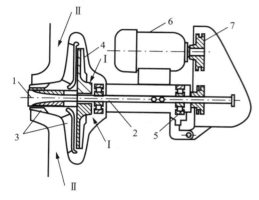

图 2-13　转杯式雾化喷嘴结构示意图

1—转杯;2—空心轴;3—一次风机固定导流片;
4—一次风机叶轮;5—轴承;6—电动机;
7—传动皮带轮;Ⅰ—一次风;Ⅱ—二次风

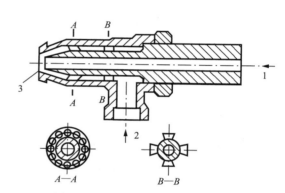

图 2-14　蒸汽雾化喷嘴结构示意图

1—重油入口;2—蒸汽入口;3—喷油出口

　　0.6~1.3 MPa 的蒸汽由支管进入环形夹管,在头部喷口高速喷射而出,蒸汽的引喷作用将中心油管中的燃油带出并撞碎为油滴,借助蒸汽的膨胀和与热烟气的相撞再进一步把油滴粉碎为更细的油雾。蒸汽雾化质量可比机械雾化更好,雾化颗粒更细更均匀,燃烧火炬细而长。由于采用高压蒸汽作为雾化介质,因此可降低对燃油的黏度要求,同时由于中心油管有宽敞的油路,不致受阻堵塞,可以用质量较差的燃油,送油压力也不需太高,通常 0.2~0.3 MPa 即可。

　　此类喷嘴虽然结构简单、制造方便、运行安全可靠,但蒸汽耗量较大,雾化 1 kg 重油约需 0.4~0.6 kg 蒸汽,降低了锅炉运行的经济性。同时,还会加剧尾部受热面金属的低温腐蚀和积灰堵塞。

　　为了减少蒸汽用量,容量较大的锅炉上采用了如图 2-15 所示的 Y 型蒸汽雾化喷嘴。蒸汽通过内管进入头部一圈小孔(汽孔),而油则由外管流入头部与汽孔一一对应的油孔。油和汽在混合孔中相遇,相互猛烈撞击喷入炉膛而

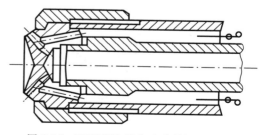

图 2-15　Y 型蒸汽雾化喷嘴结构示意图

将油雾化。Y 型雾化喷嘴的耗汽量低,仅为 0.02～0.03 kg/kg,从而提高了运行的经济性。

北美燃烧器现在使用的油喷嘴属于介质雾化喷嘴,它是在 Y 型蒸汽雾化喷嘴的基础上,进一步改进设计的,结合了 Y 型蒸汽雾化喷嘴和切向槽简单压力式雾化喷嘴的优点。它采用了 Y 型蒸汽雾化喷嘴的基本结构,在其头部加入了切向槽简单压力式雾化喷嘴的雾化片和旋流片,在 Y 型蒸汽雾化喷嘴头部形成了旋流室,使其喷出的油具有一定的雾化扩散角。这种油喷嘴既有切向槽简单压力式雾化喷嘴压力雾化的优点,又有 Y 型蒸汽雾化喷嘴介质雾化的优点,进一步降低了蒸汽耗量,提高了雾化效果,降低了蒸汽雾化所需的压力,同时还可更好地采用空气雾化。

锅炉的燃烧除了与油喷嘴有关外,还与燃料空气比的调整有关,燃料空气比调整得当可使锅炉的燃料充分燃烧,产生的热量充分利用。调节燃料空气比是在定位器已校验合格的情况下(输入 3～15 psi,输出 6～30 psi),手动调节水量为最大,压力不要求(可保持 500 psi)。

首先按操作规程对锅炉进行启炉,在满负荷状态下,各系统调试完毕工作正常情况下,平稳运行,根据燃料完全燃烧后烟气中所含气体的理论量作为调整依据。燃气时,氧气体积分数要求为 2%～4%,二氧化碳体积分数要求为 9%～11%,一氧化碳体积分数要求为 1%,过量空气系数(α)为 1.1～1.3;燃油时,氧气体积分数要求为 3%～5%,二氧化碳体积分数要求为 8%～12%,一氧化碳体积分数要求为 1%,过量空气系数(α)为 1.1～1.3。分别从小火、中火、大火 3 个步骤进行调整。下面以燃油为例调节燃料与空气比。

第一步进行小火调整,把火量开到小火位置,雾化可处于空气雾化状态,油嘴压力在 0.35～0.4 MPa 之间,油温 90～110 ℃,观察火焰颜色,长度是否在炉膛 1/4 处。在小火位置以氧气体积分数 3%～5%、二氧化碳体积分数 8%～12% 为标准进行调试。在开到小火位置稳定燃烧 15 min 后,用分析仪对烟气进行测试,测出氧气体积分数和二氧化碳体积分数,与理论体积分数比较后进行调试,含氧不合格调风门连杆,二氧化碳体积分数不合格调蝶阀开度。二氧化碳体积分数大于 12% 时调油阀连杆,用扳手卸松连杆的锁定螺母改变连杆长度,减小蝶阀开度,减小进油量;二氧化碳体积分数小于 8% 时,说明蝶阀关得过小,这时须改变连杆长度,增大蝶阀开度,增加进油量。若氧气体积分数不在 3%～5% 之间,大于 5% 应用扳手卸松连杆的锁紧螺母改变连杆长度,减少进风量,降低氧气体积分数;若氧气体积分数小于 3% 则说明风门开度过小,这时须改变连杆长度,增加进风量,稳定燃烧 10～15 min 后再进行测试,如果不符合要求,则进行反复调整直到合格为止,然后锁紧螺母。

第二步进行中火调整,调整前把火量开到 45% 中火状态,观察火焰长度是否处于炉膛 1/2 处,工艺参数同上。检查火焰状况,调整完毕稳定燃烧 15 min 后以氧气体积分数 3%～5%、二氧化碳体积分数 8%～12% 为标准进行测试,调试方法同小火,并在中火、小火间反复调整,直至合格。

第三步进行大火调整,调整前把火量开到 90% 大火状态,观察火焰长度是否处于炉膛 2/3 处,工艺参数同上。大火时以氧气体积分数 3%～5%、二氧化碳体积分数 8%～12% 为标准进行调试,大火调节完毕,再开到小火位置、中火位置,进行反复调整,直至合格。

调整完毕重新测试,同时做好记录。最后根据下式计算出过量空气系数:

$$\alpha = \cfrac{1}{1 - 3.76\cfrac{\varphi_{O_2}}{100 - (\varphi_{RO_2} + \varphi_{O_2})}} \tag{2-1}$$

式中 α——过量空气系数；

$\quad\quad \varphi_{O_2}$——氧气体积分数；

$\quad\quad \varphi_{RO_2}$——氧化物气体体积分数。

在调整好燃料与空气比之后，再调节给水与燃料的比值，目的是保证在水量变化时始终都能保持80%的蒸汽干度。调整方法如下：在保持燃料与空气的比例不变的情况下，调节水量分别为40%、60%、80%的情况下，调节偏置调节器改变火量，使干度均为60%（因投除氧后干度可达80%），记下这3点的风门开度。有了干度合格的这3点以后，下一步就要调整同步跟踪，这时可以冷调（即不用启动锅炉），调整定位器，使输入信号分别等于水量为40%、60%、80%时的气信号，而定位器输出信号推动气马达正好对准风门的3点开度，冷调即完成。这时可启动锅炉测试给水燃料比的最终结果，一般情况下都能满足要求。

调风器也是油燃烧器的重要组成部分。根据燃料油的燃烧特点，调风器配风应满足以下条件：

（1）要有适量的一次风。油在高于700 ℃的高温下缺氧，就会裂解成难燃尽的炭黑颗粒，因此，必须有适量的一次风供应，这部分空气又称根部风，其量一般为总风量的15%～30%，风速为25～40 m/s。

（2）要有合适的回流区。为了保证油的着火，要有合适的回流区，以确保燃料油及时着火和燃烧。

（3）油雾和空气混合要强烈。油的燃烧为扩散燃烧，强烈混合是提高燃烧效率的关键。除了根部风应与油雾充分混合外，二次风也应及时与油雾混合。因此调风器应组织一、二次风具有一定的出口速度、扩散角和射程。初期和后期混合都是十分重要的，以确保整个燃烧过程良好进行。

（4）燃烧器间油与空气分布均匀。

二、扎克燃烧器

德国扎克燃烧器的结构如图2-16所示，使用的是转杯式雾化喷嘴。使用扎克燃烧器的湿蒸汽发生器的辐射段比使用北美燃烧器的湿蒸汽发生器的辐射段直径大很多，但比北美燃烧器的燃油适应性好。

转杯雾化器有2项功能：一是雾化燃油；二是在燃烧空气辅助下使燃油燃烧。

转杯的旋转方向：向火焰的燃烧方向看去，转杯是逆时针方向旋转。

转杯燃烧器燃油时运行主要参数：

（1）燃气静压，10 kPa。

（2）风压，7 kPa以上。

（3）油温，110 ℃左右。

（4）油压，0.4 MPa左右。

转杯雾化过程如图2-17所示，燃油从中心阀涌出，经过集成的油分配器流入转杯雾化器。通过高速旋转（3 000～6 000 r/min）中转杯的离心作用，和转杯的特殊形状，在杯口形成均匀的、极薄的油膜，随高速辐射喷出，并通过一次风被精致地雾化。

扎克燃烧器的一、二、三次风如图2-18所示，燃烧空气由鼓风机提供，具体分为一次风、二次风和三次风。

图 2-16 扎克燃烧器结构图

1—风箱;2—转杯雾化器;3—导风装置;4——次风挡板;5——次风引导系统;6—气环;
7—导向叶环;8——次风机;9—雾化转杯;10—火焰调节板;11—外部风叶环带;12—二次风挡板

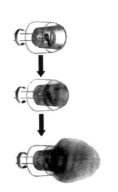

图 2-17 转杯雾化过程

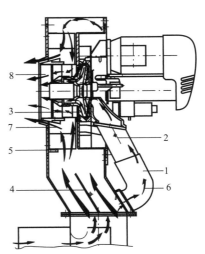

图 2-18 燃烧器的一、二、三次风

1——次风管道;2——次风挡风板;3——次风风机;
4—二次风挡风板;5—燃烧器调风器;6——次风;7—二次风;8—三次风

　　一次风在二次风挡风板前被截取,经过一次风管道、一次风挡风板、一次风风机、环状间隙,在转杯雾化器周围旋转导入,完成燃烧过程。其主要起到雾化燃油的作用,因此也称为雾化风。

　　二次风经过二次风挡风板、燃烧器调风器,经外环和可调的内环进入炉膛。其主要起到与燃烧燃油混合的作用,因此也称为燃烧风。

三次风经过调节环和稳焰盘,能够起到冷却和避免结焦的作用,有时也称为冷却风。

(1)扎克燃烧器的安全保护装置。

燃烧器配有安全保护装置,用于监测所有重要的功能,避免操作失误。

① 火焰监测器:用于监测引燃火焰和主燃火焰。

② 压力监测器:用于监测燃烧空气-风机功能,不达设定值动作关断。

③ 压差监测器:用于监测一次风风机和转杯雾化器的旋转,不达设定值动作关断。

④ 重油温度监测器:用于监测燃油温度,不达或超过设定值动作关断。

⑤ 油压监测器:用于监测燃油压力,超过设定值动作关断。

上述装置动作,燃料输入将中断,燃烧器故障报警,停机。

(2)扎克燃烧器日常维护保养。

① 引燃枪:炉后观火孔观察引燃火必须两枪全部着火,且火焰呈蓝色。否则应检查 2 支引燃枪是否有油垢,若有可用柴油清洗。调整液化器罐压力使减压阀后的手动阀上丝堵开放压力在压力表上显示一小格。若 2 个引燃火一蓝一黄,可逐渐关小蓝火引燃枪的氧气量,直到 2 支引燃枪全部是蓝火时才能点燃主火焰。

② 转杯、稳燃盘:每口井可清理 1 次。

③ 电机皮带张力:启动电机发现皮带发出尖叫声说明皮带松紧正好,若皮带张力过紧,会造成轴承箱温度过高,轴承容易磨损。

④ 燃烧器轴组件:每 500 h 加注专用润滑油 1 次或轴承箱温度高时加注专用润滑油 1 次。

(3)扎克燃烧器的定期维护保养。

① 一次风道系统:每 1 000 h 用柴油浸泡清理 1 次。

② 燃油分配器:每 1 000 h 用柴油浸泡清理 1 次。

③ 油路过滤器:每 1 000 h 打开清理 1 次。

④ 负荷调节器传动装置:每 1 000 h 加注润滑油 1 次。

⑤ 转杯电机轴承:每 100 h 添加 1 次轴承润滑油脂,运行 10 000 h 需拆下重新更换轴承润滑油脂及观察轴承磨损状况。

⑥ 驱动电机轴承:每运行 10 000 h 清洗驱动电机轴承 1 次并加注润滑油脂。

第三章 锅炉启动及停运

第一节 锅炉运行前准备

一、承压管路的耐压试验

锅炉在投用前要进行管路的耐压试验，一般进行水压试验及气密性试验。

1. 承压管路的水压试验

（1）锅炉外接管线安装完毕，首先应接通给水管路，在此之前应将锅炉出口阀门关闭，并打开最高处阀门。同时，拆除安全阀，安全阀接口用相应的盲板封死，然后通水。当水充满炉管后，关闭最高点阀门，关闭柱塞泵出口至热交换器之间的截止阀和关闭蒸汽取样分离器至减压阀之间的截止阀，而后按管线工作压力不同再继续升压至 1.5 倍工作压力，升压过程应缓慢。达到试压压力后，停压 10 min，以无泄漏，目测无变形为合格。燃油管路采用同样方法，当水压试验结束后，应放尽管内积水，再用蒸汽吹扫 30 min。

（2）水压试验宜在环境温度 5 ℃以上时进行，否则须有防冻措施。水压试验应用洁净水进行。

（3）中、低压管道水压试验压力应为 1.25 倍工作压力，高压管道应为 1.5 倍工作压力。但在水压试验时应注意，不得超过管道仪表、阀门等配套件的压力承受能力。

2. 承压管路的气密性试验

（1）对燃气管路应做气密性试验，气密性试验应在水压试验后进行。

（2）气密性试验压力为 1.0 倍工作压力。

（3）气密性试验介质一般采用空气，在管线达到气密性试验压力后，应用涂刷肥皂水的方法进行管线泄漏检查。同时，应在气密性压力下稳压 30 min，压力不降，气密性试验为合格。

二、锅炉配套件正常工作状态检查

1. 电动机旋转方向检查

（1）在检查之前先按下列程序进行调整：

① 锅炉强电箱内总电源开关断开，将电源接至锅炉强电箱内。

② 将锅炉控制屏上控制电源开关断开。

③ 将锅炉控制屏上泵、风机、空压机开关断开。

④ 将锅炉强电箱内总电源开关合上。

⑤ 将锅炉强电箱内控制电源开关合上。

（2）检查空压机电机旋转方向。

将锅炉控制屏上空压机开关合上，并迅速断开，观察电机旋转方向，如果旋转方向不对，应将三相中的两相对调。该工作应由专业电工来完成。

（3）检查泵电机旋转方向（注意：不允许在无水状态下合上泵电机开关）。

（4）检查风机电机旋转方向，其方法与空压机电机处理方法一样。

2．启动空压机

在检查所有电机转向之后，启动空压机，向仪表和执行器系统供气。大部分仪表、执行器所需压力为 0.14 MPa。在空压机供气之后，将锅炉控制屏给水泵开关合到手动位置，泵启动将给水送入锅炉炉管。当安装在锅炉最高处的阀门喷水时，说明锅炉炉管内已没有积聚的空气，应将该阀门关闭，同时可将锅炉主蒸汽出口截止阀关小些，使锅炉可升压到工作压力。

3．检查火焰安全系统及点火程序器的工作状态

（1）拆下燃烧器上紫外线火焰监测器，并用点燃的蜡烛检查锅炉控制屏上火焰监测电流表动作是否正常。

（2）点火程序控制器应能使泵在锅炉点火之前让炉管内充满足够的水，同时能控制风机，使其在锅炉点火之前，先启动风机运行使炉膛内至少有 4 次循环通风。点火程序控制器为微机型，其程序已在制造厂出厂前被编入程序芯片内。

（3）如果紫外线火焰监测器在锅炉未点火之前测知炉膛内存在火焰，则是紫外线火焰监测器失灵。失灵的原因有 2 个：第一个原因可能是紫外线火焰监测器内扫描器管子短路；第二个原因可能是紫外线火焰监测器上的扫描器和点火程序控制器的 2 个接头之间产生感应电流。

第二节　锅炉点火及启动

一、锅炉点火

锅炉初次点火时，应在引燃料阀和主燃料阀同时关闭的情况下进行燃烧器试验。这时，点火程序控制器在程序循环中由于燃烧器无法点火而使锅炉控制屏上显示点火故障，这种状况在多数情况下应重新对程序控制器进行调整。在这些工作完成之后，打开引燃阀门，再对燃烧器进行一次点火试验。此时，引燃火能点燃，锅炉控制屏上火焰监测电流表应能指示。但是由于主燃料阀仍处在关闭状态，主火焰不能点燃，锅炉控制屏上再次出现点火失败的指示。

在点火时应注意，如果燃烧器一次点火不着，应有一个重新对炉膛、烟道进行吹扫的过程，时间应超过 5 min；如果再次点火不着，应切断引燃料供给，加紧炉膛及烟道通风，同时检查和分析原因，禁止盲目点火。

二、锅炉启动

锅炉小火燃烧应在各配套件工作状态检查正常之后，才能按下列步骤进行锅炉运行启动：

（1）再次检查所有管线和阀门、仪表。

（2）对初次启动锅炉应注意由焊接和金属切削所留下的残屑，严禁在残屑未清除之前启动泵，以防止对柱塞泵和流量计等仪表、阀门造成损坏。

（3）对锅炉、水处理装置等所有联锁停炉电路及连接可靠性进行检查。

（4）启动水处理装置，同时使锅炉炉管内充满水。

（5）在燃重油时，启动电加热器、油泵，并确保燃油能经旁通管线进入储油罐。

（6）将锅炉强电箱内总电源开关、泵电源开关、风机电源开关、空压机电源开关、控制电源开关合上。

（7）启动空压机，将锅炉控制屏上空压机开关合到自动位置上，并使空压机工作压力达到 $0.55\sim0.86$ MPa。

（8）将锅炉控制屏上泵、风机选择开关合到自动位置。

（9）根据燃用燃料，将燃料选择开关合到相应位置。

（10）锅炉燃油时，将雾化开关合到空气位置。

（11）将调火开关合到小火位置。

（12）将延长引燃开关断开（锅炉燃油时合上）。

（13）按复位键，若全部报警灯不亮，则锅炉运行指示灯亮。点火程序器开始工作，泵启动后启动风机进行吹扫。随后点火，锅炉进入小火状态。

（14）主火焰燃烧稳定后，调整锅炉控制屏上水量表及燃料消耗量。

（15）将压力控制器整定到所需压力。

（16）调整对流段进口水温，使其在 $95\sim110$ ℃间波动。

（17）频繁检查锅炉出口蒸汽干度，使其稳定在 $80\%\pm5\%$。

（18）在锅炉小火、大火状态中，测量对流段出口烟气的含氧量和二氧化碳含量，调整锅炉的排烟温度使其达到设计要求。

第三节 锅炉烘炉

一、烘炉的条件

（1）锅炉本体安装及管线保温已结束。

（2）烘炉所需用的各系统已安装、调试完毕，并能随时投入工作。

二、烘炉注意事项

（1）应采用小火烘烤。

（2）锅炉炉管内应有水循环。

（3）锅炉烘炉时其升温速度及持续时间应根据当地气候条件等因素而定。

三、烘炉方法

（1）锅炉在非常小的火量位置燃烧时，水/水热交换器旁通打开，先使炉膛内靠近燃烧器喷嘴处烘干，再用将近 3 h 时间使其达到锅炉最大火量的 1/3。在此期间，水/水热交换器旁通关闭,烘炉 $2 \sim 3$ h 之后,再使锅炉小火转换到大火位置。

（2）烘炉完毕,应检查炉膛耐火层情况,确保其未产生裂纹等缺陷,同时应做好记录。

第四节 锅炉管道的冲洗

（1）锅炉范围内的所有管道在工地安装完毕,必须进行冲洗和吹扫,以清除管内的杂物。

（2）用水冲洗锅炉汽水管路时,水必须用软化水,冲洗水量应大于正常运行时的最大水量。

（3）燃气管线气吹扫介质可用燃气或惰性气体（如二氧化碳、蒸汽等）。燃气管线的吹扫目的主要是清除管道内的空气,以防止燃气爆炸,吹扫时间按现场实际情况而定,一般不少于 5 min。吹扫出口应取样分析,其氧气体积分数小于 1％为合格。在吹扫时应将通往炉膛内的阀门关闭,以防止吹扫介质进入炉膛,对第一次投运管线,以燃气为吹扫介质时应控制流速在 5 m/s 以下。待吹扫出口氧气体积分数达到 2％时才能增加流速。用惰性介质做吹扫介质时应分两步走,先用惰性介质吹扫而后再用燃气加以置换。

第五节 锅炉运行

一、锅炉运行任务

（1）在保证蒸汽干度的前提下连续供给用户所需的热量。

（2）确保锅炉安全运行,通过经常的监视和正确调整,杜绝误操作,及时发现并消灭隐患,从而保证人与设备安全。

（3）锅炉运行经济,充分利用燃料所释放的热量,设法减少各项热损失,提高锅炉运行效率,降低燃料消耗量。

二、锅炉运行条件

（1）所有有关锅炉土建、安装工作已按设计全部结束。

（2）安装在室内的锅炉应无雨雪进入锅炉房内的可能,露天布置的锅炉应有可靠的防雨措施。

（3）据各地区的气候特点和结冻程度,对设备、管道等已实施防冻措施。

（4）炉上下水道畅通,保证供水和排水的需要。

（5）地面平整清洁,操作人员有一安全通道及维修场地。

（6）具有充足可靠的照明及消防设施。

（7）有一整套保证锅炉安全运行的规章制度,并在这些制度指导下,有计划、有步骤、有重点地对设备进行周期性检查。及时发现设备缺陷和运行不正常现象并加以消除和纠正。

三、锅炉运行中应记录的数据

（1）炉膛压力。在锅炉连续运行过程中,如果出现锅炉炉膛回压上升的现象,就表明对流段内肋片管束有结焦和杂质存在,因此在辐射段燃烧器端板上装有一监测炉膛压力的压力表。

(2)汽水系统管线的压降。应记录汽水系统管线上每一部分的压力降,最好记录同一给水流量、同一蒸汽出口压力和蒸汽出口温度下管线内的压力降。如果在锅炉运行过程中,压力不断回升,则表明管线内结垢速度在增加,达到某一垢层厚度后将产生限制流量的后果。

(3)燃烧器油喷嘴压力。在燃油控制阀开度一定的情况下,燃油系统压力的变化都表明燃烧器油喷嘴的喷孔有磨损等现象。

(4)给水量与泵旁通阀薄膜压力。在锅炉运行过程中,记录这2个数据,可以用来监测泵的泵效和泵旁通阀实际工作情况。如果这2个数据中任一数据发生变化,就表明泵和泵旁通阀发生磨损或出现了其他故障。

(5)燃料的消耗量。

(6)蒸汽干度。

(7)蒸汽出口压力、温度。

(8)辐射段管壁温度。

(9)对流段出口烟气含氧量及二氧化碳含量。

(10)燃油温度。

(11)燃油控制阀开度、燃烧器风门开度。

四、锅炉运行过程中的监视和调节

1.锅炉蒸汽出口压力、温度的监视和调节

(1)锅炉运行中,蒸汽压力、蒸汽温度及出口压力不允许超过锅炉本身的额定参数,如果超出则属于危险状态,必须采取紧急措施,调整锅炉负荷。

(2)蒸汽压力、温度将影响锅炉安全和经济运行。当蒸汽压力过高时将引起安全阀动作,使大量蒸汽从安全阀逸出,同时安全阀动作后容易造成安全阀泄漏。对锅炉及管道材料来说,在过热的状态下所能承受的压力有一定的限度。如果蒸汽压力过高,超过所允许限度,金属材料的机械性能降低,很有可能发生爆炸事故。蒸汽压力过低将引起蒸汽热焓减少,蒸汽耗量增加,影响经济性。同样,蒸汽温度过高,将会引起设备零部件、配套件过热损坏。

(3)蒸汽压力失常一般是由于锅炉负荷变化后未能及时调整燃烧而引起的,因此,运行人员必须认真监视和调整锅炉燃烧。

(4)蒸汽温度过低的原因:一是蒸汽含盐量增大,造成炉管结垢,锅炉传热不好;二是锅炉调风不当使炉膛火焰不旺,燃烧不佳。蒸汽温度过高的原因:一是给水温度低于额定温度,使蒸发热面吸热量增加;二是锅炉调风不当,使炉膛火焰过旺,燃烧不佳。

2.锅炉燃烧的监视和调整

锅炉燃烧的好坏将直接影响蒸汽温度、压力及蒸汽质量的稳定,如果燃烧不当还要影响锅炉安全,影响锅炉运行效率。因此在锅炉运行时应注意以下几点:

(1)应根据锅炉负荷、蒸汽压力及温度、燃烧压力的变化,及时且正确地调节燃料量和风量。

（2）要严密注意紫外线火焰监测器动作是否灵活，如果发现异常应迅速加以处理。在此期间，锅炉应停运，不能再次点火，直至紫外线火焰监测器恢复正常。

（3）应在锅炉安全可靠运行的基础上，提高锅炉的经济性，要减少热损失，提高锅炉运行效率。在燃烧调整时，要注意以下几点：

① 合理调节入炉风量，保持炉膛内的过量空气系数，无论是大火状态还是小火状态均在 1.2 左右。

② 在合理调节最佳风量的基础上，还要合理调整锅炉燃料量，以达到最佳燃料量，降低化学不完全燃烧热损失。

③ 应经常观察炉膛内火焰的颜色及形状，判明炉膛内燃烧情况。

④ 要时常注意锅炉烟囱排烟情况，如冒黑烟，说明燃烧调整不当，应重新对燃烧加以调整。

3. 锅炉蒸汽干度的测量与监督

锅炉蒸汽干度直接影响锅炉注汽和稠油采收率的提高，因此在锅炉运行过程中，要定时对锅炉的给水和蒸汽进行化学分析，如果超出所允许的蒸汽干度范围就应重新调整锅炉燃烧加以纠正。

第六节　锅炉停炉和停炉保养

一、锅炉的停炉

锅炉停炉分为正常停炉和紧急停炉，无论是哪一种停炉，都必须严格按操作规程进行操作，否则将会给锅炉带来不可估量的损失，严重时甚至危及人身安全。

1. 正常停炉

锅炉因负荷减小或检修等原因而有计划地停炉称为正常停炉。正常停炉的特点是锅炉由高温高压状态向完全冷却状态过渡。为了防止停炉中各部件冷热不均而发生泄漏和损坏，停炉操作要求如下：

（1）降低锅炉负荷，同时调整锅炉燃烧。

（2）应将锅炉从大火状态过渡到中火再到小火状态，直至全部关闭。同时锅炉风机风量大小与泵排量大小也应根据锅炉缓慢冷却的原则来定。

（3）停炉后锅炉应缓慢冷却，经过 4～6 h 之后才能打开人孔门，进行自然通风。同时锅炉出口介质温度也应缓慢冷却，冷却到 80 ℃时，应保持一段时间，然后才能冷却到锅炉给水温度。

（4）锅炉完全冷却后，应将锅炉炉水放尽。

2. 紧急停炉

当锅炉运行过程中发生事故时，如果不立即停炉，就有扩大事故，危及人员与设备安全的可能，因此必须立即停止锅炉运行。锅炉运行过程中遇到下列情况，必须紧急停炉：

（1）锅炉给水泵损坏，使锅炉无法供水。

（2）锅炉安全阀失效。

（3）锅炉蒸汽压力超过工作压力，安全阀已在排气，燃烧已经减弱，并采用加强锅炉给水等措施后,蒸汽压力仍继续上升。

（4）锅炉炉墙倒塌,锅炉外壳已烧红等。

（5）锅炉受压元件损坏,危及人身及设备安全。

3.紧急停炉的操作步骤

（1）切断燃料来源,严防燃料进入炉膛,同时减少风机风量。

（2）打开人孔门强行进行通风,但应注意操作安全。

（3）打开锅炉安全阀排气。

（4）若锅炉因严重缺水而紧急停炉,严禁向锅炉供水,以防止因缺水而过热的受热面遇水后产生急剧的应力变化,造成更大的事故。

二、锅炉的停炉保养

锅炉停炉期间,受热面完全暴露在空气中,氧气腐蚀很严重。锅炉一旦在高温下运行会加剧腐蚀,管壁减薄,影响锅炉受压元件强度和寿命。所以锅炉停炉后应及时采取保养措施。根据停炉时间的长短,常采用压力保养、湿式保养和干式保养3种保养方法。

1.压力保养

利用锅炉中余压(0.05~0.1 MPa)进行,炉水温度在100 ℃以上,使炉水中既无氧,又可以阻止空气进入炉管。可采用定期加热来保证蒸汽的温度和压力。这种方法适用于停炉时间不超过1周的情况。

2.湿式保养

利用一定浓度的碱性溶液与炉管内表面金属接触,使金属表面形成碱性保护膜,以防止金属腐蚀,通常用氢氧化钠、碳酸钠和磷酸三钠配制保护溶液。

（1）锅炉停炉后,先向炉管内充灌已预先溶解好药剂的软化水,将炉管充满。药剂的用量按表3-1中要求执行。

表 3-1　配制保护溶液药剂用量

药剂名称	水中药剂加量/$(kg \cdot m^{-3})$
氢氧化钠	2~5
碳酸钠	10~20
磷酸三钠	5~10

（2）湿式保养期间,应经常做外部检查,并定时化验炉水碱度。发现碱度下降,应查明原因及时处理,并补加碱液。

（3）锅炉运行时,应将炉水全部放掉,重新通软化水。

湿式保养这种方法通常用于停炉时间不超过1个月的情况。

3.干式保养

利用干燥剂吸湿,使锅炉内部金属保持干燥,以防止腐蚀。通常采用生石灰或无水氯化钙做干燥剂。具体做法如下:

（1）将炉管内的水垢、炉管外表面的烟灰清扫干净,再利用微火将炉管烘干。

（2）将装有生石灰或无水氯化钙的无盖木盆或铁盒放入炉膛内或烟道内。按每立方米管内容积加块状生石灰2~3 kg或无水氯化钙1~2 kg的标准执行。

（3）严密关闭锅炉所有阀门、人孔及烟道门，使锅炉与外界隔绝，防止外界潮气侵入。

（4）保养期间，每隔 1~2 个月检查 1 次干燥剂的情况。

（5）停炉时间超过 3 个月时，除用干燥剂防腐外，在清除炉管外表面烟灰之后，还应在其上涂刷红丹，并在锅炉附件和阀门处涂油脂保养。

干式保养这种方法适用于停炉时间超过 1 个月的锅炉长期保养。

第七节　锅炉运行事故的处理及预防

在锅炉运行过程中，因锅炉受压元件、安全附件或辅助设备发生事故或损坏，以及因运行人员失职或违反操作规程，使锅炉受到损伤及不正常停炉，称为锅炉事故。

如果锅炉发生以下严重事故，将严重损坏设备或危及运行人员人身安全，必须迅速按紧急停炉操作步骤进行停炉：

（1）锅炉缺水，产生干烧现象。

（2）辐射段、对流段管子破裂。

（3）锅炉发生燃气爆炸现象。

（4）锅炉绝热保温层裂缝、倒塌或外壁筒体有烧红现象。

（5）对流段受热面有二次燃烧现象。

（6）锅炉监察仪表损坏，无法监察锅炉正常运行。

一、锅炉缺水

锅炉缺水是指锅炉给水流量低于额定整定流量，产生这种现象的原因可能是：

（1）锅炉给水管道、蒸汽管道产生严重堵塞现象。

（2）柱塞泵发生故障。

（3）仪表及节流测量装置失灵。

（4）受热面管子破裂。

锅炉缺水现象产生后，应迅速停炉并查明原因，并待事故处理完毕，才能重新启动锅炉并正常运行。

二、辐射段、对流段管子爆裂

锅炉受热面由于腐蚀、结焦、结垢而导致传热恶化，使管子起包破裂、穿孔、渗漏、焊口损坏而泄漏等。产生上述情况后应停炉，查明原因，维修完毕方可重新投运。

三、锅炉绝热保温层裂缝、倒塌或外壁有烧红现象

锅炉发生绝热层倒塌或烧红现象，应停炉进行检查，对硅酸铝纤维块松动处应重新用硅酸铝纤维毯填入塞紧；对可浇注耐火材料脱落处应重新进行浇注。

四、锅炉燃气爆炸

不仅燃气锅炉会发生爆炸，燃重油锅炉也会发生爆炸。当锅炉发生爆炸现象后，应立即采取措施，即关闭燃料来源阀门，加强炉膛及烟道的吹扫，吹扫时间不得少于 10 min。同时

应查明爆炸原因,消除隐患后,才能使锅炉重新投入运行。

为了防止爆炸现象的发生,锅炉运行人员应严格按运行规程进行启炉。同时,应定期检查程序点火、火焰监测、燃料电磁阀等联锁、保护、信号装置是否正常,如发现异常应及时加以纠正。

五、对流段二次燃烧

对于燃油锅炉,部分在炉膛内没有燃烧的可燃物会黏附在其尾部受热面上,在一定的条件下这些可燃物会重新着火燃烧,使设备烧毁。

启、停较频繁的锅炉及尾部受热面积灰严重的锅炉发生对流段二次燃烧的可能性较大。

因此为了防止对流段二次燃烧,应采取以下措施:

(1)定期对尾部受热面进行清洗,清洗介质可用水和蒸汽。

(2)应保证锅炉在各种状态下燃烧良好,要加强燃烧监视,及时对燃烧进行调整,尽量减少排烟热损失。

第四章　锅炉使用的测量仪表

第一节　测量基本知识

一、测量的概念

测量技术是研究测量原理、测量方法和测量工具的一门科学,它是人类认识事物本质所不可缺少的技术手段,所以在人类的一切活动领域中都离不开测量。

所谓测量,就是通过专门的技术工具,用实验和计算的方法,把要求的被测量与其测量单位(国际或国家公认)进行比较,求出二者的比值,从而得到被测量的量值。因为测量方法和所用的设备都不可能是尽善尽美的,所以当进行测量时,首先要确定测量单位,其次要选择合适的测量方法和测量仪表,最后还要对测量结果进行处理。

二、测量方法

测量方法的选择对测量工作是十分重要的。如果方法不当,即使有精密的测量仪器和设备也不能得到理想的测量结果。测量方法的分类有许多种,根据研究问题的不同而采用不同的分类。

(1) 直接测量法。即用基准量值定度好的测量仪表对被测量直接进行测量,直接得到被测量的数值。

(2) 间接测量法。即利用被测量与某些量确定的函数关系,用直接测量法测得这些有关量的数值,代入已知的函数关系算出被测量的数值。

(3) 组合测量法。当被测量与直接测量的一些量不是一个函数关系,需要求解一个方程组才能取得时即为组合测量。

上述分类是计算误差时应用的。在考虑测量的综合性能,确定测量方案或仪表的设计方案时,按测量方式来分类。

(1) 偏差式测量法。使用测量仪表指针位移大小来表示被测量数值,如弹簧管压力表。

(2) 零位式测量法(补偿式测量法)。此法是用已知数值的标准量具与被测量直接进行比较,调整标准量具的量值,用指零仪表判断二者是否达到完全平衡(完全补偿),这时标准量具的数值即为被测量的数值,如天平。

(3) 微差式测量法。它是偏差法与零位法的结合。

三、测量误差

1.误差的基本概念

测量是一个对比、示差、平衡和读数的过程,也是变换、选择、放大、传送、比较、显示诸多功能的综合作用。如果这一过程是在理想的环境和条件下进行的,一切影响因素都不存在,则测量将十分准确。但在实际中并不存在这种理想的环境和条件。测量的对象、测量的方法、测量的仪表和测量者本身都会不同程度地受本身和周围环境因素的影响,必然会影响被测量示值的大小,使示值与被测量的真值之间造成差异。这种差异就是测量误差。

(1)误差。示值与被测量真值之间的代数差。

(2)修正值。真值与示值之差。

(3)真值。真值是客观存在的,但它又是很难测知的,在实际中则是依据误差理论来定义测量中的真值的。实际中常把精确度较高的仪表测量的结果当作被测量的真值。

2.误差的分类

误差的分类方法很多,若按误差出现的规律分,则可分成以下几种。

(1)系统误差(规律误差)。即大小和方向均不改变的误差,或在条件改变时,按某一确定的规律变化的误差。产生系统误差的主要原因有:仪表本身的缺陷,使用仪表的方法不正确,观测者的习惯或偏向,单因素环境条件的变化等。这种误差在测量中是容易消除或修正的。系统误差决定测量的正确度。系统误差越小,测量的结果越准确。

(2)随机误差(偶然误差)。即只服从于统计规律的误差。它是由很多复杂因素微小变化的总和引起的。它不易被发现、不好分析、难于修正。随机误差决定测量的精密度。它的平均值愈小,测量愈精密。

(3)疏忽误差。它是一类显然与事实不符的误差。产生的主要原因是操作者粗心大意,过度疲劳,操作有错或偶然的一个外界干扰等。这类误差在测量中是不允许的。

(4)缓变误差。即数值上随时间缓慢变化的误差(有的书籍把它划归为系统误差)。产生这类误差的原因多为零部件老化,其特点是单调缓慢变化,误差需经常校正。

四、测量仪表

1.测量仪表的基本组成

测量仪表一般由传感器、变换器和显示装置3部分组成。

(1)传感器。传感器是仪表与被测对象发生联系的部分,它将决定整个仪表的测量质量。其作用是感受被测量的变化,并将感受到的参数信号或能量形式转换成某种能被显示装置所接收的信号。若此信号是标准信号,则可把这种传感器叫作变送器,如热电偶、热电阻、节流装置等。有时,也可把传感器叫作测量元件、感测元件或敏感元件。

(2)变换器。为了将传感器的输出进行远距离传送、放大、线性化或变成统一信号等,需要用变换器来对传感器的输出做必要的加工处理,如压力表的传动机构、差变的开方器。

(3)显示装置。显示装置的作用是向观测者显示被测量的值,可以显示瞬时量、累积量等。

对于一些简单的仪表来说,上述3部分不是都能明确划分的。

2.测量仪表的基本技术性能

一件测量仪表的质量好坏,可用它的技术性能来衡量,下面简单介绍常见的几项基本技术性能。

(1)测量仪表的精确度与精确度等级。测量仪表的精确度(精度)代表测量结果与真值一致的程度,包含精密度和准确度(正确度)。精密度高的仪表的偶然误差小,准确度高的仪表的系统误差小。因此,精度高的仪表就意味着其偶然误差和系统误差都很小。

测量仪表的精确度等级(精度级)是按仪表精确度的高低划分的。仪表的精度级是由国家规定的一系列数字(0.005、0.01、0.02、0.04、0.05、0.1、0.5、1.0、1.5、2.5、4.0、5.0 等)来表示的,并用符号表示在仪表面板上。其数值愈小,则精度愈高。

仪表的基本误差是指仪表在规定的参比工作条件下确定的误差。附加误差是指仪表在非标准条件下使用时,除基本误差外,还会产生的误差。

(2)测量仪表的变差。测量仪表的变差是指在外界条件不变的情况下,用同一仪表对某一参数值进行正反行程测量时,仪表正反行程的 2 次示值之差。造成变差的原因很多,如传动机构的间隙、运动件的摩擦、弹性元件弹性滞后的影响等。但仪表的变差不能超过其基本允许的误差,否则应及时检修更换。

(3)线性度(非线性误差)。对于理论上具有线性"输入-输出"特性的测量仪表,由于各种因素的影响,使仪表的实际特性曲线偏离其理论上的线性关系,这种偏差叫作非线性误差。

(4)灵敏度、死区、灵敏限。测量仪表的灵敏度是用仪表输出的变化量与引起此变化的被测参数的变化量之比来表示的。测量仪表的灵敏度可以通过提高放大系统的放大倍数来提高。输入量的变化不致引起输出量有任何可察觉的变化的有限区间称为死区。仪表能响应的输入信号的最小变化量叫作仪表的灵敏限。通常仪表的灵敏限的数值应不大于仪表的基本误差绝对值的一半。应注意,灵敏度与灵敏限是不相同的,不能混为一谈。

(5)测量仪表的反应时间。仪表反应时间的长短,反映了仪表动态特性的好坏。为了表征仪表的动态性能,对仪表反应时间的 2 种情况采用了 2 种表示方法,一种是用"时间常数"来描述,另一种是用"阻尼时间"来表达。

3.测量仪表的分类

测量仪表的种类非常多,现就生产中常用测量仪表的几种分类法作一介绍。

(1)按所测物理量的不同,可分为压力测量仪表、物位测量仪表、流量测量仪表、温度测量仪表、自动成分分析仪表等。

(2)按表达示数的方式不同,可分为指示型、记录型、讯号型、远传指示型、累积型等。

(3)按精度等级不同,可分为工业用仪表和标准仪表。

第二节　压力测量仪表

测量压力的仪表常称为压力表或压力计,根据生产工艺的不同要求,它可进行指示、记录,也可带有远传、报警、调节等附加装置。本节主要对压力表的分类、单位换算、原理及常用的几种压力表进行介绍。表 4-1 是压力单位换算表。

表 4-1　压力单位换算表

序号	单位	Pa	bar	atm	kgf/cm²	mmH$_2$O	mmHg	psi
1	Pa	1	10^{-5}	$9.869\ 24\times10^{-6}$	$1.019\ 72\times10^{-5}$	$1.019\ 72\times10^{-1}$	$7.500\ 64\times10^{-3}$	$1.450\ 44\times10^{-5}$
2	bar	10^5	1	0.986 924	1.019 72	$1.019\ 72\times10^4$	750.064	14.504 4
3	atm	$1.013\ 25\times10^5$	1.013 25	1	1.033 23	10 332.3	760	14.696
4	kgf/cm²	$9.806\ 65\times10^4$	0.980 665	0.967 841	1	10 000	735.562	14.223 9
5	mmH$_2$O	9.806 65	$9.806\ 65\times10^{-5}$	$9.678\ 41\times10^{-5}$	10^{-4}	1	0.073 556 2	$1.422\ 39\times10^{-3}$
6	mmHg	133.322	$1.333\ 22\times10^{-3}$	$1.315\ 79\times10^{-3}$	$1.359\ 51\times10^{-3}$	13.595 1	1	1.934×10^{-2}
7	psi	$6.894\ 9\times10^3$	$6.894\ 9\times10^{-2}$	$0.680\ 5\times10^{-1}$	$0.703\ 07\times10^{-1}$	703.07	51.715	1

由于压力测量仪表的品种规格甚多,因而其分类方法也不少,有按工作原理、用途、结构特征、精度以及显示方式等各种分类法。按工作原理分类,主要分为液柱式、活塞式、弹性式和电测式压力计。

由于在生产中以弹性式和电测式压力计为主,所以本节只对这 2 种压力测量仪表进行介绍。

一、弹性式压力表

1.膜盒式微压计

膜盒式微压计的结构如图 4-1 所示,一般用来测量 1 000 mmH$_2$O 以下的微压,如炉膛压力、烟道压力等。测压元件是膜盒,传动机构由曲柄滑块机构和空间连杆机构组成,游丝用于消除传动机构的间隙。膜盒在被测介质的压力作用下,其硬芯产生位移,带动曲柄转动,再带动空间四连杆机构转动,最后带动指针转动。微调螺钉是用来改变仪表传动比的,故可以用它调整仪表的示值。连杆长度是可调的,它的空间位置也可调。整个传动机构的传动比是曲柄长度、各连杆长度和它们在空间位置的函数,调整这些数值即可调整传动比,使其达到示值线性(在精度范围内)。这类仪表是指示型的,

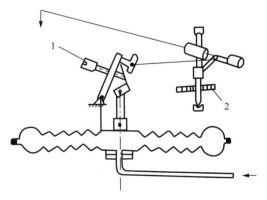

图 4-1　膜盒式微压计结构示意图
1—微调螺钉;2—游丝

精度为 2.5 级。

2.弹簧管压力表

弹簧管压力表是单圈弹簧管压力表的简称。它主要由弹簧管、齿轮传动机构(俗称机芯,指拉杆、扇形齿轮、中心齿轮等)、示数装置(指针和分度盘)以及外壳等几部分组成,如图 4-2 所示。

被测压力由接头 9 通入,迫使弹簧管 1 的自由端向右上方扩张。自由端的弹性变形位移通过拉杆 2 使扇形齿轮 3 做逆时针偏转,进而带动中心齿轮 4 做顺时针偏转,使固定在中心齿轮轴上的指针 5 也做顺时针偏转,从而在刻度盘 6 上显示出被测压力 p 的数值。由于自由端的位移与被测压力之间具有比例关系,因此弹簧管压力表的刻度标尺是均匀的。

弹簧管的材料因被测介质的性质和被测压力的高低而不同。一般当 $p < 19.6$ MPa 时,采用磷青铜等材料;当 $p \geq 19.6$ MPa 时,采用不锈钢或合金钢。此外,选用压力表时,还必须注意被测介质的化学性质。为了表明压力表具体适用于何种特殊介质的压力测量,常在其表壳、衬圈或表盘涂以规定的色标,并注明特殊介质的名称。使用时应加以注意。

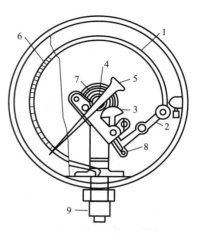

图 4-2 弹簧管压力表结构示意图
1—弹簧管;2—拉杆;3—杠杆扇形齿轮;
4—中心齿轮;5—指针;6—刻度面板;
7—游丝;8—调整螺钉;9—接头

由于弹簧管受压后,自由端的位移量很小,因此,必须用一传动放大机构(机芯)将自由端的位移量放大,提高仪表的灵敏度,其原理如图 4-3 所示。

由图 4-3 可知,指针 5 的位移是经 2 次放大而实现的。第一次放大是因扇形齿轮 3 绕支点偏转时,由于左右两臂长不等,而偏转角相等,故其两端点(2 与 3)上的质点位移的弧长不等(3 上的质点位移的弧长大于 2 上的质点位移的弧长)而实现的;第二次放大则是因中心齿轮 4 的节圆直径远小于扇形齿轮 3 的节圆直径,当它们互相啮合偏转时,尽管各自节圆上的质点移动的弧长相等,偏转的角度却不相同(中心齿轮的偏转角远大于扇形齿轮的偏转角)而实现的。

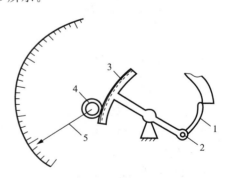

图 4-3 传动放大机构工作原理图
1—拉杆;2—活销;3—扇形齿轮;
4—中心齿轮;5—指针

为了保证弹性压力表的正确指示和长期使用,正确安装、使用和维修是必不可少的。

仪表应工作在正常允许的压力范围内(压力表的工作压力应在其刻度的 1/3～2/3 之间),仪表应按规定的方式安装,仪表的种类要与介质性质、使用场所相适应。要定期校验仪表,及时更换不合格的仪表。

弹簧管压力表在运行中常见的故障及原因:

(1)压力表无显示:导压管上的切断阀未打开;导压管堵塞;弹簧管接头内污物淤积过

多而堵塞;弹簧管裂开;中心齿轮与扇形齿轮牙齿磨损过多以致不能啮合。

（2）压力表指针有跳动或呆滞现象:指针与表面玻璃或刻度盘相碰有摩擦;中心齿轮弯曲,两齿轮啮合处有污物;连杆与扇形齿轮间的活动螺丝不灵活。

（3）指针抖动大:被测介质压力波动大;压力表的安装位置振动大。

（4）压力泄掉后,指针不归零:指针打弯;游丝力矩不足;指针松动;传动齿轮有摩擦。

（5）压力指示值误差不均匀:弹簧管变形失效;弹簧管自由端与扇形齿轮、连杆传动比调整不当。

（6）指示偏高:传动比失调。

（7）指示偏低:传动比失调;弹簧管有渗漏;指针或传动机构有摩擦;导压管有泄漏。

（8）指针不能指示到上限刻度:传动比小;机芯固定在机座位置不当;弹簧管焊接位置不当。

二、远传压力表

电测型压力计是把压力转换成各种电量来进行压力测量的仪器。它们常常把弹性元件的位移转换成某种电量来进行压力的测量。常见的有电阻式、电感式、电容式、霍尔式、应变式、振弦式、压电式等。还有一类是利用某些物体的某一物理性质与压力有关而制成电测型仪表,如压阻式、压磁式、热导式、电离式等。

无论哪类电测型压力计,它们一般都由压力传感器、测量电路和指示器（或记录仪）3 部分组成。由于生产厂家不同,其压力传感器的原理、类型也不同,在此不作详细介绍。

霍尔式远传压力表是以"霍尔效应"为基础的电测型压力表,它是由霍尔元件与弹性元件结合在一起所构成的霍尔压力传感器和显示仪表组成的。这类仪表有较高的灵敏度,显示仪表简单,并能远传指示和记录。但因霍尔元件受温度影响较大,其本身的稳定性又要受工作电流的影响,所以精度仅能达到 1 级。

电感式远传压力表是以电磁感应为基础的电测型压力测量仪表。它通过传感器把压力的变化转换成线圈电感量的变化来测知压力。它是由压力敏感元件与电感线圈一起构成的电感式压力传感器和显示仪表组成的。这类仪表的优点是简单可靠,输出功率大,可采用工频电源;缺点是线性范围不大,输出量与电源频率有关,故需要一个频率稳定的电源。

电容式压力测量仪表是以压力变化时能使传感器的电容量发生变化为基础工作的。它具有结构简单,动态性能好,电容相对变化值大,灵敏度高等优点,常用于快变压力的测量。但由于有分布电容的影响,较难实现电容的准确测量。

下面主要对电阻式远传压力表进行介绍。电阻式远传压力表是变频调节油压不可或缺的一部分。

图 4-4 所示为电阻式远传压力表的结构和电路图。电阻式远传压力表用来测量对钢、铜合金不起腐蚀作用的液体和气体介质的压力。电阻式远传压力表与一般弹簧管压力表的结构基本相同,不同之处仅是在齿轮传动机构上安装有电阻信号发送器——滑线电阻器。当压力变化时,扇形齿轮偏转,转臂电刷也相应偏转,输出的电阻值便发生变化。起始电阻值大于 20 Ω,满度电阻值在 340～400 Ω 之间。

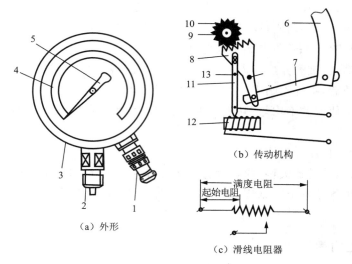

图 4-4　电阻式远传压力表

1—出线口；2—蒸汽接头；3—表壳；4—表盘；5—指针；6—弹簧管；7—连杆；
8—扇形齿轮；9—表轴；10—小齿轮；11—转臂电刷；12—滑线电阻器；13—轴

三、压力表的选择、校验与安装

1.压力表的选择

应根据工艺过程对压力测量的要求、被测介质的性质、现场环境条件等来选择压力表的种类、型号、量程和精度，并确定是否需要带有远传、报警等附加装置。

压力表的量程是根据被测压力的大小确定的。对于弹性式压力表，为保证弹性元件能在弹性变形的安全范围内可靠工作，在选择压力表量程时，必须根据被测压力的性质（压力变化的速度）留有足够的余量。例如，测量稳定压力时，最大工作压力不应超过量程的 2/3；测量脉动压力时，最大工作压力不应超过量程的 1/2；测量高压压力时，最大工作压力不应超过量程的 3/5。为了保证测量的准确度，最小工作压力不应低于量程的 1/3。

仪表的精度主要是根据生产允许的最大误差来确定的。如果压力表的精度等级为 1.5，则其允许的误差为：±（量程×1.5%）。用生产允许的误差与前值比较，可确定选用哪一等级的压力表。

仪表的种类和型号的选择要根据工艺要求、介质性质及现场环境等因素来确定。如是仅需就地显示，还是要求远传；是仅需指示，还是要求记录；是仅需报警，还是要求自动调节；介质的物理、化学性质如何；现场环境条件怎么样。对于氧、氨、乙炔等介质，则应选用专用的压力表。

2.压力表的校验

长期使用的压力表会由于弹性元件的弹性衰退而产生缓变误差，也会由于弹性元件的弹性滞后和传动机构的磨损、变形或其他原因而产生误差，所以常常需要对仪表进行校验。

常用的压力校验仪器是活塞式压力计和压力校验泵。前者可用砝码校验法来校验标准压力表，后者则用标准表比较法来校验工业弹簧管压力表。

活塞式压力计的结构和工作原理如图 4-5 所示，它由压力发生部分和测量部分组成，既

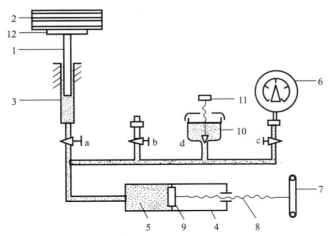

图 4-5　活塞式压力计的结构示意和工作原理图

1—测量活塞；2—砝码；3—活塞缸；4—螺旋压力发生器；5—工作液；
6—压力表；7—手轮；8—丝杠；9—工作活塞；10—油杯；11—进油阀手柄；
12—承重盘；a,b,c—切断阀；d—进油阀

可以用砝码校验标准表，又可以用标准表校验被校表。

压力发生部分主要由螺旋压力发生器、油杯、进油阀、切断阀等构成。当摇动手轮 7 使丝杠 8 左移时，将推动工作活塞 9 左移，从而使由进油阀 d 注入该部分的工作液 5 受到挤压而压力升高，此压力由工作液 5 可经各切断阀传到相应的地方。工作液一般采用洁净的变压器油和蓖麻油等。

测量部分主要由测量活塞、砝码、活塞缸和承重盘等构成。测量活塞 1 插入活塞缸 3 内。当测量活塞 1 及其上端的承重盘和砝码 2 的总重量与测量活塞 1 下端承受的由工作液 5 经切断阀 a 传来的压力而产生的向上作用的力相等时，活塞 1 将被顶起并稳定在活塞缸 3 内的任意平衡位置上。

压力表的校验一般可分为静态校验和动态校验两大类，静态校验主要是测定静态精度，确定仪表的等级。它有 2 种方法，即标准表比较法和砝码校验法。

砝码校验法是将图 4-5 中被校压力表 6 的指示值与活塞压力计测量部分的砝码和承重盘的总重量所确定的压力相比较，从而求得被校表的精度级。

标准表比较法是将标准表与被校表安在活塞压力计的 b 阀和 c 阀上或用压力校验泵来进行。当摇动图 4-5 中的手轮 7 时，螺旋压力发生器中工作液的压力将不断改变，比较标准表和被校表的示值，若被校表对于标准表的读数不大于被校表的允许误差，则认为被校表是合格的。标准表的测量上限应大于被校表的测量上限，其基本误差绝对值应小于被校表基本误差绝对值的 1/3。

活塞式压力计校验前的准备和校验时的操作：

（1）将活塞压力计放在坚固平稳无振动的工作台上。

（2）使活塞压力计处于水平位置（可根据仪器上的气泡水平仪进行调整）。

（3）注入工作液，装上压力表，将压力发生系统中的可压缩气体排净。

（4）校验时，一方面摇动手轮，一方面在承重盘上加取砝码，使测量活塞在受力平衡状

态下,其插入活塞缸内的深度约为总长的 2/3 为宜,同时两手轻轻拨动砝码,使测量活塞以 30～60 r/min 的速度均匀转动,以保证由所加砝码重量来确定压力数值的准确性。

使用活塞压力计时应注意,不能使测量活塞和活塞缸受到磨损、冲击和弯曲;加取砝码时应用两手平取平放;旋转手轮时,不能使丝杠受到弯曲力矩而产生变形。

活塞式压力计的基本允许误差有±0.05％、±0.2％等数种。它是标准仪器,应妥善保养和正确使用。

压力表校验还有现场校验的方法,是用标准表替换被校表,观察两表的示值,计算出被校表的误差,然后确定其是否合格。

3.压力表的安装

(1)测压点的选择。

选择测压点的原则是要使所选测压点能反映被测压力的真实情况。

① 测压点要选择在被测介质做直线流动的直管段上,不可选择在管路拐弯、分叉、死角或其他能形成涡流的地方。

② 测量流动介质的压力时,取压管应与介质流动的方向垂直,管口应与器壁平齐,并不得有毛刺。

③ 测量液体压力时,取压点应在管下部,使导压管内不会积存气体;测量气体压力时,取压点应在管道的上方,使导压管内不会积存液体。

(2)导压管的铺设。

① 导压管的粗细、长短均应选取合适,一般内径为 6～10 mm,长度为 3～50 m。

② 水平安装的引压管应保持有 1:20～1:10 的倾斜度。

③ 当被测介质易冷凝或冻结时,应加装保温伴热管。

(3)压力表安装。

① 压力表应安装在能满足规定的使用环境条件和易于观察维修的地方。

② 应尽量避免温度变化对仪表的影响,当测高温气体或蒸气压力时,应加装 U 形隔离管或回转冷凝器。

③ 仪表安装在有振动的场所时,应加装减振器。

④ 当被测压力波动频繁和剧烈时,应加装缓冲器或阻尼器。

⑤ 压力表的连接处,应根据被测压力的高低和介质的性质,加装适当的密封垫片。

⑥ 取压口与压力表之间,在靠近取压口处应加装有切断阀。

⑦ 仪表必须垂直安装,若在室外,还应加装保护罩。

⑧ 当被测压力不高,而压力表与取压口又不在同一高度时,对由此高度差而引起的测量误差应进行修正。

⑨ 为安全起见,测量高压的仪表除选用有通气孔的表壳以外,安装时表壳应靠向墙壁或放置于无人通过之处,以免发生意外。

第三节　流量测量仪表

流量计有许多分类方法,按测量的单位可分为质量流量计和体积流量计;按测量流体运动的原理可分为容积式、速度式、动量式等。本节主要介绍差压式流量计(差压变送器)、涡轮流量计和腰轮流量计。

一、差压式流量计

差压式流量计由节流装置、导压管和差压计或差压变送器及其显示仪表 3 部分组成。

节流装置主要由节流元件和取压装置组成。节流元件主要有标准孔板、喷嘴、文丘里管等几种,常用的是标准孔板。取压装置的结构形式主要有角取压和法兰取压等几种方式,常用的是法兰取压方式。

标准孔板如图 4-6 所示,它是一带有圆孔的板,圆孔与管道同心,直角入口边缘非常锐利。标准孔板的开孔直径 d 是一个非常重要的尺寸。对制造成的孔板,应至少取 4 个大致相等的角度测得直径的平均值,任一孔径的单测值与平均值相差不得大于 0.05%。标准孔板的进口圆筒形部分应与管道同心安装,其中心线与管道中心线的偏差不得大于 0.015D(D 表示管道内径),孔板必须与管道轴线垂直,其偏差不得超过 ±1°。

法兰取压装置即为设有取压孔的法兰,其结构如图 4-7 所示。上、下游侧取压孔的轴线分别与孔板上、下游侧端面 A、B 距离 $S=S'=25.4$ mm±0.8 mm。上、下游侧取压孔的轴线必须垂直于管道轴线,取压孔在管道内的出口边缘及长度等要求与单独钻孔的取压孔要求相同,其直径 b 要小于或等于 0.08D,即其实际尺寸应为 6~12 mm。

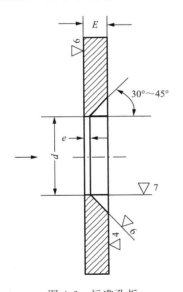

图 4-6　标准孔板
$E=0.02\sim0.05D$;$e=0.005\sim0.02D$

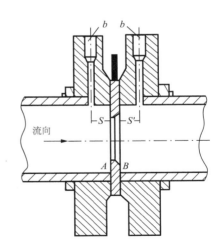

图 4-7　法兰取压装置示意图

允许在孔板上下游侧规定的位置上同时设有几个法兰取压的取压孔,但在同一侧的取压孔应按等角距配置。法兰与孔板的接触面必须平齐。法兰的外圆表面上应刻有表示安装方向的符号(+、-)、出厂编号、安装位号和管道内径 D 的设计尺寸值。法兰取压标准孔板可用于管径 D 为 50~750 mm 和直径比 β 值为 0.1~0.75 范围内。

在热工测量及自动调节系统中,电容式变送器为检测、变送环节,它可连续地把生产过程中的液体、气体、蒸汽等介质的压力、差压、液位、流量等热工参数的变化转换成 4~20 mA

的 DC(直流)统一信号,送至调节、显示等有关单元进行显示或控制。

由于生产厂家的不同,变送器的种类多种多样,虽然形式结构不同,但原理与 1151 电容式变送器相同,所以此处只介绍 1151 电容式变送器。

1151 电容式变送器主要由测量部分和转换电路 2 部分组成,其组成原理如图 4-8 所示。

图 4-8 1151 电容式差压变送器原理图

测量部分的作用是将被测参数转换成相应的差动电容值的变化。图 4-9 所示为测量部分的结构示意图。

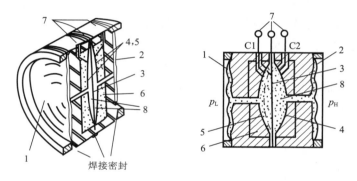

图 4-9 测量部分结构示意图

1,2—隔离膜片;3—测量膜片;4,5—电容固定极板;6—刚性绝缘体;7—引出电极;8—灌充液

它主要由隔离膜片 1 和 2、测量膜片 3、电容固定极板 4 和 5、刚性绝缘体 6、引出电极 7 等组成。隔离膜片与被测介质接触,膜片 1 与 3 之间为一室,膜片 2 和 3 之间为另一室,两室各自封闭,内充硅油,组成两室单元。测量膜片是一片弹性系数、温度稳定性好的平板金属膜片,作为差动可变电容的活动极板。在测量膜片两侧,有 2 个在玻璃凹形球面上用真空蒸发有金属层的固定极板。

被测压力 p_H 和 p_L 分别作用于高、低压侧的隔离膜片 1、2 上,灌充液将压力传送到测量膜片 3 上。当两侧压力不相等时,测量膜片向一侧位移,如图 4-9(b)中的虚线所示。此时,测量膜片 3 与两侧固定极板间的距离一侧增大,另一侧减小,因此 2 个固定极板与活动极板之间的电容量一个增大,另一个减小。引出电极 7 将这 2 个电容的变化信号输至转换电路。这样,测量部分就把被测参数的变化转换成差动电容量的变化。

这种结构对测量膜片具有较好的过载保护能力。当被测压差过大时,测量膜片贴紧一侧的凹形球面上,不会因产生过大位移而损坏膜片。过载消除后,测量膜片恢复到正常位置。灌充液除用作传递压力外,它的黏度特性对冲击力具有一定缓冲作用,可消除被测介质的高频脉动压差对变送器输出准确度的影响。

转换电路的作用是将测量部分的线性化输出信号转换成 4~20 mA 的 DC 统一信号,并送至负载。此外,它还具有整机的零点调整、量程调整、正负迁移、线性调整及阻尼调整等功能。

1151 电容式变送器的转换电路有 E 型(普通型)、J 型(用于流量测量)、F 型(用于微压测量)3 种类型。它主要由解调器、振荡器、振荡控制放大器、调零电路、调量程电路、电流控制放大器、电流转换器、电流限制器、电源反向极性保护电路和基准电压源等组成。

二、涡轮流量计

涡轮流量计是一种速度式流量计,它有许多优点,应用较多。它的特点是:

(1) 精度高。基本误差为 ±(0.25%～1.5%),一般为 ±0.5%。

(2) 量程比大。一般为 10:1。

(3) 惯性小。时间常数为毫秒级。

(4) 耐压高。被测介质的静压可高达 10 MPa。

(5) 适用温度范围广。有的型号可测 −200 ℃的低温介质的流量,有的型号可测 400 ℃的高温介质的流量。

(6) 压力损失小。一般压力损失为 0.02 MPa。

(7) 输出频率信号。容易实现流量积算和定量控制,并且抗干扰。

(8) 可用于测量轻质油,黏度低的润滑油及腐蚀性不大的酸、碱溶液。

(9) 仪表的口径为 400～600 mm,插入式可测直径为 100～1 000 mm 的管道的流量。

(10) 流体中不能含有夹杂物,否则误差大,轴承磨损快,仪表寿命短,故仪表前最好装过滤器。

(11)不适于测黏度大的液体。

涡轮流量计的结构如图 4-10 所示。在一个不锈钢壳体 1 的前端固定一个前导流件 2,它由四片互相垂直的直片组成,用以消除来流的旋涡,成为流线平行于轴线的流动,3 是叶轮组件,4 是后导流件,压紧圈 5 用以固定导流件,6 是带前置放大器的电磁转换器。

电磁转换器的结构如图 4-11 所示。它由永久磁铁、放在下面的线圈和线圈中磁导率很高的铁芯共同组成。仪表的壳体是用非导磁的不锈钢制造,电磁转换器安装在它上面,正对着叶轮。永久磁铁产生的磁力线穿过线圈中的铁芯和流量计的壳体,经叶片和空气而闭合。当叶轮在被测流体推动下转动时,叶片正对着铁芯和偏离铁芯这 2 种情况下,磁路的磁阻变化很大,也就造成线圈中的磁通发生很大的变化,从而在线圈中感应出交变电势。这种电势的频率即是叶片转动的频率,它与叶轮转速成正比,而叶轮的转速与被测流体的流速成正比。

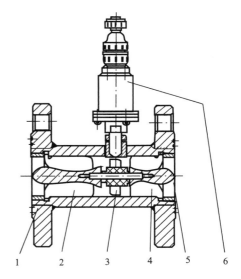

图 4-10　涡轮流量计结构示意图

1—不锈钢壳体;2—前导流件;3—叶轮组件;
4—后导流件;5—后紧圈;6—电磁转换器

三、腰轮流量计

腰轮流量计是一种容积式流量计，用来测量各种液体和气体的体积流量，由于它能使被测液体体积充满具有一定容积的空间，然后再把这部分流体从出口排出，所以是容积式流量计。其工作原理如图 4-12 所示。腰轮流量计的 2 个转子是 2 个摆线齿轮，故它们的传动比恒为常数。为减少两转子的磨损，在壳体外装有一对渐开线齿轮作为传动之用。每个渐开线齿轮与一个转子同轴。为了使大口径的腰轮流量计转动平稳，每个腰轮均做成上下两层，而且两层错开 45°角，称作组合式结构。也有做成螺旋形腰轮的。

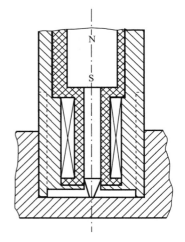

图 4-11　电磁转换器结构示意图

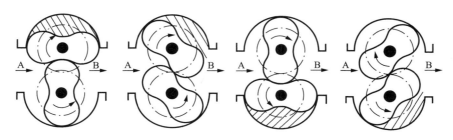

图 4-12　腰轮流量计工作原理图

第四节　温度测量仪表

温度是表征物体冷热程度的物理量。温度不能直接加以测量，只能借助于冷热不同的物体之间的热交换，以及物体的某些物理性质随冷热程度不同而变化的特性来加以间接测量。用来量度物体温度高低的标尺叫作温度标尺，简称温标，是用数值表示温度的一种方法。它规定了温度的读数起点和测量温度的基本单位。各种温度的刻度数值均由温标确定。

温标的种类很多，目前国际上用得较多的温标有摄氏温标、华氏温标和热力学温标。

摄氏温标和华氏温标都是根据液体（水银）受热后体积膨胀的性质建立起来的。摄氏温标是把标准大气压下冰的融点定为 0 度，水的沸点定为 100 度的一种温标。在 0 度到 100 度之间划分为 100 等份，每一份为一摄氏度，单位符号为 ℃。

华氏温标规定标准大气压下冰的融点为 32 度，水的沸点为 212 度，中间划分为 180 等份，每一份为 1 华氏度，单位符号为℉。摄氏温标 t 与华氏温标 F 的换算关系如下：

$$t = \frac{5}{9}(F - 32) \text{ 或 } F = \frac{9}{5}t + 32 \tag{4-1}$$

热力学温标是以热力学第二定律为基础的一种理论温标，已由国际权度大会采纳作为国际统一的基本温标。热力学温标 T 又叫开氏温标，单位符号为 K，它有一个绝对零度（0 K），低于 0 K 的温度不可能存在。它与摄氏温标 t 的换算关系为：

$$T = t + 273.15 \tag{4-2}$$

温度测量仪表按其测温的方式可分为接触式和非接触式 2 类。一般接触式测温仪表比较简单、可靠、测温精度高。但由于测温元件与被测介质需要进行充分的热交换，需要一定时间才能达到热平衡，所以将存在测温的迟延现象。常见测温仪表的种类及其优、缺点见表 4-2。

表 4-2　常见测温仪表的种类及其优、缺点

测温方式	温度计种类		常用测温范围/℃	优　点	缺　点
接触式测温仪表	膨胀式	玻璃液体	−50～600	结构简单、使用方便、测量准确、价格低廉	测量上限和精度受玻璃质量的限制，易碎
		双金属	−80～600	结构紧凑、牢固可靠	精度低，量程和使用范围有限
	压力式	液体	−30～600	耐振、坚固、防爆、价格低廉	精度低，测量距离短，滞后大
		气体	−20～350		
		蒸汽	0～250		
	热电偶	铂铑-铂	0～1 600	测温范围广，精度高，便于远距离、多点、集中测量和自动控制	需冷端温度补偿，低温段测量精度较低
		镍铬-镍铝	0～900		
		镍铬-考铜	0～600		
	热电阻	铂	−200～500	精度高，便于远距离、多点、集中测量和自动控制	不能测高温，须注意环境温度影响
		铜	−50～150		
		热敏	−50～300		
非接触式测温仪表	辐射式	辐射式	400～2 000	测温时，不可破坏被测温度场	低温段测量不准，环境条件会影响测温准确度
		光学式	700～3 200		
		比色式	900～1 700		
	红外线	热敏探测	−50～3 200	测温响应快，范围广，适于测温度分布	易受外界干扰，标定困难
		光电探测	0～3 500		
		热电探测	200～2 000		

一、热电偶温度计

热电偶温度计由热电偶、电测仪表和连接导线组成。热电偶主要由热电极、绝缘材料、保护管和接线盒等组成（见图 4-13）。热电偶的热电极是由 2 根不同的导体或半导体材料焊接或铰接而成的。绝缘管用于防止 2 根热电极短路。为了使热电偶免受化学和机械损伤，以得到较长的使用寿命和较高的测温准确性，通常将热电极（包括绝缘管）装入保护管内。接线盒供连接热电偶和补偿导线之用。它一般由铝合金制成，通常分普通型和密封型 2 类。为防止灰尘及有害气体进入热电偶保护管内，接线盒的出线孔和盖子均用垫片和垫圈加以密封。

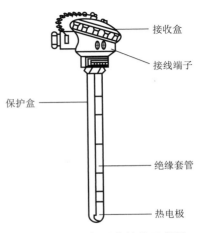

图 4-13　热电偶基本结构示意图

接收盒
接线端子
保护盒
绝缘套管
热电极

热电偶的测量温度范围较宽,一般为−50～1 600 ℃,最高温度可达 2 800 ℃,并有较好的测量精度。另外,热电偶已标准化,产品系列化,易于选用。各种热电偶都有相应的分度号,可以用模拟法调整电路或仪表,也方便用计算机作非线性补偿。因此在工业测温中用得极为广泛。

热电偶的基本工作原理如图 4-14 所示。

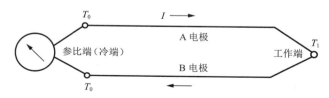

图 4-14 热电偶工作原理图

2 种不同的导体 A 和 B 组成 2 个接点,形成闭合回路。当 2 个接点温度不同时,回路中将产生电势,该电势的方向和大小取决于 2 种导体的材料及 2 个接点的温差,而与 2 种导体的粗细、长短无关,这种现象称为物体的热电效应。2 种导体组成的回路称为热电偶,它产生的电势称为热电势,热电偶中温度较高的一端叫热端(测温端),温度低的一端叫冷端。

在实际测量中,热端与冷端之间距离较远时,需要连接导线。由于测量时,冷端的温度不是 0 ℃,会产生测量误差,需要加冷端补偿(冷端补偿主要有补偿导线法、冷端温度校正法、冰浴法和补偿电桥法),所以使用补偿导线连接冷端与热端。另外,由于热电偶的材料一般价格较高,当测量点到仪表之间距离较远时,为了节省热电偶材料,通常也采用补偿导线连接的方法。

所采用的补偿导线必须满足 2 个条件:一是在一定的温度范围内,补偿导线的热电势必须与所延长的热电偶产生的电势相同;二是补偿导线与热电偶的 2 个接点必须处于同一温度下。

补偿导线的安装应满足以下几点要求:

(1)补偿导线应装在一定的穿线管内,管必须有螺纹连接。

(2)补偿导线应尽量避免与高温、潮湿或腐蚀性介质接触,禁止铺设在炉壁、热管道上。

(3)补偿导线应与其他导线分开铺设,在任何时候都不允许与电源的动力线并排铺设。

(4)补偿导线穿入管内,使用时必须检测绝缘电阻。

(5)补偿导线在保护管内不能有曲折,也不允许拉得过紧。

(6)补偿导线周围的最高环境温度不应超过 100 ℃。

热电偶的安装应尽量做到测温准确、安全可靠及维修方便。热电偶的安装方法有:垂直管道轴线安装、倾斜管道轴线安装、弯曲管道上的安装和锅炉烟道中的密封安装。不管采用何种安装方式,均应使热电偶在管道内有足够的插入深度,并且测量端要迎着流体的方向。

二、热电阻温度计

热电阻温度计由热电阻、显示仪表和连接导线组成。其中热电阻又是由电阻体、绝缘管和保护套管等主要部件组成。热电阻是测量温度的敏感元件,有导体的和半导体的 2 种。

热电阻是利用物质在温度变化时本身电阻也随着发生变化的特性来测量温度的,其主要材料有铂、铜和镍。由于铂热电阻具有很好的稳定性和测量精度,因此主要用于高精度的温度测量和标准测温装置。因为铂是贵金属,价格较高,所以在一些测量精度要求不是很高,测温范围比较小($-50 \sim 150 \ ℃$)的情况下,可采用铜热电阻。铜热电阻与铂热电阻都已标准化,并且有系列化的各种型号传感器,适用于各种不同的环境。

铂热电阻及铜热电阻感温元件结构如图 4-15 所示。一般它们不单独使用,须加上绝缘套管、保护套管和接线盒等组成测温传感器。

由于铂热电阻在 0 ℃时电阻值 $R = 100 \ \Omega$,铜电阻在 0 ℃时 $R = 50 \ \Omega$,因此在传感器与测量仪表之间引线过长会引起测量误差。在实际测量中,热电阻与仪表或放大器接线有 2 种方式:两线制或三线制。两线制对引线电阻有一定要求,铜热电阻不超过 R 的 0.2%,铂热电阻不超过 R 的 0.1%。采用三线制可以消除连接线过长及连接线电阻随环境温度变化而引起的误差,其接线方法如图 4-16 所示。

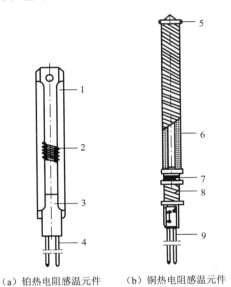

（a）铂热电阻感温元件　　（b）铜热电阻感温元件

图 4-15　铂热电阻及铜热电阻感温元件结构示意图

1—夹持件;2—铂丝;3—保护管;4—银导线;5—线圈骨架;
6—铜丝;7—扎线;8—补偿绕组;9—铜导线

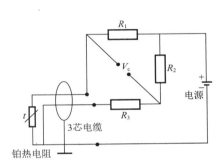

图 4-16　三线制接线

三、其他类型的温度计

1.双金属温度计

双金属温度计中的感温元件是用两片线膨胀系数不同的金属片叠焊在一起制成的。双金属片受热后,由于两金属片的膨胀长度不同而产生弯曲,温度越高产生的线膨胀长度差越大,因而引起弯曲的角度就越大。双金属温度计就是按这一原理制成的。

现在工业上广泛采用指示式双金属温度计(见图 4-17),螺旋形感温元件用双金属片制成,一端固定,另一端连接在芯轴上。当温度变化时,螺旋形的自由段旋转,并带动固定在芯轴上的指针转动,指示出温度的数值。将双金属片制成螺旋管状,大大提高了仪表的灵敏度。

2.压力式温度计

压力式温度计是根据在封闭系统中的液体、气体或低沸点液体的饱和蒸气受热后体积膨胀或压力变化这一原理而制成的,并用压力表来测量这一变化,从而测得温度。

压力式温度计主要由温包、毛细管和弹簧管（或盘簧管）组成（见图 4-18）。温包是直接与被测介质相接触来感受温度变化的元件,因此要求它具有高的强度、小的膨胀系数、高的热导率以及抗腐蚀等性能。根据所充工作物质和被测介质的不同,温包可用铜合金、钢或不锈钢来制造。毛细管是用铜或钢等材料冷拉成的无缝圆管,用来传递压力的变化。其外径为 1.2～5 mm,内径为 0.15～0.5 mm。弹簧管就是一般的压力表用的弹性元件。

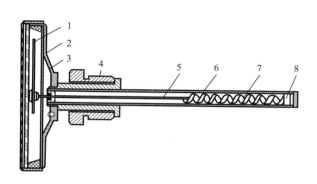

图 4-17　工业用双金属温度计结构示意图
1—指针;2—刻度盘;3—表壳;4—活动螺母;
5—指针轴;6—保护管;7—感温元件;8—固定端

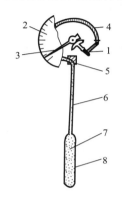

图 4-18　压力温度计原理示意图
1—传动机构;2—刻度盘;3—指针;4—弹簧管;
5—接头;6—毛细管;7—工作物质;8—温包

第五节　数字显示仪表

数字显示仪表的种类很多,与不同型号种类的变送器配合使用,可组成不同的测量仪表,可用来测量温度、压力、液位、流量等多种参数。生产厂家不同,型号也不相同。本节只对应用较广的 SWP-C90 系列进行介绍,其他型号的仪表可参照有关的说明书。

SWP 系列显示仪表适用于各种温度、压力、液位、流量等参数的测量控制。其中,SWP-C90 常用于流量、温度和压力的测量和控制。

一、主要参数

（1）供电电压:AC110 V、AC220 V 或 AC90～260 V。

（2）输入信号:热电偶为标准热电偶（B、S、K、E、J、WRe 等）;热电阻为标准热电阻（Pt10、Pt100、Cu50 等或远传压力电阻）;电流为 0～10 mA、4～20 mA、0～20 mA 等（输入电阻小于等于 250 Ω）;电压为 0～5 V、1～5 V 等（输入阻抗大于等于 250 kΩ）。

（3）测量范围:−1 999～1 999 字。

（4）测量精度:0.2%（或 0.5%）FS±1 字。

（5）分辨率:1 字、0.1 字、0.01 字或 0.001 字。

（6）温度补偿:0～50 ℃。

（7）使用环境:环境温度 0～50 ℃;相对湿度小于等于 85RH;避免强腐蚀气体。

二、接线端子图

接线端子如图 4-19 所示。

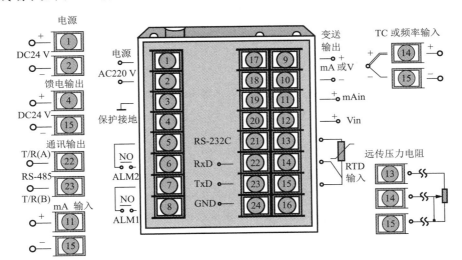

图 4-19　SWP-C90 接线端子

第五章　锅炉使用的机泵及阀件

　　锅炉的辅助设备主要以泵和风机为主,泵和风机是提高流体能量并输送流体的机械。通常,把提高液体能量并输送液体的机械称为泵;把提高气体能量并输送气体的机械称为风机。

　　泵与风机是一种通用机械,应用非常广泛。泵与风机种类很多,用途各不相同,一般按工作原理分类如下。

　　(1)泵分为叶片式泵、容积式泵和其他类型泵 3 种。

　　① 叶片式泵有离心泵、混流泵、轴流泵和涡流泵。

　　② 容积式泵分为往复泵和回转泵 2 种。

　　a.往复泵有柱塞泵和隔膜泵。

　　b.回转泵有齿轮泵、螺杆泵、滑片泵和液环泵。

　　③ 其他类型泵有喷射泵和水锤泵。

　　(2)风机分为叶片式风机和容积式风机 2 种。

　　① 叶片式风机有离心风机和轴流风机。

　　② 容积式风机有往复风机和回转风机(罗茨风机和螺杆风机)。

　　叶片式泵或风机是依靠工作叶轮的旋转运动来提高流体能量并输送流体的。容积式泵或风机是依靠工作室容积周期性地改变来提高流体能量并输送流体的。其他类型泵则是依靠工作液体的能量来输送液体的。

　　本章主要对实际应用到的各种泵与风机进行介绍。

第一节　离心泵

一、离心泵的分类

　　离心泵一般按泵轴位置、泵体形式、泵壳分开方式、叶轮吸入方式及叶轮级数等不同结构特点,分类如下:

　　(1) 按叶轮级数分为单级泵和多级泵。

　　(2) 按叶轮吸入方式分为单吸泵和双吸泵。

　　(3) 按泵壳分开方式分为分段式(节段式)和中开式。

　　(4) 按泵体形式分为蜗壳式和导叶式(透平式)。

　　(5) 按泵轴位置分为卧式和立式。

　　(6) 按扬程分为低压泵(扬程低于 100 m)、中压泵(扬程为 100~650 m)和高压泵(扬程高于 650 m)。

二、离心泵的结构

离心泵的结构形式多种多样,但工作原理相同,主要零部件的形状是相似的。整个泵由转子及静子 2 部分组成。转子由叶轮、轴、平衡装置中的转动部件(平衡盘、平衡毂等)等组成。静子由吸入室、压出室、泵壳、密封装置、平衡装置中的静子部件、轴承等组成。其基本结构如图 5-1 和 5-2 所示。

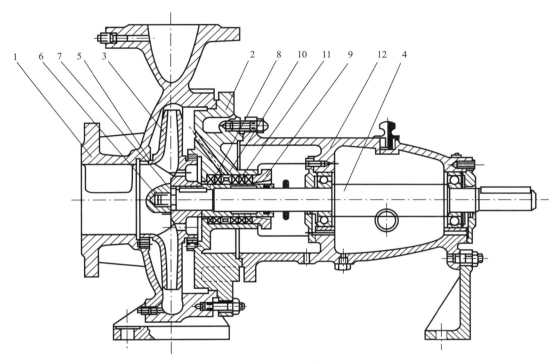

图 5-1　填料密封方式离心泵结构示意图

1—泵体;2—泵盖;3—叶轮;4—轴;5—密封环;6—叶轮螺母;7—止动垫圈;8—轴套;
9—填料压盖;10—填料环;11—填料;12—悬架轴承部件

(一) 叶轮

叶轮是将原动机输入的机械能传递给液体,提高液体能量的部件。叶轮一般由前盖板、叶片、后盖板和轮毂所组成。叶轮的形式有开式、半开式和闭式 3 种(见图 5-3)。

开式叶轮没有盖板,内部泄漏损失大,效率低,只适用于输送含纤维材料的液体(如纸浆泵),一般很少采用。半开式叶轮只装有后盖板,泄漏损失也较大,适用于输送含有灰砂和易于沉淀的液体(如泥浆泵)。闭式叶轮在叶片两侧都装有盖板,泄漏少,效率高,一般离心泵均采用这种叶轮。

(二) 泵轴

泵轴是传递扭矩的主要部件。中小型泵多采用等直径轴,轴的材料一般采用碳钢。现在的大型泵则多采用阶梯轴,轴的材料则多采用铬钒钢和铬钼钒钢。

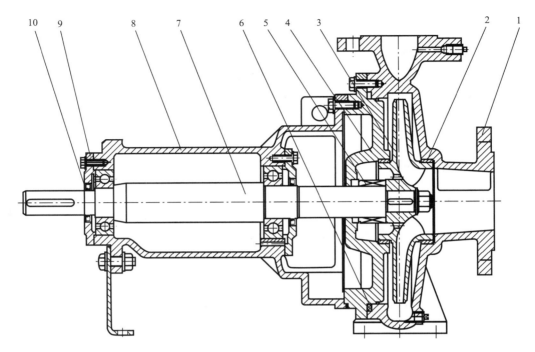

图 5-2　机械密封方式离心泵结构示意图

1—泵体;2—耐磨环;3—叶轮;4—泵盖;5—机械密封;
6—O 形橡胶圈;7—泵轴;8—悬架体;9—轴承压盖;10—油封

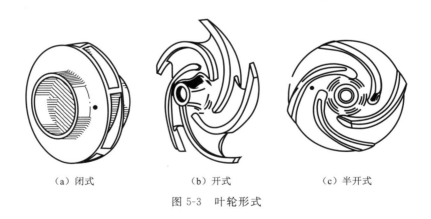

（a）闭式　　　　　　（b）开式　　　　　　（c）半开式

图 5-3　叶轮形式

（三）吸入室

离心泵吸入管接头与叶轮进口前的空间称为吸入室,其作用是将吸入管道中的液体以最小的损失均匀地引向叶轮。

吸入室有 3 种形式:锥形管吸入室、圆环形吸入室、半螺旋形吸入室。

（1）锥形管吸入室结构简单,制造方便,流速分布均匀,损失较小,它主要用于悬臂式离心泵。锥形管吸入室的锥度一般为 7°～18°。

（2）圆环形吸入室的优点是结构简单,轴向尺寸较短。缺点是由于泵轴穿过吸入室,使流速分布不太均匀,液体进入叶轮时有冲击和旋涡损失。在多级泵中广泛采用。

（3）半螺旋形吸入室的优点是流速分布均匀,阻力较小,但液体进入叶轮前已有预旋,将降低离心泵的扬程。我国的中开式泵都采用这种结构,也有个别悬臂式泵采用这种结构。

（四）压出室

离心泵叶轮出口处或导叶出口处与压出管接头的空间称为压出室,其作用是以最小的损失将叶轮中流出的高速液体收集起来,引向压出室,同时还将液体的一部分动能转变为压能。压出室式有螺旋形压出室和环形压出室 2 种。

螺旋形压出室多用于单级泵、单级双吸泵和多级中开式泵。环形压出室主要用于多级泵压出段或输送杂质的泵。

（五）密封装置

为了保证离心泵正常、安全、高效地运行,在离心泵的转子与泵壳之间必须设有密封装置。其目的是在吸入端防止空气漏入,破坏泵的正常运行。在压出端防止高压液体向外泄漏,降低泵的效率。在泵的内部则防止液体从高压区向低压区回流,降低泵的效率。根据密封装置的位置及作用分为外密封装置和内密封装置 2 类。

三、离心泵的原理

离心泵开始工作后,进入泵体的液体由许多弯曲的叶片带动旋转。液体被甩到泵壳和叶轮的空隙中,由叶轮中心甩向边缘,再经过螺形泵壳流向排出管。随着液体的不断排出,在泵的叶轮中心形成真空,造成叶轮进、出口压差,在此压差作用下,液体不断被吸入和排出。

在泵壳内充满水的情况下,叶轮旋转使叶轮内的水也随着旋转。叶轮内的水在离心力的作用下获得能量,并沿着叶道流动,在叶轮出口处产生离心现象,由于惯性沿叶轮出口的圆周切线方向流入泵壳,再沿着压力管排出,这就是压水过程。同时,叶轮内水的流出使叶轮中心进口处的压强降低而形成真空,这个压强低于吸水管进口处的压强。在这个压强差的作用下,水沿着吸水管流入叶轮进口,这就是吸水过程。叶轮不断地旋转,水就不断地压出和吸入,离心泵就不断地向外输水。

四、离心泵的型号

离心泵的生产厂家不同,型号也各种各样,这里只介绍几种通用标准型号的离心泵。

（一）单级单吸清水离心泵

如 IS65-50-200。IS 表示单级单吸清水离心泵;65 表示泵吸入口直径为 65 mm;50 表示泵排出口直径为 50 mm;200 表示叶轮外径为 200 mm。

（二）单级单吸悬臂式直连离心清水泵

如 2BL-6A。2 表示泵吸入口直径为 2 in(即 50.8 mm);BL 表示单级单吸悬臂式直连离心清水泵;6 表示该泵的比转速为 60;A 表示该泵可更换不同外径的叶轮。

（三）GC 型离心水泵

如 2GC-4。2 表示泵吸入口直径为 2 in(即 50.8 mm);G 表示锅炉给水泵;C 表示泵的种类;4 表示泵的级数为四级。

（四）不锈钢耐腐蚀离心泵

如 25AFB-20。25 表示泵吸入口直径为 25 mm;A 表示副叶轮动力轴封装置;F 表示单级单吸悬臂式耐腐蚀离心泵;B表示泵的输出介质部分为不锈钢;20表示扬程为20 m。

五、离心泵的维护和保养

(一) 离心泵启动前的准备工作

(1) 检查各传动、连接和固定部分是否完好。

(2) 检查密封填料:采用填料密封的,需要装好填料,调整好压盖;采用机械密封的,因在出厂时已装好,不需检修即可投运。

(3) 轴承箱充好油,油位正常,油质合格。

(4) 灌泵以排除泵体内空气,若吸入液面是有压头的,可直接打开吸入阀门,进行灌泵排气。

(5) 全开吸入阀门,关闭排出阀门。

(6) 手动盘车3～5圈,并检查各转动零部件能否转动自如。

(7) 检查电机电压是否正常,电路接线和电机接地是否正确良好。新泵试车时,还应检查电机的旋转方向,若方向不符合要求应调整电源相序。

(二) 离心泵正常运转中的检查

(1) 轴承工作是否正常。

① 油温温升不超过40 ℃。② 油位:无油环滚动轴承,油面应不低于滚球中心;有油环的轴承,油面应能埋浸油环直径的1/5。③ 油质情况:不能含水及杂质,不能乳化或变黑。④ 有无异常声音:滚动轴承损坏时,一般会出现异常声音。

(2) 压力表读数是否正常。

(3) 泵体是否振动。

(4) 密封工作是否正常。

① 对机械密封,看泄漏量是否在要求的范围之内。② 对软填料,应允许稍有滴漏,一般以15～30滴/分为宜。

(5) 电机是否有异常声音,有无振动,检测电机温升,温升在40 ℃以下为宜。

(三) 离心泵的维护保养

经常性的保养内容包括:① 擦洗泵机组,保持外部清洁卫生。② 检查外部各固定螺栓有无松动和缺损,若有松动应拧紧,有缺损应更换。③ 检查和加注黄油或机油。

(1) 一保(运行1 000～1 500 h)内容。

① 检查或更换密封填料。② 泵的轴承检查和换油。③ 清理电机的滤风口。

(2) 二保(运行2 000～3 000 h)内容。

① 进行一保内容。② 检查平衡盘和平衡套的间隙是否磨损扩大,轴串量是否超过要求。③ 检查轴承、轴瓦的间隙是否超过要求。④ 检查联轴器两轴的同心度是否在要求范围内。⑤ 清洗轴承油盒,更换机油,检查油环是否变形和损坏。

(3) 三保(运行10 000～12 000 h)内容。电机抽转子,泵解体,进行全面的检查,维修和调试。

(四) 离心泵常见故障及原因

(1) 运行中达不到扬程。

① 进液量不足或进口阀门开度太小。② 电机转速不够。③ 压力表指数不准。④ 平

衡盘磨损太大。⑤ 叶轮损坏。⑥ 泵体的各间隙太大。

（2）启泵后不上水。

① 进口管线堵或叶轮堵。② 泵入口阀未打开或流程没导通。③ 水压力过低或给水液面太低。④ 泵内充进气体。⑤ 进口密封填料盒漏失严重。⑥ 电机反转。

（3）轴承温度过高。

① 轴承缺油。② 轴瓦间隙太小。③ 轴弯曲或轴瓦偏后。④ 润滑油不清洁。⑤ 油环卡死。

（4）泵体振动严重。

① 电机与泵轴不同心。② 叶轮有碰撞现象。③ 轴瓦间隙过大。④ 泵上水不好,空转。⑤ 平衡机构不起作用。⑥ 轴弯曲。⑦ 基础不稳固,地脚螺丝松动。

（5）密封填料盒发热。

① 轴套表面不光滑。② 密封压盖不正,偏后。③ 新填料过多过紧。

六、离心泵的汽蚀现象

(一)汽蚀发生的机理

离心泵运转时,液体的压力从泵入口到叶轮入口不断下降,在叶片附近,液体压力最低。此后,由于叶轮对液体做功,压力很快上升。当叶轮叶片入口附近压力小于等于液体输送温度下的饱和蒸气压力时,液体就汽化。同时,还可能有溶解在液体内的气体溢出,它们形成许多气泡。当气泡随液体流到叶道内压力较高处时,外面的液体压力高于气泡内的汽化压力,则气泡会凝结溃灭形成空穴。瞬间周围的液体以极高的速度向空穴冲来,造成液体互相撞击,使局部的压力骤然剧增(有的可达数百个大气压)。

这不仅阻碍液体的正常流动,更为严重的是,如果这些气泡在叶轮壁面附近溃灭,则液体就像无数小弹头一样,连续地打击金属表面,其撞击频率很高(有的可达 2 000～3 000 Hz),金属表面会因冲击疲劳而剥裂。若气泡内夹杂某些活性气体(如氧气等),它们借助气泡凝结时放出的能量(局部温度可达 200～300 ℃),还会产生电解,对金属起电化学腐蚀作用,更加速了金属剥蚀的破坏速度。上述这种液体汽化、凝结、冲击,形成高压、高温、高频率的冲击载荷,造成金属材料的机械剥裂与电化学腐蚀破坏的综合现象称为汽蚀。

(二)汽蚀的后果

（1）汽蚀使过流部件被剥蚀破坏。

通常离心泵受汽蚀破坏的部位,先在叶片入口附近,继而延至叶轮出口。起初是金属表面出现麻点,继而表面呈现槽沟状、蜂窝状、鱼鳞状的裂痕,严重时造成叶片或叶轮前后盖板穿孔,甚至叶轮破裂,造成严重事故。因而汽蚀严重影响到泵的安全运行和使用寿命。

（2）汽蚀使泵的性能下降。

汽蚀使叶轮和流体之间的能量转换遭到严重的干扰,使泵的性能下降,严重时会使液流中断无法工作。

（3）汽蚀使泵产生噪声和振动。

气泡溃灭时,液体互相撞击并撞击壁面,会产生各种频率的噪声。严重时可以听到泵内有"噼啪"的爆炸声,同时引起机组的振动。而机组的振动又进一步促使更多的气泡产生和溃灭,如此互相激励,导致强烈的汽蚀共振,致使机组不得不停机,否则会遭到破坏。

(三)离心泵产生汽蚀的危害

(1)汽蚀可以产生很大的冲击力,将使金属零件的表面(叶轮或泵壳)产生凹陷或对零件引起疲劳性破坏以及冲蚀。

(2)由于低压的形成,液体中将析出氧气和其他气体,在受冲击的地方产生化学腐蚀。在机械损失和化学腐蚀的作用下,加速了流体流通部分的破坏。

(3)汽蚀开始阶段,由于发生的区域小,气泡不多,不致影响泵的运行,泵的性能不会有大的改变,当汽蚀达到一定程度时,会使泵的流量、压力、效率下降,严重时断流,吸不上液体,破坏了泵的正常工作。

(4)在很大的压力冲击下,可听到泵内很大的噪声,同时泵机组产生振动。

(四)汽蚀的特征

(1)泵出现较大的振动和噪声。

(2)泵的出口压力降低,流量下降,开大阀门流量不会上升。

(3)长期运行在汽蚀状态的泵壳和叶轮会有明显的蜂窝状的侵蚀。

(五)离心泵产生汽蚀的原因

(1)流速和吸入管路上的阻力太大。

(2)被输送的介质温度过高或黏度大。

(3)泵的安装高度过高或给水液位过低。

(4)泵体及部件材料不合格。

(5)吸入管道、法兰、活接头密封不好,有空气进入。

(6)流量过大,也就是说出口阀门开得太大。

(六)汽蚀的解决方案

(1)改善泵的吸入条件,清理进口管路的异物使进口畅通,或者增加管径的大小。

(2)降低输送介质的温度。

(3)降低泵的安装高度或提高给水液位。

(4)重新选泵,或者对泵的某些部件进行改进,比如选用耐汽蚀材料等。

(5)使泵体内灌满液体或者在进口增加一缓冲罐。

(6)降低泵的转速或控制输出流量。

第二节　离心风机

一、离心风机的分类

离心风机根据风压(相对压强)的大小习惯上分为通风机、鼓风机和压气机三大类。

(1)通风机。风压在 15 kPa 以下,称为离心通风机。离心通风机又可按其风压大小分为:

① 低压离心通风机。风压小于 1 kPa。

② 中压离心通风机。风压在 1～3 kPa 之间。

③ 高压离心通风机。风压在 3～15 kPa 之间。

（2）鼓风机。风压在 15～200 kPa 之间，称为鼓风机。

（3）压气机。风压在 200 kPa 以上，称为压气机。

由于现在锅炉上使用的鼓风机与通风机基本相同，只是风压有所区别，所以就不再分别介绍了。压气机在锅炉上常用的就是空气压缩机，本书将单独介绍，这里就不重复了。

二、鼓风机的结构

鼓风机的结构可分为转子和静子 2 部分，如图 5-4 所示。转子主要由叶轮、轴等部件组成；静子主要由机壳（包括螺旋室、舌、扩散器）、集流器、进气箱、导流器、支座等部件组成。

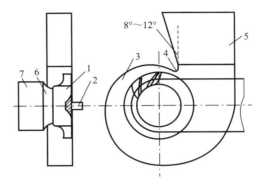

图 5-4　鼓风机结构示意图

1—叶轮；2—轴；3—螺旋室；4—舌；5—扩散器；6—集流器；7—进气箱

（一）叶轮和轴

叶轮是用来对气体做功并提高其能量的主要部件。按吸入方式的不同叶轮可分为单吸式和双吸式 2 种。叶轮是由叶片、前盘、后盘和轮毂组成的，如图 5-5 所示。

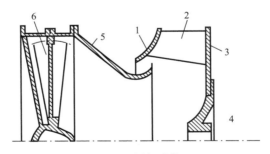

图 5-5　风机叶轮

1—前盘；2—叶片；3—后盘；4—轮毂；5—集流器；6—轴向导流器

前、后盘一般用钢板制成，前盘形状分为平面、锥面、曲面 3 种形式。轮毂由铸铁或铸钢浇铸，经车加工制成。后盘一般用铆钉与轮毂连接，叶片两侧分别与前、后盘焊接。叶片根据其断面形状分为板形和机翼形 2 种形式。板形叶型由等厚度钢板制成弯曲式或板式叶片，机翼形叶型由钢板焊接或铸造成中空机翼形叶片。输送含尘气体，应在叶片上堆焊碳化钨等耐磨材料；输送腐蚀性气体，应在叶片上喷涂树脂或采用不锈钢叶片。

鼓风机的轴是传递扭矩的零件，其材料一般用优质碳素钢。对于大型风机有时也考虑采用中空轴。

（二）螺旋室、舌及扩散器

螺旋室又叫蜗壳,它的作用是收集叶轮排出的气流,并将气流的部分动能转化为压能。螺旋室一般用钢板焊接制成,其轴向断面为矩形,宽度相等,其侧面形状通常采用阿基米德螺旋线,故称螺旋室。

螺旋线至出口断面的延长部分称为舌。风舌的几何形状以及风舌离叶轮的圆周距离,对风机的效率和噪音都有一定影响。一般风舌不宜长,且不宜与叶轮靠近,否则风机工作时的噪音明显地增大。

螺旋室出口部分与扩散器相连接,扩散器两侧与螺旋室侧面平行,朝叶轮一边偏斜的扩散角一般为 8°～12°。扩散器的作用是将气流的部分动能转化为压能,并使气流断面流速分布均匀。

（三）集流器与进气箱

在鼓风机的叶轮进口处装有集流器。对不属于自由进气的风机,一般在集流器之前还装有进气箱。集流器和进气箱的作用都是将气流以最小的阻力引入风机,保证气流能均匀地充满叶轮的进口断面。

不同型式的集流器及进气箱对气流进入风机的阻力影响不同。集流器有圆柱型、圆锥型、圆柱与圆锥组合型、流线型和缩放型等几种。其中缩放型集流器效果最好,气流的流动损失小,流速分布均匀。流线型集流器若能与双曲线形前盘相配合,效果也较好。

（四）导流器

在鼓风机集流器与进气箱之间,一般还装有导流器,其作用主要是用来调节风机的负荷。常用的有简易导流器和轴向导流器。

三、鼓风机的工作原理

当叶轮转动时,叶轮内充满的空气被叶轮带动一起旋转。空气在离心力的作用下,被甩向叶轮的边缘,同时压能提高。这时,叶轮的中心处形成了真空,外界的空气在大气压的作用下,沿吸入口向叶轮中心补充,已从叶轮得到能量的流体则流入蜗壳内,将一部分动能转变为压能沿着扩散器排出。这样就形成了鼓风机的连续工作。

第三节　柱塞泵

柱塞泵是油田注汽锅炉上的给水泵,电动机驱动柱塞泵用来产生给水压力和流量,以满足锅炉的蒸汽出口压力和蒸汽量。

一、柱塞泵的结构

油田注汽锅炉用的柱塞泵有三缸和五缸两大类。三(五)缸泵就是有 3(5)个柱塞交替工作,即曲轴旋转一周时每个柱塞工作一次,它的总排量就是一个柱塞的 3(5)倍。目前常用的有宁波泵、大隆泵及 HP 系列泵等不同厂家生产的柱塞泵。柱塞泵型号虽多,但结构基本相同,主要由动力端和液力端两部分组成。

柱塞泵的总体结构如图 5-6 所示。

图 5-6　柱塞泵总体结构图

1—柱塞泵底座;2—出口减振器;3—仪表管路;4—动力端;
5—皮带轮;6—护罩;7—液力端;8—入口减振器

液力端主要由柱塞、填料室、缸体、上压盖、排出阀、顶缸盖、吸入阀和下压盖构成,如图
5-7 所示。

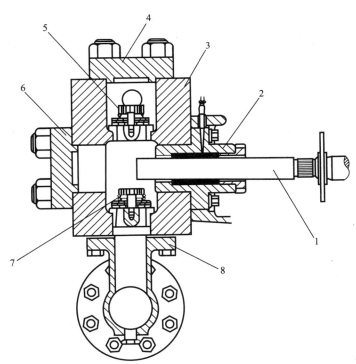

图 5-7　柱塞泵液力端结构示意图

1—柱塞;2—填料室;3—缸体;4—上压盖;5—排出阀;6—顶缸盖;7—吸入阀;8—下压盖

动力端主要由机身、曲轴、连杆、十字头、拉杆(带动柱塞)、密封箱和与曲轴装配在一起
的润滑油泵构成,如图 5-8 所示。

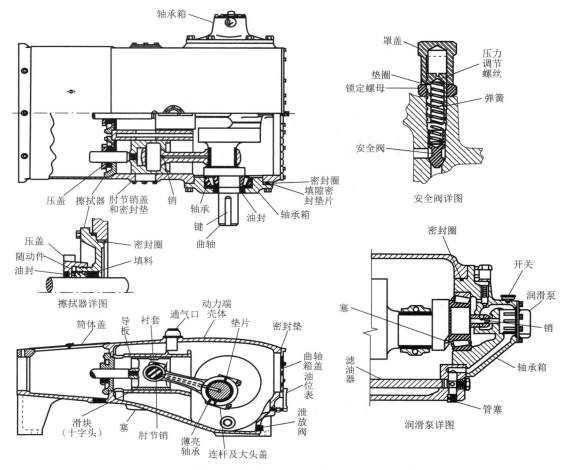

图 5-8　柱塞泵动力端结构示意图

（1）机身是安装机泵转动部件的整个机体壳。

（2）曲轴的拐数根据柱塞泵缸的个数决定。曲拐的两端和中间都有支撑轴承,轴的一端装有三角皮带轮。

（3）连杆是将动力的旋转运动变为柱塞往复运动的机构。

（4）十字头主要起导向柱塞往复水平运动的作用。

（5）拉杆和柱塞是柱塞泵的工作部件,通过柱塞的往复运动来完成泵的工作。

（6）密封箱装有几组油封,它的作用一是防止曲轴箱的润滑油泄漏,二是防止高压盘根处泄漏的水进入曲轴箱。

（7）润滑油泵由与曲轴装配在一起的带槽的轴所传动,装在曲轴箱的右端,有过滤器、油压表和可调节的安全阀。工作压力一般在 0.14～0.49 MPa 之间。

二、柱塞泵的工作过程

柱塞泵是一种容积式的往复泵。其工作原理是利用柱塞的往复运动,使泵腔内的容积发生变化,从而达到吸入与排出液体的目的。

当柱塞向后(曲轴方向)移动时,泵腔的容积空间逐渐增大,形成部分真空(即负压),这时吸入阀在压差的作用下克服弹簧的压力而打开,液体充满泵腔(即工作室)。此时由于排出阀弹簧压住阀片的方向与吸入阀相反,因此阀片在压差和弹簧力的作用下紧紧关闭,这就是泵的吸入过程。当柱塞向前(即向液缸方向)运动时,此时由于泵腔容积空间逐渐减小,已充满泵腔的液体压力增加,吸入阀在弹簧力和压力的作用下关闭,当液压升到能克服排出阀片弹簧压力和管道阻力时,液体就顶开排出阀,流向排出管道,这就是泵的排出过程。曲轴旋转一周,每个柱塞杆往复行程一次,即完成一次吸入和排出过程。

三、柱塞泵的相关部件

柱塞泵的相关部件包括入口减振器、出口减振器及出口安全阀。入、出口减振器的正常工作可以延长泵阀、弹簧、柱塞、管线等的寿命,出口安全阀保证了柱塞泵的安全运行。

(一)入口减振器

入口减振器是气囊式减振器(见图 5-9),气囊内充填的气体为氮气。实际使用过程中充填空气也可以,填充气体压力为入口水压的 90% 左右。其作用是保证入口水的稳定供应,防止在吸入水时抽空而形成气穴引起振动。

(二)出口减振器

由于柱塞泵是一种容积泵,出口水流是以脉动形式输出的,工作压力不平稳,因此,在出口安装减振器,以减小压力波动,使管路中的冲击波动降低到一定范围内,保证设备工作参数稳定。出口减振器(见图 5-10)是一种动力式减振器,外观看是个球体,其内部装有 2 个等径三通,也称迷宫式减振器。

(三)柱塞泵出口安全阀

柱塞泵的出口安全阀是弹簧式安全阀(见图 5-11),用于保证泵在低于最大排出压力下运行,避免超压损失。

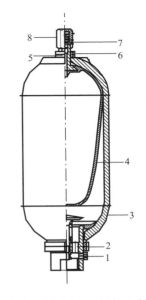

图 5-9　入口减振器结构示意图
1—进液阀;2—橡胶环;3—壳体;
4—胶囊;5—O 形密封圈;6—螺母;
7—充气阀;8—护帽

图 5-10　出口减振器结构图

四、柱塞泵动力端的润滑

柱塞泵动力端的润滑方式有压力润滑和飞溅润滑 2 种不同的方式。

飞溅润滑方式多用于每分钟往复次数较低,柱塞力较小,润滑油需要量不多的动力端。动力端飞溅润滑主要靠运转中连杆大头甩起的油滴或油雾来进行,飞溅起来的油滴或油雾可直接进入十字头滑道润滑十字头,而连杆大头小头处则在上方开有漏斗状油孔,润滑油即由该处流进大头轴瓦和小头轴瓦进行润滑。

飞溅润滑的特点是结构比较简单,但采用飞溅润滑缺点较多,它不能有效地带走摩擦热,影响工作表面散热,曲轴箱内油位要经常监视。油位过高,增加功率消耗,油的温升增大。油位过低,润滑油量不足影响润滑效果。而且,润滑油必须定时更换,否则润滑油被污染,溅起的油污进入运动带会加速磨损。

　　HP-165M 泵采用的是飞溅润滑方式,为保护柱塞泵,采用飞溅润滑方式的一般都装有油位报警装置。

五、柱塞泵的运行

　　水的连续稳定供应也是保证柱塞泵正常工作的基本条件,过低的泵进口压力会引起剧烈振动,损坏仪表等。因此泵的进口压力应大于 0.1 MPa。同时因柱塞泵是容积泵,不能像离心泵那样自动减负荷,在泵出口端附近都装有安全阀,由于某种原因致使泵出口压力超过泵允许工作压力时,安全阀自动打开排水。安全阀的排水不能送回泵进口,而是引至容易观察到的地方。

　　柱塞泵由电动机驱动,传动装置为三角皮带,通过三角皮带传动力矩。柱塞泵启运前所有皮带转动装置必须校正。驱动轴和从动轴必须平行,而三角皮带必须与这些轴垂直。没有对正就会使皮带过度磨损或在槽中翻转。同时,应调整好电动机轴与柱塞泵轴之间的中心距,中心距过小,三角皮带打滑;中心距太大,缩短三角皮带的使用寿命。

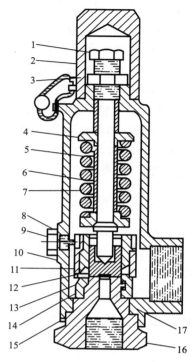

图 5-11　柱塞泵出口安全阀结构示意图
1—调节螺栓;2—阀帽;3—调节螺钉防松螺母;
4—弹簧垫圈;5—弹簧限位管;6—主轴;7—弹簧;
8—密封圈;9—导环固定螺栓;10—缸体;11—导环;
12—阀盘;13—导向套;14—导向套固定螺栓;
15—缸体固定螺栓;16—阀座;17—密封圈

　　油田注汽锅炉上的柱塞泵可手动和自动控制。手动可直接启动泵,但不能点火。自动受程序控制。对于刚检修完的泵建议最好先空载运行 10 min 左右,然后逐渐增加负荷至运行点。

六、柱塞泵的启动和停运

(一)柱塞泵启动后的检查

　　(1)检查润滑油压力表的油压,一般应在 0.14～0.49 MPa 之间,过高或过低都应进行调整。

　　(2)检查高压密封部位,应有滴漏,但不允许成流状,密封填料压盖和填料盒的温度应在 80 ℃以下,压盖松紧要适当,防止倒扣滑出。

　　(3)检查泵体曲轴箱与两端轴承座,最高温度不得超过 85 ℃。

　　(4)检查配用电机,最高温度不得超过 80 ℃,并注意不允许有异常声音。

(二)柱塞泵停运时的注意事项

　　(1)停泵前应先使锅炉系统处于停止运行状态,即用小火运行至炉膛温度降到允许范围后停火,直至炉膛经吹扫后方可使柱塞泵停运,待柱塞泵停运后,才可以停止水处理系统的运行。

(2)若泵停运时间较长,则应将各路进出口管线和泵体液力端进行排放,必要时应进行吹扫以防冻防锈。

(3)因突发事故自动停泵时,应立即进行紧急停炉操作使锅炉灭火,并且不断给炉膛供风吹扫。在迅速查找停泵原因且排除故障后,应立即启动柱塞泵恢复锅炉供水,若不能迅速排除故障,则应立即通知有关技术人员进行处理。

七、柱塞泵的维护和保养

(一)柱塞泵的检修

(1)小修项目。

① 检查或更换密封填料和油封。

② 检查柱塞与连杆是否牢固。

③ 检修润滑油系统。

④ 检查电机及供电系统。

⑤ 检查调整安全阀、稳压器、减振器和回水阀。

⑥ 检查泵进出口丝堵或进出口法兰。

⑦ 检查泵基础和连接螺栓,调节传动皮带松紧度。

(2)中修项目。

① 包括小修项目。

② 清扫及检测十字头滑道磨损情况。

③ 检修或更换柱塞及柱塞连杆。

④ 检查和研磨曲轴瓦(薄亮轴承),调整瓦片间隙及曲轴水平度。

⑤ 检查调整活塞前后死点尺寸。

⑥ 更换柱塞丝堵和法兰垫子。

⑦ 检查和更换轴承。

⑧ 检查清扫电机,测量绝缘,检查或更换轴承。

⑨ 校验和检查压力表、安全阀、回水阀。

(3)大修项目。

① 包括小、中修项目。

② 检查或更换十字头及拉杆。

③ 检查曲轴和主轴的轴颈磨损椭圆度并进行修理。

④ 检查曲轴箱和十字头滑道。

⑤ 检查十字头与拉杆销的结合情况。

⑥ 曲轴应进行探伤检查。

(二)柱塞泵的常见故障和排除方法

柱塞泵的常见故障和排除方法见表5-1。

表 5-1　柱塞泵的常见故障和排除方法

故障现象	产生原因	排除方法
泵振动或 有敲击声	(1) 进泵水压低,供水不稳定。 (2) 泵阀卡住不能关闭。 (3) 一个或一个以上泵缸不能泵液。 (4) 泵速太大。 (5) 阀片或阀座损坏。 (6) 阀弹簧折断或丢失。 (7) 阀座总成跳出。 (8) 轴承松动或磨损。 (9) 滑块磨损。 (10) 肘节销或曲轴松动,连杆大头盖栓松动。 (11) 动力端曲轴箱有水	(1) 检查供水压力和供水量。 (2) 停机,清理阀底下的杂物。 (3) 停机检查。 (4) 减速。 (5) 更换或重磨阀片、阀座。 (6) 换上新弹簧。 (7) 重新将阀座总成复位。 (8) 上紧或更换。 (9) 更换。 (10) 更换或调节。 (11) 重新换曲轴箱的油
持续撞击声	主轴承、曲柄销轴承、肘节销衬套、滑块磨损或松动	更换或调整。检查曲轴箱油位,油位可能过低或水进入曲轴箱内
动力端温度过高 (正常温度 应低于 82 ℃)	(1) 曲轴箱内的油不符合要求。 (2) 过载。 (3) 泵曲轴倒转。 (4) 泵速太大	(1) 检查油位,油质有无污染等。 (2) 检查运行条件。 (3) 检查泵上标明的曲轴旋转方向。 (4) 减速
泵送流量不足	(1) 速度不正确,皮带打滑。 (2) 空气渗入泵内。 (3) 泵缸阀片、阀座或柱塞填料磨损。 (4) 一个或多个泵缸没有泵吸。 (5) 液力端阀片卡住不能关闭。 (6) 吸入侧堵塞。 (7) 旁通阀泄漏	(1) 用转速表检查泵速,调整传动比或调紧皮带(如皮带太松)。 (2) 检查所有接头,进行水压试验,用化学密封胶密封。 (3) 研磨或更换阀片、阀座,更换柱塞或填料。 (4) 停机检查。 (5) 停机,清除阀门底部杂物。 (6) 检查清除。 (7) 修理或更换旁通阀
吸入或排出管道 振动或有敲击声	(1) 管道太小或太长,弯头太多。 (2) 阀片或阀座磨损	(1) 增大尺寸及减小长度。 (2) 更换或研磨
液力端缸体损坏	(1) 材料不恰当。 (2) 铸造缺陷	(1) 分析、更换。 (2) 修理或更换
填料损坏(严重)	(1) 安装不当。 (2) 润滑不当或不充足。 (3) 填料选择不当。 (4) 柱塞有伤痕。 (5) 喉部衬套磨损或尺寸过大	(1) 按正确的安装方法安装。 (2) 检查润滑情况。 (3) 选择合适的填料。 (4) 更换柱塞。 (5) 更换。经常检查衬套的内径和外径。往往更换柱塞时忽略了衬套。如果填料能挤出间隙,它会损坏
动力端部件磨损 (严重)	(1) 润滑差。 (2) 过载。 (3) 液体进入动力端。如柱塞杆填料严重泄漏仍然继续运行,则最终会使液体进入动力端	(1) 检查。 (2) 检查对比实际运行条件与泵允许的运行条件。 (3) 停机,更换受影响的填料和部件

第四节　空压机

油田注汽锅炉及水处理装置上有很多气动仪表,需要气源才能正常工作。同时,大部分油田注汽锅炉的燃油采用介质雾化法,在锅炉点炉初期,因没有蒸汽而需用空气作为雾化介质。所以,油田注汽站都配备了空气压缩机设备。

压缩机是一种通过压缩气体提高气体压力或输送气体的机器。油田注汽锅炉上使用的空压机主要有活塞式和螺杆式 2 种,均为容积式空压机。

一、活塞式空压机

(一) 工作原理

活塞式空压机的工作原理是:当空压机运转时,空气通过进气空气滤清器从吸气阀进入一级气缸。在压缩机活塞运动中,缩小了原有气体的体积,提高了气体压力。压缩空气通过排气阀进入级间冷却器,经冷却后气体通过二级气缸吸入阀吸入二级气缸,经压缩后通过二级排气阀进入储气罐。空压机的自动调节制气量是通过气调装置来完成的。气调装置是安装在气缸盖上的卸荷器与安装在储气罐上的调节阀联动工作的,从而达到调节气量的目的。压缩机的每级压缩都可分为吸入、压缩、压出 3 个过程。曲轴旋转一周,每个活塞往复行程一次,也就是完成一次进气与排气过程(见图 5-12)。

(1) 空气的吸入过程:当活塞向右边运动时,活塞左边气缸内的容积增大,压力降低,此时排气阀关闭,吸气阀开启,空气进入气缸,该过程持续到活塞右移到死点为止。

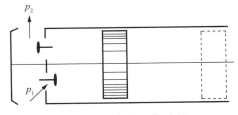

图 5-12　活塞的工作过程

(2) 空气的压缩过程:活塞向左移动,气缸容积缩小,缸内空气压力增高,此时吸气阀关闭。由于排气管内压力高,所以压缩过程中,排气阀不能开启。随着活塞不断向左移动,气缸内压力不断增高。

(3) 空气的压出过程:当气缸中的气体压力高于排气管中的气体压力时,排气阀开启,缸内的压缩空气开始排出,并持续到活塞左移到死点为止。然后活塞再向右移,重复上述工作过程。活塞每往复运动一次,称其为一个工作循环。两死点之间的距离,称为活塞的冲程。

空压机曲轴箱及气缸结构如图 5-13 所示。

空压机的气缸吸气与排气是由恒速卸荷器完成的,其结构如图 5-14 所示。

(二) 运行方式

活塞式空压机的运行选择方式有"手动"和"自动" 2 种(见图 5-15)。

当空压机控制开关在"手动"位时,即控制开关 K 在 M 位,空压机交流接触器 3C 带电,空压机启动运转。同时,通过压力开关的常闭点和 3C 的触点,电磁阀线圈 S 带电,电磁阀 NC 与 C 通,空压机正常打气。当空压机气包内压力上升到空压机压力开关整定的压力上

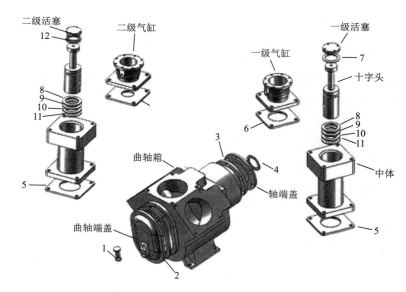

图 5-13　空压机曲轴箱及气缸结构示意图

1—O形密封圈;2—曲轴箱端盖垫片;3—轴端盖垫片;4—油封;5—中体垫片;

6—气缸垫片;7—活塞环;8—平环;9—扭曲环;10—刮油环;11—支撑环;12—活塞环

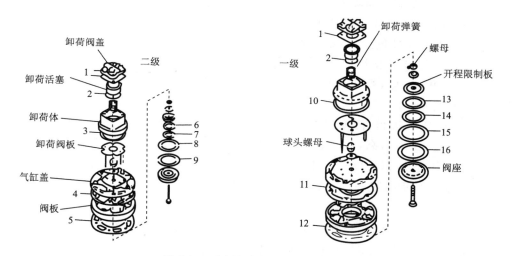

图 5-14　空压机卸荷器结构示意图

1—阀盖垫片;2—O形密封圈;3—4 in卸荷阀体垫片;4—阀盖垫片;5,12—气缸盖头垫片;

6,9,13,16—弹簧片;7—排气阀片;8,15—吸气阀片;10—卸荷阀体垫片;11—气缸盖头垫;14—阀片

限值时,压力开关断开,电磁阀线圈S失电,NO与C通,气包内空气进入进气阀上部将进气阀打开,此时虽然空压机仍在正常运转,但由于进气阀始终处于打开状态,所以空压机不打气,只是空转。当空压机气包内压力下降到压力开关整定值下限时,压力开关常闭点又重新合上,空压机恢复正常打气状态。

　　当空压机控制开关在"自动"位时,即控制开关 K 在 A 位,空压机交流接触器 3C 和电磁阀均受压力开关的控制。在气包内压力低于压力开关整定值下限时,压力开关常闭点处于闭合状态,空压机交流接触器 3C 带电,空压机启动运转,同时电磁阀线圈 S 带电。NC 与 C

通,空压机正常打气。随着空压机的工作,气包内压力逐渐上升,当气包内压力达到压力开关整定值的上限时,压力开关的常闭点断开,空压机交流接触器 3C 失电,空压机停止运转。当气包内压力再降到低于开关整定值下限时,空压机再次启动运转打气,如此往复。

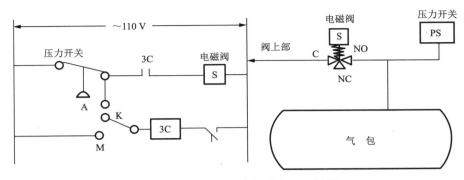

图 5-15　空压机的"手动"与"自动"控制

由以上分析可知,空压机在"手动"控制位置,空压机连续运转不停机,只是按照压力开关整定值的上下限来控制空压机的打气与否,即空压机的运转是打气还是空转。而空压机在"自动"控制位置,空压机则按照压力开关整定值的上下限自动启停空压机。当空气消耗大体上稳定,而且空压机空转的时间相当少时,应选择"手动"控制。当空气消耗时而稳定,时而长期中断不规则时,要选择"自动"控制方式。频繁的启停操作对电机和电器元件都不利。

(三) 巡回检查内容

(1) 检查空压机运转是否正常,有无异常声音和气味。

(2) 检查油位是否正常,液面不得低于规定线,同时观察润滑油是否乳化。

(3) 检查电机和缸体温度是否正常。

(4) 检查压力开关整定值是否正常。

(5) 检查各缸进气阀是否进气和各缸有无漏油现象。

(6) 检查地脚螺栓、缸盖螺栓等螺栓是否松动。

(7) 检查进气阀有无松动现象。

(8) 检查压力开关接触情况。

(四) 保养内容

(1) 每日保养:每日检查曲轴箱内油位是否保持在规定范围内,否则加到适当位置。每日应将储气罐下方的泄水阀打开,排出罐内的积水。注意运转中是否有异常声响、振动或异常温度。

(2) 每周保养:新机启用在最初运行 50 h 后,将润滑油全部更新。每周清洁进气滤清器。拉动安全阀的拉环以确定功能是否正常。检查压力开关或卸荷阀的功能是否正常。

(3) 每月保养:检查所有空气管路系统是否有泄漏。检查各部件螺栓或螺母是否有松动现象。清洁空压机外部配件。

(4) 每季保养:使用 500 h,更换空压机润滑油。更换进气滤清器的滤芯。检查 V 型皮带的松紧度。检查阀座并清除积炭。检查气缸与活塞磨损情况。

（五）常见故障及排除方法

活塞式空压机的常见故障及排除方法见表 5-2。

表 5-2　活塞式空压机的常见故障及排除方法

故障现象	产生原因	排除方法
中体压力高于 0.21 MPa	一级活塞环磨损严重	更换一级活塞环
中体压力低于 0.07 MPa	十字头密封环磨损严重	更换各密封环
级间压力高于 0.25 MPa	二级气阀或单向阀故障	检查更换损坏配件
级间压力低于 0.17 MPa	一级缸泄漏或活塞环磨损	检查更换损坏的配件
压力不上升	(1) 气阀吸气片卡紧或断裂。 (2) 辅助阀泄漏。 (3) 卸荷活塞卡紧。 (4) 卸荷 O 形圈磨损严重	(1) 检查气阀,更换损坏配件。 (2) 检修辅助阀。 (3) 检修卸荷系统。 (4) 更换 O 形圈
排气量低	(1) 消音滤清器堵塞。 (2) 气阀阀片断裂或卡紧。 (3) 离心卸荷控制阀泄漏或失调。 (4) 活塞环磨损严重	(1) 清除堵塞物或更换滤芯。 (2) 检修气阀。 (3) 检修离心卸荷器。 (4) 检修或更换活塞环
压缩机停机后,级间、中体压力表仍有压力值	(1) 储气罐单向阀泄漏。 (2) 辅助阀泄漏。 (3) 压力表有故障	(1) 检修单向阀。 (2) 检修辅助阀。 (3) 检修压力表
压缩机不卸荷	(1) 卸荷器有故障。 (2) 卸荷控制阀泄漏或失调	(1) 检修卸荷器。 (2) 检修或更换控制阀

二、螺杆式空压机

（一）工作原理

螺杆式空压机的工作循环可分为吸气过程(包括吸气和封闭过程)、压缩过程和排气过程。随着转子旋转每对相互啮合的齿相继完成相同的工作循环,为简单起见我们只对其中的一对齿进行研究。

1. 吸气过程

随着转子的运动,齿的一端逐渐脱离啮合而形成了齿间容积,这个齿间容积的扩大在其内部形成了一定的真空,而此时该齿间容积仅仅与吸气口连通,因此气体便在压差作用下流入其中。在随后的转子旋转过程中,阳转子的齿不断地从阴转子的齿槽中脱离出来,此时齿间容积也不断地扩大,并与吸气口保持连通。随着转子的旋转齿间容积达到了最大值,并在此位置齿间容积与吸气口断开,吸气过程结束(见图 5-16)。

吸气过程结束的同时阴、阳转子的齿峰与机壳密封,齿槽内的气体被转子齿和机壳包围在一个封闭的空间中,即封闭过程。

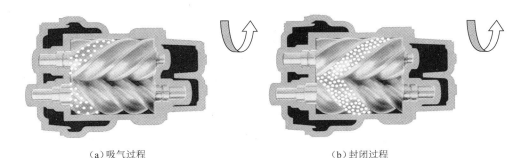

（a）吸气过程 　　　　　　　　　　　（b）封闭过程

图 5-16 空压机的吸气过程

2.压缩过程

随着转子的旋转,齿间容积由于转子齿的啮合而不断减少,被密封在齿间容积中的气体所占据的体积也随之减小,导致气体压力升高,从而实现气体的压缩过程。压缩过程可一直持续到齿间容积即将与排气口连通之前(见图 5-17)。

3.排气过程

齿间容积与排气口连通后即开始排气过程,随着齿间容积的不断缩小,具有内压缩终了压力的气体逐渐通过排气口排出,这一过程一直持续到齿末端的型线完全啮合为止,此时齿间容积内的气体通过排气口完全排出,封闭的齿间容积的体积将变为零(见图 5-18)。

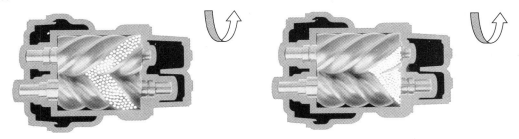

图 5-17 空压机的压缩过程 　　　　　　　图 5-18 空压机的排气过程

从上述工作原理可以看出,螺杆式空压机是通过一对转子在机壳内做回转运动来改变工作容积,使气体体积缩小、密度增加,从而提高气体的压力。气体流经分离油罐,此时压缩排出的含油气体通过碰撞、拦截、重力作用,绝大部分的油介质被分离下来,然后进入精油分离器进行二次分离,得到含油量很少的压缩空气,最后通过空气冷却器冷却后进入冷冻式压缩空气干燥器,将水分排出,保证压缩气体干燥,压力露点达到 $1 \sim 6$ ℃,然后压缩空气通过高效过滤器过滤,采用惯性、扩散、拦截、重力及吸附过滤等效应,使其能有效地清除,从而得到洁净干燥的气源。

（二）机组组成

螺杆式空压机机组主要由螺杆机主机、电动机、传动机构、冷却系统、控制系统及防护箱体等部件组成。压缩机由电动机通过皮带轮带动阳转子(主动转子),由于阳转子(主动转子)与阴转子(副转子)相互啮合,阳转子直接带动阴转子一同旋转。阳转子具有 5 个齿,阴转子 6 个齿,故阳、阴转子的齿数比为 5∶6。各转子两端轴上装有 SKF 公司的高精度的轴承,从而确保了转子与机壳,阳、阴转子之间具有很小的间隙,因此压缩机始终能保持较高的工作效率及长期运行可靠性,充分地显示了螺杆式空压机开工率高的特性。目前注汽站广泛采用的是 LUD 系列螺杆式空压机。LUD 系列喷油式机型,具有优良的可靠性能,机组质量小、振动小、噪声低、操作方便、易损件少,运行效率高是其最大的优点。其油路工作原理是利用机器运转中系统内产生的压力差,在压缩过程中,不断地同时向主机内及各轴承压入润滑油进行循环润滑。该设计具有以下几个特点:

(1)压入的润滑油进入转子之间可形成油膜,便于转子的旋转运动。

(2)压入的润滑油进入工作腔内可以增加转子之间和转子与机壳之间的气密作用,减少了压缩介质的内泄漏。

(3)压入的润滑油可以吸收大量的压缩热并减低机器所产生的噪声。

LUD 系列螺杆式空压机采用自动控制系统,空车过久自动停机,需要时自动启动,能在处理范围内随负荷的变化而自动调节制冷,保证露点的恒定,同时也达到节能的目的。控制系统能根据压缩空气的消耗量来自动控制压缩机的排气量,保持压缩机在预定的最高和最低排气压力范围内工作,控制系统是靠压缩空气的压力变化来达到自动控制的。螺杆压缩机一经启动,压缩机是处于空载运转(减荷阀处于关闭状态),当按下仪表板上的加载开关,压缩机开始吸气工作(减荷阀处于全开状态),分离油罐内的压力逐渐升高,当工作压力大于最小压力阀设定的开启压力时,压缩机排出压缩空气,压缩机处于全负荷运行状态。当用气量小于额定排气量时,系统压力升高,当压力达到设定的上限值时,装在减荷阀上的电磁阀断电,减荷阀吸气口关闭,压缩机卸载运转;当压力下降到设定的下限值时,减荷阀上的电磁阀得电,减荷阀吸气口开启,压缩机全负荷运行。

(三)维护保养

(1)维修保养前应停止机组运行,关闭排气阀门,断开机组电源并挂上正在维修警告牌,放空机组内压力(各压力表显示为"0")后才能动手维修。维修后检查机组是否安装完毕,清理现场、机内杂物及工具,现场人员远离机组,关好机组四周门然后点动机组运转,确认没有异常声音后再开机。开机后观察星—三角转换时间、运行声音、油位、压力控制、排气温度、冷却风扇是否正常,是否有漏油、漏气现象,一切正常后,擦干净机组内油污及外壳。维护中严禁酸性、碱性、易燃、易爆、腐蚀性化学物品及不安全物品进入机组内。

(2)通常每运行 2 000 h,要更换冷却油、空气滤清器滤芯、油滤芯,油气分离芯每 4 000 h换一次。在多灰尘地区,更换时间要缩短。滤清器维修时必须停机,为了减少停车时间,建议换上一个新的或已清洁过的备用滤芯。油气分离桶、储气罐安全阀应每年拿到国家规定部门校验一次或更换。

(3)冷却器内、外表面要特别注意保持清洁,否则将降低冷却效果,因此,应根据工作条件及冷却器实际情况,定期清洁。

(4)新开机运行满 500 h 即磨合期满后应换油、油滤、空滤。

(5)主电动机、冷却风扇电机每 6 个月或运行 4 000 h 应检查或更换轴承润滑油。

(6)具体保养要求见表 5-3。

表 5-3 保养列表

保养周期	运行时间	保养内容
新开机(磨合期)	300～500 h	换油,清洁油滤、空滤,检查泄漏、松动情况,检查储油桶排污,清洁机体,检查皮带松紧度,检查电机温升、电流及运转声音
每 3 个月	2 000 h	换油,清洁油滤、空滤,检查泄漏、松动情况,检查储油桶排污,清洁机体、油气分离器、散热器,手动检查安全阀(拉杆),检查皮带及传动装置,检查电机温升、电流及运转声音
每 6 个月	4 000 h	换油,清洁油滤、空滤,换油气分离芯(若压差超过 0.08 MPa),检查泄漏、松动情况,检查储油桶排污,清洁机体、油气分离器、散热器,手动检查安全阀(拉杆),更换电动机、冷却风机轴承润滑油,检查电气绝缘、接触状况,检查安全保护装置,检查循环系统老化情况,检查皮带及传动装置,检查电机温升电流及运转声音
每 12 个月	8 000 h	换油,清洁油滤、空滤,换油气分离芯(或压差超过 0.08 MPa),检查泄漏、松动情况,检查储油桶排污,清洁机体、油气分离器、散热器,更换电动机、冷却风机轴承润滑油,检查电气绝缘、接触状况,检查安全保护装置,检查循环系统、控制系统老化情况,校验、检查或更换安全阀、压力表,检查或更换压力控制器、电磁阀、最小压力阀、温控仪、进气阀、传动装置,检查电气总闸,检查电机温升、电流及运转声音

第五节 磁力泵

一、结构

磁力泵是离心泵的又一种形式,泵和电机并不是通过联轴器直接传动,它是借助于磁力非接触形式带动离心泵运转。因此这种泵具有全密封、无泄漏、耐腐蚀、体积小、质量小、噪声低、耗能少的特点。磁力泵是以静密封取代动密封,使泵的过流部分处于完全封闭状态,彻底解决了其他泵机械密封无法避免的跑、冒、滴、漏的弊病。磁力泵由泵壳、静环、动环、叶轮、密封圈、隔板、隔离套、泵轴、轴套、内磁钢总成、外磁钢总成等组成,外观如图 5-19 所示,内部结构如图 5-20 所示。

二、工作原理

在电机轴上装有一个圆筒形的外磁转子,在其内侧圆柱面上均匀密排着 N、S 极相间排列的外磁钢(永磁体)。在泵轴的右端也装一个圆筒形的内磁转子,在其圆柱外表面上同样均匀密排着 N、S 极相间排列的内磁钢(永磁体)。由于内磁转子与输送介质相接触,为防止受介质的侵蚀,所以在内磁转子的外表面上加一个不受介质腐蚀的非磁性材料的内包套。在内、外磁转子之间有一个非磁性材料制作的隔离套,隔离套紧紧固定在泵盖上,将被抽送的介质以静密封的形式密封在泵体内,故介质不会外泄。当电机带动外磁转子旋转时,由于永磁体的吸斥作用,带动内磁转子同步旋转,因为叶轮与内磁转子连成一体,从而叶轮也就和内磁转子一起旋转而达到输送液体的目的。其工作部件如图 5-21 所示。

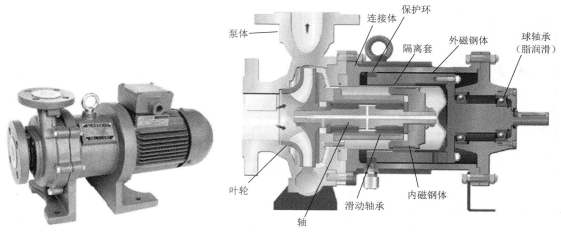

图 5-19 磁力泵外观图　　　　　　图 5-20 磁力泵内部结构示意图

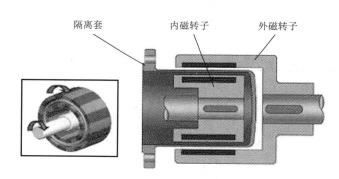

图 5-21 磁力泵工作部件

三、型号说明

(1) IMC-××-××-×××　Ⅰ　A(其他型号可参考其说明书)。
　　　　①　②　③　　④　⑤　⑥

①——泵的系列名称(英文缩写)。

②——泵的吸入口直径(mm)。

③——泵的排出口直径(mm)。

④——叶轮名义尺寸(mm)。

⑤——泵的结构形式(Ⅰ为直联式,Ⅱ为中间联轴式)。

⑥——泵的叶轮切割顺序(A、B、C、D分别为第一到第四次切割)。

例如:IMC-65-40-160　Ⅰ　A
　　　　①　②　③　④　⑤　⑥

①——泵的系列名称。符合国际标准的磁力驱动离心式化工流程泵。

②——泵的吸入口直径为 65 mm。

③——泵的排出口直径为 40 mm。

④——叶轮名义尺寸为 160 mm。

⑤——泵的结构形式为直联式。

⑥——泵的叶轮切割为第一次切割。

(2) 现场常见的有 32CQ-15 型号(其他型号可参考其说明书)。

32 表示泵出口直径为 32 mm。

CQ 表示磁力驱动。

15 表示泵的扬程为 15 m。

水处理内盐泵使用的就是这种型号的磁力泵,出口最大压力一般为 0.3 MPa。

四、优点

同使用机械密封或填料密封的离心泵相比较,磁力泵具有以下优点:

(1) 泵轴由动密封变成封闭式静密封,彻底避免了介质泄漏。

(2) 无须独立润滑和冷却水,降低了能耗。

(3) 由联轴器传动变成同步拖动,不存在接触和摩擦,具有阻尼减振作用。减少了电动机振动对泵的影响和泵发生汽蚀振动时对电动机的影响。

(4) 结构简单、维修简便。

(5) 过载时,内、外磁转子相对滑脱,对电机、泵有保护作用。

五、缺点

同使用机械密封或填料密封的离心泵相比较,磁力泵具有以下缺点:

(1) 磁力泵的效率比普通离心泵低。

(2) 对防单面泄漏隔离套的材料及制造要求较高。如材料选择不当或制造质量差,隔离套经不起内、外磁钢的摩擦很容易磨损,而一旦破裂,输送的介质就会外溢。

(3) 磁力泵由于受到材料及磁性传动的限制,因此国内一般只用于输送温度在 100 ℃以下、压力在 1.6 MPa 以下的介质。

(4) 由于隔离套材料的耐磨性一般较差,因此磁力泵一般用于输送不含固体颗粒的介质。

(5) 联轴器对中要求高,对中不当时,会导致进口处轴承的损坏和防单面泄漏隔离套的磨损。

六、常见故障与排除方法

磁力泵的常见故障与排除方法见表 5-4。

表 5-4　磁力泵的常见故障与排除方法

故障现象	产生原因	排除方法
抽不上介质	(1) 泵出入口管线上阀门关闭。 (2) 吸入压力过低。 (3) 液体没有灌满泵腔,泵内有气体。 (4) 吸入管路仍存在气体。 (5) 入口过滤网堵塞。 (6) 磁转子因空转温升过高而退磁失效。 (7) 推力盘磨损过大使叶轮与壳体卡住。 (8) 叶轮流道被杂物堵死。 (9) 没接通电源	(1) 打开阀门。 (2) 升高吸入罐罐位或罐压。 (3) 检查泵体和入口管线是否充满液体,重新灌泵排气。 (4) 排除吸入管路中的气体,检查管路。 (5) 清理过滤网。 (6) 更换磁转子,加强检查防止空转。 (7) 拆开泵,调整转子窜量、叶轮与壳体间隙。 (8) 用反冲法冲洗或泵解体清理。 (9) 检查电路
密封腔泄漏	(1) 隔离套磨损。 (2) 隔离套密封垫松动	(1) 更换。 (2) 紧固隔离套紧固螺栓
流量太小或扬程不够	(1) 灌泵排气不充分。 (2) 入口管路阀门未全开。 (3) 吸入压力低。 (4) 转向错误。 (5) 入口过滤网堵塞。 (6) 叶轮与泵体密封环间隙过大。 (7) 叶轮流道有杂物或结垢。 (8) 泵规格不符	(1) 重新灌泵排气。 (2) 阀门全开。 (3) 升高吸入罐罐位或罐压。 (4) 改变两根外部接线相序。 (5) 清理过滤网。 (6) 更换密封环或叶轮。 (7) 用反冲法冲洗或泵解体清理。 (8) 同制造厂联系
轴温高	(1) 泵、电机对中不好。 (2) 润滑油油位低或乳化变质。 (3) 轴承磨损	(1) 重新对正。 (2) 补加或更换润滑油。 (3) 更换轴承
泵不排液	(1) 泵反转。 (2) 进液管线漏气。 (3) 泵腔蓄液太少。 (4) 吸程太高	(1) 调整电机动力电的相序。 (2) 重新连接管道,杜绝漏气。 (3) 重新灌泵。 (4) 降低泵的安装高度
噪声或振动大	(1) 灌泵排气不充分。 (2) 汽蚀抽空。 (3) 泵、电机对中不好。 (4) 部分叶轮阻塞不平衡。 (5) 叶轮或轴损坏或弯曲。 (6) 叶轮不平衡。 (7) 地脚螺栓松动。 (8) 轴承、密封环过度磨损,间隙过大	(1) 重新灌泵排气。 (2) 确认工艺系统,提高吸入压力。 (3) 重新找正。 (4) 用反冲法冲洗或泵解体清理。 (5) 更换。 (6) 重新做动平衡。 (7) 紧固。 (8) 更换轴承、密封环

第六节　计量泵

计量泵又称加药泵、比例泵、可调式容积泵,是一种流量可在动态和静态均能进行调节的容积式往复泵。它广泛应用于需要计量精确,配量可调,连续配比各种腐蚀性、非腐蚀性液态介质的生产工艺流程中。计量泵可以从零流量至额定流量范围内任意调节,且排出流量不受排出压力的影响,可以起到泵、流量计和控制器的作用。

计量泵按液力端结构形式分,可分为柱塞式计量泵和隔膜式计量泵。其中,柱塞式计量泵分为普通有阀泵和无阀泵 2 种。隔膜式计量泵分为机械隔膜式计量泵、液压隔膜计量泵和波纹管计量泵。计量泵按驱动形式分,又可分为电磁驱动计量泵和电动机驱动计量泵。此外,还有采用液压驱动、气动等驱动形式的计量泵。

一、柱塞式计量泵

工作腔内做直线往复位移的元件是柱塞(活塞)的计量泵称为柱塞式计量泵。

(一)结构

如图 5-22 所示是柱塞式计量泵外观图。

柱塞式计量泵由电动机、动力端、液力端三部分组成,如图 5-23 所示。

动力端主要件包括:传动箱体、电机连接头、电机、密封件、调节器、手轮、紧定螺钉、调节杆、蜗杆、轴承、调节螺钉、主轴、蜗轮、偏心轮。

图 5-22　柱塞式计量泵外观图

液力端主要件包括:泵头、进水阀总成、出水阀总成、柱塞压紧帽、柱塞、填料压紧帽、填料、单向阀、进口接管、出口接管。

(二)工作原理

柱塞式计量泵的工作原理如图 5-24 所示。电机经联轴器与蜗杆直接连接,并带动蜗轮、偏心轮运转,偏心轮带动连杆做往复运动,并带动柱塞做往复运动。当柱塞向后止点移动时,将吸入单向阀打开,液体被吸入。当柱塞向前止点移动时,此时吸入单向阀组关闭,排出单向阀组打开,液体被排出泵体外,使泵达到吸排液体的目的。

机械隔膜计量泵的隔膜与柱塞机构连接,无液压油系统,柱塞的前后移动直接带动隔膜前后挠曲变形。波纹管式计量泵结构与机械隔膜计量泵相似,只是以波纹管取代隔膜,柱塞端部与波纹管固定在一起,当柱塞往复运动时,使波纹管被拉伸和压缩,从而改变液缸的容积,达到输液与计量的目的。

(三)特点

(1)价格适中。

(2)流量范围大,最大可达 76 m^3/h。流量在 $10\% \sim 100\%$ 的范围内可调,计量精度为 $\pm 1\%$。压力范围广,出口压力最高可达 50 MPa。当出口压力变化时,流量几乎不变。

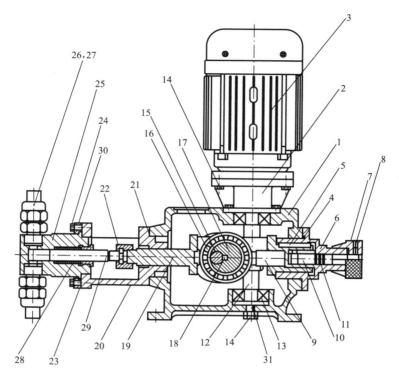

图 5-23 柱塞式计量泵结构示意图

1—箱体;2—电机连接头;3—电机;4—密封件;5—键;6—调节器;7—手轮;8—紧定螺钉;
9—调节顶杆;10—调节杆;11—密封件;12—蜗杆;13—轴承;14—调节螺钉;15—主轴;16—蜗轮;
17—偏心轮;18—键;19—顶杆;20—泵头联节头;21—密封件;22—柱塞压紧帽;23—填料压紧帽;
24—螺栓;25—泵头;26,27—单向阀;28—填料;29—柱塞;30—泵头压板;31—轴承垫板

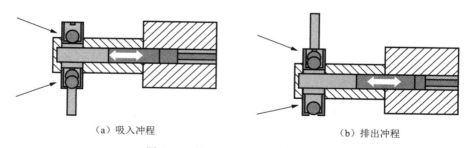

（a）吸入冲程　　　　　　　　　　　　　（b）排出冲程

图 5-24 柱塞式计量泵的工作原理

（3）能输送高黏度介质,但不适于输送腐蚀性、挥发性、易燃易爆、有毒及对环境有污染的介质。

（4）轴封为填料密封,有泄漏,填料与柱塞间的相对运动易造成两者的磨损,故需周期性调节填料,必要时需要更换柱塞。另外还需对填料环作压力冲洗和排放。

（5）无安全泄放装置,出口管路必须另外配置安全阀以保护泵的安全运行。

二、隔膜式计量泵

工作腔内作周期性挠曲变形的元件是薄膜状弹性元件的计量泵称为隔膜式计量泵。

(一)结构

隔膜式计量泵外观如图 5-25 所示,结构如图 5-26 所示。

泵头由柱塞、隔膜、吸入阀、排出阀和旁路控制柱塞等组成。

图 5-25　隔膜式计量泵外观图

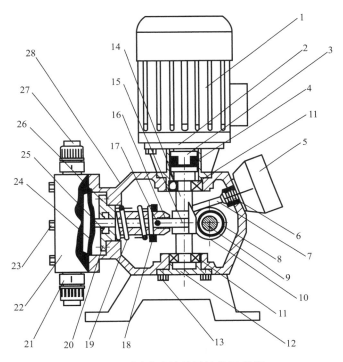

图 5-26　隔膜式计量泵结构示意图

1—电机;2—电机座;3—电机联轴节;4—橡胶缓冲块;5—调节手轮;6—密封圈;7—调节顶杆;
8—偏心轮轴承;9—主轴;10—蜗轮;11—轴承;12—轴承盖;13—螺栓;14—蜗杆;15—顶杆;
16—导向轴套;17—键;18—弹簧座;19—弹簧;20—密封圈;21—进水阀总成;22—泵头;
23—螺栓;24—膜片;25—油封;26—油封座;27—出水阀总成;28—泵体

(二)工作原理

(1)吸液过程:电机经联轴器与蜗杆连接,并带动蜗轮、N 轴运转,N 轴通过连杆带动柱塞做往复运动。当柱塞向后移动时,液压腔内产生负压,使膜片向后挠曲变形,介质腔容积增大,此时出口单向阀关闭,进口单向阀打开,介质进入泵头介质腔内,柱塞至后止点时,泵头的吸液过程结束。

(2)排液过程:当柱塞向前移动时,液压腔中的液压油推动膜片向前挠曲变形,介质腔容积减小,使进口单向阀组关闭,出口单向阀组打开,介质向上排出,柱塞连续往复运动,计量泵即可连续输送介质,改变柱塞行程,可 0~100% 调节计量泵的流量。

（3）内循环压力平衡系统工作原理：液压腔内压力高于额定值时，泄压阀自动开启，使释放出来的液压油通过回油管进入油池。当液压腔内的液压油不足时，补油阀开启，油池内的液压油通过进油管自动补入液压腔。使液压腔内压力保持平衡是膜片使用寿命长的重要因素之一。

（三）特点

（1）无动密封，无泄漏，维护简单。

（2）压力可达 35 MPa。流量在 10∶1 范围内，计量精度可达±1％。压力每升高 6.9 MPa，流量下降 5％，但稳定性精度仍可保持在±1％。

（3）技术含量高，可靠性高，故价格较高。

（4）适用于中等黏度的介质，尤其适用于输送有毒、易燃易爆、腐蚀性和含有少量颗粒的介质。

（5）隔膜两侧分别为介质和液压油，隔膜受力均匀，隔膜寿命可达 8 000 h 以上。

（6）液力端配置了内置式安全阀，保护泵的安全运行。

（7）可以配置隔膜破裂报警装置，提高计量泵系统的安全性。

三、计量泵型号表示方法及含义

（1）JZM-3×160/2。

JZ——机座号（微—W、小—X、中—Z、大—D、特大—T）；

M——缸头形式（柱塞式不标注，M 为隔膜式）；

3——缸数（单缸不标注）；

160——流量（L/h）；

2——压力（MPa）。

（2）J1M-60/0.8。

J——计量泵；

1——缸数为单缸；

M——机座为中机座；

60——额定流量为 60 L/h；

0.8——额定排出压力为 0.8 MPa。

四、计量泵的流量计算公式

计量泵的流量计算公式为：

$$Q = 60FSn\eta_v i/60 \tag{5-1}$$

式中　Q——流量，m^3/s；

　　　F——活塞或柱塞作用面积，m^2；

　　　S——活塞或柱塞行程，m；

　　　n——泵速，r/min；

　　　η_v——泵的容积效率；

　　　i——缸数。

五、计量泵的流量调节形式

从式(5-1)可以看出,计量泵的平均理论流量与泵的行程、泵的泵速存在较为理想的线性关系,为计量泵的设计开发提供了可靠的理论依据。

计量泵的调节主要有以下几种形式:

(1) 行程调节。

(2) 泵速调节。

(3) 行程、泵速同时调节。

六、计量泵选型的基本原则

(1) 计量泵一般用于介质的计量输送。

(2) 核对输送介质是否有毒有害及易燃易爆,如是则选用隔膜式计量泵,否则选用柱塞式计量泵。

(3) 实际使用参数应尽可能与参数表匹配,即计量泵额定流量等于或大于实际所需流量即可,压力一定小于等于参数规定值,若选的过大,将造成设备浪费,选的过小,很可能造成设备损坏或设备寿命降低。

(4) 柱塞式计量泵计量精度最佳范围是 30%~100%。隔膜式计量泵计量精度最佳范围是 40%~100%。如在此范围内不能满足使用要求,需特殊说明。

(5) 计量泵型号确定后,应依据介质选用泵过流部件的材料。

七、计量泵的安装注意事项

(1) 泵应安装在高于地面 50~100 mm 的工作台上。

(2) 泵控制设备应尽量安排在泵工作地点附近,并应加控制开关保护设备。

(3) 泵尽可能靠近药箱,出口管线尽量缩短。泵尽可能安装在药箱液面以下。当液面高出泵中心时,应加背压阀。柱塞式计量泵中心高出液面小于 2 m,隔膜式计量泵中心高出液面小于 1 m。

(4) 进、出管内径应不小于泵进、出口内径。

(5) 对于悬浮液和易产生沉淀的介质,进出管路应加三通。

(6) 进口管线不允许有漏气,出口管线要保证必要的管径,防止过载。进口管线和出口管线不应有急转弯,尽量减少管线弯曲或接头,避免出现"Ω"布置。

(7) 进口管应加过滤器,泵出口必须装有压力表,以监测泵的运转情况。

(8) 泵的出、入口管线安装时,不能强行结合使管线负载,也不能将装置,进、出口管路重荷加于泵液缸体上。

八、计量泵的使用注意事项

(1) 变速箱和传动箱内要定时更换机油,加油量以蜗轮轴或偏心轮中心线为宜,有油标的,将油加到油标中心线为宜。

(2) 启动时,打开泵的进、出口管线上的所有阀门,先用最大行程排液,排出泵缸内的空气。

（3）旋转调节手柄，对泵的排量进行调节，待调到设定排量后应将调节手柄锁紧，以免撞击松动，引起流量变化。

（4）泵启动后，应运行平稳，不能有异常声音或噪声。

（5）检查温升情况，电动机允许最大温升为 70 ℃，传动箱内润滑油油温不宜超过 65 ℃，如果温升过高，则应停泵检查，待排除故障后方可运行。

（6）泵停用时，应关闭进、出口管线阀门。如长期停用，应将液缸内液体排净。

（7）泵初次使用，一个月后更换润滑油，以后每 3 个月更换一次润滑油。

九、计量泵的日常维护

（1）要注意各传动部件有无异常响声及泵阀的工作情况。

（2）检查柱塞处的漏损及温升。如果漏损太多或温升过高应调节填料压盖。

（3）各运动副及轴承的温升不应太高，润滑油温度不应超过 60 ℃。

（4）各连接处不应漏油、漏液。

（5）经常检查润滑情况，润滑油要及时更换，新泵每半个月换一次，使用 2 个月后每半年更换一次。

（6）隔膜腔的油要定期更换，新泵每周更换一次，使用 1 个月以上的每半年更换一次。

（7）要注意压力表、电流表等仪表的读数，压力增加要检查排出管路是否堵塞或阀门是否全开。电流增高不正常要检查泵本身及电气设备是否有问题。

（8）泵除因某些原因临时更换一些零件外，运转 4 000 h 后应更换易损件，运转 8 000～16 000 h 后应进行拆洗并全面检查。

十、计量泵的常见故障及排除方法

计量泵的常见故障及排除方法见表 5-5。

表 5-5　计量泵的常见故障及排除方法

故障现象	产生原因	排除方法
运转中有冲击振动	（1）吸入高度过高。 （2）吸入管路漏气。 （3）隔膜腔内油量过多。 （4）传动零件松动或磨损。 （5）吸入管径太小。 （6）隔膜泵隔膜腔内油量过多。 （7）柱塞填料过紧，卡住柱塞	（1）降低安装高度。 （2）压紧吸入法兰。 （3）排出多余的油或气泡。 （4）压紧或更换松动零件。 （5）增大吸入管径。 （6）调整安全阀，排出多余油。 （7）放松填料压盖
传动箱发热	（1）零件形位公差超差。 （2）蜗杆轴承压得过紧。 （3）用油不当。 （4）环境温度过高	（1）更换超差零件。 （2）更换调整垫。 （3）选择正确牌号油。 （4）改善环境条件。

续表 5-5

故障现象	产生原因	排除方法
电机过热过载	（1）电源不适当。 （2）传动箱内油量不当。 （3）排压过高。 （4）填料过紧。 （5）对偶件间隙过小	（1）调整电源。 （2）调整油量。 （3）降低油量。 （4）放松填料压盖。 （5）调整对偶件间隙
泵完全不排液	（1）吸入高度过高。 （2）进水管道堵塞。 （3）进水管漏气。 （4）液缸内有空气。 （5）吸入阀、排出阀损坏或夹异物。 （6）膜片损坏	（1）降低安装高度。 （2）疏通管道。 （3）压紧法兰垫片。 （4）排净缸内空气。 （5）更换阀，排出异物。 （6）更换膜片
排液量不够	（1）吸入管道局部阻塞。 （2）吸入或排出阀内有卡物。 （3）泵阀磨损严重。 （4）电机转数不足。 （5）液体黏度较高。 （6）隔膜泵液压腔有气体。 （7）补油阀或安全放气阀不能正常工作。 （8）单向阀有异物卡住或损坏	（1）疏通吸入管道。 （2）清洗吸排阀。 （3）更换泵阀。 （4）检查电机和电压。 （5）改用黏度计量泵。 （6）排出腔内气体。 （7）调整或更换补油阀或安全放气阀。 （8）进行清理或更换
排出压力不稳定	（1）阀口卡有异物。 （2）出口管道有渗漏。 （3）液体内有空气。 （4）安全放气阀或补油阀失灵。 （5）单向阀有异物卡住	（1）清洗阀和阀座。 （2）排出渗漏。 （3）排出液体内空气。 （4）调整或更换安全放气阀和补油阀。 （5）清理单向阀

第七节　供油泵

注汽锅炉供油系统使用的供油泵主要有齿轮泵和螺杆泵，它们都是转子泵，是容积泵的一种，由于它的主要工作部件转子是做回转运动，故称为回转泵或转子泵。

一、齿轮泵

齿轮泵的种类形式很多，按齿轮啮合方式可分为外啮合齿轮泵和内啮合齿轮泵。按齿轮形状可分为正齿轮泵、斜齿轮泵和人字齿轮泵等。一般齿轮泵通常是指外啮合齿轮泵，它是应用最广的一种齿轮泵。外啮合齿轮泵的实体结构如图 5-27 所示。

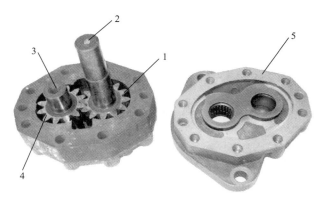

图 5-27　外啮合齿轮泵实体结构图

1—主动齿轮；2—定轴；3—转轴；4—从动齿轮；5—端盖

(一) 结构

齿轮泵主要由主动齿轮、从动齿轮、泵壳、端盖等组成，如图 5-28 所示。

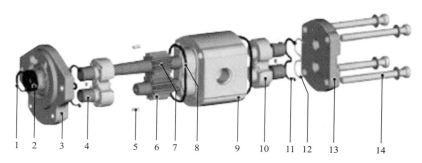

图 5-28　齿轮泵结构示意图

1—固定环；2—轴密封圈；3—前盖；4—滑动轴承；5—定心销；6—从动齿轮；7—主动齿轮；
8—泵壳密封件；9—泵壳；10—轴承；11—轴向区域密封件；12—支架；13—端盖；14—固定螺钉

(二) 工作原理

齿轮泵的工作原理如图 5-29 所示。

齿轮泵的概念是很简单的，即它的最基本形式就是 2 个尺寸相同的齿轮在一个紧密配合的壳体内相互啮合旋转，这个壳体的内部类似"8"字形，2 个齿轮装在里面，齿轮的外径及两侧与壳体紧密配合。来自挤出机的物料在吸入口进入 2 个齿轮中间，并充满这一空间，随着齿的旋转沿壳体运动，最后在两齿啮合时排出。

在术语上讲，齿轮泵也叫正排量装置，即像一个缸筒内的活塞，当一个齿进入另一个齿的流体空间时，液体就被机械性地挤排出来。因为液体是不可压缩的，所以液体和齿就不能在同一时间占据同一空间，这样，液体就被排出了。由于

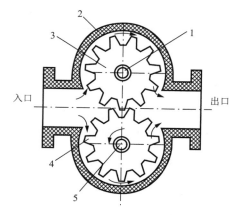

图 5-29　齿轮泵的工作原理

1—定轴；2—泵壳；3—从动齿轮；
4—主动齿轮；5—转轴

齿的不断啮合,这一现象就连续发生,因而也就在泵的出口提供了一个连续排出量,泵每转一转,排出的量是一样的。随着驱动轴不间断地旋转,泵也就不间断地排出流体。泵的流量直接与泵的转速有关。实际上,在泵内有很少量的流体损失,这使泵的运行效率不能达到100%,因为这些流体被用来润滑轴承及齿轮两侧,而泵体也绝不可能无间隙配合,故不能使流体100%地从出口排出,所以少量的流体损失是必然的。然而泵还是可以良好地运行,对大多数挤出物料来说,效率仍可以达到93%～98%。

对于黏度或密度在工艺中有变化的流体,这种泵不会受到太多影响。如果有一个阻尼器,比如在排出口侧放一个滤网或一个限制器,泵则会推动流体通过它们。如果这个阻尼器在工作中变化,亦即如果滤网变脏、堵塞了,或限制器的背压升高了,则泵仍将保持恒定的流量,直至达到装置中最弱的部件的机械极限(通常装有一个扭矩限制器)。对于一台泵的转速,实际上是有限制的,这主要取决于工艺流体,如果传送的是油类,泵则能以很高的速度转动,但当流体是一种高黏度的聚合物熔体时,这种限制就会大幅度降低。推动高黏流体进入吸入口一侧的两齿空间是非常重要的,如果这一空间没有填充满,则泵就不能排出准确的流量,所以 PV 值(压力×流速)也是另外一个限制因素,而且是一个工艺变量。由于这些限制,齿轮泵制造商将提供一系列产品,即不同的规格及排量(每转一周所排出的量)。这些泵将与具体的应用工艺相配合,以使系统能力及价格达到最优。

(三) 型号

常用的齿轮泵为 CBT-3.5 型,其中,CB 表示齿轮泵,T 表示类型适合于特稠油,3.5 表示额定流量为 3.5 m³/h。

泵的出口最大压力为 1.6 MPa,进口管径为 25 mm,出口管径为 20 mm。

(四) 流量

齿轮泵分为理论排量和流量,理论排量是指水泵在没有泄漏损失的情况下,每一转所排出的液体体积,考虑到效率后便是齿轮泵流量。泵每瞬时排出的液体体积称为瞬时流量,齿轮泵流量脉动(同时引起压力脉动)将使齿轮泵产生噪声和振动,流量和压力的脉动程度与齿数有关。

(1) 理论上带到排出腔的油液体积应等于齿间工作容积。

(2) 每转的流量 Q_t 应为 2 个齿轮全部齿间工作容积之和。

(3) 可假设齿间工作容积与齿的有效体积相等。

(4) 每转流量 Q_t。

① 是一个齿轮的齿间工作容积与轮齿有效体积的总和。

② 近似等于齿的有效部分所扫过的一个径向宽度为 $2m$(m 为模数)的环形体积。

1. 齿轮泵的流量公式

用上述计算泵的流量 Q_t 时,数值偏小应乘上修正系数 K。平均流量 Q_t 为:

$$Q_t = KD \times 2mBn \times 10^{-6} \,(\text{L/min}) \tag{5-2}$$

式中　D——分度圆直径,mm;

　　　m——模数,($m = D/z$,z 为齿数),mm;

　　　B——齿宽,mm;

　　　n——转速,r/min;

K——修正系数,一般为 $1.05 \sim 1.15$。

中、低压齿轮泵的流量公式为:

$$Q_t = 6.66zm^2Bn \times 10^{-6}(\text{L/min}) \tag{5-3}$$

高压齿轮泵的流量公式:

$$Q_t = 7zm^2Bn \times 10^{-6}(\text{L/min}) \tag{5-4}$$

2.提高齿轮泵理论流量的途径

增加齿轮的直径、齿宽、转速和减少齿数。转速过高会使轮齿转过吸入腔的时间过短。转速和直径增加使齿轮的圆周速度增加,离心力加大。

(1)增加吸入困难,齿根处油压降低,可能析出气体,导致流量减小,造成振动和产生噪声,甚至使泵无法工作。

(2)最大圆周速度应根据所输油的黏度而予以限制。

① 最大圆周速度不超过 $5 \sim 6$ m/s。

② 最高转速一般在 3 000 r/min 左右。

加大齿宽会使径向力增大,齿面接触线加长,不易保持良好的密封。减少齿数虽可使齿间容积加大而流量增加,但会使流量的不均匀度加重。

(五)常见故障及排除方法

齿轮泵的常见故障及排除方法见表5-6。

表 5-6　齿轮泵的常见故障及排除方法

故障现象	产生原因	排除方法
不出油或出油少	(1) 旋转方向不对。 (2) 吸油液面过低。 (3) 滤油器堵塞或过小。 (4) 油温过低,黏度大	(1) 更正旋转方向。 (2) 加油使液面升到规定高度。 (3) 清洗滤油器或更换大流量滤油器。 (4) 预热油液
没有压力,压力升不高	(1) 溢流阀调得过低。 (2) 油液温度升高,黏度低或液体本身黏度低。 (3) 吸油管漏气。 (4) 泵内零件磨损严重	(1) 重新调整溢流阀。 (2) 降低油温或更换间隙小的齿轮泵。 (3) 检查吸油管。 (4) 更换新泵
骨架油封漏油	(1) 电机转向接反。 (2) 油封磨损严重。 (3) 轴承损坏造成油封损坏	(1) 调整转向。 (2) 更换油封。 (3) 更换轴承
有噪声或振动	(1) 泵轴与电机轴不同心。 (2) 吸油管或滤油器堵塞。 (3) 吸油管漏气,油液有气泡。 (4) 吸油管过小或过长。 (5) 紧固件松动。 (6) 联轴器缓冲胶垫坏	(1) 重新调整。 (2) 清理堵塞物。 (3) 检查吸油管道。 (4) 重新调整。 (5) 检查拧紧。 (6) 更换联轴器缓冲胶垫
电动机过热	(1) 输出压力过高。 (2) 液体温度低,黏度大或液体本身黏度大。 (3) 泵齿油与轴承严重磨损或咬死	(1) 调低压力。 (2) 预热油液或降低电机转速。 (3) 拆下修理或更换新泵

二、螺杆泵

(一) 结构

螺杆泵的结构如图 5-30 所示,主要由固定在泵体中的衬套(泵缸)以及安插在泵缸中的主动螺杆和与其啮合的 2 根从动螺杆所组成。3 根互相啮合的螺杆,在泵缸内按每个导程形成为一个密封腔,造成吸排口之间的密封。

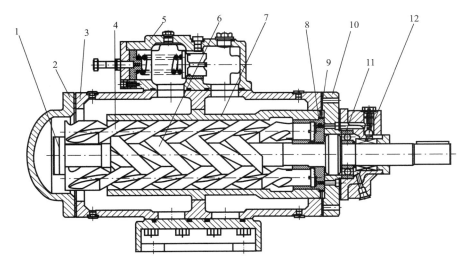

图 5-30　螺杆泵结构示意图

1—挡圈;2—后盖;3—泵体;4—从动螺杆;5—安全阀;6—主动螺杆;

7—衬套;8—平衡套;9—销;10—前盖;11—轴承;12—密封

(二) 工作原理

当主动螺杆在原动机带动下旋转时,依靠螺杆相互啮合空间的容积发生变化来输送液体。在靠吸入室一侧的啮合空间打开时,使吸入室容积增大,压力降低,吸入管内液体被吸入,并充满啮合空间,螺杆旋转时,液体在螺杆推挤下做轴向移动,这与螺母沿旋转螺杆做轴向移动相似,从而把液体从吸入室不断地沿着衬套做轴向移动推挤至压出室。在正常工作过程中,从动螺杆不是由主动螺杆驱动,而是在输送液体的压力作用下旋转的。

(三) 特点

(1) 压力和流量范围广泛,流量范围为 $0.2\sim600$ m³/h,最高工作压力可达 6.3 MPa。

(2) 运送液体的种类和黏度范围广。

(3) 因为三螺杆泵内的回转部件惯性力较低,故可使用很高的转速。

(4) 吸入性能好,具有自吸能力。

(5) 流量均匀连续,振动小,噪声低。

(6) 与其他回转泵相比,对进入的气体和污物不太敏感。

(7) 三螺杆泵结构坚实,安装保养容易。

(8) 自吸能力强。

(9) 由于部件通用组合系列化有多种结构,可用于卧式、法兰式和立式安装。

（10）根据所输送介质需要还可提供加热或冷却结构。

（四）运行与停运

1. 螺杆泵的停运

螺杆泵停车时，应先关闭排出停止阀，并待泵完全停转后关闭吸入停止阀。

螺杆泵因工作螺杆长度较大，刚性较差，容易引起弯曲，造成工作失常。对轴系的连接必须很好对中。对中工作最好是在安装定位后进行，以免管路牵连造成变形。连接管路时应独立固定，尽可能减少对泵的牵连等。此外，备用螺杆在保存时最好采用悬吊固定的方法，避免因放置不平而造成的变形。

2. 螺杆泵的启动步骤

（1）螺杆泵应在吸排停止阀全开的情况下启动，以防过载或吸空。

（2）螺杆泵虽然具有干吸能力，但是必须防止干转，以免擦伤工作表面。

（3）假如泵需要在油温很低或黏度很高的情况下启动，螺杆泵应在吸排阀和旁通阀全开的情况下启动，让泵启动时的负荷最低，直到原动机达到额定转速时，再将旁通阀逐渐关闭。

（4）当旁通阀开启时，液体是在有节流的情况下在泵中不断循环流动的，而循环的油量越多，循环的时间越长，液体的发热也就越严重，甚至使泵因高温变形而损坏，必须引起注意。

3. 螺杆泵的运转注意事项

（1）螺杆泵必须按既定的方向运转，以产生一定的吸排。

（2）泵工作时，应注意检查压力、温度和机械轴封的工作。对轴封应该允许有微量的泄漏，如泄漏量不超过 2～3 滴/分，则认为正常。假如螺杆泵在工作时产生噪声，则往往是油温太低，油液黏度太高，油液中进入空气，联轴节失中或泵过度磨损等原因引起的。

（五）常见故障及排除方法

螺杆泵的常见故障及排除方法见表5-7。

表 5-7　螺杆泵的常见故障及排除方法

故障现象	产生原因	排除方法
振动噪声大	（1）吸入管路或泵吸入端漏气或堵塞。 （2）吸上高度超过泵的吸上真空高度。 （3）轴承损坏。 （4）安装高度过大，泵内产生汽蚀	（1）消除漏气或堵塞。 （2）降低吸上高度减少管路阻力。 （3）更换轴承。 （4）降低安装高度或降低转速
压力波动大	（1）吸入管路或泵吸入端漏气或堵塞。 （2）吸上高度超过泵的吸上真空高度	（1）消除漏气或堵塞。 （2）降低吸上高度减少管路阻力
流量下降	（1）吸入管路或泵吸入端漏气或堵塞。 （2）吸上高度超过泵的吸上真空高度。 （3）转速过低。 （4）螺旋套、泵衬套磨损。 （5）轴封泄漏	（1）消除漏气或堵塞。 （2）降低吸上高度减少管路阻力。 （3）提高转速。 （4）更换磨损件。 （5）检修更换轴封元件

故障现象	产生原因	排除方法
泵不打压	（1）吸入管路或泵吸入端漏气或堵塞。 （2）吸上高度超过泵的吸上真空高度。 （3）螺旋套、泵衬套磨损。 （4）轴转向反向。 （5）介质黏度太大	（1）消除漏气或堵塞。 （2）降低吸上高度减少管路阻力。 （3）更换磨损件。 （4）调整电机转向。 （5）将介质升温
功率增大	（1）输送介质黏度变大。 （2）泵内严重磨损。 （3）泵与电机不同心。 （4）出口管路堵塞	（1）升温降低黏度。 （2）检修更换有关磨损件。 （3）校正同心度。 （4）消除堵塞
泵体发热	（1）螺杆套磨损。 （2）泵内严重磨损。 （3）泵与电机不同心。 （4）出口管路堵塞	（1）更换磨损件。 （2）更换磨损件。 （3）校正同心度。 （4）消除堵塞
机械密封发热	（1）机械密封冲洗管堵塞。 （2）机械密封压缩量太大	（1）疏通清洗管。 （2）调整机封压缩量
机械密封泄漏	（1）机械密封压缩量太小。 （2）机械密封磨损，密封元件损坏	（1）调整机封压缩量。 （2）更换密封

第八节　常用阀件

阀门是流体输送系统中的控制部件，具有截断、调节、导流、防止逆流、稳压、分流或溢流泄压等功能。其基本功能是接通或切断管路介质的流通，改变介质的流通，改变介质的流动方向，调节介质的压力和流量，保护管路设备的正常运行。

一、阀门的分类

阀门的用途广泛，种类繁多，分类方法也比较多。总的可分为两大类：

（1）第一类，自动阀门。依靠介质（液体、气体）本身的能力而自行动作的阀门，如止回阀、安全阀、调节阀、疏水阀、减压阀等。

（2）第二类，驱动阀门。借助手动来操纵动作的阀门，如闸阀、截止阀、节流阀、蝶阀、球阀、旋塞阀等。

（一）按用途分

（1）开断用：用来接通或切断管路介质，如截止阀、闸阀、球阀、蝶阀等。

（2）止回用：用来防止介质倒流，如止回阀。

（3）调节用：用来调节介质的压力和流量，如调节阀、减压阀。

（4）分配用：用来改变介质流向、分配介质，如三通旋塞、分配阀、滑阀等。

（5）安全用：在介质压力超过规定值时，用来排放多余的介质，保证管路系统及设备安全，如安全阀、事故阀。

（6）其他特殊用途：如疏水阀、放空阀、排污阀等。

（二）按驱动方式分

（1）手动：借助手轮、手柄、杠杆或链轮等，有人力驱动，传动较大力矩时，装有蜗轮、齿轮等减速装置。

（2）电动：借助电机或其他电气装置来驱动。

（3）液动：借助液体（水、油）来驱动。

（4）气动：借助压缩空气来驱动。

（三）按压力分

（1）真空阀门：工作压力低于标准大气压的阀门。

（2）低压阀门：公称压力 PN 小于等于 1.6 MPa 的阀门（包括 PN 小于等于 1.6 MPa 的钢阀）。

（3）中压阀门：公称压力 PN 为 2.5～6.4 MPa 的阀门。

（4）高压阀门：公称压力 PN 为 10.0～80.0 MPa 的阀门。

（5）超高压阀门：公称压力 PN 大于等于 100.0 MPa 的阀门。

（四）按介质的温度分

（1）常温阀门：适用于介质温度 -40～120 ℃ 的阀门。

（2）中温阀门：适用于介质温度 120～450 ℃ 的阀门。

（3）高温阀门：适用于介质温度 425～600 ℃ 的阀门。

（4）耐热阀门：适用于介质温度 600 ℃ 以上的阀门。

（5）低温阀门：适用于介质温度 -150～-40 ℃ 的阀门。

（6）超低温阀门：适用于介质温度 -150 ℃ 以下的阀门。

（五）按公称通径分

（1）小口径阀门：公称通径 DN 小于 40 mm 的阀门。

（2）中口径阀门：公称通径 DN 为 50～300 mm 的阀门。

（3）大口径阀门：公称通径 DN 为 350～1 200 mm 的阀门。

（4）特大口径阀门：公称通径 DN 大于等于 1 400 mm 的阀门。

（六）按与管道连接方式分

（1）法兰连接阀门：阀体带有法兰，与管道采用法兰连接的阀门。

（2）螺纹连接阀门：阀体带有内螺纹或外螺纹，与管道采用螺纹连接的阀门。

（3）焊接连接阀门：阀体带有焊口，与管道采用焊接连接的阀门。

（4）夹箍连接阀门：阀体上带有夹口，与管道采用夹箍连接的阀门。

（5）卡套连接阀门：采用卡套与管道连接的阀门。

二、闸阀

闸阀是指关闭件（闸板）沿通路中心线的垂直方向移动的阀门，在管路中主要作切断用。在锅炉管道中，闸阀多用于经常处于全开或全闭的场合，如大口径给水管道、离心泵入口管路、水处理出口、柱塞泵入口、水罐出入口等。

（一）结构

闸阀主要由闸板、阀体、阀杆、填料、填料盖、手轮等构成,如图 5-31 所示。

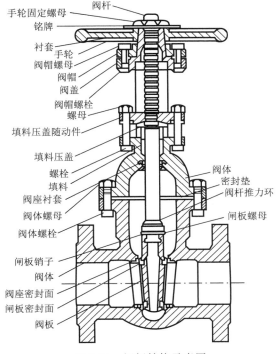

图 5-31　闸阀结构示意图

按闸板的结构可分为楔式闸阀和平行式闸阀 2 类,按阀杆的构造闸阀又可分为明杆闸阀和暗杆闸阀。一般楔式多为单闸板。平行式闸阀的闸板是 2 个密封面。由于平行式闸阀比楔式易于制造和维修,故多用在输送清洁的流体管道中。

（二）安装注意事项

闸阀安装注意事项:在安装只有一个密封面的闸阀时,应按照介质的流动方向安装,不可倒置,而对具有 2 个密封面的平行式闸阀就没有这个要求。

（三）使用注意事项

闸阀常用于截断介质,如水、蒸汽。经常只保持在 2 个极端位置,要么全开,要么全闭,基本上不用于中间状态,不作调节介质流量用。这是因为在闸阀只有部分开启时,未被提起部分因受介质的经常冲刷和摩擦,而使密封面遭到磨损造成渗漏。所以正确选择闸板阀的使用位置是很重要的。

（四）特点

1. 闸阀的优点

（1）流体阻力小。

（2）开闭所需外力较小。

（3）介质的流向不受限制。

（4）全开时,密封面受工作介质的冲蚀比截止阀小。

（5）体形比较简单,铸造工艺性较好。

2.闸阀的缺点

（1）外形尺寸和开启高度都较大,安装所需空间较大。

（2）开闭过程中,密封面间有相对摩擦,容易引起擦伤现象。

（3）闸阀一般有 2 个密封面,给加工、研磨和维修增加了困难。

三、截止阀

截止阀是关闭件(阀瓣)沿阀座中心线移动的阀门,在管路中主要作切断用,也常用在经常需要启闭的管路和经常需要调节介质流量的地方。

（一）结构

截止阀在汽水管道上大量使用,它主要由阀体、阀座、阀瓣、阀杆、填料盖、填料和手轮等部分组成,如图 5-32 所示。

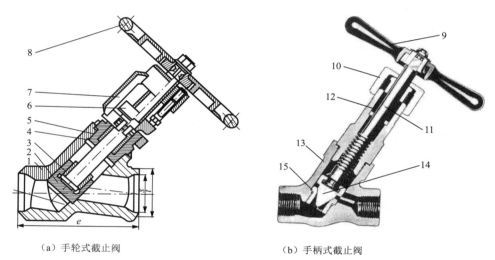

（a）手轮式截止阀 　　　　　　（b）手柄式截止阀

图 5-32　截止阀结构示意图

1,13—阀体;2—阀瓣;3,11—阀杆;4—填料箱;5,12—填料;6,10—填料压盖;
7—支架;8—手轮;9—手柄;14—阀芯盖;15—阀座

（二）分类

截止阀按密封面的形式分,有平行密封面和锥形密封面 2 种。按阀门与管道的连接方式可分为法兰式和焊接式 2 种。按介质流动方向不同可分为直通式、直流式和角式 3 种。根据阀杆上螺纹的位置可分为明杆式截止阀和暗杆式截止阀。

（三）安装与使用

安装截止阀时,除了核查型号外,要特别注意管道内的介质流向,介质应从阀芯下部通入,然后通过阀芯与阀座之间的间隙流出。一般截止阀的壳体上都有箭头表示流体方向,如无箭头表示,要记住流体需低进高出,千万不可倒置。

直通式截止阀流体的进出口通道为一直线,但经过阀座时要拐 90°弯。直流式截止阀流体的进出口通道为一直线,但与阀座中心线相交成一个角度,即阀杆是倾斜的,直角式截止阀流体的进出口通道互为直角。油田注汽锅炉上使用的进口截止阀大部分为锥形密封面,直流式焊接截止阀。

根据介质流动方向的不同,可选择合适的类型,小口径的截止阀一般全采用暗杆式螺纹。明杆式螺纹截止阀多用于大口径或温度较高又具有腐蚀性的流体的管线中。平行式密封面多用在大口径的截止阀上。锥形密封面结构较紧凑,启动和关闭费力小,多用于小口径的截止阀上。

(四)特点

(1) 在开闭过程中密封面的摩擦力比闸阀小、耐磨。

(2) 开启高度小。

(3) 通常只有一个密封面,制造工艺好,便于维修。

(4) 截止阀使用较为普遍,但由于开闭力矩较大,结构长度较长,一般公称通径 DN 都限制在 200 mm 以下。截止阀的流体阻力损失较大,限制了截止阀更广泛的使用。

(五)常见故障及排除方法

截止阀的常见故障及排除方法见表 5-8。

表 5-8 截止阀的常见故障及排除方法

故障现象	产生原因	排除方法
填料处泄漏	(1) 填料选用不对。 (2) 填料安装不对,存在着以小代大、螺旋盘绕、接头不良、上紧下松等缺陷。 (3) 填料磨损严重。 (4) 阀杆精度不高,有弯曲、有腐蚀、有磨损等缺陷。 (5) 填料圈数不足,压盖未盖紧。 (6) 压盖、螺栓和其他部件损坏。 (7) 压盖歪斜,压盖与阀杆间隙过小或过大,致使阀杆磨损,填料损坏	(1) 按工况条件选用填料的材料和形式。 (2) 按有关规定正确安装填料,密封填料应逐圈压紧,接头应成 30°或 45°。 (3) 及时更换。 (4) 阀杆弯曲、磨损后应进行矫正、修复,对损坏严重的应予以更换。 (5) 填料应按规定的圈数安装,压盖应对称均匀地拧紧,压套应有预紧间隙 5 mm 以上。 (6) 修复或更换。 (7) 应均匀对称拧紧压盖螺栓,压盖与阀杆间隙过小,应适当增大其间隙,压盖与阀杆间隙过大,应予以更换压盖
密封面泄漏	(1) 密封面研磨不平,不能形成密合线。 (2) 阀杆与关闭件的连接处顶心悬空,不正或磨损。 (3) 阀杆弯曲或装配不正,使关闭件歪斜或不对中。 (4) 阀门已到全关闭位置,继续施加过大的关闭力,密封面被压坏,挤变形	(1) 重新研磨。 (2) 重新修整。 (3) 阀杆弯曲应进行矫正,阀杆、阀杆螺母、关闭件、阀座经调整后,应在一条公共轴线上。 (4) 阀门关闭力应适中
阀杆操作不灵活	(1) 填料压得过紧,抱死阀杆。 (2) 阀杆、阀杆螺母、压盖、填料等件装配不正。 (3) 阀杆弯曲。 (4) 操作不良,使阀杆和有关部件变形、磨损和损坏。 (5) 阀杆与传动装置连接处松脱或损坏	(1) 适当放松压盖。 (2) 重新装配,使间隙一致,保持同心,旋转灵活,不允许支架、压盖等有歪斜现象。 (3) 矫正阀杆。 (4) 要正确操作阀门,关闭力要适当,矫正变形,对损坏严重的更换。 (5) 及时修复

四、球阀

球阀和旋塞阀是同属一个类型的阀门,只是它的关闭件是个球体,球体绕阀体中心线做90°旋转来达到开启、关闭的目的。球阀在管路中主要用作切断、分配和改变介质的流动方向。

(一)结构

球阀的结构如图 5-33 所示。

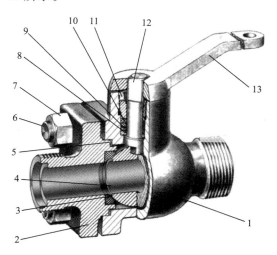

图 5-33 球阀结构示意图

1—阀体;2—阀盖;3—密封圈;4—阀芯;5—调整垫;6—螺柱;7—螺母;
8—填料垫;9—中填料;10—上填料;11—填料压盖;12—阀杆;13—扳手

(二)分类

球阀按结构形式可分为浮动球球阀、固定球球阀、弹性球球阀。

(三)特点

(1)流体阻力小,其阻力系数与同长度的管段相等。

(2)结构简单、体积小、质量小。

(3)紧密可靠,目前球阀的密封面材料广泛使用塑料,密封性好,在真空系统中也已广泛使用。

(4)操作方便,开闭迅速,从全开到全关只要旋转 90°,便于远距离控制。

(5)维修方便,球阀结构简单,密封圈一般都是活动的,拆卸更换都比较方便。

(6)在全开或全闭时,球体和阀座的密封面与介质隔离,介质通过时,不会引起阀门密封面的侵蚀。

(7)适用范围广,通径从小到几毫米,大到几米,从高真空至高压力都可应用。

五、蝶阀

蝶阀由阀体、圆盘、阀杆和手柄组成。它采用圆盘式启闭件,圆盘式阀瓣固定于阀杆上,阀杆转动 90°即可完成启闭作用。蝶阀广泛用于压力在 2.0 MPa 以下和温度不高于 200 ℃的各种介质。

合成橡胶出现后,蝶阀迅速发展,它是一种新型的截流阀。在我国,直至 20 世纪 80 年代,蝶阀仍主要用于低压阀门,阀座采用合成橡胶。到 20 世纪 90 年代,硬密封蝶阀得以迅速发展,使蝶阀应用领域更广泛。

蝶阀的蝶板安装于管道的直径方向。在蝶阀阀体圆柱形通道内,圆盘形蝶板绕着轴线旋转,旋转角度为 0°～90°之间,旋转到 90°时,阀门则为全开状态。

(一) 分类

根据连接方式,蝶阀可分为法兰式、对夹式、焊接式、卡箍式(见图 5-34)。

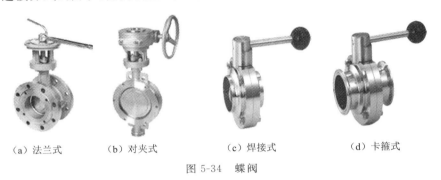

(a) 法兰式　　　　(b) 对夹式　　　　(c) 焊接式　　　　(d) 卡箍式

图 5-34　蝶阀

根据结构形式,蝶阀可分为板式、斜板式、偏置板式、杠杆式。

(二) 特点

(1) 结构简单,外形尺寸小。由于结构紧凑,结构长度短,体积小,质量小,只由少数几个零件组成,适用于大口径的阀门。

(2) 流体阻力小,具有良好的流体控制特性。蝶阀处于完全开启位置时,阀座通道有效流通面积较大,蝶板厚度是介质流经阀体时唯一的阻力,因而流体阻力较小,产生的压力降很小,具有较好的流量控制特性。

(3) 启闭方便迅速,调节性能好。蝶板旋转 90°即可完成启闭。通过改变蝶板的旋转角度可以分级控制流量。

(4) 启闭力矩较小,由于转轴两侧蝶板受介质作用基本相等,而产生转矩的方向相反,因而启闭较省力。

(5) 低压密封性能好,密封面材料一般采用橡胶、塑料,故密封性能好。受密封圈材料的限制,蝶阀的使用压力和工作温度范围较小。但硬密封蝶阀的使用压力和工作温度范围都有了很大的提高。

(6) 在阀瓣开启角度为 20°～75°时,流量与开启角度呈线性关系,有节流的特性。

(三) 选用原则

(1) 适用于流量调节,蝶阀在管路中压损较大,在选择蝶阀时,应充分考虑管路系统压力的损失的影响,还应考虑关闭时蝶板承受管道介质压力的坚固性,此外还须考虑其工作温度限制。

(2) 其结构长度和整体高度较小,开关速度快,具有良好的流体控制特性,最适合制作大口径阀门。

(3) 低压截止,推荐使用蝶阀。

六、止回阀（或逆止阀、单流阀）

止回阀是指依靠介质本身流动而自动开、闭阀瓣，用来防止介质倒流的阀门。

（一）分类

按照阀体结构不同，止回阀可分为升降式止回阀、旋启式止回阀、底阀和弹簧式止回阀。

1. 升降式止回阀

升降式止回阀可分为直通式和立式 2 种，如图 5-35 所示。直通式升降式止回阀的密封性能好，噪声小，阀芯垂直于阀体内做升降运动，一般应装在水平管道上。升降式止回阀的阀体形状与截止阀一样（可与截止阀通用），因此它的流体阻力系数较大。

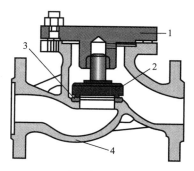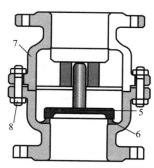

（a）直通式升降止回阀　　　　（b）立式升降止回阀

图 5-35　升降式止回阀结构示意图

1—阀盖；2,5—阀芯；3,6—阀座；4,7—阀体；8—紧固螺栓

2. 旋启式止回阀

旋启式止回阀如图 5-36 所示，其密封性能较差，噪声也较大。因旋启式止回阀的阀芯是围绕着一个插销旋转运动，一般常安装在垂直或大口径的管道上。图 5-37 所示的止回阀是用于锅炉雾化管路上的。旋启式止回阀流动阻力小，密封性能不如升降式，适用于低流速和流动不常变动的场合，不宜用于脉动流。

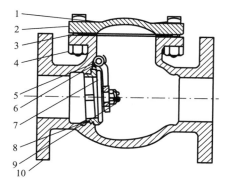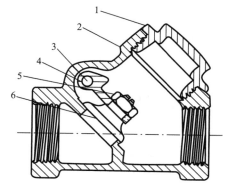

图 5-36　旋启式止回阀结构示意图

1—阀盖螺栓；2—阀盖；3—密封圈；4—紧固螺母；
5—连杆销子；6—连杆；7—阀芯；8—阀芯座；
9—固定螺栓；10—阀体

图 5-37　锅炉雾化管路上的旋启式
止回阀结构示意图

1—阀盖；2—阀体；3—连杆销子；
4—连杆；5—固定螺栓；6—阀芯

3.底阀

底阀(见图5-38)设置在泵的吸入口,可防止倒流,有利于启泵,一般用于水泵底部吸水端。

4.弹簧式止回阀

弹簧式止回阀如图5-39所示,其工作原理是:液体由下而上,依靠压力顶起弹簧控制的阀芯,压力消失后,弹簧力将阀芯压下,封闭液体倒流。常用于通径较小的场合。

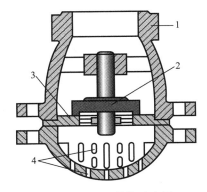

图 5-38　底阀结构示意图

1—阀体;2—阀芯;3—阀座;4—过滤网

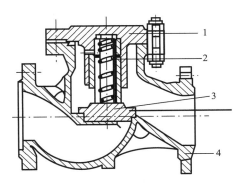

图 5-39　弹簧式止回阀结构示意图

1—阀盖;2—弹簧;3—阀芯;4—阀体

(二)安装注意事项

(1)止回阀一定要与截止阀配合使用,不能单独把止回阀安装在管路上。

(2)介质流动方向应与阀体上箭头的方向一致,决不允许装反。

(3)止回阀必须安装在水平管路上。

(三)常见故障及排除方法

止回阀的常见故障及排除方法见表5-9。

表 5-9　止回阀的常见故障及排除方法

故障现象	产生原因	排除方法
升降式阀芯升降不灵活	(1)阀芯轴和导向套上的排泄孔堵死,产生阻尼现象。 (2)安装和装配不正,使阀芯歪斜。 (3)阀芯轴与导向套磨损或卡死。 (4)预紧弹簧失效,产生松弛、断裂	(1)定期修理清洗。 (2)阀门安装和装配要正确,阀盖螺栓应均匀拧紧,零件加工质量不高,应进行修理纠正。 (3)装配要正,定期修理,损坏严重的应更换。 (4)更换预紧弹簧
旋启式摇杆机构损坏	(1)阀前阀后压力接近平衡或波动大,使阀芯反复拍打而损坏阀芯或其他件。 (2)摇杆机构装配不正,产生阀芯掉上掉下缺陷。 (3)摇杆与阀芯和芯轴连接处松动或磨损。 (4)摇杆变形或断裂	(1)操作压力不稳定的场合,适于选用铸钢阀芯和钢摇杆。 (2)装配和调整要正确,阀芯关闭后应密合良好。 (3)连接处松动,磨损后,要及时修理,损坏严重的应更换。 (4)摇杆变形要校正,断裂应更换

续表 5-9

故障现象	产生原因	排除方法
介质倒流	（1）除产生阀芯升降不灵活和摇杆机构磨损的原因外，还有密封面磨损，橡胶密封面老化。 （2）密封面间夹有杂质	（1）正确选用材料，定期更换橡胶密封面，密封面磨损后及时研磨。 （2）清除杂质，应在阀前设置过滤器

七、疏水阀

疏水阀用于蒸汽系统中，能自动把蒸汽中的凝结水排出，也能防止蒸汽泄漏出来，以提高热利用率，并能防止管道发生水冲击。疏水阀安装在蒸汽设备的冷凝液排出口等处。

（一）分类

疏水阀的种类很多，按作用原理，可分为机械型、恒温型和热力型 3 种。

（1）机械型，主要有浮桶式、钟形浮子式和浮球式 3 种，都是利用蒸汽和凝结水的密度差亦即利用凝结水的液位工作的，这类疏水阀是发展最早的一种。

（2）恒温型，主要有金属片式、波纹管式、液体膨胀式 3 种，它们都是利用蒸汽和凝结水的温度差引起恒温元件的膨胀或变形工作的。这类疏水阀的显著特点是排空气性能好，但不适用于饱和温度的凝结水。

（3）热力型，主要有脉冲式、热动力式和孔板式 3 种，它们都是利用相变原理，即利用蒸汽和凝结水热动力特性工作的。

（二）热动力式疏水阀

油田注汽锅炉上使用的疏水阀为热动力式疏水阀。

1. 结构

热动力式疏水阀结构如图 5-40 所示。

2. 工作原理

当凝结水从流入通道流入，由于变压室的蒸汽凝缩，压力降低，作用在阀片下面的力大于变压室作用在阀片上面的力，故将阀片打开。同时又因水的黏度大，流速低，阀片与阀座间不易造成负压，且水不易通过阀片与阀盖间的缝隙流入变压室，使阀片保持开启状态，经环形槽，从排出孔道排出。

当蒸汽进入流入通道后，由于蒸汽的黏度小、流速大，使阀片与阀座间容易造成负压，同时部分蒸汽流入变压室后，使阀片上面的力大于作用在阀片下面的力，使阀片迅速关闭，阻止蒸汽排出。

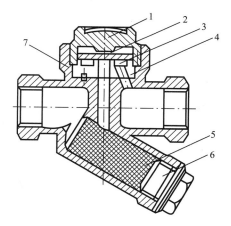

图 5-40　热动力式疏水阀结构示意图
1—阀盖；2—阀芯；3—阀座；4—石棉垫；
5—过滤网；6—排污口；7—阀体

3. 特点

热动力式疏水阀具有体积小、质量小、排水量大等特点。国产热动力式疏水阀和国外热动力式疏水阀原理、结构、性能相差不大。

4.常见故障及排除方法

热动力式疏水阀的常见故障及排除方法见表 5-10。

表 5-10 热动力式疏水阀的常见故障及排除方法

故障现象	产生原因	排除方法
不排凝结水	(1) 阀前蒸汽管线上的阀门损坏或未打开。 (2) 阀前管道堵塞。 (3) 过滤器堵塞。 (4) 疏水阀内充满污物。 (5) 变压室内充满空气和非凝结性气体,使阀不能开启	(1) 阀门损坏要修理,阀门未开应注意打开。 (2) 清理管道内杂质。 (3) 定期清理过滤器。 (4) 修理过滤器,清扫阀内污物。 (5) 打开阀盖,排除凝结性气体
排出蒸汽	(1) 阀盖不严,不能建立变压室内压力,阀片不能关闭。 (2) 阀座密封面与阀片磨损。 (3) 阀座与阀片夹有杂质	(1) 拧紧阀盖或更换垫片。 (2) 重新研磨,修理不好者应更换。 (3) 打开阀盖清除杂物
排水不停	(1) 阀前大量来水。 (2) 所用疏水阀排水量小	(1) 将阀前来水调整正常。 (2) 调换排水量大的疏水阀

八、安全阀

安全阀是用来自动地将介质压力控制在预定允许范围之内的安全附件。

安全阀在管路中,当介质工作压力超过规定数值时,阀门便自动开启,排放出多余介质,以防止设备或管路内的压力继续升高;当工作压力恢复到规定值时,自动关闭。用来保护锅炉设备,避免因超压而发生事故。

(一) 分类

目前锅炉常用的安全阀有杠杆式、弹簧式、静重式、脉冲式等多种。

1.杠杆式安全阀

杠杆式安全阀分为单杠杆式和双杠杆式 2 种。由于它是通过杠杆和重锤的重力矩作用到阀芯上,用来平衡蒸汽压力,又称为重锤式安全阀,如图 5-41 所示。

杠杆式安全阀的重锤是可以移动的,移动重锤的位置来改变重力矩的大小,以调整安全阀的开启压力,这种安全阀结构简单,调整方便,工作性能可靠,所以在工业锅炉上应用较广泛。

2.静重式安全阀

静重式安全阀(见图 5-42)是利用加在套盘上的环状铁块的重量将阀芯压紧在阀座上,使锅炉蒸汽压力保持在允许范围之内。当阀芯底部的蒸汽托力大于环状铁块的总重量时,阀芯被顶起离开阀座,蒸汽向外排泄。当作用于阀芯底部的蒸汽托力小于环状铁块的总重量时,阀芯下压与阀座重新紧密结合,蒸汽停止排泄。

静重式安全阀的体积较大,又较笨重,灵敏度也低,在运行中又无法进行调节,目前锅炉上使用的很少。

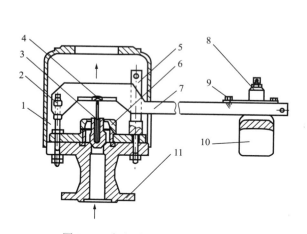

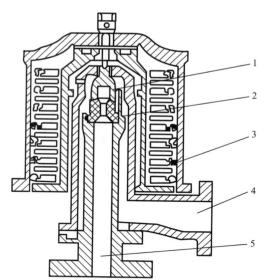

图 5-41　杠杆式安全阀结构示意图

1—阀罩;2—支点;3—阀杆;4—力点;5—导架;6—阀芯;

7—杠杆;8—固定螺栓;9—调整螺栓;10—重锤;11—阀体

图 5-42　静重式安全阀结构示意图

1—阀芯;2—阀座;3—铁块;

4—蒸汽出口;5—蒸汽入口

3.脉冲式安全阀

脉冲式安全阀按照结构可分为主阀和辅阀(见图 5-43)。辅阀为口径很小的直接载荷式安全阀,与主阀相接。当系统超压时,辅阀首先开启,排出介质。适用于大口径、大排量及高压系统,一般用于高压锅炉上。

辅阀一般是重锤式安全阀(也可以是弹簧式安全阀)。主阀有活塞室,活塞与阀芯装在同一根阀杆上,阀芯靠蒸汽压力及弹簧向上的拉力压紧在阀座上。

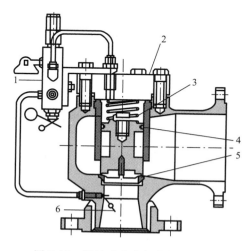

图 5-43　脉冲式安全阀结构示意图

1—辅阀;2—主阀;3—圆顶气室;4—活塞密封圈;5—阀座;6—压力传感嘴

当锅炉压力超过规定值时,辅阀首先开启,排出的蒸汽通过脉冲管送到主阀活塞上部,蒸汽压力使活塞向下移动,带动阀芯向下离开阀座,主阀开启而排汽。当压力降到一定程度后,辅阀关闭,蒸汽停止进入主阀活塞上部,主阀在蒸汽压力及弹簧拉力作用下随之关闭。

4.弹簧式安全阀

锅炉上常用的安全阀为弹簧式安全阀。它由阀体、阀座、阀芯(阀瓣)、阀杆、阀盖、弹簧、调节螺母和手柄等组成(见图5-44)。

(1)分类。

弹簧式安全阀可分为带手柄的和不带手柄的,封闭的和不封闭的。工业锅炉上常用的是弹簧带手柄不封闭式的安全阀。

安全阀的主要参数是开启压力和排汽能力,而排汽能力取决于阀座的口径和阀芯的提升高度。按提升高度不同又可将安全阀分为微启式和全启式2种。蒸汽、空气及其他气体介质一般选用全启式弹簧安全阀,液体介质一般选用微启式弹簧安全阀。

(2)工作原理。

其工作原理是通过阀杆将弹簧的压力作用在阀芯上,而弹簧作用力的大小则靠调节螺钉的松紧程度来加以调整。当锅炉中的蒸汽压力超过弹簧的压力时,弹簧被压缩,使阀杆上升,阀芯开启,蒸汽便从阀芯和阀座之间排出。当蒸汽压力降低到工作压力以下,亦即小于弹簧压力时,阀芯在弹簧的作用下便自动关闭,于是停止排汽。弹簧式安全阀的排汽压力可以用调整弹簧的松紧程度来实现。如果将调节螺母往下拧,弹簧作用在阀芯上的力就加大,因此安全阀的排汽压力也就增高。若把调节螺母往上旋,弹簧的作用力减小,安全阀的排汽压力也就降低。为了确保锅炉正常安全运行,锅炉出口一般安装2个安全阀。当锅炉压力超压时,只要有一个安全阀动作,即可防止锅炉超压而发生事故。

(3)特点。

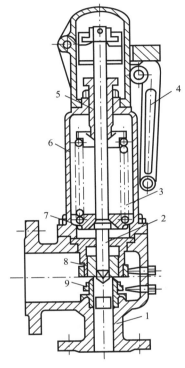

图5-44　弹簧式安全阀结构示意图
1—阀体;2—阀杆;3—弹簧;4—手柄;
5—调整螺栓;6—阀盖;7—弹簧压盖;
8—阀芯;9—阀座

结构紧凑、轻便、压密性好,经得起振动,很少有泄漏现象,所以一般锅炉上经常采用这种安全阀。注汽锅炉上使用的安全阀都是弹簧式安全阀。

(二)注汽锅炉的安全阀

锅炉出口2个,整定值为18.3 MPa和18 MPa。柱塞泵出口1个,整定值为20.3 MPa。空压机出口1个,整定值为1 MPa。雾化分离器上1个,整定值为0.5 MPa。除氧器上1个,整定值为0.02 MPa。供汽管线上1个,整定值为1.4 MPa。

1.柱塞泵出口安全阀

柱塞泵出口安全阀是JMB-C-A型,其结构如图5-45所示。

泵出口安全阀的整定包括泄压压力的整定和回座压力的整定。整定值必须依照柱塞泵的最大工作压力确定。

泄压压力的整定：卸掉阀帽，拧松调节螺钉防松螺母。若要提高泄压压力就顺时针转动调节螺栓，若要降低泄压压力就逆时针转动调节螺栓。调后一定要拧紧防松螺母。注意一定不要在内阀接近泄压压力时转动调节螺栓，因为阀盘可能转动而损坏密封表面。

回座压力整定：所谓回座压力即安全阀泄压动作后重新座合时的压力。用导环调节。一般导环位置是从导环最低位置向上30个齿。调节导环位置的方法是卸掉导环定位螺栓，通过螺栓孔插入螺丝刀拨动导环上的齿转动导环使其上升或下降。但调节时要注意阀下的压力要足够低，以免突然动作。向右转动导环，使之升高则缩短排放，提高回座压力，但不能过于升高，以免引起不规则的动作。向左转动导环使之下降则加长排放，降低回座压力，在不是重新整定的情况下不能超过五齿。

拆卸该阀时先卸掉阀帽，再测量并记下调节螺栓的整定位置，以便恢复原整定的动作压力。

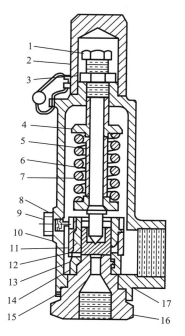

图5-45　柱塞泵出口安全阀结构示意图
1—调节螺栓；2—阀帽；3—调节螺钉防松螺母；
4—弹簧垫圈；5—弹簧限位管；6—主轴；7—弹簧；
8—密封圈；9—导环固定螺栓；10—缸体；11—导环；
12—阀盘；13—导向套；14—导向套固定螺栓；
15—缸体固定螺栓；16—阀座；17—密封圈

拧松调节螺栓的防松螺母，逆时针转动调节螺栓使弹簧卸出。这样做可避免损伤密封面或安装误差。卸掉导环定位螺钉，松开缸体定位螺钉，从底部拧下缸体。缸下主轴、弹簧、弹簧垫圈、弹簧限位管、导管、导环、导环定位螺钉、导向套和阀盘。阀盘有用O形圈密封的座面，要拆换O形密封圈，打出销子拆下阀盘即可，装配新O形密封圈要用油润滑。

把阀解体拆开后清洗检查，确保需修理更换的零件，研磨修复密封座面决不可把阀盘和阀座对研。按研磨的基本程序确保座面的镜平。清洗、修复或更换后即可重新组装。

安装时要彻底清除阀进出口的尘屑、锈皮，以免其沉积在阀座面上引起漏失。

2.蒸汽出口安全阀

国外进口的蒸汽出口安全阀型号为1918F型。其泄压压力的调节方法为：拆掉阀帽，拧松调节螺栓的锁紧螺母，向右转动（顺时针）调节螺栓增加压力，向左转动（逆时针）则减小压力，转动调节螺栓时要用钳子或扳手把住主轴以防主轴端点在阀盘内转动。调节后要拧紧锁紧螺母，装上阀帽。

回座压力调节（见图5-46）靠调节环，该环用右旋扣拧在喷嘴上，整定方法如下：

（1）拧下调节环销钉和垫圈。

（2）逆时针方向转动调节环使其上升直到阀盘底，然后顺时针拨动齿圈（即从右向左）使其下降，移过7齿即为原整定值。

（3）拧入调节环销钉并使其顶在齿根内把调节环定位。

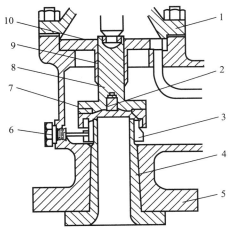

图 5-46　回座压力调节结构示意图

1—阀体;2—阀盘座;3—调节环;4—喷嘴;5—阀座;
6—调节环螺钉;7—阀盘;8—阀盘支座;9—导向套;10—主轴

延长排放(即降低回座压力)时要从左向右拨动齿圈使调节环上升。缩短排放(即升高回座压力)时要从右向左拨动齿圈使调节环下降。安全阀入口处要避免砂屑等物沉积以免进入密封面引起漏失。

(三) 常见故障及排除方法

弹簧式安全阀的常见故障及排除方法见表 5-11。

表 5-11　弹簧式安全阀的常见故障及排除方法

故障现象	产生原因	排除方法
安全阀长期漏汽	(1) 阀芯和阀座密封面有水垢和污垢等杂质。 (2) 阀芯与阀座磨损。 (3) 阀芯与阀座支承面歪斜。 (4) 弹簧疲劳。 (5) 阀门开启压力与设备正常工作压力太接近,以至密封比压降低,当阀振动或压力波动时,容易产生泄漏。 (6) 阀座连接螺纹损坏或密合不严。 (7) 排汽管重量产生的应力不合理地加在阀体上	(1) 手动开启安全阀吹扫杂质或卸下安全阀清洗。 (2) 研磨密封面或更换阀芯或阀座。 (3) 重新调整水平。 (4) 更换弹簧。 (5) 根据设备情况,对开启压力做适当调整。 (6) 修理或更换阀座,保持螺纹连接处严密不漏。 (7) 将排汽管装置正确
到规定开启压力而不动作	(1) 开启压力高于规定值。 (2) 阀芯与阀座被脏物粘住或生锈。 (3) 进阀的通道太狭窄或者有阻挡物挡住蒸汽。 (4) 阀运动零件有卡阻现象增加了开启压力	(1) 重新调整开启压力。 (2) 开启安全阀吹扫或卸下清洗。 (3) 去除挡住物。 (4) 检查排除卡阻现象

故障现象	产生原因	排除方法
未到规定开启压力就开启	(1) 开启压力低于规定值。 (2) 弹簧力减小或产生永久变形。 (3) 调整后的开启压力接近、等于或低于安全阀工作压力,使安全阀提前动作,频繁动作。 (4) 常温下调整的开启压力用于高温后,开启压力降低	(1) 重新调整开启压力。 (2) 更换弹簧。 (3) 重新调整安全阀开启压力至规定值。 (4) 适当拧紧弹簧调节螺钉,使开启压力至规定值
安全阀振动	(1) 由于管道的振动而引起安全阀的振动。 (2) 弹簧刚度太大。 (3) 排放管阻力过大,造成排放时过大背压,使阀芯落向阀座后,又被介质冲起,以很大频率产生振动。 (4) 调整环调整不当,使回座压力过高	(1) 查明原因后消除振动。 (2) 应选用刚度较小的弹簧。 (3) 应降低排放管阻力。 (4) 重新调整调整环位置

九、扩容器

扩容器用来减小锅炉放空时因压力急剧下降而产生的振动和噪声,防止放空管线在紧急放空时出现意外事故。

扩容器的规格一般为直径 1 600 mm,工作压力为 1.6 MPa。

安装时扩容器的入口法兰接锅炉放空管线,要有节流降压孔板组,底部与基础一起固定,其上部出口用来排放蒸汽,底部出口用来排放炉水。

十、管道

管道是连接锅炉及其附属设备的动脉,管道设计、布置、安装、管理的正确与否,直接影响到锅炉的安全经济运行,管道通常用"PN"表示它的公称压力。按照目前使用习惯常称 $0 \leqslant PN \leqslant 1.6$ MPa 为低压管,1.6 MPa$\leqslant PN \leqslant 10$ MPa 为中压管,PN 在 10 MPa 以上为高压管。管道公称管径(又称名义管径)表示方法通常有 2 种:英制公称管径用"G"表示;公制公称管径用"DN"表示。

管道应根据输送介质的特性、温度、压力、流量、允许温度降、允许压力降和腐蚀等情况来确定管道材料、管径和壁厚、保温材料和保温层厚度、管道热膨胀补偿等。

(一) 规格

目前所用的管道规格有英制和公制 2 种。一般无缝钢管系公制的,以"外径×壁厚"表示,如 89×12 表示钢管外径为 89 mm,壁厚为 12 mm(内径等于 65 mm),而有缝钢管(如水管、焊接管)则为英制的,以公称管径来表示(见表 5-12)。如 G2″的管子,查表 5-12 可知,其近似内径为 50 mm,实际外径为 60 mm,壁厚为 3.5 mm。

表 5-12　有缝钢管规格表

公称直径		近似直径 /mm	管壁厚 /mm	外径 /mm	线密度 /(kg·m⁻¹)
mm	in				
15	½	15	2.75	21.25	1.25
20	¾	20	2.75	26.75	1.63
25	1	25	3.25	33.5	2.42
32	1¼	32	3.25	42.5	3.13
40	1½	40	3.5	48.0	3.84
50	2	50	3.5	60.0	4.88
70	2½	70	3.75	75.5	6.64
80	3	80	4	88.5	8.34
100	4	100	4	114.0	10.85

工作中应注意管子的实际外径和内径,以便于连接和计算管内介质的流速。

(二) 连接方法

常用的管道连接方法有焊接连接、法兰连接、螺纹连接、活接头连接等。

(1) 焊接连接:所有压力管道如蒸汽、空气、给水等管道应尽量采用焊接。它的优点是连接部分管道的强度和密封性都很好,不需经常维修,省材料。管径大于 32 mm,厚度在 4 mm 以上者一般采用电焊,按照要求开出坡口。管径在 32 mm 以下,厚度在 3.5 mm 以下者一般采用气焊。

(2) 法兰连接:适用于一般大管径、密封性要求高的管子连接,亦适用于阀件与管道或设备的连接。

(3) 螺纹连接:适用于工作压力在 1 MPa 及以下的水管与带有管螺纹阀门连接的管道。

(4) 活接头连接:适用于经常拆卸的管道或要求便于检修的管道。

管道连接件包括弯头、异径管、三通、四通、管接头、活接头、法兰、垫片等。

(三) 油漆、标志和保温

1. 管道的油漆和标志

为了防止管道金属表面氧化腐蚀,延长管道使用寿命,保温层表面、管道、支架以及与空气接触的金属表面都要涂漆。锅炉上常用的油漆是红丹防锈漆(底漆)和调和漆。

涂漆前首先应把金属表面的铁锈和污物清除干净,然后再涂漆。涂时应先刷底漆,干燥后再刷调和漆,且涂层须厚薄均匀,颜色一致。需要保温的管道,其金属表面只涂防锈漆,调和漆涂在保温层的外表面。

不同介质管道涂漆标志见表 5-13。

表 5-13　不同介质管道涂漆标志

管道名称	颜　色	
	底　色	色　环
饱和蒸汽管	红	—

管道名称	颜　色	
	底　色	色　环
过热蒸汽管	红	黄
锅炉给水管	绿	—
生水管	绿	黄
盐水管	浅　黄	—
疏水管	绿	黑
排污管	黑	—
压缩空气管	蓝	—
油　管	橙　黄	—
烟　道	暗　灰	

2.管道保温

为了使介质在允许温降内输送,减少管道在输送热介质时的热量损失,降低能耗,节约能源,以及劳动保护需要时,管道必须保温。保温应包括汽、水、燃料油等系统的管道和管道附件。

(1)保温所用的保温材料应满足以下要求:

① 传热系数低,一般不大于 0.14 W/m² · ℃。

② 具有一定的耐热温度,耐热温度不应低于使用温度。

③ 密度小,一般应低于 600 kg/m³。

④ 有一定的机械强度,能承受一定的外力作用,保温材料制品的抗压强度应大于294.2 kPa。

⑤ 含水少,吸水率低,对金属无腐蚀作用,化学稳定性好。

(2)保护层材料应具备以下条件:

① 具有良好的防水性能。

② 耐压强度大于 284.5 kPa。

③ 在温度变化与振动情况下不易开裂和产生脱皮现象。

④ 不易燃烧,化学稳定性好,密度小。

这 2 种材料除应满足上述要求外,还应注意就地取材,施工方便,使用寿命长等。

管道保温结构形式很多,主要取决于保温材料及其制品和管道敷设的方式等。常用的保温结构形式有涂沫式、预制式、填充式、捆扎式等。

第九节　减压阀

减压阀是通过调节,将压力减至某一需要的出口压力,并依靠介质本身的能量,使出口压力自动保持稳定的阀门。从流体力学的观点看,减压阀是一个局部阻力可以变化的元件,即通过改变节流面积,使流速及流体的动能改变,造成不同的压力损失,从而达到减压的目的。然后依靠控制与调节系统的调节,使阀后压力的波动与弹簧力相平衡,使阀后压力在一定误差范围内保持恒定。

对于减压阀一般有以下两点性能要求:

（1）能把较高的蒸汽压力自动调节到所需要的蒸汽压力。

（2）当高压侧的蒸汽压力有波动时,它能自动调节,使低压侧的压力保持稳定。

一、分类及性能

（一）减压阀的分类

（1）按作用方式分。

① 自作用式或自力式,其利用介质本身的能量来控制所需的压力,可分为直接作用式和先导式。直接作用式利用出口压力变化,直接控制阀瓣运动。先导式由主阀和导阀组成,出口压力的变化通过导阀放大控制主阀动作。

② 间接作用式,其利用外界动力来控制所需的压力,如电动和气动控制阀等。

（2）按结构形式分。

① 薄膜式。

② 弹簧薄膜式。

③ 活塞式。

④ 波纹管式。

⑤ 杠杆式。

（3）按阀座数目分。

① 单座式。

② 双座式。

（4）按阀瓣的位置不同分。

① 正作用式。

② 反作用式。

（二）减压阀的基本性能

（1）调压范围:它是指减压阀输出压力的可调范围,在此范围内要求达到规定的精度。调压范围主要与调压弹簧的刚度有关。

（2）压力特性:它是指流量为定值时,因输入压力波动而引起输出压力波动的特性。输出压力波动越小,减压阀的特性越好。输出压力必须低于输入压力一定值才基本上不随输入压力变化而变化。

（3）流量特性:它是指输入压力一定时,输出压力随输出流量的变化而变化的特性。当流量发生变化时,输出压力的变化越小越好。一般输出压力越低,它随输出流量的变化波动就越小。

（三）减压阀的选用标准

（1）在给定的弹簧压力级范围内,使出口压力在最大值与最小值之间能连续调整,不得有卡阻和异常振动。

（2）对于软密封的减压阀,在规定的时间内不得有渗漏。对于金属密封的减压阀,其渗漏量应不大于最大流量的 0.5%。

（3）出口流量变化时，直接作用式的出口压力偏差值不大于 20%，先导式不大于 10%。

（4）进口压力变化时，直接作用式的出口压力偏差不大于 10%，先导式的不大于 5%。

（5）通常，减压阀的阀后压力应小于阀前压力的 0.5 倍。

（6）减压阀的应用范围很广，在蒸汽、压缩空气、工业用气、水、油和许多其他液体介质的设备和管路上均可使用，介质流经减压阀出口处的量，一般用质量流量或体积流量表示。

（7）波纹管直接作用式减压阀适用于低压、中小口径的蒸汽介质。

（8）薄膜直接作用式减压阀适用于中低压、中小口径的空气、水介质。

（9）先导活塞式减压阀，适用于各种压力、各种口径、各种温度的蒸汽、空气和水介质，若用不锈耐酸钢制造，可适用于各种腐蚀性介质。

（10）先导波纹管式减压阀，适用于低压、中小口径的蒸汽、空气等介质。

（11）先导薄膜式减压阀，适用于低压、中压、中小口径的蒸汽或水等介质。

（12）减压阀进口压力的波动应控制在进口压力给定值的 80%～105%，如超过该范围，减压前期的性能会受影响。

（13）通常减压阀的阀后压力应小于阀前压力的 0.5 倍。

（14）减压阀的每一档弹簧只在一定的出口压力范围内适用，超出范围应更换弹簧。

（15）在介质工作温度比较高的场合，一般选用先导活塞式减压阀或先导波纹管式减压阀。

（16）介质为空气或水（液体）的场合，一般宜选用直接作用薄膜式减压阀或先导薄膜式减压阀。

（17）介质为蒸汽的场合，宜选用先导活塞式或先导波纹管式减压阀。

（18）为了操作、调整和维修方便，减压阀一般应安装在水平管道上。

（四）减压阀的安装注意事项

（1）如果阀门本身自带着压力表，应该在阀前阀后的管道上面安装压力表。

（2）为了不影响减压的使用效果，同时考虑到安装维护的方便，减压阀一般安装在水平管道上，波纹管式减压阀为倒装。

（3）减压阀在安装前，看铭牌和合格证是否和所需阀门型号工况等相符合，外表是否有严重破坏。充分冲洗管道，并对减压阀进行冲洗，假如减压阀存放时间过长，则需要对减压阀阀体内部进行充分清洗。

（4）在必要时为了防止阀后压力超压发生事故，减压阀的出口端大约 4 m 处应该安装安全泄压阀。

（5）安装前必须注意阀体上的箭头方向，箭头指向为介质流动的方向，不能装反，否则减压阀会失效，引起事故。如果介质中含有杂质，也许会堵塞阀孔，在减压阀进口前 1 m 左右安装管道过滤器，而过滤器目数最好控制在 20 目以上。

油田注汽锅炉引燃气路、主燃气路、燃油路、雾化管路上都使用了自力式压力调节阀，主要有 Y600、133L、95H、98H 及 1000HP 这几种自力式压力调节阀。自力式压力调节阀具有结构简单、维护保养方便、运行可靠等优点。

二、Y600 型压力调节阀

Y600 型压力调节阀用于引燃气管路对引燃气压进行调节。Y600 型压力调节阀出口压力范围从 2.7 MPa 到 20.7 kPa,最大允许进口压力为 1.30 MPa。

(一) 结构

Y600 型压力调节阀主要由阀盖、调节螺钉、弹簧、通气装置、膜片、传动机构、阀芯、阀座、阀体、反馈管组成,其结构如图 5-47 所示。

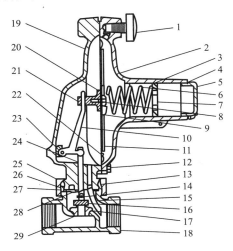

图 5-47　Y600 型压力调节阀结构示意图

1—排气孔;2—阀盖;3—设定位置;4—阀帽垫圈;5—阀帽;6—控制弹簧;7—调节螺钉;8—膜片固定螺栓;
9—控制弹簧座;10—杠杆总成;11—膜片盘;12—连接螺栓;13—密封面;14—扁销;15—反馈管;
16—阀芯盘;17—阀座;18—阀体;19—阀壳;20—膜片基座;21—推动杆;22—膜片;23—固定螺栓;
24—阀杆;25—连接套;26—基座销子;27—阀体密封圈;28—皮托管螺钉;29—阀芯

(二) 工作过程

在调压阀没有供气之前,通过传动机构在弹簧力的作用下,调压阀是开启的,且开度最大。气流从入口端经过阀芯阀座之间的最大开度空间进入出口端。在下游压力建立起来时,一部分天然气经反馈管进入膜片下部空间,使膜片产生一个向上的作用力,并克服弹簧的作用力使膜片向上移动,通过传动机构阀芯向下移动,阀关闭一些。这样反复几次就会使出口压力趋于稳定。调节螺钉每一压缩程度就对应于一出口压力。若要增加出口压力,顺时针方向向下拧紧调节螺钉。若要降低出口压力,逆时针方向向上拧松调节螺钉。

Y600 型压力调节阀在保证引燃气洁净,不含杂质的情况下,压力调节自如,一般不出现故障。

三、133L 型压力调节阀

133L 型压力调节阀用于主燃气路对主燃气压进稳压调节。133L 型压力调节阀出口压力范围从 0.4 kPa 到 1.4 kPa,使用的最大入口压力为 0.4 MPa,短时间内可用在 0.8 MPa 情况下。

(一) 结构

133L 型压力调节阀主要由调节螺钉、弹簧、排气阀、大膜片、平衡膜片、阀杆与阀杆套、蝶阀组件、节流盘、导压管、阀体组成,其结构如图 5-48 所示。

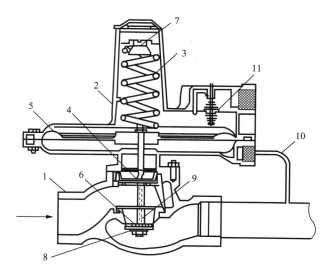

图 5-48　133L 型压力调节阀结构示意图
1—阀体;2—阀盖;3—弹簧;4—平衡膜片;5—大膜片;6—蝶阀组件;
7—调节螺丝;8—节流盘;9—阀杆与阀套;10—导压管;11—排气阀

（二）工作过程

在调压阀没有供气之前,蝶阀通过阀杆,在大膜片弹簧力的作用下是开启的,开度最大,气流从入口端经过蝶阀进入出口端,在下游压力建立起来时,气体中的一部分经过导压管返回进入膜室,使膜片产生一个向上的作用力,并克服弹簧的作用力带动阀杆、蝶阀向上移动,使阀关闭一些。这样反复几次就会使出口压力趋于稳定。改变调节螺钉的位置,出口压力也就相应改变。与 Y600 型调压阀一样,顺时针上紧调节螺钉,出口压力就增加,逆时针拧松调节螺钉,出口压力就降低。

这种调压阀为了减少出口压力的波动,它还备有平衡膜片和上举系统,即当阀关闭时,入口压力作用到蝶阀上部通过气室顶部的 3 个阻力孔和带沟槽的尼龙轴承而进入平衡膜片的下部,使平衡膜片产生一个向上的作用力。同时,出口压力作用在蝶阀节流盘的沟槽沿阀杆套之间的环隙进入平衡膜片的上部产生一个向下的作用力。这样就起到上下平衡的作用。

另外,在蝶阀刚进气时,因蝶阀是全开的,而下游的压力升的较快,这样通过控制导管进入膜片室的压力也较高,有可能使阀产生工艺振荡,但是由于此阀备有平衡膜片和上举系统就会克服这种现象。

此调压阀还设有排气阀,它的作用就是在大膜片向上移动时,使阀盖内的气体受压并克服上弹簧的作用力而打开上膜片经过排气孔通往大气。而当大膜片向下移动时,阀盖内压力减小,大气压力克服下弹簧的作用力打开下膜片,吸入空气,排气阀总是保持大膜片上部的压力为大气压力。

（三）常见故障及排除方法

133L 型压力调节阀的常见故障及排除方法见表 5-14。

表 5-14　133L 型压力调节阀的常见故障及排除方法

故障现象	产生原因	排除方法
输出不受调节，超出工作范围	（1）膜片损坏。 （2）阀体中有杂质，把蝶阀组件垫住，不能上下移动	（1）更换膜片。 （2）检查阀体，清除杂质
输出不稳定	（1）天然气压力波动太大。 （2）反馈导管或膜片室漏气	（1）尽量控制天然气压力，使波动在允许范围内。 （2）检查导管和膜片室

四、1000HP 压力调节阀

1000HP 压力调节阀作为蒸汽雾化管路第一级压力调节阀，其输入压力最高可达 17 MPa，输出压力在 70 kPa～2.1 MPa 范围内。

（一）结构

1000HP 压力调节阀主要由调节螺钉、锁紧螺母、弹簧、膜片、传动机构、阀芯、阀座、活塞、阀体等组成，如图 5-49 所示。

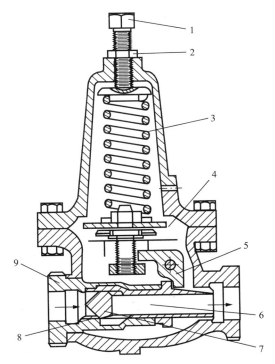

图 5-49　1000HP 压力调节阀结构示意图

1—调节螺钉；2—锁紧螺母；3—弹簧；4—膜片；5—传动机构；
6—活塞；7—阀芯；8—阀座；9—阀体

（二）工作过程

在没有供汽之前，调节阀处于最大开度状态。当蒸汽进阀后，一部分经中间通道输出，另一部分经活塞外围环形空间到膜片下部。在膜片下部蒸汽产生一个向上作用力克服弹簧力使膜片上移，通过传动机构使阀芯前移，阀关小，最后阀的开度在处于蒸汽与膜片产生作用力与弹簧力相平衡的状态下，松开锁紧螺母，调整调节螺钉的位置，实际上是改变弹簧的压缩程度，改变了弹簧力，从而最终改变了阀的开度。因此，调节螺钉的每一位置，对应一稳定的输出压力。当阀前压力因某种原因升高时，膜片下蒸汽压力相应升高，膜片相应上移，阀关小，使通过阀的蒸汽流量减小，保持阀后压力稳定。同样，当阀前压力因某种原因降低时，膜片下移，阀开大，维持阀后压力稳定。

1000HP 压力调节阀在运行中要注意维护蒸汽的洁净。若蒸汽中含有铁锈，铁锈可能堵塞外围的环形空间（因该环形空间间隙很小），活塞不能正常前后移动，相应阀芯就不能前后调节，该阀也就失去自动调节的功能。此外，蒸汽中的杂质也可能卡在阀芯阀座处，使阀关不严，影响正常工作。为保证 1000HP 压力调节阀调节自如，工作可靠，在实际工作中，一方面要保证 1000HP 压力调节阀前过滤器网完好无损，另一方面要定期对阀进行保养，清除进入阀的各种杂质，没有良好的维护，无论多高级的调节阀都不能正常工作。特别是在锅炉水质状况差，如给水未除氧时，1000HP 自力式调节阀和阀前过滤器的保养期都应相应缩短。在现场实际运行中，1000HP 压力调节阀的故障比其他压力调节阀多，除因其工作环境恶劣外，主要是由于蒸汽中存在杂质引起的，只有加强保养别无他法克服。为便于 1000HP 压力调节阀拆卸方便和改善密封，调节阀两边连接方式最好用法兰连接。

五、95H 压力减压阀

燃油压力的调节、空气和蒸汽雾化压力的调节使用 95H 压力减压阀，95H 压力减压阀最大输入压力 2 MPa，其输出压力在 14 kPa～1.05 MPa 范围内。

（一）结构

95H 压力减压阀主要由调节螺钉、锁紧螺母、主弹簧、膜片、传动杆、反馈管、反弹簧、阀芯、阀座、阀体等组成，如图 5-50 所示。

（二）工作过程

在没有介质进阀时，调整调节螺钉的位置，主弹簧的作用力通过膜片和传动杆与反弹簧的作用力平衡，维持阀有一定的开度。当介质通过阀芯与阀座间隙开度流到阀出口后，有一部分介质经反馈管到膜片下部形成一个向上的作用力，使阀的开度减小一些。因此，供应介质之后，阀的每一开度，是主弹簧作用力与反弹簧作用力和膜片下介质向上作用力相平衡的结果。在调节螺钉某一位置下，进阀介质压力由于某种原因增大时，阀出口介质压力随着波动增大，但通过反馈管，使膜片下介质压力增大，膜片上移，在反弹簧的作用下，阀芯上移，阀的开度减小，阀后出口压力降回原值。同样，进阀介质压力由于某种原因降低后，阀出口介质压力随着降低，但通过反馈管，膜片下介质压力也相应降低，介质作用在膜片上向上的作用力相应减小，膜片下移，在传动杆的作用下，阀芯下移，阀的开度增大，阀后出口压力恢复回原值。调节螺钉的每一位置下，只要进阀介质压力在允许范围内波动，减压阀出口压力基本维持稳定。改变调节螺钉的位置，减压阀出口压力相应改变，顺时针向下拧紧调节螺钉

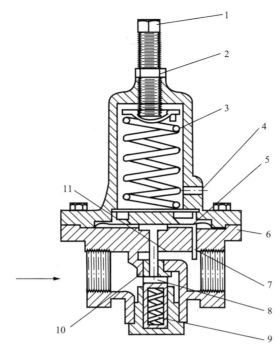

图 5-50　95H 压力减压阀结构示意图
1—调节螺钉；2—锁紧螺母；3—主弹簧；4—观察孔；5—膜片；
6—阀体；7—反馈管；8—阀芯；9—反作用弹簧；10—阀座；11—传动杆

时,阀后压力增大;逆时针向上拧松调节螺钉时,阀后压力降低。

95H 压力减压阀在使用中需注意介质中不能夹带硬颗粒杂质,以免被滞流留在阀芯、阀座处或堵塞反馈管,影响到阀的正常工作。该阀上有观察孔,当膜片破裂,阀不能正常工作时,会从观察孔中看到流出的介质。更换膜片后,阀仍能正常工作。

另需注意的是对于不同的介质需使用不同膜片。如用蒸汽压力调节时,膜片为不锈钢耐温膜片,用于燃油管路压力调节时,膜片为耐油橡胶,不可用错。

六、98H 压力减压阀

与 95H 压力减压阀减压阀后压力不同,98H 压力减压阀是减压阀前压力。98H 压力减压阀用于油路系统,调节锅炉供油压力(亦即 95H 压力减压阀的阀前压力)。

(一) 结构

98H 压力减压阀主要由调节螺钉、锁紧螺母、弹簧、传动杆、膜片、反馈孔、阀芯、阀座、阀体等组成,如图 5-51 所示。

(二) 工作过程

在介质没有进入调压阀之前,98H 压力减压阀处于关闭状态。当介质进入阀后,首先介质经反馈孔到膜片下部,在一定压力的介质作用下,膜片产生一个向上的作用力克服弹簧力将阀打开,介质经阀流过。阀前介质压力越高,在膜片下部产生的向上作用力越大,阀开度越大。调节螺钉的每一位置对应一稳定的阀前压力。如由于某种原因使阀前压力增高,如

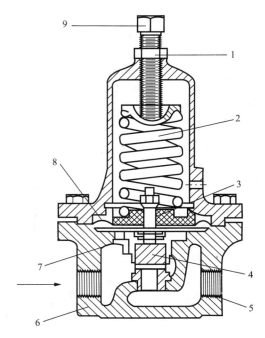

图 5-51 98H 压力减压阀结构示意图
1—锁紧螺母；2—弹簧；3—传动杆；4—阀芯；5—阀座；
6—阀体；7—反馈管；8—膜片；9—调节螺钉

前所述,阀的开度就越大,通过阀流过的介质流量越大,从而使阀前压力降回原值。当阀前压力因某种原因降低时,作用在膜片下部的向上作用力相应下降,在弹簧力的作用下,阀的开度减小,通过阀流过的介质流量下降,从而维持阀前压力在原整定值。顺时针拧紧调节螺钉,阀前压力整定值提高;逆时针拧松调节螺钉,阀前压力整定值降低。

第六章　锅炉电器知识

第一节　电工学基础知识

一、电路

电路是电工技术的主要研究对象,电工理论是学习电工技术和电子技术的基础。电路是电流通过的路径,是各种电气设备或元件按一定方式连接起来组成的总体。不管是简单还是复杂的电路,都由三大部分构成:电源、负载、中间环节(连接导线和控制设备)。

1.电源

电源是电路的能源,是供应电能的装置,其作用是将各种形式的能转换成电能,如电池、发电机等。

2.负载

负载是用电设备,其作用是将电能转换成其他形式的能量,如电灯、电动机等。

3.中间环节

(1)连接导线。连接导线的作用是接通电源与负载以传输电能。

(2)控制设备。控制设备(如开关等)的作用是对电路执行闭合或断开等控制任务。

电路的作用主要有两点:第一,传输和转换电能,一般属于电力工程的范围,包括发电、输电、配电、电力拖动、电热、电气照明等,传递和转换的能量规模较大,也就是通常所说的强电;第二,传递和处理电能,即通常所说的弱电,它以传递和处理信号为主要目的,如语言、文字、指令、图像等的发射和接收等。

二、电路中的物理量

1.电流和电压

电流是电荷有规则的定向流动,并规定正电荷流动的方向为电流的方向。衡量电流强弱的物理量称为电流强度,简称为电流,用符号 I 或 i 表示,国际单位是"安培"(A)。
$$1\ A=1\ 000\ mA \qquad 1\ mA=1\ 000\ \mu A$$
电压是衡量电场力做功能力的物理量。电源电动势是正电荷在电源内部从正极移向负极时电源力所做的功与电量的比值。电路中两点之间的电压等于这两点的电位差。通常电位差和电源电动势被称为电压,用符号 U 或 u 表示,国际单位是"伏特"(V)。
$$1\ V=1\ 000\ mV \qquad 1\ mV=1\ 000\ \mu V$$
电流有交流电和直流电 2 种。直流电的电压和电流方向一定且大小不变。如干电池、蓄电池、直流发电机等,都是直流电。交流电的电压和电流方向和大小都随时间变化。工农业生产所用的动力和照明,大多数是交流电。交流电和直流电可互相转换。在一般用电设备上,交流电多用"AC"或"~"表示;直流电用"DC"或"—"表示。

2.电阻

电阻是导电体对流过其上的电流的一种阻碍作用,它表示该导体传导电流的能力。凡是原子核对电子的吸引力小,电子容易移动的物体,都称为导体,如金、银、铜、铁等金属。原子核对电子吸引力较大,电子不易移动的物体,称为绝缘体,如橡皮、陶瓷、云母等物质。导电性能介于导体和绝缘体之间的物质,称为半导体,如硅、锗、氧化亚铜等。实际用的电阻元件有铸铁电阻、板形电阻、碳膜电阻、金属膜电阻等,这些一般都是固定电阻。另外还有可变电阻,如电位器、滑线变阻器等。电阻用符号 R 或 r 表示,国际单位为"欧姆"(Ω)。

$$1\ 000\ \Omega=1\ k\Omega \qquad 1\ 000\ k\Omega=1\ M\Omega$$

电阻的大小与导线的材料性质、粗细、长短及温度有关。导线越长,越细,电阻越大,反之越小。一根电阻值等于 R 的电阻线对折起来双股使用时,它的电阻值等于 $R/4$。一段圆柱状金属导体,若将其长度拉长为原来的 2 倍,则拉长后的电阻是原来的 4 倍。

三、电路中的基本定律

1.欧姆定律

欧姆定律是电路的最基本定律之一,它表明流过电阻两端的电流和它两端的电压的关系。如图 6-1 所示,含有电阻 R 的电路,当电流 I 流过电阻时,电阻两端的电压为 U,则 $I=U/R$。欧姆定律只适用于阻值不变的线性电路。

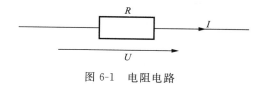

图 6-1　电阻电路

2.电路的串联和并联

(1)串联。

数个电阻首尾相连,其上通过同一电流,这种连接方式称为电阻的串联,如图 6-2(a)所示。这时的电路总电流等于各电阻的分电流,即 $I=I_1=I_2$。电路的总电压等于各电阻分电压之和,即 $U=U_1+U_2$。电路的总电阻等于各个电阻之和,即 $R=R_1+R_2$。

串联电路中各电阻上的电压为:

$$U_1=IR_1=[R_1/(R_1+R_2)]U \qquad\qquad (6\text{-}1)$$
$$U_2=IR_2=[R_2/(R_1+R_2)]U \qquad\qquad (6\text{-}2)$$

由此可见,电阻串联具有分压作用,即各电阻上的电压与其电阻值成正比,电阻越大分得的电压越高。

(2)并联。

数个电阻连接在 2 个公共节点之间,两端具有同一电压,这种连接方式称为电阻的并联,如图 6-2(b)所示。此时的电路总电压等于各电阻的分电压,即 $U=U_1=U_2$。电路的总电流等于各电阻分电流之和,即 $I=I_1+I_2$。电路的总电阻的倒数等于各电阻倒数之和,即 $1/R=1/R_1+1/R_2$。

并联电路中各电阻上的电流为:

$$I_1=I[R_2/(R_1+R_2)] \qquad\qquad (6\text{-}3)$$
$$I_2=I[R_1/(R_1+R_2)] \qquad\qquad (6\text{-}4)$$

由此可见,电阻并联具有分流作用,即各电阻上的电流与其电阻值成反比,电阻越小分得的电流越大。

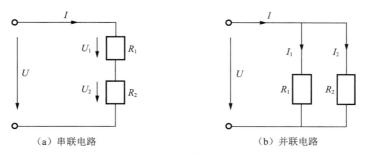

（a）串联电路　　　　　　　　　　（b）并联电路

图 6-2　串、并联电路

四、交流电路

1. 电感、电容元件及其物理性质

（1）电感及其物理性质。

当导线中有电流通过时,在其周围会产生磁场。当电流变化时,线圈的磁场也随之变化,同时产生感应电压。如果电流恒定,则线圈上虽有电流通过,但没有感应电压,相当于短路。也就是说,只有当电流变化时,才有感应电压。

线圈具有产生自感电势的能力,表示这种能力大小的参数叫作电感。当线圈周围的介质为非铁磁物质时,根据电磁感应定律,磁链与电流成正比,即

$$\varPsi = Li \tag{6-5}$$

式中　$\varPsi$——磁链,Wb;

　　　L——电感,H;

　　　i——通过线圈的电流,A。

电感用如图 6-3（a）所示的符号表示。当电流变化时,电感元件与电源之间存在着能量转换关系。当电流增加时,电感吸收电源的电能并转换为磁场能存储起来;当电流减小时,电感释放磁场能并转换为电能。因此,电感是储能元件。电感线圈应用很广泛,如交流接触器和继电器的线圈、电动机的绕组、日光灯的整流器、无线电装置中的高频扼流圈等。

（a）电感符号　　　　　　　　　　（b）电容符号

图 6-3　电感和电容符号

（2）电容及其物理性质。

电容元件也是储能元件,用如图 6-3（b）所示的符号表示。当电容的两端存在电压时,电容就会有电荷积累,形成电场（带电物体相斥或相吸作用力的范围）。当电容两端的电压变化时,所存储的电荷也随之发生变化,在电路中就会有电荷移动,从而形成电流。当电容两端的电压不变时,其上的电荷也不变,此时虽有电压,但没有电流,相当于开路。

电容器的一个极板所带的电量与两极板间的电压比值是一个常数,这个常数叫作电容量,简称电容。电容的表达式为:

$$C = Q/U \tag{6-6}$$

式中　C——电容，F；

　　　Q——电量，C；

　　　U——电压，V。

电路中电容串联时，总电容与各电容的关系为：

$$1/C = 1/C_1 + 1/C_2 \tag{6-7}$$

电路中电容并联时，总电容与各电容的关系为：

$$C = C_1 + C_2 \tag{6-8}$$

并联电容器可利用其无功功率补偿工频交流电力系统中的感性负荷，提高电力系统的功率因数，改善电压质量，降低线路损耗。

电容器的寿命主要与电压、电流及温度有关。电容器能在 1.05 倍额定电压下长期运行，也可以在不超过 1.3 倍额定电流的过电流下连续运行。电容器必须在规定的环境温度范围内工作，一般电容器周围空气温度在 40 ℃ 以下。

电容器在断开电源后，极间仍可能有较高的残余电压。虽然在补偿电容器装置中有内装或外设的稳压电路，但在人接触电容器之前，为了安全，应将电容器各端短接并接地放电。当电容器的额定电压高于或等于电网电压时，应将电容器外壳接地，以保障人身安全。

2. 正弦交流电

按照正弦规律变化的交流电称为正弦交流电。电动势、电压及电流的大小和方向随时间作周期性变化的电流称为交流电。一般所说交流电都是指正弦交流电。

图 6-4 所示为单相正弦交流电的表达式和波形图。

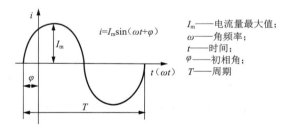

图 6-4　单相正弦交流电的表达式和波形图

正弦交流电的三要素为：最大值、角频率和初相角。交流电的瞬时值是不断重复变化的，每重复变化一次所需要的时间叫作周期，周期的单位是"秒"，用符号 T 表示。每秒钟内交流电瞬时值重复的次数称为频率，频率的单位是"赫兹"，用符号 f 表示。周期和频率互为倒数。电力工业的频率称为工频，我国的标准是 50 Hz，国际标准是 60 Hz。

正弦交流电的大小和方向都是随时间变化的，不论是瞬时值或最大值都不能反映交流电在电路中实际做功的能力，而且计算和测量也不方便。为此在电工技术中引进了交流电有效值的概念，用大写字母表示，如 E、U、I。

交流电的有效值是指在相同电阻中分别通以直流电流和交流电流，经过相同时间后，如果它们在电阻中所产生热量相等，则把该直流电流的大小作为交流电流的有效值。经过计算推导，最大值与有效值的关系为：

$$I_m = \sqrt{2}\,I \tag{6-9}$$

$$U_m = \sqrt{2}U \tag{6-10}$$

各种电器的铭牌上所标出的电压和电流的数值一般都是它们的有效值,用交流电表测得的数值也是有效值。只有在分析元件的耐压和绝缘时才用最大值表示。

3. 三相交流电

三相交流电被广泛用于生产、生活中,它与单相交流电相比主要有 2 个特点:一是在输送功率相同,电压相同和距离、线路损失相等的情况下,采用三相制输电可以大大节省输电线的铜(铝)量。二是工农业广泛使用的三相异步电动机是用三相交流电作为电源的,这种电动机的结构简单,价格低廉,性能良好,工作可靠。

三相交流电路是目前电力工程中普遍采用的一种电路结构。三相电源是由最大值相等、频率相等、彼此具有 120° 相位差的 3 个正弦交流电动势按照一定的方式连接而成的。由此而产生的三相电压,以及接上负载后形成的三相电流,统称为三相交流电。单相交流电路在电力工程上实际是三相电路的一相。

(1)三相电源的接法。

如图 6-5(a)所示,将三相绕组的末端连接成一点,用 O 表示,称为中点或零点,从中点引出的导线称为中线或零线,而从绕组首端 A、B、C 分别引出的导线称为火线。这种连接方式称为星形接法。火线与中线之间的电压称为相电压,其有效值用 U_P 表示;端线与端线之间的电压称为线电压,其有效值 U_l 表示。线电压与相电压的关系为:

$$U_l = \sqrt{3}U_P \tag{6-11}$$

如图 6-5(b)所示,将三相绕组的首、末端依次连接,构成一闭合回路,分别从 3 个连接点引出 3 根火线,这就是角形接法。显然这种接法的线电压与相电压相等,即

$$U_l = U_P \tag{6-12}$$

在实际应用中,发电机的三相绕组一般都接成星形,而三相变压器 2 种接法都用。星形接法的三相四线制可以为用户提供 220 V/380 V 2 种电压,以兼顾民用电和工业用电。

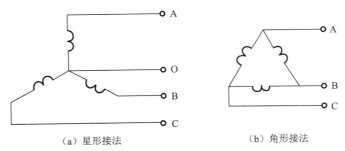

(a)星形接法　　　　　　　(b)角形接法

图 6-5　三相电源接法

(2)三相负载的连接方式。

利用交流电源供电工作的电气设备种类繁多,其中既有需要三相电源供电的,也有只需要单相电源供电就工作的。为适应不同负载的要求,三相负载也分为星形接法和角形接法。

如图 6-6(a)所示为有中线的星形接法,此时加在每相负载上的电压就是电源的相电压,其值等于电源线电压的 $1/\sqrt{3}$。如民用照明电灯的额定电压为 220 V,当三相电源的线电压为 380 V 时,应接成星形接法。在三相负载中,流过每相负载的电流称为相电流;流过火线的电流称为线电流。对于星形接法电路,线电流与相电流相等,中线上的电流为各相电流之和。

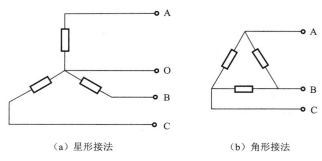

（a）星形接法   （b）角形接法

图 6-6   三相负载接法

三相负载星形接法分为对称与不对称 2 类,所谓对称负载就是指三相负载的复阻抗相等,其中电阻与电抗分别相等,此时中线上的电流为零,既然中线上无电流,就可以省去中线,构成三相三线制电路,如常见的三相电动机就是三相三线制供电。

三相不对称负载在实际应用中是大量存在的,此时只要有中线存在,负载上的相电压就是对称的,各相负载都可以正常工作。但此时每相负载的电流不再对称,中线上的电流也不再为零。

对于三相四线制的实际照明电路,由于每相所接灯的功率不可能分配的完全一样,所以照明负载属于不对称的三相负载。为了保证每盏灯都在额定电压 220 V 情况下正常工作,照明线路中的中线绝不能省去,必须采用带中线的三相四线制供电线路。而且为了避免装好的中线因人为的或自然的原因而断开,中线必须安装牢靠,并规定在总的中线上不准安装开关或熔断器。

如图 6-6(b)所示为三相负载的角形接法,负载的相电压与电源的线电压相等,不论负载对称与否,电路都能正常工作。如果负载对称,则各相电流相等,且线电流等于 $\sqrt{3}$ 倍的相电流。

五、电功率

电功率是指单位时间内电流所做的功,单位为"瓦特",单位符号为 W。电功率一般分为视在功率、有功功率和无功功率。

$$1 \text{ kW} = 1\ 000 \text{ W} \tag{6-13}$$

$$1 \text{ 度} = 1 \text{ kW} \cdot \text{h} \tag{6-14}$$

有功功率又叫平均功率,是瞬时功率在一个周期内的平均值。瞬时功率为电压瞬时值与电流瞬时值的乘积。有功功率用字母 P 表示,单位为"瓦特"。计算公式为:

$$P = UI \cos \varphi \tag{6-15}$$

式中 $\cos \varphi$——电路的功率因数。

可以看出,功率因数反映了电源的做功能力。提高功率因数可提高电网的供电能力,降低电网的功率损耗,提高电网的供电质量。

提高功率因数的方法一般有以下几种:

(1)提高用电负荷的负载率。一般各种电机和变压器定点的功率因数都比较高,但轻载时的功率因数往往很低,因此要正确选用电动机和变压器的容量,容量不应过大,尽量减少轻载运行的情况。

（2）采用具有较高功率因数的电动机和变压器，使得用电负荷在运行过程中始终能保持较高的功率因数。

（3）无功补偿。在工业中广泛使用的交流电动机，即为感性负载，其满载时功率因数在0.7～0.9之间。但电机在空载或轻载时，其功率因数很低，因此可利用电容器的无功补偿特性，并联适当容量的电容器，来提高电路的功率因数。

交流电源的额定电压和额定电流的乘积叫作视在功率，用 S 表示，单位为"伏安"，单位符号为 V·A，公式为：

$$S = UI \tag{6-16}$$

在工程上定义：

$$Q = UI \sin \varphi \tag{6-17}$$

Q 为电路的无功功率。当 $\varphi > 0$ 时，电路称为感性，$Q > 0$，"吸收"无功功率；当 $\varphi < 0$ 时，电路称为容性，$Q < 0$，"发出"无功功率。无功功率的存在是因为电路中存在着储能元件，如电感、电容等。

可以看出，有功功率、无功功率和视在功率组成一个直角三角形，如图 6-7 所示，称为功率三角形。

因此有：

$$S = \sqrt{P^2 + Q^2} \tag{6-18}$$

$$\varphi = \arctan(Q/P) \tag{6-19}$$

三相电路的功率也分为有功功率、无功功率和视在功率，且每种功率都是三相功率之和。

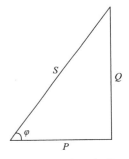

图 6-7 功率三角形

例 9-1 已知某三相对称负载接在线电压为 380 V 的三相电源中，其中 $R_{相} = 6\ \Omega$，$X_{相} = 8\ \Omega$，试计算该负载作星形连接时的相电流、线电流以及有功功率。

解：$Z_{Y相} = \sqrt{R_{相}^2 + X_{相}^2} = \sqrt{6^2 + 8^2} = 10(\Omega)$

$U_{Y相} = U_{线}/\sqrt{3} = 380/\sqrt{3} = 220(\text{V})$

$I_{Y相} = I_{Y线} = U_{Y相}/Z_{相} = 220/10 = 22(\text{A})$

$\cos \varphi = R_{相}/Z_{相} = 6/10 = 0.6$

$P_Y = \sqrt{3}\, u_{Y线} \cos \varphi = \sqrt{3} \times 380 \times 22 \times 0.6 = 8.7(\text{kW})$

答：相电流为 22 A，线电流为 22 A，有功功率为 8.7 kW。

在相同条件下，通过计算，负载作星形连接时所消耗的功率仅为角形连接时所消耗功率的 1/3。这个特点可用于电动机启动电路的设计。

第二节　常见低压电器

一、开关

在锅炉电气控制电路中，常常使用刀闸开关、转换开关、自动开关、行程开关、水银开关、钥匙开关和按钮开关。这些都是通断电路的电气元件。凡是用来分合电路，以达到控制、调节与保护目的的电气设备称为开关。

刀闸开关有单极、双极、三极 3 种。单极开关用于单根导线电路的
通断;双极开关用于单相电路的通断;三极开关用于三相交流电路的通
断,如三相异步电动机的动力电路、鼓风机和给水泵的动力电路等。

转换开关主要是一种可实现多种运行方式切换的开关,如给水泵
有"手动""停止""自动" 3 种运行方式,鼓风机和空压机等的控制开关
都是一种转换开关。

如图 6-8 所示是锅炉的大小火开关,它是一种行程开关,是以风门
开度来启动下一个程序动作。行程开关是根据运动部位的位移量信号
而动作的控制电器,是行程控制和限位保护不可缺少的电器。常用的
行程开关有撞块式(也称按钮式)和滚轮式。滚轮式又分为自动恢复式
和非自动恢复式,大小火开关属于自动恢复式。燃烧气门开报警开关
属于撞块式。一般运动部件速度慢时选用滚轮式行程开关。

如图 6-9 所示是按钮开关,在锅炉电气控制电路中,电动机的启停
广泛应用按钮开关控制。按钮一般具有一对常开触点和一对常闭触
点,常与接触器、继电器配合使用。油泵的启动按钮、锅炉的试验按钮
使用的是常开触点,油泵的停止按钮、锅炉的消音按钮使用的是常闭
触点。

图 6-8　锅炉的
大小火开关

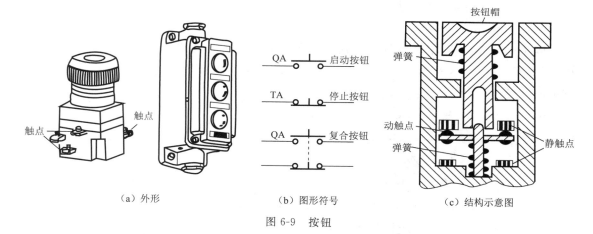

（a）外形　　　　　　（b）图形符号　　　　　　（c）结构示意图

图 6-9　按钮

水银开关常用于报警电路中,如雾化压力高报警开关、天然气压力低报警开关等。水银
开关主要利用了水银的流动性和导电性。

钥匙开关一般用作电控柜的电源开关,必须使用钥匙才能接通或断开电源。钥匙开关
常与中间继电器配合使用。

自动开关有单极、双极、三极 3 种。单极自动开关用于控制电路中,有过载和短路保护
元件,以防止元器件因过电流而烧毁。三极自动开关用于三相电路中,是一种常用的低压保
护电器,可以实现过载、失压和短路保护,防止用电设备因过流而损坏。三极自动开关也叫
自动空气开关或自动空气断路器,其型号的含义如图 6-10 所示。其主要由如下 4 部分
构成:

（1）触点系统。用于接通和分断电路。

（2）灭弧装置。用以熄灭触点在切断电路时产生的电弧。

（3）操作机构。操作联动机构使主触点接通与分断。

（4）保护装置。当电路出现故障时，通过保护装置的作用，促进触点分断，分断电路。

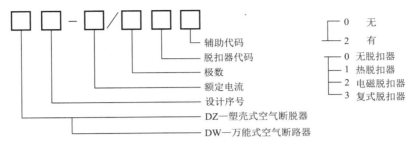

	0	无
	2	有

辅助代码
脱扣器代码
极数
额定电流
设计序号
DZ—塑壳式空气断脱器
DW—万能式空气断路器

0　无脱扣器
1　热脱扣器
2　电磁脱扣器
3　复式脱扣器

图 6-10　三极自动开关型号的含义

　　自动空气开关选用时，首先，开关的额定电压和额定电流应不小于电路正常工作电压和实际工作电流。其次，脱扣器的额定电流应与所控制的电动机或其他负载的额定电流一致。最后，电磁脱扣器的整定电流应不小于负载电路正常工作时可能出现的峰值电流，一般短路保护电磁脱扣器的整定电流取电动机启动电流的 1.7 倍或取热脱扣器额定电流的 3～10 倍。

二、交流接触器

　　交流接触器是利用电磁吸力通过传动机构来操作动触点的，以实现通断电路的目的。它常用于控制电动机的主电路的通断。其外形与结构如图 6-11 所示。

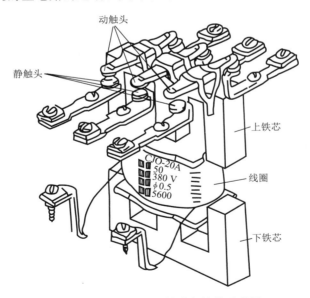

图 6-11　交流接触器外形与结构示意图

　　交流接触器主要由上铁芯、下铁芯、吸引线圈、动触点、静触点、辅助触点组成。动触点与上铁芯连在一起，可以上下移动。当吸引线圈接通电源后，产生电磁力，吸引上铁芯向下移动，使动触点与静触点接触，接通主电路。

当吸引线圈断开电源时,电磁力消失,在弹簧力的作用下,上铁芯上移复位,动触点离开静触点,断开电路回到原来状态。

动触点和静触点统称为主触点。每个接触器一般有 3 对主触点。同时还带有几对辅助触点(一般为 2 对常开触点和 2 对常闭触点)。辅助触点接在控制电路中,一般是用来证明主电路的通断。交流接触器型号的含义如图 6-12 所示。

电气安装时,选择交流接触器应注意以下几点:

(1)额定电流。接触器铭牌上的额定电流是指主触头的额定电流,选用时必须使主触头的额定电流大于或等于负载或电动机的额定电流。

(2)额定电压。接触器铭牌上的额定电压是指主触头的额定电压,选择时必须使它与被控制的负载回路的额定电压相应。

(3)线圈电压。可根据控制回路的电压选择接触器的线圈电压。应注意线圈电压有交流和直流 2 种。

(4)操作频率的选择。操作频率是指每小时触头通断的次数,当通断电流较大及通断频率超过规定数值时,应选择额定电流大一级的接触器型号,否则会使触头严重发热,甚至熔焊在一起,造成电机等负载缺相运行。

三、继电器

继电器的种类很多,一般可分为控制继电器和保护继电器。在锅炉电气控制电路中,常常使用中间继电器、时间继电器和热继电器。中间继电器和时间继电器属于控制继电器,热继电器属于保护继电器。

1. 中间继电器

中间继电器通常用来传递信号和同时控制多个电路,一般用在控制电路中,也可以直接用它控制小容量电动机或其他电气执行元件。中间继电器的结构与交流接触器基本相同,只是其电磁机构尺寸较小、结构紧凑、触点数量较多,没有接触器的主触点和灭弧罩。因其触头通过电流较小,所以一般不配灭弧罩。如图 6-13 所示为中间继电器型号的含义。中间继电器有以下 2 个作用:(1)扩大容量。以小电流控制中间继电器,中间继电器再控制触点容量更大的接触器或继电器等。(2)扩展控制点。中间继电器触点很多,故可以用来控制多处电路的通断。选用中间继电器主要考虑线圈电压及触头数量。

图 6-12　交流接触器型号的含义　　　图 6-13　中间继电器型号的含义

2. 热继电器

热继电器的外形和工作原理如图 6-14 所示。热继电器主要由双金属片、热元件、常闭触点、复位按钮和杠杆机构等组成。热元件由电阻值不大的电阻片或电阻丝绕制而成。主电路的电流通过热元件时产生热量,间接加热双金属片。在三相主电路中,至少有 2 根相线上安装有热元件。双金属片是由上下两层不同的金属压轧而成的。上层金属热膨胀系数小,下层金属热膨胀系数大,受热则向上弯曲。当电动机电流超过额定电流一定时间后,热元件 4 的发热量增多,超过额定温度,双金属片 5 向上弯曲,杠杆 8 失去平衡,在弹簧 9 的拉力作用下,使常闭触点 7 断开,切断了控制电路的电源,使接触器(虚线框内)吸引线圈 2 中无电流通过,在弹簧 3 的拉力作用下,断开了主触头 1,电动机停止运行。

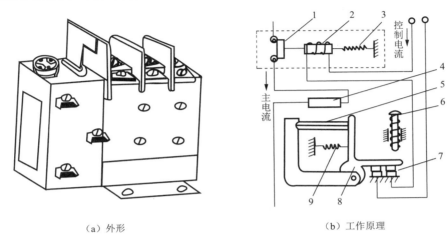

（a）外形　　　　　　　　　　　（b）工作原理

图 6-14　热继电器
1—主触头；2—吸引线圈；3—弹簧；4—热元件；5—双金属片；
6—复位按钮；7—常闭触点；8—杠杆；9—弹簧

　　如果 3 根相线上都安装了热元件,则 3 个常闭触点都串联在控制电路中,任何一相的热元件过热,都可使电动机停止运行。这种方式提高了热保护的有效和可靠程度(热继电器工作的可靠性不取决于其常闭触点在控制电路中的接法)。

　　热元件和双金属片都有很大的热"惯性"。因此,时间短暂、电流较大的启动电流,不会使热元件温升太大,双金属片弯曲变形也不会太大,所以,热继电器不会在启动时动作。如果动作,反而给电动机启动、运转带来麻烦。

　　热继电器的整定值为 $60\%\sim100\%$ 额定电流。调整热继电器时,电流整定值小于等于电动机的额定电流。热继电器的型号含义如图 6-15 所示。

　　热继电器选用时,应从以下几个方面考虑:

　　(1)热继电器的类型选择。

　　一般轻载启动,长期工作的电动机或间断长期工作的

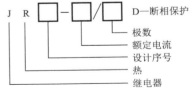

图 6-15　热继电器的型号含义

电动机,选择两相结构的热继电器;当电源电压的均衡性和工作环境较差或较少有人照管的电动机,或多台电动机的功率差别较显著,可选择三相结构的热继电器;而三角形接线的电动机,应选用带断相保护的热继电器。

　　(2)热元件额定电流的选择。

　　热继电器的热元件额定电流应略大于电动机的额定电流。

　　(3)热元件整定电流的选择。

　　一般将热继电器的热元件整定电流调整到等于电动机的额定电流,对于过载能力差的电动机,可将热元件整定值调整到电动机额定电流的 $0.6\sim0.8$ 倍,对启动时间较长,拖动冲

击性负载或不允许停车的电动机,热元件的整定电流应调整到电动机额定电流的 $1.1 \sim$ 1.5 倍。

3. 熔断器

熔断器是电动机或电路中一种最简单的保护装置,它串联在电路中,使电气设备或线路免受短路电流或过载电流的伤害,在正常工作情况下,熔体温度低于其熔点,即熔体允许长期通过一定大小的电流,当电路中产生短路或过载时,由于电流过大,熔体发热后使熔体熔化而自动把电路断开,从而起到保护作用。

选用熔断器时,首先,熔断器的额定电压必须适合被保护电路的等级。其次,熔体的额定电流不能大于熔断器的额定电流。

熔断器在使用时应注意以下几个方面:

(1)熔体熔断时,首先要查明原因,排除故障后再更换。

(2)更换应与原规格相同,并按负载情况进行核对,并且不可随意加大规格。

(3)更换时必须切断电源。

(4)熔断器只能作短路保护而不能代替继电器实现电动机的过载保护。

第三节　变压器

一、磁路及磁性材料

在变压器、电极和其他各种电磁器件中,为了把磁场集中起来,并且用较小的励磁电流产生较强的磁场,人们常用导磁能力很强的铁磁物质做成一定形状的铁芯,使磁通的绝大部分经过铁芯而形成一个闭合的通路,这种磁通的路径称为磁路。

磁性材料主要是指铁、镍、钴及其他合金以及铁氧体等材料。磁性材料具有高导磁性、磁饱和性和磁滞性等性能,这是因为它们在外磁场的激励下,具有被强烈磁化的特性。根据磁滞特性,磁性材料可分为软磁、永磁和矩磁材料。软磁一般用来制造变压器电机及电器的铁芯,常用的软磁材料有铸铁、硅钢、坡莫合金及铁氧体等;永磁材料通常用来制造永久磁铁,常用的永磁材料有碳钢、钴钢及铁镍铝钴合金等;矩磁材料常用作计算机和控制系统中的记忆元件、开关元件和逻辑元件,常用的矩磁材料有镁锰铁氧合金体及 1J51 型铁镍合金等。

二、变压器

变压器是根据电磁感应原理制成的一种静止的电气设备,它具有变换电压、变换电流和变换阻抗的功能,因而在工业各领域获得了广泛的应用。

1. 基本结构

变压器虽然种类很多,形状各异,但其基本结构是相同的,主要部件是铁芯和高、低压绕组。铁芯构成变压器的磁路部分。按照铁芯结构的不同,可分为心式和壳式 2 种,如图 6-16 所示。图 6-16(a)为心式铁芯变压器,绕组套在铁芯柱上,多用于容量较大的变压器,如电力变压器。图 6-16(b)为壳式铁芯变压器,铁芯把绕组包围在中间,常用于小容量的变压器中。

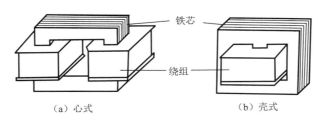

图 6-16　变压器的磁路部分

（a）心式　　　　（b）壳式

2. 工作原理

如图 6-17 所示是一台单相变压器的原理图。变压器有 2 个绕组,接交流电源的绕组称为原绕组(又称为原边或一次绕组),匝数为 N_1,其电压、电流和电动势用 U_1、I_1、E_1 表示;与负载相接的称为副绕组(又称为副边或二次绕组),匝数为 N_2,其相应的物理量用 U_2、I_2、E_2 表示,图中标明的是它们的参考方向。参考方向是这样选定的:原边作为电源的负载,电流 I_1 与 U_1 的参考方向一致,电流 I_1、感应电动势 E_1 及 E_2 参考方向和主磁通 Φ 的参考方向符合右手螺旋法则,因此此图中 E_1 与 I_1 的参考方向是一致的。而副边作为负载的电源,规定 I_2 与 E_2 的参考方问一致。

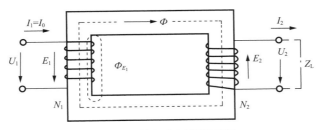

图 6-17　单相变压器原理图

当原绕组接上交流电压 U_1 时便有电流 I_1 通过。磁动势 $I_1 N_1$ 在铁芯中产生磁通 Φ,从而在原、副绕组中感应出电动势 E_1、E_2。若副绕组上接有负载,其中便有电流 I_2 通过。

(1) 电压变换关系为:

$$U_1/U_2 = N_1/N_2 = K \tag{6-20}$$

式中　U_1——原绕组电压;

$\quad\quad$ U_2——副绕组电压;

$\quad\quad$ K——变压器电压变比。

此式表明:变压器原、副绕组的电压与原、副绕组的匝数成正比。$K>1$ 时为降压变压器,$K<1$ 时为升压变压器。

(2) 电流变换关系为:

$$I_1/I_2 = N_2/N_1 = 1/K \tag{6-21}$$

此式表明:变压器负载运行时,其原、副绕组电流有效值之比,等于它们的匝数比的倒数,这就是变压器的电流变换作用。

(3) 阻抗变换关系为:

$$|Z_L^1| = K^2 |Z_L| \tag{6-22}$$

此式表明:接在变压器副边的负载阻抗,折算到变压器原边的等效阻抗应增大 K^2 倍,这就是变压器的阻抗变换作用。

3. 变压器的性质

变压器由空载到满载,副绕组端电压的相对变化量称为电压调整率,电压调整率表示了变压器运行时输出电压的稳定性,是变压器的主要性能指标之一。电力变压器的电压调整率一般是 5% 左右。

变压器的能量损耗有铜损耗和铁损耗 2 种,铜损耗是由原、副绕组导线电阻产生的,即它与负载电流的大小有关。铁损耗是主交变磁通在铁芯中产生的磁滞损耗和涡流损耗,即它与铁芯的材料及电源电压 U_1、频率 f 有关,与负载电流大小无关。

变压器的效率是变压器的输出功率 P_2 与对应的输入功率 P_1 的比值,通常用百分数表示,通常在满载的 80% 左右时,变压器的效率最高,大型电力变压器的效率可达 99%,小型变压器的效率一般为 60%~90%。

4. 三相变压器

目前在电力系统中,普遍采用三相制供电,用三相电力变压器来变换三相电压。变换三相电压可以采用 3 台技术指标相同的单相变压器组成三相变压器组来完成,但通常用一台三相变压器来实现。三相变压器有 3 个原绕组和 3 个副绕组,其铁芯有 3 个芯柱,每相的原、副绕组同心装在一个芯柱上。原绕组首端用 A、B、C,末端用 X、Y、Z 表示;副绕组首端用 a、b、c,末端用 x、y、z 表示,如图 6-18(a)所示。其工作原理与单相变压器的工作原理相同。

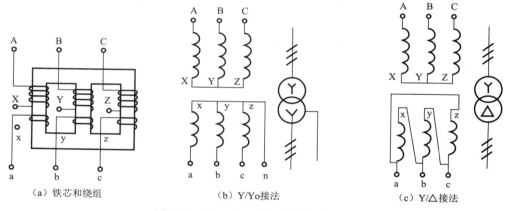

(a) 铁芯和绕组   (b) Y/Yo 接法   (c) Y/△ 接法

图 6-18 三相变压器原、副绕组的接法

三相变压器的原、副绕组可以接成星形(Y)或角形(△)。绕组接成星形,其每相绕组端电压是相电压,这样可以降低绕组绝缘的要求;绕组接成角形,其绕组中电流只是线电流的 $1/\sqrt{3}$,当输出一定的线电流时,绕组导线的截面积可以减小。供电的电力变压器,三相绕组常用的连接方式有星星连接和星角连接 2 种,如图 6-18(b)、(c)所示。

三相变压器与单相变压器一样,原、副绕组相电压之比等于原、副绕组每相的匝数比。但原、副绕组线电压的比值,不仅与变压器的变比有关,而且还与变压器绕组的连接方式有关。

星星连接时:

$$U_{l1}/U_{l2} = N_1/N_2 = K \tag{6-23}$$

星角连接时:

$$U_{l1}/U_{l2} = \sqrt{3}\,(N_1/N_2) = \sqrt{3}\,K \qquad (6\text{-}24)$$

以上两式中 U_{l1}、U_{l2} 为原、副绕组的线电压。

5. 变压器的技术指标

为了正确、合理地使用变压器,必须了解变压器的有关技术指标或额定值,变压器的技术指标通常在铭牌上给出,主要有:

(1) 原边额定电压:指正常情况下原边绕组应当施加的电压。

(2) 原边额定电流:指在额定电压作用下原边绕组允许通过的最大电流。

(3) 副边额定电压:指原边为额定电压时,副边绕组空载电压。

(4) 副边额定电流:指原边为额定电压时,副边绕组允许长期通过的最大电流。

(5) 额定容量:指输出的额定视在功率。

(6) 额定频率:指电源的工作频率,我国的工作频率是 50 Hz。

对于三相变压器,额定电压和额定电流都是指线电压和线电流。

6. 特殊变压器

(1) 自耦变压器。

如图 6-19 所示为自耦变压器,其特点是副绕组是原绕组的一部分,因此,原、副绕组之间不仅有磁耦合,而且还有电的直接联系。因为 N_2 可调,所以 U_2 可调。与具有 2 个绕组的变压器比较可以看出,自耦变压器节约了一个副边绕组,由于原、副边绕组间有电的直接联系,万一接错,将会发生触电事故或烧毁调压器。

(2) 电流互感器。

如图 6-20 所示为电流互感器的接线图。电流互感器用于交流大电流或交流高电压下电流的测量,它是根据变压器的变流原理制成的。电流互感器副边绕组使用的电流表规定为 5 A 或 1 A。使用时切记副绕组不得开路,否则会在副边产生过高的危险电压,为安全起见,电流互感器的铁芯及副绕组的一端应接地。

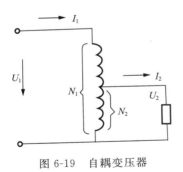

图 6-19 自耦变压器　　　　　　图 6-20 电流互感器接线图

第四节 电动机

电动机的作用是将电能转换为机械能。它是工农业生产中应用最广泛的动力机械。电动机由直流电动机和交流电动机两大类,而交流电动机又可分为同步电动机和异步电动机。由于异步电动机应用广泛,我们接触的电动机以异步电动机为主,所以本节只对异步电动机进行介绍。

异步电动机具有结构简单、运行可靠、维护方便及成本较低等优点。因此,在电力拖动系统中,异步电动机占有非常重要的地位,本节以三相鼠笼式电动机为主,介绍异步电动机的结构、工作原理特性及使用方法等。

一、基本结构

异步电动机主要由定子和转子两部分组成,如图 6-21 所示。

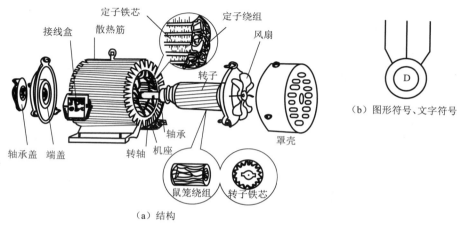

（a）结构

（b）图形符号、文字符号

图 6-21　三相鼠笼式异步电动机

1.定子

定子是电动机的固定部分,主要由铁芯、定子绕组和机座等组成。定子铁芯是电动机磁路的组成部分,为了减少铁损,一般由 0.5 mm 的硅钢片叠成。铁芯内圆周表面有槽孔,用于嵌放定子绕组。

定子绕组是定子中的电路部分,中小型电动机一般采用高强度漆包线绕制。三相定子绕组对称分布,共有 6 个出线端。每相绕组的首端 U_1、V_1、W_1 和末端 U_2、V_2、W_2 通过机座的接线盒连接到三相电源上。根据铭牌规定,定子绕组可接成星形或角形,如图 6-22 所示。

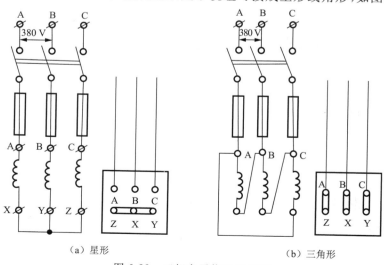

（a）星形

（b）三角形

图 6-22　三相定子绕组连接图

2. 转子

转子是电动机的旋转部分,主要由转子铁芯、转子绕组、风扇及转轴等组成。转子铁芯是一个由厚 0.5 mm 的硅钢片叠压而成的圆柱体。其外圆周表面冲有槽孔,以便嵌置转子绕组。

根据转子绕组结构不同可分为鼠笼式和绕线式 2 种。鼠笼式转子是在转子铁芯槽内压进铜条,铜条两端分别焊接在 2 个铜环上,由于转子绕组的形状像一只松鼠笼,故称为鼠笼式转子。为节省铜材,现在中、小型电动机一般都采用铸铝转子。

绕线式转子的铁芯与鼠笼式相似,不同的是在转子的槽内嵌放对称的三相绕组。三相绕组接成星形,其首端分别接到转轴上 3 个彼此绝缘的铜制滑环上,滑环通过电刷将转子绕组的 3 个首端引到机座的接线盒上,以便在转子电路中串入附加电阻,用来改善电动机的启动和调速性能。

如图 6-23 所示为柱塞泵电动机的结构示意图。

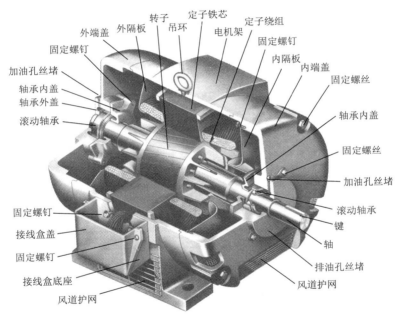

图 6-23 柱塞泵电动机结构示意图

二、工作原理

三相异步电动机的三相定子绕组通入三相电流,便产生旋转磁场并切割转子导体,在转子电路中产生感应电流,载流转子在磁场中受力产生电磁转矩,从而使转子旋转。所以,旋转磁场的产生是转子转动的先决条件。

我们规定电流的正方向是绕组首端流入,末端流出。三相绕组通入三相电流后,共同产生了一个随电流的交变而在空间不断旋转的合成磁场,这就是旋转磁场。旋转磁场的磁极对数 p 与定子绕组的安排有关。通过适当的安排,也可产生两对、三对或更多磁极对数的旋转磁场。

旋转磁场的转速计算公式为:

$$n_0 = 60f/p \qquad (6\text{-}25)$$

转速单位为 r/min。

可以看出，旋转磁场的转速 n_0 取决于电源频率 f 和电动机的磁极对数 p。我国的电源频率为 50 Hz，不同磁极对数所对应的旋转磁场转速见表 6-1。

表 6-1　不同磁极对数对应的旋转磁场转速

p	1	2	3	4	5	6
$n_0/(\mathrm{r \cdot min^{-1}})$	3 000	1 500	1 000	750	600	500

通常，我们把同步转速（旋转磁场的转速亦称同步转速）n_0 与转子转速 n 的差值称为转差，转差与同步转速的比值称为异步电动机的转差率，用 s 表示，即

$$s=(n_0-n)/n_0 \tag{6-26}$$

转差率是描绘异步电动机运行情况的一个重要物理量。

（1）在电动机启动瞬间，$n=0$，$s=1$，转差率最大。

（2）空载运行时，转子转速最高，转差率最小，$s<0.5\%$。

（3）额定负载运行时，转子额定转速较空载转速要低，s 一般为 $1\%\sim6\%$。

三、铭牌数据

要正确使用电动机必须看懂铭牌。下面以 Y132M-4 型电动机为例，来说明铭牌上各个数据的意义，见表 6-2。

表 6-2　Y132M-4 型电动机铭牌数据

三相异步电动机					
型　　号	Y132M-4	额定功率	7.5 kW	频　率	50 Hz
额定电压	380 V	额定电流	15.4 A	接　法	△
额定转速	1 440 r/min	绝缘等级	B	工作方式	连续
年　月　日				电机厂	

此外，它的主要技术参数还有：功率因数 0.85、额定效率 87%（可从手册中查出）。

1. 型号

电动机的型号是表示电动机的类型、用途和技术特征的代号。由大写拼音字母和阿拉伯数字组成，各有一定含义。例如型号 Y132M-4 中：Y 表示三相异步电动机；132 表示机座中心高；M 表示机座长度代号（S—短机座；M—中机座；L—长机座）；4 表示磁极对数。常用三相异步电动机产品代号及其汉字意义见表 6-3。

表 6-3　常用三相异步电动机产品代号及汉字意义

产品名称	新代号	汉字意义	旧代号
鼠笼式异步电动机	Y,Y-L	异	J,JO
绕线式异步电动机	YR	异　绕	JR,JRO
防爆型异步电动机	YB	异　爆	JB,JBS
防爆安全型异步电动机	YA	异　安	JA
高启动转矩异步电动机	YQ	异　启	JQ,JQO

表中 Y、Y-L 系列是新产品。Y 系列定子绕组是铜线，Y-L 系列定子绕组是铝线。

2. 额定功率、效率、功率因数

额定功率是电动机在额定运行状态下，其轴上输出的机械功率，用 P_{2N} 表示。输出功率 P_{2N} 与电动机从电源输入的功率 P_{1N} 不等，其差值为电动机的损耗，其比值为电动机的效率，即

$$\eta_N = \frac{P_{2N}}{P_{1N}} \times 100\% \tag{6-27}$$

电动机为三相对称负载，从电源输入的功率用下式计算

$$P_{1N} = \sqrt{3} U_N I_N \cos\varphi \tag{6-28}$$

式中　$\cos\varphi$ ——电动机的功率因数。

鼠笼式异步电动机在额定状态运行时，效率一般为 $72\% \sim 93\%$，功率因数一般为 $0.7 \sim 0.9$。

3. 频率

频率是指定子绕组上的电源频率，我国工业用电的标准频率为 50 Hz。

4. 额定电压

额定运行时，定子绕组上应加的电源线电压值，称为额定电压。一般规定异步电动机的电压不应高于或低于额定值 5%。当电压高于额定值时，磁通将增大，磁通的增大又将引起励磁电流的增大，这不仅使铁损增加，铁芯发热，而且绕组也有过热现象。

但如电压低于额定值，将引起转速下降，电流增加。如果在满载的情况下，电流的增加将超过额定值，使绕组过热；同时，在低于额定电压下运行时，和电压的二次方成正比的最大转矩会显著下降，对电动机的运行是不利的。

5. 额定电流

电动机在额定状态下运行时，定子绕组的线电流值，称为额定电流。

6. 接法

接法是指电动机在额定状态运行时，定子绕组应采取的连接方式。有星形（Y）连接和角形（△）连接 2 种，通常，Y 系列三相异步电动机容量在 4 kW 以上均采用角形连接法，以便采用星角换接启动。

7. 额定转速

电源为额定电压，频率为额定频率，电动机输出为额定功率时，电动机每分钟的转数称为额定转速。

8. 绝缘等级

绝缘等级是指电动机绕组所用的绝缘材料，按使用时的最高允许温度而划分的不同等级。常用绝缘材料的等级及其最高允许温度见表 6-4。

表 6-4　常用绝缘材料的等级及其最高允许温度

绝缘等级	A	E	B	F	H
最高允许温度/℃	105	120	130	155	180

表中最高允许温度为环境温度（40 ℃）和允许温升值的总和。

9. 工作方式

工作方式是对电动机在铭牌规定的技术条件下运行持续时间的限制,以保证电动机的温度不超过允许值。电动机的工作方式可分为以下 3 种:

(1)连续工作:在额定状态下可长期连续工作,如水泵、通风机等设备的异步电动机。

(2)短时工作:在额定情况下,持续运行时间不允许超过规定的时限(min),有 15、30、60、90 共 4 种。运行时间过长,会使电机过热。

(3)断续工作:可按一系列相同的工作周期,以间歇方式运行,如吊车、起重机等。

四、启动

异步电动机主要缺点是启动电流大,为了减小启动电流,必须采用适当的启动方法。

1. 直接启动

利用闸刀开关、交流接触器、空气自动开关等电器将电动机直接接入电源启动,称为直接启动或全压启动。其优点是设备简单,操作方便,启动迅速,但是启动电流大。

一台异步电动机能否直接启动,各地电业部门都有一定的规定。

(1)容量在 10 kW 及以下的异步电动机允许直接启动。

(2)启动时,电动机的启动电流在供电线路上引起的电压降不能超过正常电压的 15%,如果没有独立变压器(与照明公用),则不应超过 5%。

(3)用户有独立的变压器供电时,频繁启动的电动机容量小于变压器容量的 20% 时,允许直接启动;不频繁启动的,容量小于变压器的 30% 时,允许直接启动。

2. 降压启动

当电动机的容量较大,电源容量不能满足直接启动要求时,为了减小它的启动电流,常采用降压启动。降压启动是利用启动设备,在启动时降低加在定子绕组上的电压,当电动机的转速接近额定转速时,在全电压(额定电压)下运行。由于降低了启动电压,启动电流也就降低了。但因启动转矩正比于启动电压的二次方,所以启动转矩显著减小。因此,降压启动只适用于启动时负载转矩不大的情况,如轻载或空载启动。

常用的降压启动方法有以下几种:

(1)星形-角形(Y-△)换接启动。这种方法只适用于正常运行时定子绕组接成三角形的电动机。如图 6-24 所示是 Y-△启动电路图。启动时,将转换开关 Q2 扳到"启动"位置,使定子绕组接成星形,待电动机的转速接近额定转速时,再迅速将转换开关 Q2 扳到"运行"位置,定子绕组换接成三角形。

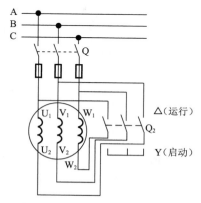

采用 Y-△启动时,启动电流只有直接启动时的 1/3。但是由于启动转矩正比于启动时每相定子绕组电压的二次方,故 Y-△启动时,启动转矩也降为全电压启动的 1/3。

图 6-24 星形-三角形启动电路

Y-△启动具有设备简单、体积小、寿命长、动作可靠等优点,加之现在 Y 系列中小型三相异步电动机(4~100 kW)都已设计为 380 V,角形连接。因此,Y-△启动得到了广泛的应用。

(2)自耦变压器降压启动。适合于容量大或正常运行时星形连接的鼠笼式异步电动机。

五、调速

所谓调速是指负载不变时,人为地改变电动机的转速。转速计算公式为:

$$n=(1-s)n_0=(1-s)\frac{60f_1}{p} \tag{6-29}$$

可以看出,异步电动机可通过改变电源频率 f_1 或极对数 p 实现转速的改变。在绕线式异步电动机中也可用改变转子电阻的方法调速。

1.变频调速

变频就是改变异步电动机供电电源的频率。如图 6-25 所示为变频调速装置的原理方框图。可控整流器先将 50 Hz 的交流电变换成电压可调的直流电,再由逆变器将直流电变成频率连续可调的三相交流电,从而实现了三相异步电动机的无级调速。我们使用的柱塞泵变频器、油泵变频器、鼓风机变频器等都是根据这个原理制造的。

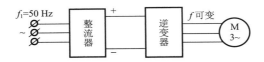

图 6-25　变频调速装置原理框图

2.变极调速

可变极对数的异步电动机,一般定子每相有多个绕组。通过改变绕组的接法就可以改变极对数 p,从而达到改变转速的目的。这种方法称为变极调速,其调速是有级的,不能平滑调速。该电动机称为多速电动机。

3.改变转子电路电阻调速

绕线式异步电动机的调速是通过改变串接在转子电路中的电阻实现的,又称为改变转差率调速。

六、选用

异步电动机应用很广,它所拖动的生产机械多种多样,要求也各不相同。选用异步电动机应从技术和经济两方面来考虑。以实用、合理、经济和安全为原则,正确选择其种类、形式、容量、电压和转速等,以确保安全可靠运行。

1.种类选择

三相异步电动机分为鼠笼式和绕线式 2 类。鼠笼式异步电动机具有结构简单、坚固耐用、工作可靠、维护方便、价格低廉等优点,但也存在启动电流大、功率因数低的缺点。故凡无特殊要求的一般生产机械,如泵、通风机、压缩机等都选用它来拖动。

绕线式异步电动机的启动性能和调速性能都比鼠笼式好。但其结构复杂,启动、维护都较麻烦,价格较高。它适用于需较大的启动转矩,且要求在一定范围内进行调速的生产机械,如起重机、卷扬机、电梯等。

2.结构选择

电动机的外形结构,根据使用场所可分为开启式、防护式、封闭式及防爆式等。应根据电动机的工作环境来进行选择,以确保安全可靠运行。

（1）开启式。在结构上无特殊防护装置，通风散热好，价格低，适于干燥、无灰尘的场所。

（2）防护式。在电动机机壳或端盖处有通风孔，可防雨、防溅及防止铁屑等杂物掉入电机内部，但不能防尘、防潮。适用于灰尘不多且较干燥的场所。

（3）封闭式。电动机外壳严密封闭，能防止潮气和灰尘进入。但体积较大，散热差，价格较高，适用于多尘、潮湿的场所。

（4）防爆式。电动机外壳和接线端全部密闭，不会让电火花窜到壳外，并能防止外部易燃、易爆气体侵入机内。适用于石油、化工、煤矿及其他有爆炸性气体的场所。

3.容量选择

电动机的容量（功率）决定于它所拖动的生产机械的工作方式和所需的功率。电动机的容量应大于负载的功率。但容量过大，将使电动机的功率因数和效率降低，不经济；若容量过小，电动机将长期过载，不能正常工作，甚至烧坏。

（1）连续工作的电动机。选择容量时，先计算出生产机械的功率。所选电动机的额定功率应等于或略大于生产机械的功率。其计算公式如下

$$P_{2N} = K \frac{P_L}{\eta_1 \eta_2} \tag{6-30}$$

式中　η_1——生产机械的效率；

　　　η_2——传动效率；电动机与生产机械直接传动时，$\eta_2=1$，皮带传动时，$\eta_2=0.95$；

　　　K——安全系数，其值为 1.05～1.4；

　　　P_L——生产机械的功率，不同的生产机械有不同的计算公式，可在有关手册中查到。

（2）短时工作的电动机。其工作时间短，停机时间长，为了充分利用电动机的容量，允许电动机短时过载。通常根据过载系数 λ_m 来选择短时工作电动机的功率。电动机的额定功率可以是生产机械所要求功率的 $1/\lambda_m$。

（3）断续工作的电动机。其工作与停歇是交替进行的。选择这类电动机时应考虑工作时间与停歇时间的相对长短。常用暂载率 ε 来表示。标准暂载率有 4 种：15%、25%、40%、60%。同一型号的电动机暂载率越小，其额定功率越大。暂载率 ε 计算公式如下：

$$\varepsilon = \frac{t_w}{t_w + t_\varepsilon} \times 100\% \tag{6-31}$$

式中　t_w, t_ε——一个工作周期中的工作时间和停歇时间。

4.电压选择

Y 系列异步电动机的额定电压只有 380 V 一种。功率大于 100 kW 的应考虑采用 3 000 V 或 6 000 V 的高压异步电动机。

5.转速选择

电动机的额定转速应尽可能接近生产机械的转速。采用直接传动以简化传动设备。如生产机械的转速很低（低于 500 r/min），则不宜采用低速电动机。因电动机转速越低，体积越大，效率越低，价格也高。这时，应选用较高转速的电动机，并用减速器传动生产机械。

七、检查及维护

1.电动机启动前的检查

（1）检查电动机及启动设备的保护接地或接零装置是否可靠，接线是否正确，接触是否良好。

（2）检查电动机铭牌所示的电压、频率、接法与电源电压及频率是否相符，接法是否正确。

（3）新安装或长期停用的电动机，启动前应检查电动机的绕组各相及对地的绝缘电阻，通常对额定电压为 380 V 的电动机，采用 500 V 兆欧表测量，其绝缘电阻应不小于 0.5 MΩ。

（4）检查电动机转轴能否自由转动，有无异常声音。

（5）检查电动机及传动装置安装是否紧固。

2.电动机在运行中的维护

（1）电动机应保持清洁，进、出风口必须保持畅通，不允许有水滴、油污和其他杂物落入电动机内部。

（2）运行时，电动机的负载电流不得超过额定电流。

（3）检查三相电流是否平衡。应使三相电流中的任意一相电流与其三相平均值之差不超过 10％，超过此值，说明电动机有故障，必须查明原因采取措施，待消除后才能继续运行。

（4）经常检查电源电压、频率是否与铭牌相符，并同时检查三相电压是否平衡。

（5）经常检查电动机轴承是否过热、有无漏油等情况。

（6）经常检查电动机各部位最高温度和最大允许温升是否符合要求。

（7）经常检查电动机的振动、噪音及是否有不正常气味，是否冒烟。如发现有不正常的振动、噪音和冒烟及嗅到不正常焦味时，应立即停车检查，待事故消除后才能继续运行。

第五节　安全用电技术

电能可以为人类服务，为人类造福，但若不能正确使用电器，违反电器操作规程或疏忽大意，则可能造成设备损坏，引起火灾，甚至酿成人身伤亡等严重事故。因此，懂得一些安全用电常识和技术是必要的。

一、安全用电常识

1.安全电流与电压

通过人体的电流达 5 mA 时，人就会有所感觉，达到几十毫安时就能使人失去知觉乃至死亡。当然，触电的后果还与触电持续的时间有关，触电的时间越长就越危险。通过人体的电流一般不能超过 7～10 mA。人体电阻在极不利情况下约为 1 000 Ω，若不甚接触了 220 V 的市电，人体中将会通过 220 mA 的电流，这是非常危险的。

为了减少触电危险，规定凡工作人员经常接触的电气设备，如行灯、机床照明灯等，一般使用 36 V 以下的安全电压。在特别潮湿的场所，应采用 12 V 以下的电压。

2.触电方式

图 6-26 示出了 3 种触电情况。其中以图 6-26（a）所示的双线触电最危险。因为，人体同时接触 2 根火线，承受的是线电压。图 6-26（b）所示的是电源中线接地时的单线触电情况，

这时,人体承受的是相电压,仍然非常危险。图 6-26(c)所示电源中线不接地时,因火线与大地间分布电容的存在,使电流形成了回路,也是很危险的。

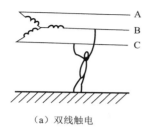 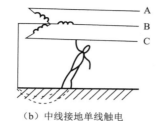 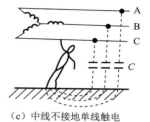

（a）双线触电　　　　　（b）中线接地单线触电　　　　　（c）中线不接地单线触电

图 6-26　触电方式示意图

二、防触电的安全技术

1.接零保护

把电气设备的外壳与电源的零线连接起来,称为接零保护。此法适用于低压供电系统中变压器中性点接地的情况。如图 6-27 所示为三相交流电动机的接零保护。有了接零保护,当电动机某相绕组碰壳时,电流便会从接零保护流向零线,使熔断器熔断,切断电源,从而避免了人身触电的危险。

2.接地保护

把电气设备的金属外壳与接地线连接起来,称为接地保护。此法适用于三相电源的中性点不接地的情况。如图 6-28(a)所示为三相交流电动机的接地保护。

由于每相火线与地之间的分布电容的存在,当电动机某相绕组碰壳时,将出现通过电容的电流。但因人体

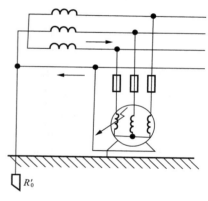

图 6-27　三相交流电动机的接零保护

电阻比接地电阻(约为 4 Ω)大得多,所以几乎没有电流通过人体,人身就没有危险。但若机壳不接地,如图 6-28(b)所示,则碰壳的一处和人体及分布电容形成回路,人体中将有较大的电流通过,人就有触电的危险。

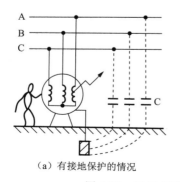 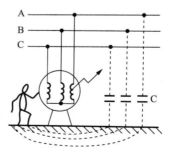

（a）有接地保护的情况　　　　　（b）无接地保护的情况

图 6-28　三相交流电动机的接地保护

3.三孔插座和三极插头

单相电气设备使用此种插座插头,能够保证人身安全。图6-29示出了正确的接线方法。由此可以看出,因为外壳是与保护零线相连的,人体不会有触电的危险。

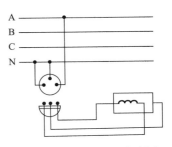

图 6-29　三孔插座和三极插头的接地方法

三、静电防护和电气防火、防爆常识

1.静电防护

首先应设法不产生静电。为此,可在材料选择、工艺设计等方面采取措施。

其次是产生了静电,应设法使静电的积累不超过安全限度。其方法有泄漏法和中和法等。前者可采用如接地、增加绝缘表面的湿度、涂导电涂剂等方法,使积累的静电荷尽快泄掉。后者可采用如使用感电中和剂、高压中和剂等方法,使积累的静电荷被中和掉。

2.电气防火、防爆

引起电气火灾和爆炸的原因是电气设备过热和电火花、电弧。为此,不要使电气设备长期超载运行。要保持必要的防火间距及良好的通风。要有良好的过热、过电流保护装置。在易爆的场地如矿井、化学车间等,要采用防爆电器。

注意,一旦出现了电气火灾应采取如下措施:

(1)首先切断电源,拉闸时最好用绝缘工具。

(2)来不及切断电源时或在不准断电的场合,可采用不导电的灭火剂带电灭火。若用普通水枪灭火,最好穿上绝缘套靴。

最后,还应强调指出,在安装和使用电气设备时,事先应详细阅读有关说明,按照操作规程操作。

第七章　锅炉自动控制系统

第一节　点火程序器

　　点火程序器分为机械式程序器和电子点火程序器,另外还有把点火程序器编入锅炉程序中的情况。

　　机械式点火程序器主要使用的是 R4140L 型,其主要由继电器、电源变压器、插入式放大器、凸轮程序开关、同步计时电机 5 部分构成。由于机械式点火程序器已经很少使用了,被电子点火程序器所代替,这里就不详细介绍了。

　　电子点火程序器有 RA890F 型(日本炉使用)、BC7000L 型和 RM7800 型。

　　RA890F 型电子点火程序器由变压器、继电器、放大系统、热敏电阻 4 部分组成。由于使用得很少,这里不作详细介绍。

　　RM7800 型电子点火程序器如图 7-1 所示。其主要技术参数有:电源电压 120 V;频率 50 或 60 Hz;最大功率 10 W;工作环境温度 −40～60 ℃;相对湿度 85%。

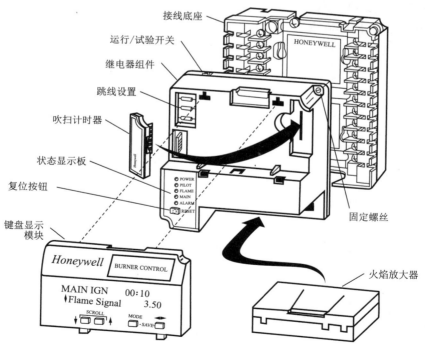

图 7-1　RM7800 点火程序器

BC7000L 型电子点火程序器工作温度为 0～55 ℃,保存温度为－34～66 ℃。其原理图如图 7-2、图 7-3 所示。

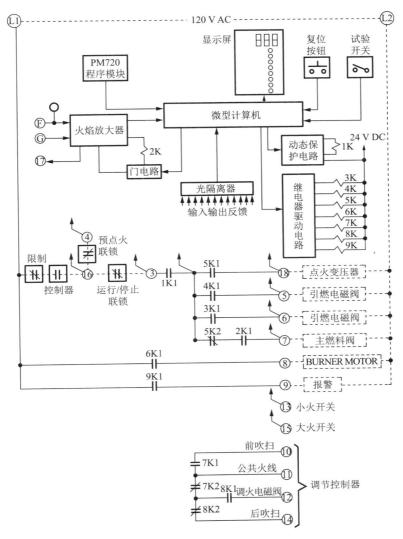

图 7-2 点火程序器电路图

当锅炉报警全部消除后,锅炉程序输出电信号,程序器端子 3、4、16 同时带电,此时程序器面板前吹扫灯(PREPURGE)和保持灯(HOLD)同时亮,此时计时器显示 00,程序器端子10 带电,前吹扫电磁阀带电打开,当风门运行到大火状态时,大火开关接通,程序器端子 15带电,保持灯灭,计时器开始计时,30 s 后保持灯亮,程序器端子 10 失电,前吹扫电磁阀失电关闭,当风门运行到小火状态时,小火开关接通,大火开关断开,程序器端子 15 失电,端子 5、13、18 带电,引燃电磁阀带电打开,点火变压器带电,前吹扫灯和保持灯灭,点火灯(IGN.TRIAL)亮,计时器重新计时。此时火花塞开始点火,5 s 后程序器端子 18 失电,点火变压器失电,火花塞停止点火。如果引燃火被点燃,火焰建立灯(FLAME ON)亮,10 s 后程序器端子 7 带电,主燃料阀带电打开,雾化电磁阀带电打开,25 s 后点火灯灭,运行灯(RUN)亮,锅炉进入正常运行状态。否则,点火灯灭,程序器端子9带电,后吹扫灯(POSTPURGE)亮,锅炉报警进入后吹扫状态。锅炉点火或运行过程中,如发生报警等情况,锅炉自动进入后吹扫状态。

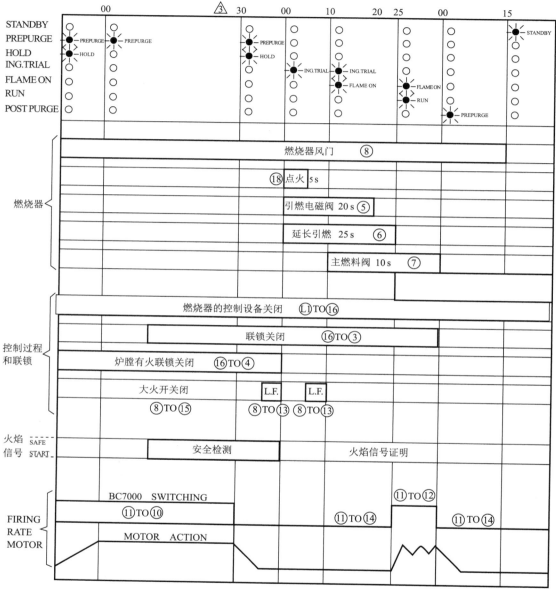

图 7-3 点火程序器原理图

锅炉点火程序器有以下8项功能:

(1) 控制自动点火全过程,包括前吹扫、点引燃火、点主燃火、引燃火灭、自动调火和正常运行。

(2) 前吹扫期间炉膛内有火时,禁止点火并报警停炉,程序器自动回零等待重新启动。

(3) 前吹扫期间,风门未全打开时不能点火,计时器停。

(4) 吹扫结束,风门未全关闭时不能点火,计时器停。

（5）引燃火没点燃，主燃料阀不开并报警回零。

（6）到预定时间，主燃火未点燃，灭火报警并回零。

（7）报警停炉后，自动关闭风门进行后吹扫，程序器回零。

（8）运行中发生灭火，自动关闭燃料阀，30 s后发出报警停炉信号，程序器自动回零。

BC7000L型点火程序器故障代码见表7-1。

表 7-1　点火程序器故障代码

故障代码	故　　障	故障代码	故　　障
H70	准备期间有火焰信号	F0F	（电子管电压）前吹扫期间点火结束
H73	引燃互锁开	F1F	（电子管电压）小火保持期间点火结束
H74	连续互锁系统保持码开	F39	引燃火期间不正当的点火操作
F00	前吹扫期间有错误信号	F3A	引燃监测期间信号不强
F01	大火吹扫故障	F49	在主燃火监测期间点火端子带电
F03	引燃互锁开	F4A	在主燃火监测期间火焰信号不强
F04	前吹扫期间运行互锁开启（锁死）	F4C	在主燃火监测期间光电管端子不带电
F10	小火保持期间火焰故障信号	F59	在运行期间点火端子带电
F11	小火启动开关失败	F5A	在运行期间引导端子虚接
F13	小火保持期间引燃互锁开启	F5C	在运行期间光电管端子不带电
F14	小火保持期间运行互锁开启（锁死）	F6F	在后吹扫期间光电管或点火端子带电
F30	一级引燃失败	F7F	在准备期间光电管或点火端子带电
F31	小火启动开关在引导检查期间打开	F99,FA8	
F34	在引导检查期间运行互锁开启（锁死）	FAA,Fab	
F35	检测模式下引燃失败	FAC,Fad	
F40	主燃无法点燃	FAE,FAF	
F44	在主燃监测期间运行互锁打开（锁死）	Fb8,Fb9	内部电路故障
F50	在运行期间灭火	FbA,Fbb	
F54	在运行期间运行互锁打开（锁死）	Fbc,FA9	
F70	在准备期间火焰信号故障		
F73	点火前互锁未能关闭		
F81	点火前互锁不稳定	F82,F83	
F84	运行互锁不稳定	F85,F86	炉火火焰不稳定
F90	程序模块故障	F87	
F97	同步计时器故障		

第二节　火焰监测器

注汽锅炉使用的火焰监测器一般为C7012A型，其安装部件如图7-4所示。

C7012A 型火焰监测器的主要参数有：电压 100 V、120 V、208 V、240 V，频率 50/60 Hz；功率 2.5 W；工作温度 −4～79 ℃。监测孔承受压力为 138 kPa。

火焰监测器接线图如图 7-5 所示。

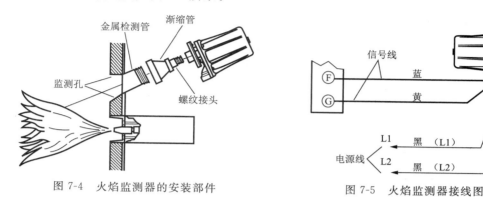

图 7-4　火焰监测器的安装部件

图 7-5　火焰监测器接线图

第三节　执行器及阀门定位器

一、电动执行器

电动执行器是接收控制信号，并通过传动轴和连杆机构，带动风门和燃料流量控制阀开关的执行机构。其主要由电动执行部分、控制模块以及支架和传动轴组成。电动执行器外观如图 7-6 所示。

电动执行器是通过控制模块接收和发出反馈信号的。湿蒸汽发生器的控制系统 PLC 将 4～20 mA 的电流信号送入控制模块的"IN"接口，通过模块控制执行机构带动电动机转动；另外，阀位的反馈信号，通过"OUT"端口输出至 PLC 模拟量输入卡，工作过程如图 7-7 所示。

图 7-6　电动执行器

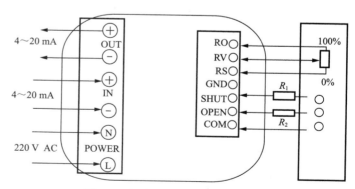

图 7-7　电动执行器工作过程示意图

电动执行器的开关行程也是通过控制模块的方式选择、校准进行标定的。

二、气动执行器

气动执行器在自动调节系统中的作用是接收调节器的压力控制信号，改变调节阀的开度,把被调参数维持在所要求的范围内,从而达到生产过程的自动化。

　　锅炉使用的气动执行器主要有气动薄膜调节阀和 1600 型气马达。气动薄膜调节阀的结构如图 7-8 所示。

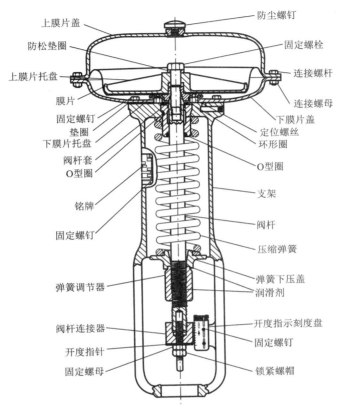

图 7-8　气动薄膜调节阀结构示意图

　　气动薄膜调节阀分为气开和气关 2 种,锅炉常用的是气开式气动薄膜调节阀,如锅炉的回水阀(柱塞泵旁通管线上)、雾化流程上的 4160K 压力控制器控制的执行器等。

第四节　调节器

一、燃油温度调节阀

　　燃油温度调节阀用在供汽流程中,安装在燃油蒸汽换热器的蒸汽入口端,经过一级减压后的低压蒸汽由此阀进入换热器,通过改变其行程来调节蒸汽流量,实现对燃油温度的控制。它的行程大小是通过 SR93 仪表或 DCS 系统输出 4~20 mA 的模拟信号来调节的。若用 SR93 调节,在 SR93 仪表的菜单选项中设定需要的燃油温度,当热偶测量的实际温度低于设定的温度时,通过 SR93 内置的 PID 调节器,自动增加 4~20 mA 输出,调节阀行程逐渐加大,通过调节阀的蒸汽流量相应增加,燃油温度随之提高;反之,减少 4~20 mA 输出,调节阀行程逐渐减小,燃油温度下降。若在 DCS 系统下,则通过触摸屏的控制界面"燃油温度设定值"来设定需要的燃油温度。

1. 技术特性

（1）公称压力：0～1.6 MPa。

（2）流量系数：1.2。

（3）气源压力：0.14 MPa。

（4）输入信号范围：4～20 mA。

（5）调节特性：反作用，输入信号增强，阀门逐渐打开；输入信号减弱，阀门逐渐关闭。

（6）阀杆行程：10 mm。

2. 结构组成

燃油温度调节阀由电-气阀门定位器、膜头组件、阀杆、阀体、手动控制手轮等组成，如图7-9所示。

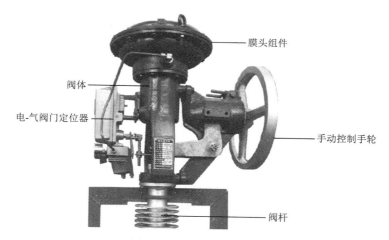

膜头组件

阀体

电-气阀门定位器

手动控制手轮

阀杆

图 7-9　燃油温度调节阀

3. 调试投运过程

首先调节气源压力稳定在 0.14 MPa，此时阀门处于全关状态。缓慢增加 4～20 mA 输入信号，阀门逐渐打开，当输入信号最大时，阀门处于全开状态。如果阀杆行程不够，可调节位于阀杆上部的圆形螺母，顺时针减小行程，逆时针增加行程。

二、自力式温度调节阀

油田注汽锅炉蒸汽加热燃油的温度控制大部分采用自力式温度调节阀。常用的自力式温度调节阀为 25T 型。

1. 25T 型温度调节阀的结构

25T 型温度调节阀主要由鼓膜室、感温元件、主控阀、指挥阀、调温旋钮组成，如图7-10所示。

2. 25T 型温度调节阀的工作过程

在调节阀动作之前，主控阀的正常状态是在弹簧力的作用下使之闭合，而指挥阀是开启的。

当蒸汽进入指挥阀出口端时，汽流分两路，一路通过导压管4、节流孔6进入鼓膜室膜片部空间；另一路通过支连管、节流孔8进入出口端。

第一路蒸汽通过指挥阀、导压管、节流孔进入鼓膜室，使容室的膜片受压推动阀杆克服弹簧的作用力而打开主控阀,使蒸汽由进口流到出口去加热燃油。当燃油温度升高后,温包内的液体(或气体)受热膨胀。通过毛细管使波纹管的压力增加而膨胀,波纹管顶端克服弹簧的作用力使指挥阀向下移动,指挥阀被关小。这样入口端的蒸汽进入指挥阀后的蒸汽流量减小,压力降低。进入鼓膜室原来的蒸汽通过节流孔 8、导压管 4、指挥阀容室连管、节流孔 6 进入出口端,使鼓膜室膜片下压力降低。主控阀在弹簧的作用下向下移动使阀口关小,则进入出口端的蒸汽流量减小,从而维持燃油的温度恒定在给定点。通过调整校准的刻度盘即可改变给定温度值。

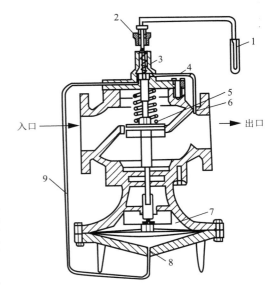

图 7-10　25T 型温度调节阀结构示意图
1—温包;2—调节旋钮;3—指挥阀;4,9—导压管;
5—主控阀;6,8—节流孔;7—鼓膜室

为了保证 25T 型自力式温度调节阀的正常工作,必须对调节阀进行认真维护保养,内容主要有:

(1) 定期清洗所有管路及过滤器。

(2) 定期检查指挥阀和主控阀。

(3) 经常检查所有接头有无泄漏。

3.25T 型自力式温度调节阀的常见故障及排除方法

25T 型自力式温度调节阀的常见故障及排除方法见表 7-2。

表 7-2　25T 型自力式温度调节阀的常见故障及排除方法

故障现象	产生原因	排除方法
燃油温度超过给定值	(1) 调节阀没有调整好。 (2) 指挥阀阀芯下面有污垢,或阀杆卡住。 (3) 节流孔有污垢。 (4) 主阀阀芯下面有污垢或杂物。 (5) 热敏系统故障	(1) 重新调整温度调节柄。 (2) 清除或更换。 (3) 检查并清除。 (4) 清理主控阀。 (5) 更换热敏系统
燃油温度太低或阀不打开	(1) 调节阀没有调整好。 (2) 主阀的膜片破裂。 (3) 底部的节流孔堵塞。 (4) 加热用蒸汽压力太低。 (5) 阀的过滤器堵塞。 (6) 管线过滤器部分或全部堵塞。 (7) 指挥阀阀杆在导向套中卡住。 (8) 加热器疏水系统不正常	(1) 调整温度调节柄使给定值提高。 (2) 更换膜片。 (3) 检查清洗。 (4) 检查并纠正。 (5) 检查清洗。 (6) 检查清洗。 (7) 清洗或更换。 (8) 检查处理
控制阀不稳定	(1) 温包没有装在适当的位置。 (2) 传热表面浸水。 (3) 阀的尺寸不当	(1) 温包重新安装在合适位置。 (2) 清除浸水或更换。 (3) 重新选择

4.25T 型温度调节阀的投运方法

（1）关闭所有的截止阀。

（2）旋转调整旋钮，使控制温度为工艺要求的参数。

（3）打开蒸汽总管线的阀门及进入调节阀前的截止阀。

（4）打开调节阀后的截止阀。

（5）在系统本身稳定后，检查被控介质温度是否为工艺所要求的温度，必要时重新旋转温度控制旋钮调整温度。

三、4160K 型压力控制器

1. 工作原理

4160K 型压力控制器的结构如图 7-11 所示。

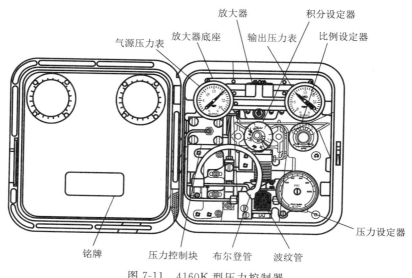

图 7-11　4160K 型压力控制器

4160K 型压力控制器的技术指标：输入压力为 0～21 MPa；输出压力为 20～100 kPa；正作用测量增加，输出增加；给定增加，输出减少；气源压力为 140 kPa；比例带（比例设定器）为 0～10；积分时间（积分设定器）为 0.005～0.9 min；给定范围为 0～21 MPa。

假设由于外界干扰使负荷变动，锅炉出口压力上升，从而使巴顿管（波纹管）受压伸长，由于挡板固定在巴顿管顶端，使挡板靠近喷嘴，背压室的压力增加，使放大器的输出增大，并经比例、积分调节后输出稳定，增加给水旁通阀开度，减小锅炉给水量，从而使锅炉出口压力降低；反之，如果锅炉由于某种原因使出口压力下降，这样压力信号使巴顿管收缩，挡板稍微离开喷嘴，背压室压力降低，放大器输出压力亦降低，经比例积分调节，给水旁通阀关小，使锅炉给水量增加，出口压力也随之升高，从而起到自动调节的目的。

4160K 型压力控制器常用于锅炉压力控制和雾化压力控制。现在较多用于蒸汽雾化和燃油蒸汽加热的减压装置。

2. 常见故障及原因

（1）无输出：放大器有故障；气源气路堵塞；挡板与巴顿管脱节；挡板远离喷嘴；弹簧管

（布尔登管）变形。

（2）输出最大不受控制：挡板压紧喷嘴；挡板产生变形；喷嘴堵塞；放大器的球阀出现故障。

（3）输出不稳定出现波动：工作压力不稳定；气源有油水、供气压力不稳；放大器工作特性变化；比例、积分环节整定不好。

第五节　控制阀

控制阀主要有电磁阀、电动阀和液动阀。我们已经在水处理一章介绍了液动阀和控制其开关气源的一种电磁阀，这里就只介绍用于引燃和雾化的电磁阀与电动阀。

一、电磁阀

1. 工作原理

引燃电磁阀的结构如图 7-12 所示。电磁阀是利用电磁铁作为动力元件，利用电磁铁的吸、放，对小口径阀门的通、断状态实施控制的控制阀。当电磁阀通电，线圈流过电流产生磁场，磁铁将芯杆吸引到芯杆套管顶端，使与芯杆连接在一起的阀芯开启，此时流体流过阀门；当切断电源时，线圈失磁释放了芯杆，在芯杆、阀座组件自重及阀座顶部的气体压力的作用下使阀门关闭。

2. 常见故障及原因

（1）电磁阀打不开：线圈断路或烧坏；工作电压低；未通电；管内污物或杂质限制了阀的开启。

（2）电磁阀漏：阀座上有污物或小颗粒杂质；阀芯与阀座接触面不密封。

二、电动阀

1. 工作原理

电动阀在锅炉上主要用于燃油和燃气系统，有燃油电动阀和燃气电动阀。

电动阀工作原理如图 7-13 所示。电动阀是以电动机作为动力，将调节器所给的信号转变成调节阀的开度，借以实施控制阀门。当电源线（黑、红两线）带电时，阀保持线圈吸合锁紧齿轮，与此同时阀门驱动电动机带电，带动阀杆向上移动，缓慢打开阀门，当阀全开时，阀杆限位组合开关断开，驱动电动机失电停止转动，保持阀全开状态；当电源线失电时，保持线圈亦失电，锁紧齿轮允许转动，在阀杆弹簧的作用下，阀迅速关闭而切断气源。电动阀是一种慢开快关阀。

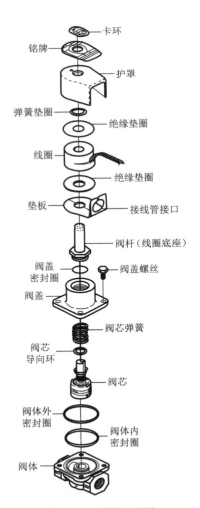

图 7-12　引燃电磁阀
结构示意图

卡环
铭牌
护罩
弹簧垫圈
绝缘垫圈
线圈
绝缘垫圈
垫板
接线管接口
阀杆（线圈底座）
阀盖螺丝
阀盖密封圈
阀盖
阀芯弹簧
阀芯导向环
阀芯
阀体外密封圈
阀体内密封圈
阀体

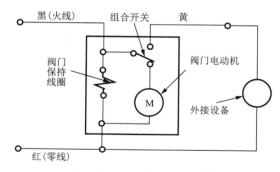

图 7-13 电动阀工作原理图

2.常见故障及原因

（1）电动阀带电后打不开：保持线圈坏；驱动电动机坏；电压低；燃料压力超过额定压力。

（2）电动阀开启一半又关闭：引燃火灭；点火程序器有故障；电动阀负荷大；弹簧卡住。

（3）报警停炉后电动阀不关闭：程序器未失电；火焰监测器发出错误信号；燃料压力过高；阀杆卡住。

第六节　变频器

锅炉上使用的变频器主要用于柱塞泵、鼓风机、供油泵等设备上。

现在使用的变频器主要是交-直-交型变频器，其原理如图 7-14 所示。它由整流器、中间滤波器和逆变器三大部分组成。

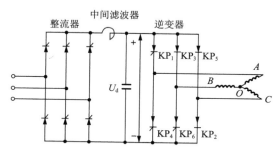

图 7-14 交-直-交型变频器主电路原理图

图 7-14 中的整流器为三相桥式整流电路，它将电网输出的交流电进行整流，转变为幅值可调的直流电；中间滤波器的作用是将整流输出中的纹波滤掉，以使输出更加平直，中间滤波器分为由电抗器组成的电流型和由电容器组成的电压型 2 种；逆变器也是三相桥式电路，它将经整流后的直流电再变换成幅值和频率可调的交流电，为电动机提供变频电源。

由于生产厂家不同，变频器产品参数及技术要求也不同，请参考其说明书。一般变频器要求安装在室内，工作环境温度在 $-10\sim50$ ℃；相对湿度为 $20\%\sim90\%$；振动小于 $0.6g$；工作环境要求不受阳光直射，无尘埃、腐蚀性气体、可燃性气体、油雾、水蒸气等。

变频器基本电路图如图 7-15 所示。

变频器的操作可参考其说明书，此处不作介绍。不同型号的变频器故障代码见表 7-3。

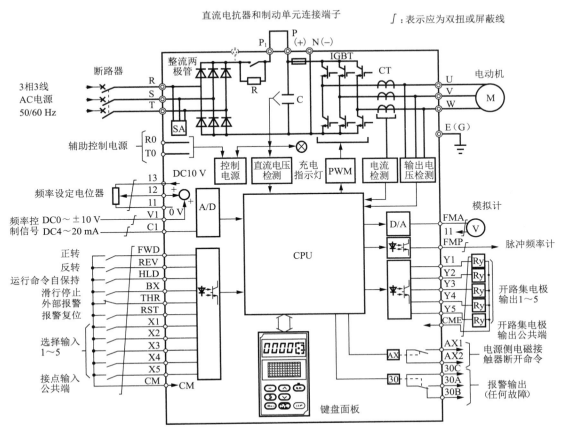

图 7-15 基本电路框图和端子

表 7-3 TD2000、富士、西门子、森兰变频器故障代码表

故障代码	TD2000变频器故障	故障代码	富士变频器故障	故障代码	西门子变频器故障	故障代码	森兰变频器故障
E001	加速过流	OC1	加速过电流	F001	过 压	Err1	通讯错误1
E002	减速过流	OC2	减速过电流	F002	过 流	Err2	通讯错误2
E003	恒速过流	OC3	恒速过电流	F003	过 载	Err3	通讯错误3
E004	加速过压	OU1	加速过电压	F004	电机过热	Err4	非法操作
E005	减速过压	OU2	减速过电压	F005	变频过热	Err5	存储失败
E006	恒速过压	OU3	恒速过电压	F008	USS通讯过时	dd	直流制动
E007	控制电压过压	EF	对地短路	F010	初始化错误	corr	异常记录中清零式的代码
E008	输入缺相	FUS	熔断器断路	F011	内部接口故障	ouu	过 压
E009	输出缺相	LU	欠电压	F012	外部故障	Lou	欠 压
E010	功率模块保护	OH1	散热板过热	F013	程序故障	oLE	外部报警

故障代码	TD2000 变频器故障	故障代码	富士 变频器故障	故障代码	西门子 变频器故障	故障代码	森兰 变频器故障
E011	功率模块 散热器过热	OH2	外部报警	F018	故障后自动 再启动错误	FL	主器件自保护 （过热,短路）
E012	整流桥散热器过热	OH3	变频过热	F074	I_t 计算电机过热	oLP	提醒过载
E013	变频过载	OL	电机过载	F188	自动测定失败	oL	过载保护
E014	电机过载	OLU	变频过载	F231	输出电流测量不平衡	dbr	制动电阻过热
E015	外部设备故障	Er1	存储器出错				
E016	EPROM 读写故障	Er2	通讯出错				
E017	RS232/485 通讯错误	Er3	CPU 出错				
E018	接触器未吸合	Er7	调谐出错				
E019	电流检测电路故障						
E020	CPU 错误						
F158	第一次故障记录						
F159	第二次故障记录						
F160	第三次故障记录						

第七节　压力开关

如图 7-16 所示为一种压力控制器,也就是我们常说的压力开关。它广泛用于锅炉超压报警。调整控制压力时,需转动调节杆 10。设定的控制压力越大,则弹簧 2 拉力越大。波纹

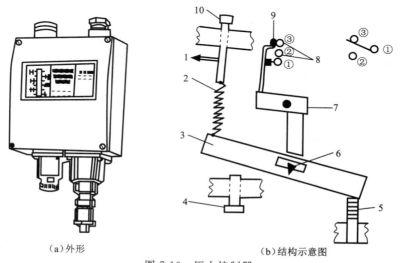

（a）外形　　　　　　　　　　（b）结构示意图

图 7-16　压力控制器

1—指针;2—拉伸弹簧;3—杠杆;4—切换旋钮;5—波纹管;6—刀;

7—拨臂;8—静触点;9—动触点;10——调节杆

管 5 内无压力时,杠杆 3 左端拉向上方,右端向下。工作压力增大,波纹管 5 向上伸张,当波纹管 5 内的压力等于控制压力时,杠杆 3 平衡。由于支点上部是斜面,则有向上推力,推动拨臂杠杆 7 的右端,在左端拉动开关,使动触点 9 脱离③点,下移与②点接触,即①③断,①②合。切换旋钮 4 起微调作用。

使用条件:环境温度为 $-40\sim60\ ℃$;触点容量为交流 380 V,3 A 或直流 220 V,2.5 A;环境相对湿度不超过 95%;当周围环境温度为 $20\ ℃\pm5\ ℃$,相对湿度不大于 85% 时,控制器导电部件对壳体的绝缘电阻不小于 20 Ω。

另外还有 2 种常用的压力开关,如图 7-17 所示为鼓风机风压低报警压力开关;如图 7-18 所示为雾化压力低报警压力开关。其基本原理相同。

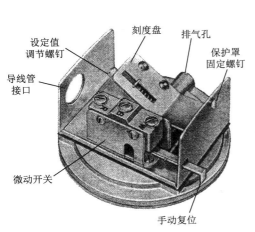

图 7-17　鼓风机风压低压力报警开关

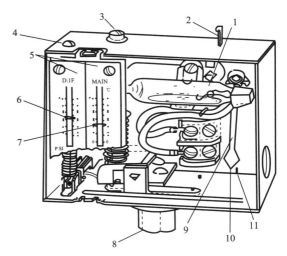

图 7-18　雾化压力低报警压力开关

1—水银开关;2—手动复位;3—主标尺调节螺钉;4—差值调节螺钉;
5—刻度盘;6—差值设定指示器;7—主标尺设定值指示器;
8—接头;9—水平指示器;10—指针;11—指示刻度

第八节　锅炉自动控制原理

一、锅炉电气原理图符号说明

在厂家提供的锅炉电气原理图纸中,对各种控制器件的符号做了明确的规定,下面以上海四方锅炉电气原理图为例,对锅炉电气原理进行说明。锅炉电气原理图符号说明见表 7-4。

表 7-4　锅炉电气原理图符号说明

符号	说明	符号	说明
ZK	总保险空气开关	QA₃	报警消除按钮
1ZK	给水泵空气开关	HD	报警灯

续表 7-4

符号	说　明	符号	说　明
2ZK	鼓风机空气开关	XD	工作指示灯
3ZK	空气压缩机空气开关	C	电机交流接触器
4ZK	燃油加热器空气开关	KB	控制变压器
5ZK	$ZK_1 \sim ZK_3$自动控制回路空气开关	1D	水泵电机
K_1	控制电源开关	2D	鼓风机电机
K_2	给水泵启停开关	3D	空压机电机
K_3	鼓风机启停开关	2RJ	鼓风机电机保护热继电器
K_4	延长引燃时间开关	3RJ	空压机电机保护热继电器
K_5	调火电磁阀开关	HJ	火焰监测器
K_7	蒸汽压力低旁路开关	Mu	空压机辅助电磁阀
K_9	点火开关	1DF	前吹扫电磁阀
K_{10}	油气选择开关	2DF	调火电磁阀
K_{12}	燃油加热器开关	3DF	调水电磁阀
K_{13}	雾化选择开关	DF_1	引燃电磁阀
K_{14}	油路加热器开关	DF_2	引燃电磁阀
K_{15}	空压机启停开关	DF_3	空气/蒸汽雾化切换电磁阀
K_{16}	箱内照明开关	DF_4	空气/蒸汽雾化切换电磁阀
K_{17}	温度显示仪开关	DF_5	燃油控制电磁阀
K_{18}	散热器开关	DF_7	主气控制电磁阀
QA_1	复位-启动按钮	DF_8	主气控制电磁阀
QA_2	报警试验按钮	DF_9	排气控制电磁阀

二、锅炉程控的基本知识

锅炉运行控制一般有 PLC、PC55、美国通用公司 GPC 和继电器形式,现场运用较广的是 PLC,占锅炉总数的 95％以上。PLC 控制的锅炉与继电器控制的锅炉都和水处理有相同的效果,本章主要介绍 PLC 控制的锅炉。

（1）计时（数）器。

① CNT005 ＃0005:前吹扫 5 min。

② CNT001 ＃0020:后吹扫 20 min。

③ TIM002 ＃0050:鼓风机延时启动 5 s。

④ TIM004 ＃0100:雾化压力报警延时。

⑤ TIM011 ＃0001:水压低延时。

（2）输入参数与输入卡地址对应关系和输出参数与输出卡地址对应关系见表 7-5。

表 7-5　输入、输出卡地址和输入、输出参数对应关系

输入卡地址	输入参数	输出卡地址	输出参数
00000	水泵手动	00400	水泵继电器
00001	水泵自动	00401	鼓风机继电器
00002	鼓风机手动	00402	调水电磁阀
00003	鼓风机自动	00403	程序器联锁
00004	入口水压低	00404	报警
00005	点火程序器开关	00405	熄火
00006	燃烧器门开	00406	燃烧器门开
00007	柱塞泵辅助触点	00407	润滑油压力低
00008	鼓风机辅助触点	00408	水压低
00009	熄火	00409	雾化压力低
00010	雾化压力低	00411	蒸温高
00012	润滑油压力低	00500	管温高
00014	蒸温高	00501	烟温高
00100	管温高	00502	瓦口温度高
00101	烟温高	00503	水流量低
00102	瓦口温度高	00504	助燃空气压力低
00103	水流量低	00505	蒸压低
00104	燃烧空气压力低	00506	蒸压高
00105	蒸汽压力低	00508	油压低
00106	蒸汽压力高	00509	油温低
00107	燃油压力低	00510	燃气压力低
00108	燃油温度低	00600	前吹扫指示灯
00109	燃气压力低	00601	电源故障
00200	蒸汽压力低旁路	00602	联锁
00201	燃油/气选择	00603	前吹扫电磁阀
00202	延长引燃	00604	后吹扫
00203	调火自动	00605	空气雾化电磁阀
00204	空气雾化	00606	蒸汽雾化电磁阀
00205	蒸汽雾化	00607	调火电磁阀
00206	燃油阀	00608	引燃电磁阀
		00609	仪用空压低

三、报警参数的整定

为了保证蒸汽锅炉的正常运行,锅炉安装有 18 个报警系统,运行过程中,一旦某一个参

数超过正常范围,便会发出报警信号,并安全可靠地自动停炉,仪表盘将告诉你发生故障的原因。

1.报警分类

(1)高值报警:烟温高、管温高、燃烧器喉部温度高、蒸汽温度高、蒸汽压力高。

(2)低值报警:鼓风机压力低、雾化压力低、油温低、油压低、天然气压力低、水流量低、蒸汽压力低。

(3)保证设备正常运行的报警:仪用空气压力低、泵进口压力低、柱塞泵润滑油压力低。

(4)其余报警:锅炉灭火报警、电源故障报警、燃烧器门打开报警。

2.报警参数整定值

(1)排烟温度高:300 ℃。

(2)炉管温度高:399 ℃。

(3)燃烧器喉部温度高:90 ℃。

(4)蒸汽压力高:16.5 MPa。

(5)蒸汽温度高:365 ℃。

(6)燃烧空气压力低:0.88 kPa。

(7)雾化压力低:0.175 MPa。

(8)燃油温度低:70 ℃。

(9)燃油压力低:0.56 MPa。

(10)天然气压力低:35 kPa。

(11)水流量低:额定流量的30%。

(12)蒸汽压力低:2.8 MPa。

(13)仪用空气压力低:0.245 MPa。

(14)柱塞泵润滑油压力低:0.14 MPa。

(15)柱塞泵进口水压低:0.1 MPa。

(16)熄火:若在10 s内不能建立辅助火焰,就会造成安全停炉。

(17)燃烧器门打开后,不能点火,以保证炉膛内检修人员的安全。

(18)电源事故:因瞬间停电造成停炉,给检修人员指示。

3.各压力、温度报警点的说明

(1)空气压力低。

燃烧空气压力低开关安装在风机和控制风门之间,当风门打开时,炉内没有火焰,燃烧空气压力最低。在大火位置上进行前吹扫时,应将燃烧空气压力整定得越低越好,与此同时风机继续转动。

(2)给水流量低。

给水流量低压力开关安装在给水流量压力变送器出口处。给水流量低整定值最好在水流量表1/4刻度或稍高一些,停炉时位置最好在1/3刻度。

(3)蒸汽压力高。

蒸汽压力高整定值应比锅炉正常工作压力略高一些。蒸汽压力高压力开关断开将使燃油阀关闭,同时锅炉在给水泵继续工作的情况下开始定时停运。一旦锅炉出口处截止阀关闭,蒸汽压力高压力开关就会断开,如果压力继续上升达到安全阀整定值,安全阀打开。

（4）管壁温度高。

锅炉辐射面出口管线上装有检测管壁温度的高温热电偶,同时在锅炉控制屏上装有管壁温度数显控制仪。控制仪所设立的报警温度稍高于实际工作时管壁的最高温度。当控制仪上所显示的温度超过整定值时,锅炉自动安全停炉。

（5）燃油压力低。

燃油压力低压力开关的整定值略低于正常燃油压力。这个压力开关的作用是在火焰监测器失灵并熄火的情况下仍指示火焰存在且安全停炉。

（6）排烟温度高。

在对流段出口处装有一支热电偶,同时在锅炉控制屏上装有指示对流段烟道出口排烟温度的数显控制仪。当排烟温度超过整定值时,锅炉就会安全停炉。

（7）燃烧器油嘴温度高。

在燃烧器油嘴处装有一支热电偶,同时在锅炉控制屏上装有指示燃烧器油嘴温度的数显控制仪。该温度的设定主要是为了防止燃烧器的过热,这种情况往往是对流段严重积灰,使阻力增加,导致炉膛内出现负压而引起的。

（8）蒸汽温度高。

在锅炉主蒸汽出口管线上装有一支高温热电偶,同时在锅炉控制屏上装有指示蒸汽温度的数显控制仪。蒸汽温度高的温度整定值略高于锅炉工作压力下的饱和蒸汽温度。当蒸汽温度超过整定值时,锅炉将会自动停炉。

（9）雾化压力低。

设立该压力开关主要是为了保证燃料在炉膛内能充分燃烧以尽量减少化学不完全燃烧所产生的热损失。如果雾化压力低于压力开关的整定值,锅炉将自动停炉。

（10）燃油温度低。

该压力开关是为了确保进燃烧器的燃油黏度不低于燃烧器对燃油黏度的要求。当燃油温度低于该温度开关整定值时,锅炉自动停炉。

（11）蒸汽压力低。

该压力开关主要是为了防止锅炉的工作压力小于油井阻力,从而使蒸汽不能顺利地注入油井。

（12）天然气压力低。

该开关是为了保证天然气进入燃烧器是有一定压力的,如果压力低于整定值锅炉自动停炉。

（13）仪用空气压力低。

该压力开关设定是为了确保锅炉仪表、执行器所需要的干燥清洁空气充足,从而保证锅炉仪表、执行器的正常工作。

（14）柱塞泵润滑油压力低。

该压力开关是为了确保柱塞泵能长期正常工作,以防止无油润滑而使泵的柱塞过热,从而降低柱塞的使用寿命。

（15）给水压力低。

该压力开关是为了确保进锅炉的给水压力不低于柱塞泵进口所需的压力要求,从而防止柱塞泵产生抽空现象。

（16）熄火。

紫外线监测器检测并发出炉膛内已灭火的信号，以关闭燃料控制阀门并报警。

（17）燃烧器风门打开。

该压力开关是为了确保在燃烧器风门打开时不能点火。

（18）电源故障。

该开关是当瞬间停电时，锅炉停炉并给检修人员以明确指示。

四、锅炉启动的程控说明

1.启动前的准备

按用电负荷表要求接入电源，同时将整个设备按电气规范妥善接地。

（1）水处理系统启动正常，保证柱塞泵入口水压大于 0.7 MPa。

（2）闭合炉子上的所有空气开关，供上动力电源。

（3）将操作开关 $K_1 \sim K_{18}$ 置于需要位置（K_9 暂断），电源报警灯 HD_7、指示灯 XD_7 亮，空压机启动，各种仪表供气，电加热器加热。

（4）检查报警灯，按下报警试验按钮 QA_2，18 个报警灯均应亮，检查的目的主要是为了防止事故停炉后，灯泡不亮，而找不到停炉原因。

（5）空压机启动正常，油温、油压达到要求，按下 QA_1 按钮，程序控制器 00601 输出触点断开，HD_7 电源报警灯灭，所有报警输出触点断开，内部继电器 01114 失电，报警联锁输出继电器 00602 得电，燃料阀允许打开，可以点炉。

（6）合上 K_9 准备启动锅炉。

2.锅炉的启动

锅炉的启动，需按下 QA_1 按钮。如需要音响报警可接上音响报警器，线号为 89、2 号线，此点为用户自备。

（1）报警联锁输出继电器 00602 得电，XQ_2 指示灯亮，CNT005 前吹扫计数器接通。同时，柱塞泵程序控制器输出触点 00400 得电，通过控制继电器 1J 使给水泵控制线圈 1C 点得电，给水泵启动。

（2）TIM002 计时器通电，延时 5 s 后，鼓风机程序控制器输出触点 00401 得电，通过控制继电器 2J 使鼓风机控制线圈 2C 得电，鼓风机启动开始前吹扫，这时前吹扫电磁阀 1DF 是带电的，12 psi 压力使风门全开，以便吹扫。

水泵辅助触点 00007 带动润滑油压力低限报警计数器 CNT002 启动，计数 20 s，延时 20 s 报警的目的是当水处理与锅炉水泵同时启动时，不因进口水压低而无法启动。若延时 20 s 后，润滑油压力还未升起则停炉报警。

（3）CNT010 除作为润滑油压力低报警计数器外，还同时作为水流量低或助燃空气压力低计数器，在水泵启动后，延时 20 s，水流量低报警系统及助燃空气压力低报警系统允许报警，5 min 前吹扫程序结束后，调水电磁阀 3DF 程序控制器输出触点 00402 接通，3DF 吸合，允许调水，接通时前吹扫电磁阀 1DF 程序控制器输出触点 00603 失电，1DF 关闭，前吹扫结束，燃烧器电路联锁程序控制器输出触点 00403 得电，燃烧器电路接通，点火程序器开始工作。

（4）当燃烧器控制器闭合时，BC7000 微机燃烧器控制器系统即为操作程序的启动做好准备，所有其他的一些控制器，限位开关和联锁装置等均处于完成的操作状态，"STAND-

BY"(准备)程序状态指示灯亮,多功能讯息显示器上空白无字。

燃烧器电路联锁接通,风门控制电动机转向大火位置,即转向风门挡板开启的位置,多功能讯息显示器上显示"00","准备"状态指示灯熄灭,"预吹扫"和"保持"指示灯亮。

当风门控制电动机转动到大火位置后,大火吹扫开关闭合,"保持"指示灯熄灭,外加保证的 30 s 使风门开启,预吹扫开始,多功能讯息显示器上从"00"计数到"30"。

停炉联锁开关必须在 10 s 内闭合,进入预吹扫程序(保证空气量),否则,会安全停炉。

在 30 s 的预吹扫结束以后,程序停止,风门控制电动机转向小火位置,"保持"指示灯亮,多功能讯息显示器停止计数。

当风门控制电动机转动到小火位置以后,小火启动开关使操作程序继续进行,"保持"指示灯熄灭(有 5 s 的延时保证电动机转完全程),操作程序进入试点火阶段。

小火启动开关闭合后,点火变压器火花塞打火,引燃电磁阀 DF_1、DF_2 打开,XD_3 指示灯亮,开始引燃,"预吹扫"指示灯熄灭,"试点火"指示灯亮,多功能讯息显示器开始从"00"到"25"计数,一旦点火形成的火焰被探测器检测到,"火焰建立"指示灯亮。

进入试点火阶段 5 s 以后,点火变压器断电。

进入试点火阶段 10 s 以后,并已探测到有火焰存在时("火焰建立"指示灯亮),主燃料阀通电,正式点火,燃油 DF_5 电磁阀开,XD_4 指示灯亮,燃气 DF_7、DF_8 电动阀开,DF_9 放空阀关,XD_5 指示灯亮,进入试点火阶段,20 s 以后,引燃电磁阀 DF_1、DF_2 断电关闭,XD_3 灯灭,到此即结束了 10 s 主燃火焰建立期。

进入试点火阶段 25 s 后,风门控制电动机即转换到 90 系列的调节控制器来操作,"试点火"指示灯与多功能讯息显示器同时熄灭,"运行"指示灯亮。

到此为止,BC7000 微机燃烧器控制器系统进入正常的燃烧运行操作状态,除非外部输入一个指令以改变其操作状态。

注:燃油时需要延长引燃时间,K_4 闭合,延长引燃程序控制器触点 00202 得电,延长引燃时间,此时由于程序控制器内操作程序互锁,调火电磁阀 2DF 关闭为小火,油点着后,手动关闭 K_4,2DF 得电自动调火。

3. 灭火

(1) 任何一个报警系统均可完成灭火。

(2) 切掉工作电源灭火,电源事故灭火,此法不允许使用。

(3) 断开 K_9 完成灭火,此法较好。

(4) 锅炉燃油时,关掉燃油阀最为理想,以防止锅炉中留有残余的油。

某些灭火报警系统只能是本锅炉发生故障时使用,人为用其灭火不合适,其一是因为有些使用起来不方便,其二是因为有些不能完成灭火全过程,对锅炉有害。

灭火步骤(以断开 K_9 灭火为例):

切断 K_9 开关,报警联锁输出触点 00602 失电,CNT001 后吹扫计数器接通,开始 20 min 后吹扫,风门全关。

同时,燃烧器电路联锁触点 00403 失电,主燃料阀立即断电关闭,风门控制电动机转向小火位置,"运行"指示灯熄灭,"后吹扫"指示灯亮,多功能讯息显示器开始从"00"到"15"计数,火焰熄灭后,火焰继电器释放,"火焰建立"指示灯熄灭,经过 15 s 后吹扫,"后吹扫"指示灯与多功能讯息显示器同时熄灭,"准备"指示灯亮,至此,BC7000 微机控制燃烧系统整个操作循环结束。

20 min 后吹扫结束后,给水泵鼓风机停运,调火电磁阀输出触点 00402 也已失电,风门全开,为下一次点火做好准备。

第九节　PLC 的应用

可编程序控制器(PLC)是综合了计算机技术、自动控制技术和通信技术的一种新型的、通用的自动控制装置。它具有功能强、可靠性高、使用灵活方便、易于编程以及适应工业环境下应用等一系列优点,近年来在工业自动化、机电一体化、传统产业技术改造等方面的应用越来越广泛,成为现代工业控制三大支柱之一。

近年来 PLC 发展很快,新产品、新技术不断涌现,本章主要以 OMRON C200H 为例,对 PLC 的基本知识、程序设计、编程器的使用和安装维护及故障处理等简单进行介绍。对于 PLC 的模块化、通信和网络化、人机智能化等,这里不作介绍。

一、PLC 基本知识

在 PLC 诞生之前,继电器控制系统已广泛地应用于工业生产的各个领域。继电器控制系统通常可以看成由输入电路、控制电路、输出电路和生产现场这 4 部分组成。其中输入电路由按钮、行程开关、限位开关、传感器等构成,用以向系统送入控制信号。输出电路部分由接触器、电磁阀等执行元件构成,用以控制各种被控对象,如电动机、阀门、执行器等。继电器控制电路部分是控制系统的核心部分,它通过导线将各个分立的继电器、电子元器件连接起来并对工业生产现场实施控制,生产现场是指被控制的对象(如电动机等)或生产过程。继电器控制系统的结构框图如图 7-19 所示。

PLC 控制系统从根本上改变了传统的继电器控制系统的工作方式和原理。继电器控制系统的控制功能是通过硬件接线的方式来实现的,而 PLC 控制系统的控制功能是通过存储程序来实现的,不仅可以实现开关量控制,还可以进行模拟量控制、顺序控制。另外,它的定时和计数功能也远比继电器控制系统强。PLC 控制系统的结构框图如图 7-20 所示。

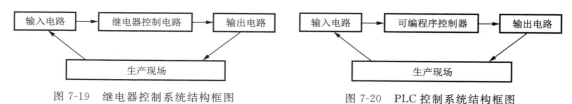

图 7-19　继电器控制系统结构框图　　　　图 7-20　PLC 控制系统结构框图

将图 7-19 与图 7-20 相比,就会发现 PLC 控制系统与继电器控制系统输入、输出部分基本相同,输入电路也都由按钮、开关、传感器等构成,输出电路也都由接触器、执行器、电磁阀等构成。不同的是继电器控制系统的控制线路被 PLC 中的程序所代替,这样一旦生产工艺发生变化,修改程序就可以了。正是因为上述原因,PLC 控制系统除了可以完成传统继电器控制系统所具有的全部功能外,还可以实现模拟量控制、开环或闭环过程控制,甚至多级分布式控制。PLC 控制系统与继电器控制系统的比较见表 7-6。

表 7-6　PLC 控制系统与继电器控制系统的比较

比较项目	继电器控制系统	PLC 控制系统
控制功能的实现	有许多继电器,采用接线的方式来完成控制功能	各种控制功能是通过编制的程序来实现的
对生产工艺过程变更的适应性	适应性差;需要重新设计,改变继电器和接线	适应性强,只需对程序进行修改
控制速度	低,靠机械动作实现	极快,靠微处理器进行处理
计数及其他特殊功能	一般没有	有
安装,施工	连线多,施工繁	安装容易,施工方便
可靠性	差,触点多,故障多	高,因元器件采用了筛选和老化等可靠性措施
寿　命	短	长
可扩展性	困难	容易
维　护	工作量大,故障不易查找	有自我诊断能力,维护工作量小

　　由于 PLC 控制系统与继电器控制系统相比具有无法比拟的优点,所以传统的继电器控制系统逐渐被 PLC 控制系统所代替。

　　PLC 控制系统由硬件和软件两大部分组成。硬件是指 PLC 本身及其外围设备,软件是指管理 PLC 的系统软件、PLC 的应用程序、编程语言和编程支持工具软件。典型的 PLC 控制系统的硬件组成框图如图 7-21 所示。

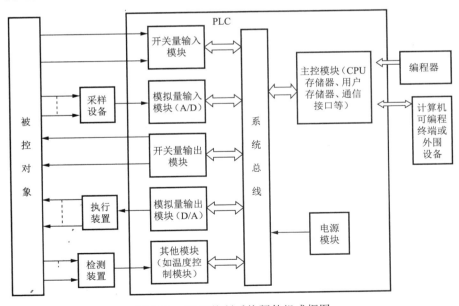

图 7-21　PLC 控制系统硬件组成框图

1. CPU

CPU 模块又称为主控模块,是 PLC 控制系统中最重要的模块,绝对不可缺少,PLC 程序的输入、运行和输出都离不开该模块，CPU 模块结构如图 7-22 所示。

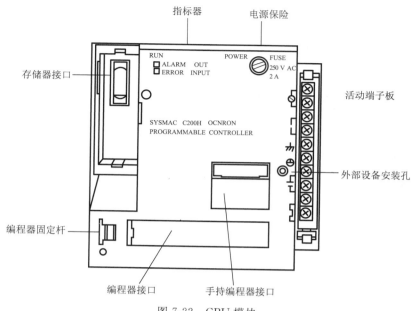

图 7-22　CPU 模块

CPU 是 PLC 的控制中枢，它由控制器和运算器组成。其中，控制器是用来统一指挥和控制 PLC 工作的部件，运算器则是进行逻辑、算术等运算的部件。PLC 在 CPU 的控制下使整个机器有条不紊地协调工作，以实现对现场各个设备的控制。

CPU 的主要作用有：

（1）执行接收、存储用户程序的操作指令。

（2）执行监控程序和用户程序，完成数据和信息的处理，产生相应的内部控制信号，完成用户指令规定的各种操作。

（3）以扫描的方式接收来自输入单元的数据和状态信息，并存入相应的数据存储区。

（4）响应外部设备（如编程器、打印机等）的请求。

2.存储器

PLC 的存储器主要用于存储系统程序、用户程序和工作状态数据。按存储器的种类分为 ROM、EPROM、EEPROM、RAM；按安装形式分为直接插入的集成块、存储器板、IC 卡等；按用途分为系统程序存储器、数据存储器和用户存储器。

RAM 单元可进行数据、程序的读出和写入，但一旦停电，在 RAM 中所保存的内容就会丢失。为了保存其内容，PLC 采用锂电池或电容来进行保护。在环境温度为 25 ℃时，新电池存储的内容可保持 5 年之久；若用电容保护，PLC 主机关断后，存储器的内容可保持 20 天。

EPROM 单元需要用 EPROM 写入器把程序写入 EPROM 芯片中，然后装入 EPROM 单元。EEPROM 单元与 RAM 一样，可以随时进行程序或数据的写入和读出，不同的是 EEPROM 不需要锂电池或电容器进行保护。

3.通信接口

PLC 产品一般都有通信接口，可与手持式编程器、计算机或其他的外围设备相连，以实现编程、调试、运行、监视、打印和数据传送等功能。

4. LED 指示器

LED 指示器用于指示电源（POWER）、运行（RUN）、警告（ALARM）和出错（ERROR）等工作状态，如图 7-23 所示。

图 7-23　LED 指示器

5. 开关量 I/O 模块

PLC 最擅长的控制就是开关量顺序控制，在工业领域中，大多数的控制也是开关量控制，因此 I/O 模块是最常用的模块。通常开关量 I/O 模块（也称数字量 I/O 模块）的产品分为 3 种类型：输入模块、输出模块及输入/输出模块。

6. 模拟量 I/O 模块

在工业控制过程中，除了大量的开关量控制以外，还有许多模拟量控制，例如对电压、电流、温度、压力、流量的控制。模拟量 I/O 模块的主要功能就是完成模数（A/D）转换和数模（D/A）转换，一般都自带 CPU 和存储器，只要 PLC 一通电，PLC 主控模块就将控制字装入其内部存储器中，模拟量 I/O 模块就能独立工作并且与主控模块共享存储器，主控模块只需用读写指令便可对模拟量 I/O 模块进行操作。一般来讲模拟量 I/O 模块提供有一定数量的 I/O 点，可供用户使用。

7. 智能模块

模块化后的 PLC 除了主控模块外，还配备各种专用的、高级的智能模块，常用的有温度控制模块、高速计数模块、位置控制模块以及用于联网通信的 LINK 模块等。

8. I/O 电路

PLC 的基本功能就是控制，它采集被控对象的各种信号，经过 PLC 处理后，通过执行装置实现控制。输入电路就是对被控对象发出的信号进行检测、采集、转换和输入。另外，安装在控制台上的按钮、开关等也可以向 PLC 发送控制指令。输出电路的功能就是接收 PLC 输出的控制信号，对被控对象执行控制任务。

9. PLC 外围设备

PLC 外围设备很多，但基本功能都是对信息和数据的处理。常用的有编程器、可编程终端、打印机、条码读入机等。编程器是 PLC 的重要外围设备之一，它可以将用户编写的程序送到 PLC 的用户程序存储器，因此，它的主要任务是输入程序、调试程序和监控程序的执行过程。

二、PLC 基本程序指令

PLC 控制系统通常是以程序的形式来体现其控制功能的,所以 PLC 工程师在进行软件设计时,必须按照用户所提供的控制要求进行程序设计,即使用某种 PLC 的编程语言,将控制任务描述出来。目前世界上各个 PLC 生产厂家所采用的编程语言各不相同,但在表达的方式上却大体相似,基本上可分为 5 类:梯形图语言、助记符语言、布尔代数语言、逻辑功能图和某些高级语言。其中梯形图和助记符语言已被绝大多数 PLC 厂家所采用。

梯形图语言是一种图形式的 PLC 编程语言,它沿用了电气工程师所熟悉的继电器控制原理图的形式,如继电器的接点、线圈、串并联术语和图形符号等,同时还吸收了微机的特点,加进了许多功能强而又使用灵活的指令,因此对于电气工程师来说,梯形图形象、直观、编程容易。

助记符语言就是使用帮助记忆的英文缩写字符来表示 PLC 的各种指令,它与微机的汇编语言十分相似,在适用简易编程器进行程序输入、检查、编辑、修改时常使用助记符语言。

本节以 OMRON 为代表,介绍 C 系列 PLC 的指令系统。指令系统从总体上可划分为基本指令和功能指令。基本指令通常是指可以对 PLC 的 I/O 点进行简单操作的指令;功能指令通常是指可以进行顺序控制、数据处理和运算等操作的指令。

1.指令类型

指令是 CPU 根据人的意图来执行某种操作的命令。从指令的操作功能上划分,大体上可以划分为 15 大类:基本指令、数据传送指令、位移指令、数据比较指令、数据转换指令、BCD 运算指令、二进制数运算指令、特殊数字运算指令、逻辑运算指令、子程序指令、步进指令、通信指令、特殊系统指令、高级 I/O 指令、特殊过程指令。

2.指令格式

指令通常由指令助记符、数据、注释 3 部分组成。其中,指令助记符是表示 CPU 执行该指令所要完成的操作;数据是指 CPU 要完成该操作的操作对象,如通道号、继电器号或其他的数值等;注释是为该条指令所作的说明,可以帮助阅读程序,注释部分不是指令组成的必要部分,视具体情况可有可无。

3.常用缩写符号和标识

IR 为 I/O 和内部辅助继电器区;AR 为辅助继电器区;HR 为保持继电器区;TR 为暂存继电器区;SR 为专用继电器区;LR 为链接继电器区;TC 为定时器/计数器区;DM 为数据存储区;* DM 为间接指定数据存储区;♯ 为常数;CH 为通道;ER 为错误标志;CY 为进位标志;EQ 为相等标志;GR 为大于标志;LE 为小于标志。

4.基本指令

基本指令是编程时最常用到的一类指令。按照指令的功能可分为:I/O 指令、接点及程序块的串并联指令、定时器和计数器指令、保持继电器指令、分支及分支结束指令、跳转及跳转结束指令、前沿微分指令和后沿微分指令。

此处只对常用的几种指令进行介绍。

（1）I/O 指令。

I/O 指令有 LD、LD NOT、OUT。使用方式如图 7-24 所示。

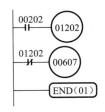

地址	指令助记符	数据
00000	LD	00202
00001	OUT	01202
00002	LD NOT	01202
00003	OUT	00607
00004	END(01)	

图 7-24　I/O 指令

程序说明：当 00202 ON 时，01202 接通，有输出；当 01202 OFF 时，00607 接通，有输出；通常每个程序的结束必须有一个 END 结束指令。

（2）接点及程序块的串并联指令。

接点及程序块的串并联指令有：AND、AND NOT、OR、OR NOT、AND LD、OR LD。

说明：逻辑"与"（AND）在梯形图中用串联来表示，逻辑"或"（OR）在梯形图中用并联来表示。AND、AND NOT、OR、OR NOT 指令在程序中使用的次数和使用的顺序不受限制。AND、AND NOT、OR、OR NOT 指令是对接点进行逻辑"与"或者逻辑"或"操作；AND LD 和 OR LD 指令是对 2 个程序块进行逻辑"与"或者逻辑"或"操作。

AND、AND NOT、OR LD 指令的使用方式如图 7-25 所示。

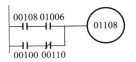

地址	指令助记符	数据
00000	LD	00108
00001	AND	01006
00002	LD	00100
00003	AND NOT	00110
00004	OR LD	
00005	OUT	01108

图 7-25　AND 指令

OR、OR NOT、AND LD 指令的使用方式如图 7-26 所示。

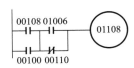

地址	指令助记符	数据
00000	LD	00108
00001	OR	00100
00002	LD	01006
00003	OR NOT	00110
00004	AND LD	
00005	OUT	01108

图 7-26　OR 指令

（3）定时器和计数器指令。

定时器指令为 TIM，是递减式接通延时定时器，设定时间为 0～999.9 s，计量单位为 0.1 s；计数器指令为 CNT，是递减式计数器，设定值为 0～9 999 次。

定时器指令的使用方式如图 7-27 所示。

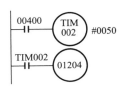

图 7-27　TIM 指令

地址	指令助记符		数据
00000	LD		00400
00001	TIM		002
			♯0050
00002	LD	TIM	002
00003	OUT		01204

计数器指令的使用方式如图 7-28 所示。

地址	指令助记符		数据
00000	LD		00007
00001	AND		25502
00002	LD		00110
00003	CNT		010
			♯0020
00004	LD	CNT	010
00005	OUT		01001

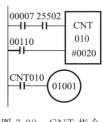

图 7-28　CNT 指令

（4）保持继电器指令。

保持继电器指令为 KEEP(11)。该指令执行继电器保持操作,可保持为 ON 或 OFF 状态,直到它的 2 个输入端之一使它置位或复位。当置位输入 S 和复位输入 R 同时为 ON 时,复位优先。保持继电器指令的使用方式如图 7-29 所示。

地址	指令助记符	数据
00000	LD	00007
00001	LD	00004
00002	KEEP(11)	01801
00003	LD	01801
00004	TIM	010
		♯0900

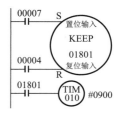

图 7-29　KEEP 指令

（5）分支指令及分支结束指令。

分支指令为 IL(02),分支结束指令为 ILC(03),其使用方式如图 7-30 所示。

地址	指令助记符		数据
00000	LD	TIM	010
00001	IL(02)		
00002	LD NOT	HR	0004
00003	AND	HR	0003
00004	OUT		00106
00005	LD	HR	0004
00006	OUT		00105
00007	LD	HR	0004
00008	OUT		00200
00009	ILC(03)		

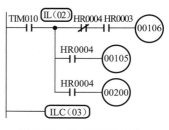

图 7-30　IL 及 ILC 指令

① IL(02)和ILC(03)总是配合使用的,分别位于一段程序的首尾处。

② 指令操作功能分 2 种情况,如果 IL 的输入条件不满足(即位于 IL 前面的接点为 OFF 时),则位于 IL 和 ILC 之间的程序段就不执行,并且 IL 和 ILC 之间的程序输出状态如下:所有的输出继电器线圈均为 OFF;所有定时器均复位;所有计数器、移位寄存器、保持继电器的状态不变。如果 IL 的输入条件满足,则位于 IL 和 ILC 之间的那段程序就被执行。

③ 如果 IL 和 ILC 没有配对使用,在执行程序检查时,会在编程器显示:IL-ILC ER-ROR,但不会影响程序的执行。IL 和 ILC 指令不允许嵌套使用。例如:IL-IL-ILC-ILC 这样的嵌套结构是不允许的。

④ 数据位移指令。

数据位移指令为 SFT(10),其使用方式如图 7-31 所示。

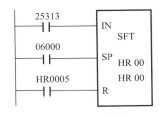

地址	指令助记符	数据	
00000	LD		25313
00001	LD		06000
00002	LD	HR	0005
00003	SFT(10)	HR	00
		HR	00

图 7-31　SFT 指令

三、编程器

编程器是开发、维护 PLC 控制系统不可缺少的 PLC 外围设备,用户可以通过编程器对 PLC 进行程序输入、编辑、修改、删除以及对系统运行情况进行监控和故障诊断。按照结构,PLC 编程器可以分为简易编程器、图形编程器和通用计算机编程 3 种类型。这里我们只对简易编程器进行介绍。

编程器操作面板如图 7-32 所示,可划分为以下 3 个区域。

1. LCD 液晶显示板

用于 PLC 的编程、监控、运行时信息的显示。

2. 键盘区

PLC 的操作键是轻触式的,共有 39 个键,以红、黄、白、灰 4 种颜色来区分按键的不同功能。

图 7-32　简易编程器

(1) 数字键(用白色表示)。共有 10 个键,用来输入程序数据的数值,如程序的地址、继电器号、定时器/计数器号和数值等。

(2) 清除键(用红色表示)。只有一个 CLR 键,可用于清除显示,取消编程器当前的操作,还可用于输入程序开始前的输入"口令"的操作。

(3) 操作键(用黄色表示)。共有 12 个键,可用于 PLC 程序的输入、修改和编辑等操作。

(4) 指令键(用灰色表示)。共有 16 个键,除了右上角的 SHIFT 键以外,其余的键用于输入或插入指令。SHIFT 键是选择扩展功能键,通过它可使具有第二功能的键获得第二功能。指令键的功能分别为:FUN 键用于输入具有功能代码的指令;SFT 键是移位键,用于输入移位寄存器指令;NOT 对它前面的指令取反,常用于常闭接点的输入;AND 键用于逻辑 AND(与)指令的输入;OR 键用于逻辑 OR(或)指令的输入;CNT 键用于输入计数器指令,在 CNT 后输入计数器的数据;LD 键用于输入 LOAD(装载)指令;OUT 键用于输入一个 OUTPUT(输出)指令;TIM 键用于输入定时器指令,在 TIM 后输入定时器的数据;TR 键用于指定一个 TR 位(暂存继电器);$\frac{^*\text{EM}}{\text{LR}}$键用于指定一个 LR 区(链接继电器);$\frac{\text{AR}}{\text{HR}}$键用于指定 HR 区(保持继电器);$\frac{\text{EM}}{\text{DM}}$键用于指定 DM 区(数据存储器);SHIFT $\frac{\text{CH}}{^*\text{DM}}$组合键用于指定一个通道;SHIFT $\frac{\text{CONT}}{\#}$组合键用于一个位的检索。

3. 工作选择开关

工作选择开关有 3 个挡位:运行(RUN)、监控(MONITOR)、编程(PROGRAM)。

第八章 水质化验

第一节 常用化验器材基础知识

一、滴定管

滴定管是容量分析中最基本的测量仪器,是用来测量自管内流出溶液体积的器皿。

(1) 作用:用于化学分析滴定操作。

(2) 分类:滴定管分酸式和碱式 2 种,如图 8-1 所示,前者用于量取对橡皮管有侵蚀作用的液态试剂;后者用于量取对玻璃有侵蚀作用的液态试剂。

① 滴定管容量一般为 50 mL,刻度的每一大格为 1 mL,每一大格又分为 10 小格,故每一小格为 0.1 mL。酸式滴定管的下端为一玻璃活塞,开启活塞,液体即从管内滴出。使用前,先取下活塞,洗净后用滤纸将水吸干或吹干,然后在活塞的两头涂一层很薄的凡士林油(切勿堵住塞孔)。装上活塞并转动,使活塞与塞槽接触处呈透明状态,最后装水试验是否漏液。

② 碱式滴定管的下端用橡皮管连接一支带有尖嘴的小玻璃管,橡皮管内装有一个玻璃圆球。用左手拇指和食指轻轻地往一边挤压玻璃球外面的橡皮管,使管内形成一缝隙,液体即从滴管滴出。挤压时,手要放在玻璃球的稍上部,如果放在球的下部,则松手后,会在尖端玻璃管中形成气泡。

二、量筒

量筒是量度液体体积的仪器。规格以所能量度的最大容量(mL)表示,常用的有 10 mL、20 mL、50 mL、100 mL、250 mL、500 mL、1 000 mL 等。量筒如图 8-2 所示。

如何选择量筒:量筒外壁刻度都是以 mL 为单位,10 mL 量筒每小格表示 0.2 mL,而 50 mL 量筒每小格表示 1 mL。可见量筒越大,管径越粗,其精确度越小,由视线的偏差所造成的读数误差也越大。所以,应根据所取溶液的体积,尽量选用能一次量取的最小规格的量筒。分次量取也会引起误差。如量取 70 mL 液体,应选用 100 mL 量筒。

三、锥形瓶

锥形瓶是用硬质玻璃制成的纵剖面呈三角形的滴定反应器,如图 8-3 所示。口小、底大有利于滴定过程进行振荡,令反应充分而液体不易溅出,该容器可以在水浴或电炉上加热。又称为三角烧瓶、依氏烧瓶、锥形烧瓶、鄂伦麦尔瓶。锥形瓶常见的容量由 50 mL 至 250 mL 不等,但亦有小至 10 mL 或大至 2 000 mL 的特制锥形瓶。

四、移液管

移液管是用来准确移取一定体积的溶液的量器,如图 8-4 所示。移液管是一种量出式仪器,只用来测量它所放出溶液的体积。它是一根中间有一膨大部分的细长玻璃管。其下端为尖嘴状,上端管颈处刻有一条标线,是测量所移取的准确体积的标志。

常用的移液管有 5 mL、10 mL、25 mL 和 50 mL 等规格。通常又把具有刻度的直形玻璃管称为吸量管,如图 8-4 所示。常用的吸量管有 1 mL、2 mL、5 mL 和 10 mL 等规格。移液管和吸量管所移取的体积通常可准确到 0.01 mL。

图 8-1　滴定管　　　　图 8-2　量筒　　　　图 8-3　锥形瓶　　　　图 8-4　移液管

五、胶头滴管

胶头滴管又称胶帽滴管,是用于吸取或滴加少量液体试剂的一种仪器,如图 8-5 所示。

(1) 种类和规格:胶头滴管由胶帽和玻璃管组成。有直形、直形有缓冲球及弯形有缓冲球等几种形式。胶头滴管的规格以管长表示,常用为 90 mm、100 mm 2 种。胶头滴管每滴液体为 0.05 mL。

(2) 胶头滴管的保存:胶头滴管上的胶头放久了会粘在一起,破损甚至变得很黏稠,硬化后可以泡在稀释后的盐酸里,过一段时间就能软化,一定注意要稀释,否则容易漏,平时保存时要避免阳光长时间直射,使用后如果长期不用,需要清理干净晾干后保存。

六、铁架台

铁架台是用铁板和铁条组成的支撑用的工具,常用于固定和支撑各种仪器,铁圈可代替漏斗架使用,如图 8-6 所示。一般常用于过滤、加热等实验操作中。铁架台是物理化学实验中使用最广泛的仪器之一,常与酒精灯配合使用。

图 8-5　胶头滴管

图 8-6　铁架台

第二节　常用化验器材的使用

一、滴定管的使用

（1）滴定管的洗涤。滴定管使用前先用自来水洗,再用少量蒸馏水淋洗 2～3 次,每次 5～6 mL,洗净后,管的内壁上不应附着有液滴,如果有液滴需用肥皂水或洗液洗涤,再用自来水、蒸馏水洗涤,最后用少量滴定用的待装溶液洗涤 2 次,以免加入滴定管内的待装溶液被附于壁上的蒸馏水稀释而改变浓度。

（2）滴定管的涂油。把滴定管平放在桌面上,将固定活塞的橡皮圈取下,再取出活塞,用干净的纸或布将活塞和塞套内壁擦干(如果活塞孔内有旧油垢塞堵,可用金属丝轻轻剔去,如果管尖被油脂堵塞可先用水充满全管,然后将管尖置于热水中,使油脂熔化,突然打开活塞,将其冲走)。用手指蘸少量凡士林(或真空脂)在活塞孔的两头沿圆周涂上薄薄一层,在紧靠活塞孔两旁不要涂凡士林,以免堵住活塞孔。涂完后,把活塞放回塞套内,向同一方向转动活塞,直到从外面观察时全部透明为止,然后用橡皮圈套住,将活塞固定在塞套内,防止滑出。涂好油的酸式滴定管活塞与塞套应密合不漏水,并且转动要灵活。

（3）滴定管的试漏。关闭滴定管活塞,装入蒸馏水至一定刻线,直立滴定管 2 min。仔细观察刻线上的液面是否下降,滴定管下端有无水滴漏下,活塞缝隙中有无水渗出。然后将活塞旋转 180°后等待 2 min 再观察,如有漏水现象应重新擦干涂油。碱式滴定管应更换胶管中玻璃珠,选择一个大小合适比较圆滑的玻璃珠配上再试,玻璃珠太小或不圆滑都可能导致漏水,太大则操作不方便。

（4）滴定管的装液。加注时标准溶液广口瓶盖要倒置,标签朝手心方向,加注要缓慢将待装溶液加入滴定管中到刻度"0"以上,开启旋塞或挤压玻璃圆球,把滴定管下端的气泡逐出,然后把管内液面的位置调节到刻度"0"。把滴定管下端的气泡逐出的方法如下:如果是酸式滴定管,可使滴定管倾斜(但不要使溶液流出),启开旋塞,气泡就容易被流出的溶液逐出;如果是碱式滴定管,可把橡皮管稍弯向上,然后挤压玻璃圆球,气泡也可被逐出。

（5）滴定管的读数。常用滴定管的容量为 50 mL,每一大格为 1 mL,每一小格为 0.1 mL,管中液面位置的读数可读到小数点后两位,如 34.43 mL。读数时,滴定管应保持垂直。视线应与管内液体凹面的最低处保持水平,如图 8-7 所示,偏高偏低都会带来误差。读数时,可以在滴定液体凹面的后面衬一张白纸,以便于观察。注意:滴定前后均需记录读数。

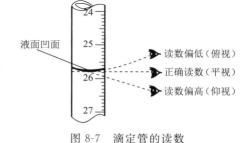

图 8-7　滴定管的读数

（6）滴定的方法。滴定开始前,先把悬挂在滴定管尖端的液滴除去,荡在锥形瓶外壁上,滴定时用左手控制阀门,右手持锥形瓶,并不断振荡底部,使溶液均匀混合。将到滴定终点时,滴定要慢,最后要一滴一滴地滴入,防止过量,滴定结束时滴定管尖端的液滴应荡在锥形瓶内壁上。为了便于判断终点时指示剂颜色的变化,可把锥形瓶放在白色瓷板或白纸上观察。最后,必须待滴定管内液面完全稳定后,方可读数(这是因为滴定刚完毕,常有少量沾在滴定管壁上的溶液仍在继续下流)。

（7）滴定管的保存。滴定结束后,滴定管内剩余的溶液应弃去,不要倒回原瓶中。然后依次用自来水、蒸馏水冲洗数次,倒立夹在滴定管架上。酸式滴定管长期不用时,活塞部分应垫上纸。否则时间一久,塞子不易打开。碱式滴定管长期不用时,应把下胶管蘸些滑石粉保存。

二、量筒的使用

（1）量筒的清洗。使用量筒前应用被量取液体对量筒清洗 2～3 遍,以保证测量准确度。

（2）量筒的注液。向量筒里注入液体时,应用左手拿住量筒,使量筒略倾斜,右手拿试剂瓶,让瓶口紧挨着量筒口,使液体缓缓流入。待注入的量比所需要的量稍少时,把量筒放平,改用胶头滴管滴加到所需要的量。

（3）量筒的读数。注入液体后,应把量筒放在平整的桌面上,等 1～2 min,使附着在内壁上的液体流下来,再读出刻度值,否则,读出的数值偏小。观察刻度时,眼睛与刻度、量筒内液体的凹液面三点成一线,再读出所取液体的体积数,否则,读数会偏高或偏低。

三、锥形瓶的使用

（1）注入的液体最好不超过其容积的 1/2,过多容易造成喷溅。
（2）加热时使用石棉网(电炉加热除外)。
（3）锥形瓶外部要擦干后再加热。
（4）使用后需使用专用洗涤剂清洗干净,并进行烘干,保存在干燥容器中。
（5）一般情况下不可用来存储液体。

四、移液管的使用

根据所移溶液的体积和要求选择合适规格的移液管使用,在滴定分析中准确移取溶液一般使用移液管,反应需控制试液加入量时一般使用吸量管。

（1）使用时,应先将移液管洗净,自然沥干,并用少许待量取的溶液荡洗 3 次。

（2）然后用右手拇指及中指捏住管颈标线以上的地方,将移液管插入供试品溶液液面下约 1 cm,不应伸入太多,以免管尖外壁粘有溶液过多,也不应伸入太少,以免液面下降后而吸空。

（3）左手拿橡皮吸球(一般用 60 mL 洗耳球)轻轻将溶液吸上,眼睛注意正在上升的液面位置,移液管应随容器内液面下降而下降,当液面上升到刻度标线以上约 1 cm 时,迅速用右手食指堵住管口,取出移液管,用滤纸条拭干移液管下端外壁,并使移液管与地面垂直,稍微松开右手食指,使液面缓缓下降,此时视线应平视标线,直到弯月面与标线相切,立即按紧食指,使液体不再流出,并使出口尖端接触容器外壁,以除去尖端外残留溶液。

（4）再将移液管移入准备接收溶液的容器中,使其出口尖端接触器壁,令容器微倾斜,而使移液管直立,然后放松右手食指,使溶液自由地顺壁流下,待溶液停止流出后,一般等待 15 s 拿出。

（5）注意此时移液管尖端仍残留有一滴液体,不可吹出。

五、胶头滴管的使用

（1）握持方法是用中指和无名指夹住玻璃部分以保持稳定,用拇指和食指挤压胶头以控制试剂的吸入或滴加量。

（2）胶头滴管加液时,不能伸入容器,更不能接触容器,应垂直悬空于容器上方 0.5 cm 处。

（3）不能倒置,也不能平放于桌面上,应插入干净的瓶中或试管内。

（4）用完之后,立即用水洗净,严禁未清洗就吸取另一试剂。滴瓶上的滴管无须清洗。

（5）胶帽与玻璃滴管要结合紧密不漏气,若胶帽老化,要及时更换。

（6）胶头滴管向试管内滴加有毒或有腐蚀性的液体时,该滴管尖端允许接触试管内壁。

（7）胶头滴管常与滴瓶配套使用。如果滴瓶上配有滴管,则这个滴管是滴瓶专用,不能吸取其他液体。

六、铁架台的使用

（1）化验操作时常常会用到较长的滴定管,此时就要借助铁架台将这些装置架在适宜的高度,以利于化验操作的进行。

（2）要支撑滴定管时,铁架台上要夹一个滴定管夹,滴定管就可夹在滴定管夹上固定。

第三节 化验硬度

一、硬度的概念

硬度是指水中钙、镁离子含量的总和。

二、湿蒸汽发生器给水硬度指标

湿蒸汽发生器入口水硬度应小于 0.001 mg/L。

三、硬度测定原理

当被测水样中加入铬黑 T($C_{20}H_{12}O_7N_3SNa$)指示剂后。水中的 Ca^{2+}、Mg^{2+} 与铬黑 T 生成酒红色络合物。但这种络合物很不稳定,而 EDTA(乙二胺四乙酸二钠,$C_{10}H_{14}O_8N_2Na_2$,也称特里龙 B),可与 Ca^{2+}、Mg^{2+} 反应生成稳定络合物。滴定过程中,EDTA 把 Ca^{2+}、Mg^{2+} 夺取出来,生成稳定络合物,使溶液颜色由红变蓝,显示出终点,根据 EDTA 溶液消耗量可计算硬度大小。这种指示剂易氧化,故须加保护剂,如盐酸羟胺等。EDTA 不仅与 Ca^{2+}、Mg^{2+} 生成稳定络合物。而且与 Fe^{3+}、Zn^{2+} 等各种金属离子也能生成稳定络合物,在溶液 pH 值不同的情况下,生成的络合物的稳定性也不同。

pH 为 5~6,与 Fe^{3+} 生成稳定络合物;pH 为 6.5~7,与 Cu^{2+} 生成稳定络合物;pH 为 7~10 与 Ca^{2+}、Mg^{2+} 生成稳定络合物;pH 为 10~12,与 Ca^{2+} 生成的络合物最稳定。所以,测定硬度时,应加缓冲溶液把 pH 调整到 10 左右。除了通过加缓冲液调整 pH 值以控制络合物的生成外,还可以加掩蔽剂(如 Na_2S 等),其作用是与金属离子 Zn^{2+}、Cu^{2+} 等生成胶体沉淀而排除干扰。

硬度测定反应机理如下:

$$HIn^{2-} + Me^{2+} \longrightarrow MeIn^- + H^+$$

（蓝色）   （酒红色）

到达滴定终点时：

$$MeIn^- + H_2Y^{2-} \longrightarrow MeY^{2+} + HIn^{2-} + H^+$$
$$\text{（酒红色）} \qquad \text{（稳定络离子）（蓝色）}$$

其中：Me^{2+} 表示 Ca^{2+}、Mg^{2+}；HIn^{2-} 表示铬黑 T 指示剂的阴离子；H_2Y^{2-} 表示 EDTA 的阴离子。

四、取样位置的选择

硬度化验取样位置分为一级罐入口、一级罐出口、二级罐出口。如果使用深度处理的软化水则化验来水硬度即可。

五、摩尔浓度

用单位体积内所含溶质的摩尔数来表示溶液的浓度，即摩尔浓度，常用符号"M"表示。

$$M = \text{溶质的摩尔数（mol）}/\text{溶液的体积（L）} \tag{8-1}$$

六、质量分数

质量分数即溶质的质量占全部溶液质量的百分数。

$$\text{质量分数} = \text{溶质质量}/\text{溶液质量} \times 100\%$$
$$= \text{溶质质量}/(\text{溶质质量} + \text{溶剂质量}) \times 100\% \tag{8-2}$$

七、ppm 和 ppb

ppm 即溶质质量占溶液质量的百万分之一，用于表示溶液的浓度。

ppb 即溶质质量占溶液质量的十亿分之一，用于表示溶液的浓度。

八、操作前的准备

（1）正确穿戴好劳动防护用品。

（2）准备好化验药品及试剂，见表 8-1。

表 8-1　硬度化验药品及试剂

序号	药品名称	浓度（或质量分数）
1	EDTA 标准溶液	0.001 mol/L
2	氨-氯化铵缓冲液	pH=10
3	铬黑 T 指示剂（乙醇溶液）	0.5%

（3）准备化验器具，见表 8-2。

表 8-2　水质硬度测定用化验器具用具

序号	名称	规格	数量
1	化验台		
2	碱式滴定管	50 mL	1 支
3	锥形瓶	250 mL	2 个

序号	名　　称	规　　格	数　　量
4	铁架台		1个
5	残液桶		1个
6	量　筒	100 mL	1个

九、水样的量取

（1）取用 250 mL 锥形瓶，并在取样处用样水清洗 2～3 次后，取水样约 150 mL。

（2）取用 100 mL 量筒，用取得的水样清洗 2～3 次后，准确量取水样 100 mL，在将锥形瓶中剩余的水样倒入残液桶后，将量取水样置回于锥形瓶中。

十、指示剂的添加

在水样中加入 3 mL pH 为 10 的缓冲液，并摇匀水样，再加入 2～3 滴铬黑 T 指示剂，并摇匀水样。观察水样颜色，若显蓝色，说明水样没有硬度；若显微红（或酒红色），说明水样中带有硬度，应用 EDTA 标准溶液进行滴定测量。

十一、水样的滴定

（1）对所用碱式滴定管进行确认（清洗）、加注、排气、调零、读数、记录操作。

（2）用 EDTA 对水样进行滴定，滴定时左手握滴定管，右手握锥形瓶，滴定管尖嘴要插入锥形瓶内 2～3 cm，左手大拇指与食指按住胶囊中间的小球，滴定速度不要快，越来越慢，快接近滴定终点时要一滴一滴进行滴定，同时要向同一方向摇锥形瓶，做圆周旋转，切不可前后振荡，眼睛要注意观察锥形瓶中水样的颜色，直至水样由红色变为微蓝色即到达滴定终点。

十二、标准溶液的读数

记录读取终点数值，读数时液面刻度要精确到 0.01，计算出 EDTA 耗量。

十三、硬度的计算

计算公式：

$$YD = \frac{Ma \times 2}{V} \times 10^3 \tag{8-3}$$

式中　YD——水样的硬度，mg/L；

　　　a——消耗 EDTA 的体积，mL；

　　　M——EDTA 的摩尔浓度，mol/L；

　　　V——水样的体积，mL。

将 $M=0.001$ mol/L，$V=100$ mL 代入式（8-3），可得：

$$YD = \frac{0.001 \times a \times 2}{100} \times 10^3 = \frac{a}{50}$$

如按 $CaCO_3$ 当量＝50 计算,则:

$$YD = \frac{a}{50} \times 50 = a$$

十四、现场的恢复

将所用器皿药品清理放置好,化验残液回收到废液回收桶内。

第四节　化验干度

一、干度的概念

饱和蒸汽中干蒸汽的量与饱和蒸汽总量之比的百分数,称为蒸汽干度。

二、湿蒸汽发生器蒸汽干度要求范围

湿蒸汽发生器蒸汽出口蒸汽干度要求在 $75\% \sim 80\%$ 之间。

三、干度测定原理

干度测定是以甲基橙做指示剂,HCO_3^- 与 H^+ 结合,生成水和二氧化碳的反应,以标准酸溶液进行滴定,其终点 pH 为 $4.2 \sim 5.0$。

反应式为:

$$HCO_3^- + H^+ \longrightarrow H_2O + CO_2 \uparrow$$

以甲基橙为指示剂,终点由黄色变橙色。

四、当量浓度

用单位体积内所含溶质的克当量数(物质的量)来表示溶液的浓度,用符号"N"来表示。

$$N＝溶质的克当量数/溶液体积 \tag{8-4}$$

五、操作前的准备

(1)正确穿戴好劳动防护用品。

(2)准备好化验药品及试剂,见表8-2。

表 8-2　干度化验药品及试剂

序号	药品名称	浓度(或质量分数)
1	甲基橙指示剂	0.1%
2	硫酸标准溶液	$0.05N$

(3)准备化验器具用具表,见表8-3。

表 8-3　干度测定用化验器具用具

序号	名　称	规　格	数　量
1	化验台		
2	酸式滴定管	50 mL	1 支
3	锥形瓶	150 mL	2 个
4	铁架台		1 个
5	残液桶		1 个
6	量　筒	20 mL	1 个

六、水样的量取

（1）取用 150 mL 锥形瓶，并在炉水取样处用样水清洗 2～3 次后，取水样约 100 mL。

（2）取用 20 mL 量筒，用取得的水样清洗 2～3 次后，准确量取水样 20 mL，在将锥形瓶中剩余的水样倒入残液桶后，将量取水样置回于锥形瓶中。

七、指示剂的添加

（1）在水样中加入 2～3 滴甲基橙指示剂，并摇匀水样。

（2）观察水样颜色，为橙黄色。

八、水样的滴定

（1）对所用酸式滴定管进行确认（清洗）、加注、排气、调零、读数、记录操作。

（2）用硫酸标准溶液对水样进行滴定，滴定时，左手握滴定管，右手握锥形瓶，滴定管尖嘴要插入锥形瓶内 2～3 cm，左手大拇指、食指、中指活动活塞，使标准溶液滴入待测液中，速度不应过快，越来越慢，同时要向同一方向摇锥形瓶，做圆周旋转，切不可前后振荡，眼睛要一直观察锥形瓶中溶液颜色的变化，水样由橙黄色变为橙红色即到达滴定终点。

九、标准溶液的读数

记录读取终点数值，数值要精确到 0.01；计算出硫酸溶液耗量 a(mL)。

十、生水的化验

取湿蒸汽发生器入口水按照以上步骤做空白试验，同时记录硫酸溶液耗量 b(mL)。

十一、干度的计算

计算公式为：

$$干度 = [(a - b)/a] \times 100\% \tag{8-5}$$

式中　a——炉水耗酸量，mL；

　　　b——生水耗酸量，mL。

十二、现场的恢复

将所用器皿药品清理放置好，化验残液回收到废液回收桶内。

第五节　化验亚硫酸钠过剩量

一、测定亚硫酸钠过剩量的目的

有效控制水中微量的溶解氧,同时又不使亚硫酸钠过剩而给湿蒸汽发生器带来危害。

二、亚硫酸钠过剩量要求范围

湿蒸汽发生器用水亚硫酸钠过剩量控制在 $7\sim15$ mg/L 之间。

三、亚硫酸钠过剩量测定原理

在酸性溶液中,碘酸钾和碘化钾作用后析出游离碘,将水中的亚硫酸盐氧化成硫酸盐,过量的碘与淀粉作用呈现蓝色即为终点。反应式如下:

$$KIO_3+5KI+6HCL \Longrightarrow 6KCL+3I_2+3H_2O$$
$$I_2+H_2O+SO_3^{2-} \Longrightarrow SO_4^{2-}+2HI$$

四、比例浓度

比例浓度是用浓的液体试剂与溶剂的体积比来表示的浓度,如 1:3 的 HNO_3 溶液,就是由 1 体积浓 HNO_3 加 3 体积水混合而成的。

五、滴定度

滴定度是指每 1 mL 某摩尔浓度的滴定液(标准溶液)所相当的被测药物的质量浓度(g/mL 或 mg/mL)。

六、操作前的准备

(1)正确穿戴好劳动防护用品。

(2)准备好化验药品及试剂,见表 8-4。

表 8-4　亚硫酸钠过剩量化验药品及试剂

序号	药品名称	浓度(或质量分数)
1	碘酸钾、碘化钾标准溶液	滴定度 $T=1$ mg/mL
2	淀粉指示剂	1%
3	盐酸溶液	1:1

(3)准备化验器具,见表 8-5。

表 8-5　亚硫酸钠过剩量测定用化验器具用具

序号	名　称	规　格	数　量
1	化验台		

序号	名　称	规　格	数　量
2	酸式滴定管	50 mL	1 支
3	锥形瓶	250 mL	2 个
4	铁架台		1 个
5	残液桶		1 个
6	量　筒	100 mL	1 个

七、水样的量取

（1）取用 250 mL 锥形瓶，并在炉水取样处用样水清洗 2～3 次后，取水样约 150 mL。

（2）取用 100 mL 量筒，用取得的水样清洗 2～3 次后，准确量取水样 100 mL，在将锥形瓶中剩余的水样倒入残液桶后，将量取水样置回于锥形瓶中。

八、指示剂的添加

先在水样中加注 1 mL 1:1 的盐酸溶液，并摇匀水样，再向水样中加注 1 mL 1% 淀粉指示剂，并摇匀水样，观察水样颜色，呈现白色。

九、水样的滴定

（1）对所用酸式滴定管进行确认（清洗）、加注、排气、调零、读数、记录操作。

（2）用碘酸钾及碘化钾标准溶液对水样进行滴定，使水样由白变为微蓝即到达滴定终点。

十、标准溶液的读数

记录读取终点数值，计算出碘酸钾及碘化钾混合溶液耗量 V_1。

十一、生水的化验

取湿蒸汽发生器入口水按照以上步骤做空白试验，同时记录碘酸钾及碘化钾混合溶液耗量 V_2。

十二、亚硫酸钠过剩量的计算

计算公式为：
$$亚硫酸钠过剩量 = T(V_1 - V_2)/V \times 10^3 (mg/L) \tag{8-6}$$

式中　V_1——水样消耗 KIO_3、KI 标准液的体积，L；

V_2——空白试验消耗 KIO_3、KI 标准溶液的体积，L；

T——KIO_3、KI 标准液的滴定度，$T = 1$ mg/L；

V——水样的体积，L。

十三、现场的恢复

将所用器皿药品清理放置好，化验残液回收到废液回收桶内。

第九章 热注安全生产相关法律、法规及管理制度

第一节 中华人民共和国特种设备安全法

（中华人民共和国主席令［2013］第 4 号）

1 总则

第一条 为了加强特种设备安全工作,预防特种设备事故,保障人身和财产安全,促进经济社会发展,制定本法。

第二条 特种设备的生产（包括设计、制造、安装、改造、修理）、经营、使用、检验、检测和特种设备安全的监督管理,适用本法。

本法所称的特种设备,是指对人身和财产安全有较大危险性的锅炉、压力容器（含气瓶）、压力管道、电梯、起重机械、客运索道、大型游乐设施、场（厂）内专用机动车辆,以及法律、行政法规规定适用本法的其他特种设备。

国家对特种设备实行目录管理。特种设备目录由国务院负责特种设备安全监督管理的部门制定,经国务院批准后执行。

第三条 特种设备安全工作应当坚持安全第一、预防为主、节能环保、综合治理的原则。

第四条 国家对特种设备的生产、经营、使用,实施分类的、全过程的安全监督管理。

第五条 国务院负责特种设备安全监督管理的部门对全国特种设备安全实施监督管理。县级以上地方各级人民政府负责特种设备安全监督管理的部门对本行政区域内特种设备安全实施监督管理。

第六条 国务院和地方各级人民政府应当加强对特种设备安全工作的领导,督促各有关部门依法履行监督管理职责。

县级以上地方各级人民政府应当建立协调机制,及时协调、解决特种设备安全监督管理中存在的问题。

第七条 特种设备生产、经营、使用单位应当遵守本法和其他有关法律、法规,建立、健全特种设备安全和节能责任制度,加强特种设备安全和节能管理,确保特种设备生产、经营、使用安全,符合节能要求。

第八条 特种设备生产、经营、使用、检验、检测应当遵守有关特种设备安全技术规范及相关标准。

特种设备安全技术规范由国务院负责特种设备安全监督管理的部门制定。

第九条 特种设备行业协会应当加强行业自律意识,推进行业诚信体系建设,提高特种

设备安全管理水平。

第十条　国家支持有关特种设备安全的科学技术研究,鼓励先进技术和先进管理方法的推广应用,对做出突出贡献的单位和个人给予奖励。

第十一条　负责特种设备安全监督管理的部门应当加强特种设备安全宣传教育,普及特种设备安全知识,增强社会公众的特种设备安全意识。

第十二条　任何单位和个人有权向负责特种设备安全监督管理的有关部门举报涉及特种设备安全的违法行为,接到举报的部门应当及时处理。

2　生产、经营、使用

2.1　一般规定

第十三条　特种设备生产、经营、使用单位及其主要负责人要对其生产、经营、使用的特种设备的安全负责。

特种设备生产、经营、使用单位应当按照国家有关规定配备特种设备安全管理人员、检测人员和作业人员,并对其进行必要的安全教育和技能培训。

第十四条　特种设备安全管理人员、检测人员和作业人员应当按照国家有关规定取得相应资格,方可从事相关工作。特种设备安全管理人员、检测人员和作业人员应当严格执行安全技术规范和管理制度,保证特种设备安全。

第十五条　特种设备生产、经营、使用单位对其生产、经营、使用的特种设备应当进行自行检测和维护保养,对国家规定实行检验的特种设备应当及时申报并接受检验。

第十六条　特种设备采用新材料、新技术、新工艺,与安全技术规范的要求不一致,或者安全技术规范未作要求、可能对安全性能有重大影响的,应当向国务院负责特种设备安全监督管理的部门申报,由国务院负责特种设备安全监督管理的部门及时委托安全技术咨询机构或者相关专业机构进行技术评审,评审结果经国务院负责特种设备安全监督管理的部门批准,方可投入生产、使用。

国务院负责特种设备安全监督管理的部门应当将允许使用的新材料、新技术、新工艺的有关技术要求,及时纳入安全技术规范中。

第十七条　国家鼓励投保特种设备安全责任保险。

2.2　生产

第十八条　国家按照分类监督管理的原则对特种设备生产实行许可制度。特种设备生产单位应当具备下列条件,并经负责特种设备安全监督管理的部门许可,方可从事生产活动:

(1) 有与生产相适应的专业技术人员。

(2) 有与生产相适应的设备、设施和工作场所。

(3) 有健全的质量保证、安全管理和岗位责任等制度。

第十九条　特种设备生产单位应当保证特种设备生产符合安全技术规范及相关标准的要求,对其生产的特种设备的安全性能负责。不得生产不符合安全性能要求和能效指标的以及国家明令淘汰的特种设备。

第二十条　锅炉、气瓶、氧舱、客运索道、大型游乐设施的设计文件,应当经负责特种设备安全监督管理的部门核准的检验机构鉴定,方可用于制造。

特种设备产品、部件或者试制的特种设备新产品、新部件以及特种设备采用的新材料,按照安全技术规范的要求需要通过型式试验进行安全性验证,应当经负责特种设备安全监督管理的部门核准的检验机构进行型式试验。

第二十一条 特种设备出厂时,应当随附安全技术规范要求的设计文件、产品质量合格证明、安装及使用维护保养说明、监督检验证明等相关技术资料和文件,并在特种设备显著位置设置产品铭牌、安全警示标志及其说明。

第二十二条 电梯的安装、改造、修理,必须由电梯制造单位或者其委托的依照本法取得相应许可的单位进行。电梯制造单位委托其他单位进行电梯安装、改造、修理的,应当对其安装、改造、修理进行安全指导和监控,并按照安全技术规范的要求进行校验和调试。电梯制造单位对电梯安全性能负责。

第二十三条 特种设备安装、改造、修理的施工单位应当在施工前将拟进行的特种设备安装、改造、修理情况书面告知直辖市或者设区的市级人民政府负责特种设备安全监督管理的部门。

第二十四条 特种设备安装、改造、修理竣工后,安装、改造、修理的施工单位应当在验收后 30 日内将相关技术资料和文件移交特种设备使用单位。特种设备使用单位应当将其存入该特种设备的安全技术档案中。

第二十五条 锅炉、压力容器、压力管道元件等特种设备的制造过程和锅炉、压力容器、压力管道、电梯、起重机械、客运索道、大型游乐设施的安装、改造、重大修理过程,应当经特种设备检验机构按照安全技术规范的要求进行监督检验,未经监督检验或者监督检验不合格的,不得出厂或者交付使用。

第二十六条 国家建立缺陷特种设备召回制度。因生产原因造成特种设备存在危及安全的同一性缺陷的,特种设备生产单位应当立即停止生产,主动召回。

国务院负责特种设备安全监督管理的部门发现特种设备存在应当召回而未召回的情形时,应当责令特种设备生产单位召回。

2.3 经营

第二十七条 特种设备销售单位销售的特种设备,应当符合安全技术规范及相关标准的要求,其设计文件、产品质量合格证明、安装及使用维护保养说明、监督检验证明等相关技术资料和文件应当齐全。

特种设备销售单位应当建立特种设备检查验收和销售记录制度。

禁止销售未取得许可生产的特种设备,未经检验和检验不合格的特种设备,或者国家明令淘汰和已经报废的特种设备。

第二十八条 特种设备出租单位不得出租未取得许可生产的特种设备或者国家明令淘汰和已经报废的特种设备,以及未按照安全技术规范的要求进行维护保养和未经检验或者检验不合格的特种设备。

第二十九条 特种设备在出租期间的使用管理和维护保养义务由特种设备出租单位承担,法律另有规定或者当事人另有约定的除外。

第三十条 进口的特种设备应当符合我国安全技术规范的要求,并经检验合格;需要取得我国特种设备生产许可的,应当取得许可。

进口特种设备随附的技术资料和文件应当符合本法第二十一条的规定,其安装及使用维护保养说明、产品铭牌、安全警示标志及其说明应当采用中文。

特种设备的进出口检验,应当遵守有关进出口商品检验的法律、行政法规。

第三十一条　进口特种设备,应当向进口地负责特种设备安全监督管理的部门履行提前告知义务。

2.4　使用

第三十二条　特种设备使用单位应当使用取得生产许可并经检验合格的特种设备。

禁止使用国家明令淘汰和已经报废的特种设备。

第三十三条　特种设备使用单位应当在特种设备投入使用前或者投入使用后 30 日内,向负责特种设备安全监督管理的部门办理使用登记,取得使用登记证书。登记标志应当置于该特种设备的显著位置。

第三十四条　特种设备使用单位应当建立岗位责任、隐患治理、应急救援等安全管理制度,制定操作规程,保证特种设备安全运行。

第三十五条　特种设备使用单位应当建立特种设备安全技术档案。安全技术档案应当包括以下内容:

（1）特种设备的设计文件、产品质量合格证明、安装及使用维护保养说明、监督检验证明等相关技术资料和文件。

（2）特种设备的定期检验和定期自行检查记录。

（3）特种设备的日常使用状况记录。

（4）特种设备及其附属仪器仪表的维护保养记录。

（5）特种设备的运行故障和事故记录。

第三十六条　电梯、客运索道、大型游乐设施等为公众提供服务的特种设备的运营使用单位,应当对特种设备的使用安全负责,设置特种设备安全管理机构或者配备专职的特种设备安全管理人员;其他特种设备使用单位,应当根据情况设置特种设备安全管理机构或者配备专职、兼职的特种设备安全管理人员。

第三十七条　特种设备的使用应当具有规定的安全距离、安全防护措施。

与特种设备安全相关的建筑物、附属设施,应当符合有关法律、行政法规的规定。

第三十八条　特种设备属于共有的,共有人可以委托物业服务单位或者其他管理人管理特种设备,受托人履行本法规定的特种设备使用单位的义务,承担相应责任。共有人未委托的,由共有人或者实际管理人履行管理义务,承担相应责任。

第三十九条　特种设备使用单位应当对其使用的特种设备进行经常性维护保养和定期自行检查,并做出记录。

特种设备使用单位应当对其使用的特种设备的安全附件、安全保护装置进行定期校验、检修,并做出记录。

第四十条　特种设备使用单位应当按照安全技术规范的要求,在检验合格有效期届满前一个月向特种设备检验机构提出定期检验要求。

特种设备检验机构接到定期检验要求后,应当按照安全技术规范的要求及时进行安全性能检验。特种设备使用单位应当将定期检验标志置于该特种设备的显著位置。

未经定期检验或者检验不合格的特种设备,不得继续使用。

第四十一条　特种设备安全管理人员应当对特种设备使用状况进行经常性检查,发现问题应当立即处理;情况紧急时,可以决定停止使用特种设备并及时报告该单位有关负责人。

特种设备作业人员在作业过程中发现事故隐患或者其他不安全因素时,应当立即向特种设备安全管理人员和单位有关负责人报告;特种设备运行不正常时,特种设备作业人员应当按照操作规程采取有效措施保证安全。

第四十二条 特种设备出现故障或者发生异常情况,特种设备使用单位应当对其进行全面检查,消除事故隐患,方可继续使用。

第四十三条 客运索道、大型游乐设施在每日投入使用前,其运营使用单位应当进行试运行和例行安全检查,并对安全附件和安全保护装置进行检查确认。

电梯、客运索道、大型游乐设施的运营使用单位应当将电梯、客运索道、大型游乐设施的安全使用说明、安全注意事项和警示标志置于易于被乘客注意的显著位置。

公众乘坐或者操作电梯、客运索道、大型游乐设施时,应当遵守安全使用说明和安全注意事项的要求,服从有关工作人员的管理和指挥;遇有设备运行不正常时,应当按照安全指引,有序撤离。

第四十四条 锅炉使用单位应当按照安全技术规范的要求进行锅炉水(介)质处理,并接受特种设备检验机构的定期检验。

从事锅炉清洗,应当按照安全技术规范的要求进行,并接受特种设备检验机构的监督检验。

第四十五条 电梯的维护保养应当由电梯制造单位或者依照本法取得许可的安装、改造、修理单位进行。

电梯的维护保养单位应当在维护保养中严格执行安全技术规范的要求,保证其维护保养的电梯的安全性能,并负责落实现场安全防护措施,保证施工安全。

电梯的维护保养单位应当对其维护保养的电梯的安全性能负责,接到故障通知后,应当立即赶赴现场,并采取必要的应急救援措施。

第四十六条 电梯投入使用后,电梯制造单位应当对其制造的电梯的安全运行情况进行跟踪调查和了解,对电梯的维护保养单位或者使用单位在维护保养和安全运行方面存在的问题,提出改进建议,并提供必要的技术帮助;发现电梯存在严重事故隐患时,应当及时告知电梯使用单位,并向负责特种设备安全监督管理的部门报告。电梯制造单位对调查和了解的情况,应当做出记录。

第四十七条 特种设备进行改造、修理,按照规定需要变更使用登记的,应当办理变更登记,方可继续使用。

第四十八条 特种设备存在严重事故隐患,无改造、修理价值,或者达到安全技术规范规定的其他报废条件的,特种设备使用单位应当依法履行报废义务,采取必要措施消除该特种设备的使用功能,并向原登记的负责特种设备安全监督管理的部门办理使用登记证书注销手续。

前款规定报废条件以外的特种设备,达到设计使用年限可以继续使用的,应当按照安全技术规范的要求通过检验或者安全评估,并办理使用登记证书变更,方可继续使用。允许继续使用的,应当采取加强检验、检测和维护保养等措施,确保使用安全。

第四十九条 移动式压力容器、气瓶充装单位,应当具备下列条件,并经负责特种设备安全监督管理的部门许可,方可从事充装活动:

（1）有与充装和管理相适应的管理人员和技术人员。

（2）有与充装和管理相适应的充装设备、检测手段、场地厂房、器具、安全设施。

（3）有健全的充装管理制度、责任制度、处理措施。

充装单位应当建立充装前后的检查、记录制度，禁止对不符合安全技术规范要求的移动式压力容器和气瓶进行充装。

气瓶充装单位应当向气瓶使用者提供符合安全技术规范要求的气瓶，对气瓶使用者进行气瓶安全使用指导，并按照安全技术规范的要求办理气瓶使用登记，及时申报定期检验。

3　检验、检测

第五十条　从事本法规定的监督检验、定期检验的特种设备检验机构，以及为特种设备生产、经营、使用提供检测服务的特种设备检测机构，应当具备下列条件，并经负责特种设备安全监督管理的部门核准，方可从事检验、检测工作：

（1）有与检验、检测工作相适应的检验、检测人员。

（2）有与检验、检测工作相适应的检验、检测仪器和设备。

（3）有健全的检验、检测管理制度和责任制度。

第五十一条　特种设备检验、检测机构的检验、检测人员应当经考核，取得检验、检测人员资格，方可从事检验、检测工作。

特种设备检验、检测机构的检验、检测人员不得同时在 2 个以上检验、检测机构中执业。变更执业机构的，应当依法办理变更手续。

第五十二条　特种设备检验、检测工作应当遵守法律、行政法规的规定，并按照安全技术规范的要求进行。

特种设备检验、检测机构及其检验、检测人员应当依法为特种设备生产、经营、使用单位提供安全、可靠、便捷、诚信的检验、检测服务。

第五十三条　特种设备检验、检测机构及其检验、检测人员应当客观、公正、及时地出具检验、检测报告，并对检验、检测结果和鉴定结论负责。

特种设备检验、检测机构及其检验、检测人员在检验、检测中发现特种设备存在严重事故隐患时，应当及时告知相关单位，并立即向负责特种设备安全监督管理的部门报告。

负责特种设备安全监督管理的部门应当组织对特种设备检验、检测机构的检验、检测结果和鉴定结论进行监督抽查，但应当防止重复抽查。监督抽查结果应当向社会公布。

第五十四条　特种设备生产、经营、使用单位应当按照安全技术规范的要求向特种设备检验、检测机构及其检验、检测人员提供特种设备相关资料和必要的检验、检测条件，并对资料的真实性负责。

第五十五条　特种设备检验、检测机构及其检验、检测人员对检验、检测过程中知悉的商业秘密，负有保密义务。

特种设备检验、检测机构及其检验、检测人员不得从事有关特种设备的生产、经营活动，不得推荐或者监制、监销特种设备。

第五十六条　特种设备检验机构及其检验人员利用检验工作故意刁难特种设备生产、经营、使用单位的，特种设备生产、经营、使用单位有权向负责特种设备安全监督管理的部门投诉，接到投诉的部门应当及时进行调查处理。

4 监督管理

第五十七条   负责特种设备安全监督管理的部门依照本法规定,对特种设备生产、经营、使用单位和检验、检测机构实施监督检查。

负责特种设备安全监督管理的部门应当对学校、幼儿园、医院、车站、客运码头、商场、体育场馆、展览馆、公园等公众聚集场所的特种设备,实施重点安全监督检查。

第五十八条   负责特种设备安全监督管理的部门实施本法规定的许可工作,应当依照本法和其他有关法律、行政法规规定的条件和程序以及安全技术规范的要求进行审查,不符合规定的,不得许可。

第五十九条   负责特种设备安全监督管理的部门在办理本法规定的许可时,其受理、审查、许可的程序必须公开,并应当自受理申请之日起 30 日内,作出许可或者不予许可的决定,不予许可的,应当采用书面形式向申请人说明理由。

第六十条   负责特种设备安全监督管理的部门对依法办理使用登记的特种设备应当建立完整的监督管理档案和信息查询系统。对达到报废条件的特种设备,应当及时督促特种设备使用单位依法履行报废义务。

第六十一条   负责特种设备安全监督管理的部门在依法履行监督检查职责时,可以行使下列职权:

(1)进入现场进行检查,向特种设备生产、经营、使用单位和检验、检测机构的主要负责人和其他有关人员调查、了解有关情况。

(2)根据举报或者取得的涉嫌违法证据,查阅、复制特种设备生产、经营、使用单位和检验、检测机构的有关合同、发票、账簿以及其他有关资料。

(3)对有证据表明不符合安全技术规范要求或者存在严重事故隐患的特种设备实施查封、扣押。

(4)对流入市场的达到报废条件或者已经报废的特种设备实施查封、扣押。

(5)对违反本法规定的行为做出行政处罚决定。

第六十二条   负责特种设备安全监督管理的部门在依法履行职责过程中,发现违反本法规定和安全技术规范要求的行为或者特种设备存在事故隐患时,应当以书面形式发出特种设备安全监察指令,责令有关单位及时采取措施予以改正或者消除事故隐患。紧急情况下要求有关单位采取紧急处置措施的,应当随后补发特种设备安全监察指令。

第六十三条   负责特种设备安全监督管理的部门在依法履行职责过程中,发现重大违法行为或者特种设备存在严重事故隐患时,应当责令有关单位立即停止违法行为、采取措施消除事故隐患,并及时向上级负责特种设备安全监督管理的部门报告。接到报告的负责特种设备安全监督管理的部门应当采取必要措施,及时予以处理。

对违法行为、严重事故隐患的处理需要当地人民政府和有关部门的支持、配合时,负责特种设备安全监督管理的部门应当报告当地人民政府,并通知其他有关部门。当地人民政府和其他有关部门应当采取必要措施,及时予以处理。

第六十四条   地方各级人民政府负责特种设备安全监督管理的部门不得要求已经依照本法规定在其他地方取得许可的特种设备生产单位重复取得许可,不得要求对已经依照本法规定在其他地方检验合格的特种设备重复进行检验。

第六十五条 负责特种设备安全监督管理的部门的安全监察人员应当熟悉相关法律、法规,具有相应的专业知识和工作经验,取得特种设备安全行政执法证件。

特种设备安全监察人员应当忠于职守、坚持原则、秉公执法。

负责特种设备安全监督管理的部门实施安全监督检查时,应当有2名以上特种设备安全监察人员参加,并出示有效的特种设备安全行政执法证件。

第六十六条 负责特种设备安全监督管理的部门对特种设备生产、经营、使用单位和检验、检测机构实施监督检查时,应当对每次监督检查的内容、发现的问题及处理情况做出记录,并由参加监督检查的特种设备安全监察人员和被检查单位的有关负责人签字后归档。被检查单位的有关负责人拒绝签字时,特种设备安全监察人员应当将情况记录在案。

第六十七条 负责特种设备安全监督管理的部门及其工作人员不得推荐或者监制、监销特种设备。对履行职责过程中知悉的商业秘密负有保密义务。

第六十八条 国务院负责特种设备安全监督管理的部门和省、自治区、直辖市人民政府负责特种设备安全监督管理的部门应当定期向社会公布特种设备安全总体状况。

5 事故应急救援与调查处理

第六十九条 国务院负责特种设备安全监督管理的部门应当依法组织制定特种设备重特大事故应急预案,报国务院批准后纳入国家突发事件应急预案体系。

县级以上地方各级人民政府及其负责特种设备安全监督管理的部门应当依法组织制定本行政区域内特种设备事故应急预案,建立或者纳入相应的应急处置与救援体系。

特种设备使用单位应当制定特种设备事故应急专项预案,并定期进行应急演练。

第七十条 特种设备发生事故后,事故发生单位应当按照应急预案采取措施,组织抢救,防止事故扩大,减少人员伤亡和财产损失,保护事故现场和有关证据,并及时向事故发生地县级以上人民政府负责特种设备安全监督管理的部门和有关部门报告。

县级以上人民政府负责特种设备安全监督管理的部门接到事故报告时,应当尽快核实情况,立即向本级人民政府报告,并按照规定逐级上报。必要时,负责特种设备安全监督管理的部门可以越级上报事故情况。对特别重大事故、重大事故,国务院负责特种设备安全监督管理的部门应当立即报告国务院并通报国务院安全生产监督管理部门等有关部门。

与事故相关的单位和人员不得迟报、谎报或者瞒报事故情况,不得隐匿、毁灭有关证据或者故意破坏事故现场。

第七十一条 事故发生地人民政府接到事故报告,应当依法启动应急预案,采取应急处置措施,组织应急救援。

第七十二条 特种设备发生特别重大事故,由国务院或者国务院授权有关部门组织事故调查组进行调查。

发生重大事故时,由国务院负责特种设备安全监督管理的部门会同有关部门组织事故调查组进行调查。

发生较大事故时,由省、自治区、直辖市人民政府负责特种设备安全监督管理的部门会同有关部门组织事故调查组进行调查。

发生一般事故时,由设区的市级人民政府负责特种设备安全监督管理的部门会同有关部门组织事故调查组进行调查。

事故调查组应当依法、独立、公正地开展调查,提交事故调查报告。

第七十三条　组织事故调查的部门应当将事故调查报告上报本级人民政府,并报上一级人民政府负责特种设备安全监督管理的部门备案。有关部门和单位应当依照法律、行政法规的规定,追究事故责任单位和人员的责任。

事故责任单位应当依法落实整改措施,预防同类事故发生。事故造成损害的,事故责任单位应当依法承担赔偿责任。

6　法律责任

第七十四条　违反本法规定,未经许可从事特种设备生产活动的,责令停止生产,没收违法制造的特种设备,处 10 万元以上 50 万元以下罚款;有违法所得的,没收违法所得;已经实施安装、改造、修理的,责令恢复原状或者责令限期由取得许可的单位重新安装、改造、修理。

第七十五条　违反本法规定,特种设备的设计文件未经鉴定,擅自用于制造的,责令改正,没收违法制造的特种设备,处 5 万元以上 50 万元以下罚款。

第七十六条　违反本法规定,未进行型式试验的,责令限期改正;逾期未改正的,处 3 万元以上 30 万元以下罚款。

第七十七条　违反本法规定,特种设备出厂时,未按照安全技术规范的要求随附相关技术资料和文件的,责令限期改正;逾期未改正的,责令停止制造、销售,处 2 万元以上 20 万元以下罚款;有违法所得的,没收违法所得。

第七十八条　违反本法规定,特种设备安装、改造、修理的施工单位在施工前未书面告知负责特种设备安全监督管理的部门即行施工的,或者在验收后 30 日内未将相关技术资料和文件移交特种设备使用单位的,责令限期改正;逾期未改正的,处 1 万元以上 10 万元以下罚款。

第七十九条　违反本法规定,特种设备的制造、安装、改造、重大修理以及锅炉清洗过程,未经监督检验的,责令限期改正;逾期未改正的,处 5 万元以上 20 万元以下罚款;有违法所得的,没收违法所得;情节严重的,吊销生产许可证。

第八十条　违反本法规定,电梯制造单位有下列情形之一的,责令限期改正;逾期未改正的,处 1 万元以上 10 万元以下罚款:

(1) 未按照安全技术规范的要求对电梯进行校验、调试的。

(2) 对电梯的安全运行情况进行跟踪调查和了解时,发现存在严重事故隐患,未及时告知电梯使用单位并向负责特种设备安全监督管理的部门报告的。

第八十一条　违反本法规定,特种设备生产单位有下列行为之一的,责令限期改正;逾期未改正的,责令停止生产,处 5 万元以上 50 万元以下罚款;情节严重的,吊销生产许可证:

(1) 不再具备生产条件、生产许可证已经过期或者超出许可范围生产的。

(2) 明知特种设备存在同一性缺陷,未立即停止生产并召回的。

违反本法规定,特种设备生产单位生产、销售、交付国家明令淘汰的特种设备的,责令停止生产、销售,没收违法生产、销售、交付的特种设备,处 3 万元以上 30 万元以下罚款;有违法所得的,没收违法所得。

特种设备生产单位涂改、倒卖、出租、出借生产许可证的,责令停止生产,处 5 万元以上 50 万元以下罚款;情节严重的,吊销生产许可证。

第八十二条　违反本法规定,特种设备经营单位有下列行为之一的,责令停止经营,没收违法经营的特种设备,处 3 万元以上 30 万元以下罚款;有违法所得的,没收违法所得:

(1) 销售、出租未取得许可生产,未经检验或者检验不合格的特种设备的。

(2) 销售、出租国家明令淘汰、已经报废的特种设备,或者未按照安全技术规范的要求进行维护保养的特种设备的。

违反本法规定,特种设备销售单位未建立检查验收和销售记录制度,或者进口特种设备未履行提前告知义务的,责令改正,处 1 万元以上 10 万元以下罚款。

特种设备生产单位销售、交付未经检验或者检验不合格的特种设备的,依照本条第一款规定处罚;情节严重的,吊销生产许可证。

第八十三条　违反本法规定,特种设备使用单位有下列行为之一的,责令限期改正;逾期未改正的,责令停止使用有关特种设备,处 1 万元以上 10 万元以下罚款:

(1) 使用特种设备未按照规定办理使用登记的。

(2) 未建立特种设备安全技术档案或者安全技术档案不符合规定要求,或者未依法设置使用登记标志、定期检验标志的。

(3) 未对其使用的特种设备进行经常性维护保养和定期自行检查,或者未对其使用的特种设备的安全附件、安全保护装置进行定期校验、检修,并做出记录的。

(4) 未按照安全技术规范的要求及时申报并接受检验的。

(5) 未按照安全技术规范的要求进行锅炉水(介)质处理的。

(6) 未制定特种设备事故应急专项预案的。

第八十四条　违反本法规定,特种设备使用单位有下列行为之一的,责令停止使用有关特种设备,处 3 万元以上 30 万元以下罚款:

(1) 使用未取得许可生产,未经检验或者检验不合格的特种设备,或者国家明令淘汰、已经报废的特种设备的。

(2) 特种设备出现故障或者发生异常情况,未对其进行全面检查、消除事故隐患,继续使用的。

(3) 特种设备存在严重事故隐患,无改造、修理价值,或者达到安全技术规范规定的其他报废条件,未依法履行报废义务,并办理使用登记证书注销手续的。

第八十五条　违反本法规定,移动式压力容器、气瓶充装单位有下列行为之一的,责令改正,处 2 万元以上 20 万元以下罚款;情节严重的,吊销充装许可证:

(1) 未按照规定实施充装前后的检查、记录制度的。

(2) 对不符合安全技术规范要求的移动式压力容器和气瓶进行充装的。

违反本法规定,未经许可,擅自从事移动式压力容器或者气瓶充装活动的,予以取缔,没收违法充装的气瓶,处 10 万元以上 50 万元以下罚款;有违法所得的,没收违法所得。

第八十六条　违反本法规定,特种设备生产、经营、使用单位有下列情形之一的,责令限期改正;逾期未改正的,责令停止使用有关特种设备或者停产停业整顿,处 1 万元以上 5 万元以下罚款:

(1) 未配备具有相应资格的特种设备安全管理人员、检测人员和作业人员的。

（2）使用未取得相应资格的人员从事特种设备安全管理、检测和作业的。

（3）未对特种设备安全管理人员、检测人员和作业人员进行安全教育和技能培训的。

第八十七条　违反本法规定，电梯、客运索道、大型游乐设施的运营使用单位有下列情形之一的，责令限期改正；逾期未改正的，责令停止使用有关特种设备或者停产停业整顿，处2万元以上10万元以下罚款：

（1）未设置特种设备安全管理机构或者配备专职的特种设备安全管理人员的。

（2）客运索道、大型游乐设施每日投入使用前，未进行试运行和例行安全检查，未对安全附件和安全保护装置进行检查确认的。

（3）未将电梯、客运索道、大型游乐设施的安全使用说明、安全注意事项和警示标志置于易于被乘客注意的显著位置的。

第八十八条　违反本法规定，未经许可，擅自从事电梯维护保养工作的，责令停止违法行为，处1万元以上10万元以下罚款；有违法所得的，没收违法所得。

电梯的维护保养单位未按照本法规定以及安全技术规范的要求，进行电梯维护保养的，依照前款规定处罚。

第八十九条　发生特种设备事故，有下列情形之一的，对单位处5万元以上20万元以下罚款；对主要负责人处1万元以上5万元以下罚款；主要负责人属于国家工作人员的，并依法给予处分：

（1）发生特种设备事故时，不立即组织抢救或者在事故调查处理期间擅离职守或者逃匿的。

（2）对特种设备事故迟报、谎报或者瞒报的。

第九十条　发生事故，对负有责任的单位除要求其依法承担相应的赔偿等责任外，依照下列规定处以罚款：

（1）发生一般事故，处10万元以上20万元以下罚款。

（2）发生较大事故，处20万元以上50万元以下罚款。

（3）发生重大事故，处50万元以上200万元以下罚款。

第九十一条　对事故发生负有责任的单位的主要负责人未依法履行职责或者负有领导责任的，依照下列规定处以罚款；属于国家工作人员的，并依法给予处分：

（1）发生一般事故，处上一年年收入30%的罚款。

（2）发生较大事故，处上一年年收入40%的罚款。

（3）发生重大事故，处上一年年收入60%的罚款。

第九十二条　违反本法规定，特种设备安全管理人员、检测人员和作业人员不履行岗位职责，违反操作规程和有关安全规章制度，造成事故的，吊销相关人员的资格。

第九十三条　违反本法规定，特种设备检验、检测机构及其检验、检测人员有下列行为之一的，责令改正，对机构处5万元以上20万元以下罚款，对直接负责的主管人员和其他直接责任人员处5 000元以上5万元以下罚款；情节严重的，吊销机构资质和有关人员的资格：

（1）未经核准或者超出核准范围、使用未取得相应资格的人员从事检验、检测的。

（2）未按照安全技术规范的要求进行检验、检测的。

（3）出具虚假的检验、检测结果和鉴定结论或者检验、检测结果和鉴定结论严重失实的。

（4）发现特种设备存在严重事故隐患,未及时告知相关单位,并立即向负责特种设备安全监督管理的部门报告的。

（5）泄露检验、检测过程中知悉的商业秘密的。

（6）从事有关特种设备的生产、经营活动的。

（7）推荐或者监制、监销特种设备的。

（8）利用检验工作故意刁难相关单位的。

违反本法规定,特种设备检验、检测机构的检验、检测人员同时在 2 个以上检验、检测机构中执业的,处 5 000 元以上 5 万元以下罚款;情节严重的,吊销其资格。

第九十四条　违反本法规定,负责特种设备安全监督管理的部门及其工作人员有下列行为之一的,由上级机关责令改正;对直接负责的主管人员和其他直接责任人员,依法给予处分:

（1）未依照法律、行政法规规定的条件、程序实施许可的。

（2）发现未经许可擅自从事特种设备的生产、使用或者检验、检测活动不予取缔或者不依法予以处理的。

（3）发现特种设备生产单位不再具备本法规定的条件而不吊销其许可证,或者发现特种设备生产、经营、使用违法行为不予查处的。

（4）发现特种设备检验、检测机构不再具备本法规定的条件而不撤销其核准,或者对其出具虚假的检验、检测结果和鉴定结论或者检验、检测结果和鉴定结论严重失实的行为不予查处的。

（5）发现违反本法规定和安全技术规范要求的行为或者特种设备存在事故隐患,不立即处理的。

（6）发现重大违法行为或者特种设备存在严重事故隐患,未及时向上级负责特种设备安全监督管理的部门报告,或者接到报告的负责特种设备安全监督管理的部门不立即处理的。

（7）要求已经依照本法规定在其他地方取得许可的特种设备生产单位重复取得许可,或者要求对已经依照本法规定在其他地方检验合格的特种设备重复进行检验的。

（8）推荐或者监制、监销特种设备的。

（9）泄露履行职责过程中知悉的商业秘密的。

（10）接到特种设备事故报告未立即向本级人民政府报告,并按照规定上报的。

（11）迟报、漏报、谎报或者瞒报事故的。

（12）妨碍事故救援或者事故调查处理的。

（13）其他滥用职权、玩忽职守、徇私舞弊的行为。

第九十五条　违反本法规定,特种设备生产、经营、使用单位或者检验、检测机构拒不接受负责特种设备安全监督管理的部门依法实施的监督检查的,责令限期改正;逾期未改正的,责令停产停业整顿,处 2 万元以上 20 万元以下罚款。

特种设备生产、经营、使用单位擅自动用、调换、转移、损毁被查封、扣押的特种设备或者其主要部件的,责令改正,处 5 万元以上 20 万元以下罚款;情节严重的,吊销生产许可证,注销特种设备使用登记证书。

第九十六条　违反本法规定,被依法吊销许可证的,自吊销许可证之日起 3 年内,负责特种设备安全监督管理的部门不予受理其新的许可申请。

第九十七条　违反本法规定,造成人身、财产损害的,依法承担民事责任。

违反本法规定,应当承担民事赔偿责任和缴纳罚款、罚金,其财产不足以同时支付时,先承担民事赔偿责任。

第九十八条　违反本法规定,构成违反治安管理行为的,依法给予治安管理处罚;构成犯罪的,依法追究刑事责任。

7　附则

第九十九条　特种设备行政许可、检验的收费,依照法律、行政法规的规定执行。

第一百条　军事装备、核设施、航空航天器使用的特种设备安全的监督管理不适用本法。

铁路机车、海上设施和船舶、矿山井下使用的特种设备以及民用机场专用设备安全的监督管理,房屋建筑工地、市政工程工地用起重机械和场(厂)内专用机动车辆的安装、使用的监督管理,由有关部门依照本法和其他有关法律的规定实施。

第一百零一条　本法自 2014 年 1 月 1 日起施行。

第二节　特种设备安全监察条例

(国务院令[2009]第 549 号)

1　总则

第一条　为了加强特种设备的安全监察,防止和减少事故,保障人民群众生命和财产安全,促进经济发展,制定本条例。

第二条　本条例所称特种设备是指涉及生命安全、危险性较大的锅炉、压力容器(含气瓶,下同)、压力管道、电梯、起重机械、客运索道、大型游乐设施和场(厂)内专用机动车辆。

前款特种设备的目录由国务院负责特种设备安全监督管理的部门(以下简称国务院特种设备安全监督管理部门)制订,报国务院批准后执行。

第三条　特种设备的生产(含设计、制造、安装、改造、维修,下同)、使用、检验检测及其监督检查,应当遵守本条例,但本条例另有规定的除外。

军事装备、核设施、航空航天器、铁路机车、海上设施和船舶、矿山井下使用的特种设备以及民用机场专用设备的安全监察不适用本条例。

房屋建筑工地和市政工程工地用起重机械、场(厂)内专用机动车辆的安装、使用的监督管理,由建设行政主管部门依照有关法律、法规的规定执行。

第四条　国务院特种设备安全监督管理部门负责全国特种设备的安全监察工作,县以上地方负责特种设备安全监督管理的部门对本行政区域内特种设备实施安全监察(以下统称特种设备安全监督管理部门)。

第五条　特种设备生产、使用单位应当建立健全特种设备安全、节能管理制度和岗位安全、节能责任制度。

特种设备生产、使用单位的主要负责人应当对本单位特种设备的安全和节能全面负责。

特种设备生产、使用单位和特种设备检验检测机构,应当接受特种设备安全监督管理部门依法进行的特种设备安全监察。

第六条　特种设备检验检测机构,应当依照本条例规定,进行检验检测工作,对其检验检测结果、鉴定结论承担法律责任。

第七条　县级以上地方人民政府应当督促、支持特种设备安全监督管理部门依法履行安全监察职责,对特种设备安全监察中存在的重大问题及时予以协调、解决。

第八条　国家鼓励推行科学的管理方法,采用先进技术,提高特种设备安全性能和管理水平,增强特种设备生产、使用单位防范事故的能力,对取得显著成绩的单位和个人,给予奖励。

国家鼓励特种设备节能技术的研究、开发、示范和推广,促进特种设备节能技术创新和应用。

特种设备生产、使用单位和特种设备检验检测机构,应当保证必要的安全和节能投入。

国家鼓励实行特种设备责任保险制度,提高事故赔付能力。

第九条　任何单位和个人对违反本条例规定的行为,有权向特种设备安全监督管理部门和行政监察等有关部门举报。

特种设备安全监督管理部门应当建立特种设备安全监察举报制度,公布举报电话、信箱或者电子邮件地址,受理对特种设备生产、使用和检验检测违法行为的举报,并及时予以处理。

特种设备安全监督管理部门和行政监察等有关部门应当为举报人保密,并按照国家有关规定给予奖励。

2　特种设备的生产

第十条　特种设备生产单位,应当依照本条例规定以及国务院特种设备安全监督管理部门制定并公布的安全技术规范(以下简称安全技术规范)的要求,进行生产活动。

特种设备生产单位对其生产的特种设备的安全性能和能效指标负责,不得生产不符合安全性能要求和能效指标的特种设备,不得生产国家产业政策明令淘汰的特种设备。

第十一条　压力容器的设计单位应当经国务院特种设备安全监督管理部门许可,方可从事压力容器的设计活动。

压力容器的设计单位应当具备下列条件:

(1)有与压力容器设计相适应的设计人员、设计审核人员。

(2)有与压力容器设计相适应的场所和设备。

(3)有与压力容器设计相适应的健全的管理制度和责任制度。

第十二条　锅炉、压力容器中的气瓶(以下简称气瓶)、氧舱和客运索道、大型游乐设施以及高耗能特种设备的设计文件,应当经国务院特种设备安全监督管理部门核准的检验检测机构鉴定,方可用于制造。

第十三条　按照安全技术规范的要求,应当进行型式试验的特种设备产品、部件或者试制特种设备的新产品、新部件、新材料,必须进行型式试验和能效测试。

第十四条　锅炉、压力容器、电梯、起重机械、客运索道、大型游乐设施及其安全附件和安全保护装置的制造、安装、改造单位,以及压力管道用管子、管件、阀门、法兰、补偿器、安全保护装置等（以下简称压力管道元件）的制造单位和场（厂）内专用机动车辆的制造、改造单位，应当经国务院特种设备安全监督管理部门许可，方可从事相应的活动。

前款特种设备的制造、安装、改造单位应当具备下列条件：

（1）有与特种设备制造、安装、改造相适应的专业技术人员和技术工人。

（2）有与特种设备制造、安装、改造相适应的生产条件和检测手段。

（3）有健全的质量管理制度和责任制度。

第十五条　特种设备出厂时，应当附有安全技术规范要求的设计文件、产品质量合格证明、安装及使用维修说明、监督检验证明等文件。

第十六条　锅炉、压力容器、电梯、起重机械、客运索道、大型游乐设施、场（厂）内专用机动车辆的维修单位，应当有与特种设备维修相适应的专业技术人员和技术工人以及必要的检测手段，并经省、自治区、直辖市特种设备安全监督管理部门许可，方可从事相应的维修活动。

第十七条　锅炉、压力容器、起重机械、客运索道、大型游乐设施的安装、改造、维修以及场（厂）内专用机动车辆的改造、维修，必须由依照本条例取得许可的单位进行。

电梯的安装、改造、维修，必须由电梯制造单位或者其通过合同委托、同意的，依照本条例取得许可的单位进行。电梯制造单位对电梯质量以及安全运行涉及的质量问题负责。

特种设备安装、改造、维修的施工单位应当在施工前将拟进行的特种设备安装、改造、维修情况书面告知直辖市或者设区的市的特种设备安全监督管理部门，告知后即可施工。

第十八条　电梯井道的土建工程必须符合建筑工程质量要求。电梯安装施工过程中，电梯安装单位应当遵守施工现场的安全生产要求，落实现场安全防护措施。电梯安装施工过程中，施工现场的安全生产监督，由有关部门依照有关法律、行政法规的规定执行。

电梯安装施工过程中，电梯安装单位应当服从建筑施工总承包单位对施工现场的安全生产管理，并订立合同，明确各自的安全责任。

第十九条　电梯的制造、安装、改造和维修活动，必须严格遵守安全技术规范的要求。电梯制造单位委托或者同意其他单位进行电梯安装、改造、维修活动的，应当对其安装、改造、维修活动进行安全指导和监控。电梯的安装、改造、维修活动结束后，电梯制造单位应当按照安全技术规范的要求对电梯进行校验和调试，并对校验和调试的结果负责。

第二十条　锅炉、压力容器、电梯、起重机械、客运索道、大型游乐设施的安装、改造、维修以及场（厂）内专用机动车辆的改造、维修竣工后，安装、改造、维修的施工单位应当在验收后 30 日内将有关技术资料移交使用单位，高耗能特种设备还应当按照安全技术规范的要求提交能效测试报告。使用单位应当将其存入该特种设备的安全技术档案中。

第二十一条　锅炉、压力容器、压力管道元件、起重机械、大型游乐设施的制造过程和锅炉、压力容器、电梯、起重机械、客运索道、大型游乐设施的安装、改造、重大维修过程，必须经国务院特种设备安全监督管理部门核准的检验检测机构按照安全技术规范的要求进行监督检验，未经监督检验合格的不得出厂或者交付使用。

第二十二条　移动式压力容器、气瓶充装单位应当经省、自治区、直辖市的特种设备安全监督管理部门许可，方可从事充装活动。

充装单位应当具备下列条件：

（1）有与充装和管理相适应的管理人员和技术人员。

（2）有与充装和管理相适应的充装设备、检测手段、场地厂房、器具、安全设施。

（3）有健全的充装管理制度、责任制度、紧急处理措施。

气瓶充装单位应当向气体使用者提供符合安全技术规范要求的气瓶，对使用者进行气瓶安全使用指导，并按照安全技术规范的要求办理气瓶使用登记，提出气瓶的定期检验要求。

3　特种设备的使用

第二十三条　特种设备使用单位，应当严格执行本条例和有关安全生产的法律、行政法规的规定，保证特种设备的安全使用。

第二十四条　特种设备使用单位应当使用符合安全技术规范要求的特种设备。特种设备投入使用前，使用单位应当核对其是否附有本条例第十五条规定的相关文件。

第二十五条　特种设备在投入使用前或者投入使用后 30 日内，特种设备使用单位应当向直辖市或者设区的市的特种设备安全监督管理部门登记。登记标志应当置于或者附着于该特种设备的显著位置。

第二十六条　特种设备使用单位应当建立特种设备安全技术档案。安全技术档案应当包括以下内容：

（1）特种设备的设计文件、制造单位、产品质量合格证明、使用维护说明等文件以及安装技术文件和资料。

（2）特种设备的定期检验和定期自行检查的记录。

（3）特种设备的日常使用状况记录。

（4）特种设备及其安全附件、安全保护装置、测量调控装置及有关附属仪器仪表的日常维护保养记录。

（5）特种设备运行故障和事故记录。

（6）高耗能特种设备的能效测试报告、能耗状况记录以及节能改造技术资料。

第二十七条　特种设备使用单位应当对在用特种设备进行经常性日常维护保养，并定期自行检查。

特种设备使用单位对在用特种设备应当至少每月进行一次自行检查，并做出记录。特种设备使用单位在对在用特种设备进行自行检查和日常维护保养时发现异常情况的，应当及时处理。

特种设备使用单位应当对在用特种设备的安全附件、安全保护装置、测量调控装置及有关附属仪器仪表进行定期校验、检修，并做出记录。

锅炉使用单位应当按照安全技术规范的要求进行锅炉水（介）质处理，并接受特种设备检验检测机构实施的水（介）质处理定期检验。

从事锅炉清洗的单位，应当按照安全技术规范的要求进行锅炉清洗，并接受特种设备检验检测机构实施的锅炉清洗过程监督检验。

第二十八条　特种设备使用单位应当按照安全技术规范的定期检验要求，在安全检验合格有效期届满前 1 个月向特种设备检验检测机构提出定期检验要求。

检验检测机构接到定期检验要求后，应当按照安全技术规范的要求及时进行安全性能检验和能效测试。

未经定期检验或者检验不合格的特种设备,不得继续使用。

第二十九条　特种设备出现故障或者发生异常情况,使用单位应当对其进行全面检查,消除事故隐患后,方可重新投入使用。

特种设备不符合能效指标的,特种设备使用单位应当采取相应措施进行整改。

第三十条　特种设备存在严重事故隐患,无改造、维修价值,或者超过安全技术规范规定使用年限,特种设备使用单位应当及时予以报废,并应当向原登记的特种设备安全监督管理部门办理注销。

第三十一条　电梯的日常维护保养必须由依照本条例取得许可的安装、改造、维修单位或者电梯制造单位进行。

电梯应当至少每 15 日进行一次清洁、润滑、调整和检查。

第三十二条　电梯的日常维护保养单位应当在维护保养中严格执行国家安全技术规范的要求,保证其维护保养的电梯的安全技术性能,并负责落实现场安全防护措施,保证施工安全。

电梯的日常维护保养单位,应当对其维护保养的电梯的安全性能负责。接到故障通知后,应当立即赶赴现场,并采取必要的应急救援措施。

第三十三条　电梯、客运索道、大型游乐设施等为公众提供服务的特种设备运营使用单位,应当设置特种设备安全管理机构或者配备专职的安全管理人员;其他特种设备使用单位,应当根据情况设置特种设备安全管理机构或者配备专职、兼职的安全管理人员。

特种设备的安全管理人员应当对特种设备使用状况进行经常性检查,发现问题的应当立即处理,情况紧急时,可以决定停止使用特种设备并及时报告本单位有关负责人。

第三十四条　客运索道、大型游乐设施的运营使用单位在客运索道、大型游乐设施每日投入使用前,应当进行试运行和例行安全检查,并对安全装置进行检查确认。

电梯、客运索道、大型游乐设施的运营使用单位应当将电梯、客运索道、大型游乐设施的安全注意事项和警示标志置于易于被乘客注意的显著位置。

第三十五条　客运索道、大型游乐设施的运营使用单位的主要负责人应当熟悉客运索道、大型游乐设施的相关安全知识,并全面负责客运索道、大型游乐设施的安全使用。

客运索道、大型游乐设施的运营使用单位的主要负责人至少应当每月召开一次会议,督促、检查客运索道、大型游乐设施的安全使用工作。

客运索道、大型游乐设施的运营使用单位,应当结合本单位的实际情况,配备相应数量的营救装备和急救物品。

第三十六条　电梯、客运索道、大型游乐设施的乘客应当遵守使用安全注意事项的要求,服从有关工作人员的指挥。

第三十七条　电梯投入使用后,电梯制造单位应当对其制造的电梯的安全运行情况进行跟踪调查和了解,对电梯的日常维护保养单位或者电梯的使用单位在安全运行方面存在的问题,提出改进建议,并提供必要的技术帮助。发现电梯存在严重事故隐患的,应当及时向特种设备安全监督管理部门报告。电梯制造单位对调查和了解的情况,应当做出记录。

第三十八条　锅炉、压力容器、电梯、起重机械、客运索道、大型游乐设施、场(厂)内专用机动车辆的作业人员及其相关管理人员(以下统称特种设备作业人员),应当按照国家有关规定经特种设备安全监督管理部门考核合格,取得国家统一格式的特种作业人员证书,方可从事相应的作业或者管理工作。

第三十九条　特种设备使用单位应当对特种设备作业人员进行特种设备安全、节能教育和培训,保证特种设备作业人员具备必要的特种设备安全、节能知识。

特种设备作业人员在作业中应当严格执行特种设备的操作规程和有关的安全规章制度。

第四十条　特种设备作业人员在作业过程中发现事故隐患或者其他不安全因素,应当立即向现场安全管理人员和单位有关负责人报告。

4　检验检测

第四十一条　从事本条例规定的监督检验、定期检验、型式试验以及专门为特种设备生产、使用、检验检测提供无损检测服务的特种设备检验检测机构,应当经国务院特种设备安全监督管理部门核准。

特种设备使用单位设立的特种设备检验检测机构,经国务院特种设备安全监督管理部门核准,负责本单位核准范围内的特种设备定期检验工作。

第四十二条　特种设备检验检测机构,应当具备下列条件:

(1)有与所从事的检验检测工作相适应的检验检测人员。

(2)有与所从事的检验检测工作相适应的检验检测仪器和设备。

(3)有健全的检验检测管理制度、检验检测责任制度。

第四十三条　特种设备的监督检验、定期检验、型式试验和无损检测应当由依照本条例经核准的特种设备检验检测机构进行。

特种设备检验检测工作应当符合安全技术规范的要求。

第四十四条　从事本条例规定的监督检验、定期检验、型式试验和无损检测的特种设备检验检测人员应当经国务院特种设备安全监督管理部门组织考核合格,取得检验检测人员证书,方可从事检验检测工作。

检验检测人员从事检验检测工作,必须在特种设备检验检测机构执业,但不得同时在2个以上检验检测机构中执业。

第四十五条　特种设备检验检测机构和检验检测人员进行特种设备检验检测,应当遵循诚信原则和方便企业的原则,为特种设备生产、使用单位提供可靠、便捷的检验检测服务。

特种设备检验检测机构和检验检测人员对涉及的被检验检测单位的商业秘密,负有保密义务。

第四十六条　特种设备检验检测机构和检验检测人员应当客观、公正、及时地出具检验检测结果、鉴定结论。检验检测结果、鉴定结论经检验检测人员签字后,由检验检测机构负责人签署。

特种设备检验检测机构和检验检测人员对检验检测结果、鉴定结论负责。

国务院特种设备安全监督管理部门应当组织对特种设备检验检测机构的检验检测结果、鉴定结论进行监督抽查。县以上地方负责特种设备安全监督管理的部门在本行政区域内也可以组织监督抽查,但是要防止重复抽查。监督抽查结果应当向社会公布。

第四十七条　特种设备检验检测机构和检验检测人员不得从事特种设备的生产、销售,不得以其名义推荐或者监制、监销特种设备。

第四十八条　特种设备检验检测机构进行特种设备检验检测,发现严重事故隐患或者能耗严重超标的,应当及时告知特种设备使用单位,并立即向特种设备安全监督管理部门报告。

第四十九条　特种设备检验检测机构和检验检测人员利用检验检测工作故意刁难特种设备生产、使用单位,特种设备生产、使用单位有权向特种设备安全监督管理部门投诉,接到投诉的特种设备安全监督管理部门应当及时进行调查处理。

5　监督检查

第五十条　特种设备安全监督管理部门依照本条例规定,对特种设备生产、使用单位和检验检测机构实施安全监察。

对学校、幼儿园、车站、客运码头、商场、体育场馆、展览馆、公园等公众聚集场所的特种设备,特种设备安全监督管理部门应当实施重点安全监察。

第五十一条　特种设备安全监督管理部门根据举报或者取得的涉嫌违法证据,对涉嫌违反本条例规定的行为进行查处时,可以行使下列职权:

(1)向特种设备生产、使用单位和检验检测机构的法定代表人、主要负责人和其他有关人员调查、了解与涉嫌从事违反本条例的生产、使用、检验检测有关的情况。

(2)查阅、复制特种设备生产、使用单位和检验检测机构的有关合同、发票、账簿以及其他有关资料。

(3)对有证据表明不符合安全技术规范要求的或者有其他严重事故隐患、能耗严重超标的特种设备,予以查封或者扣押。

第五十二条　依照本条例规定实施许可、核准、登记的特种设备安全监督管理部门,应当严格依照本条例规定条件和安全技术规范要求对有关事项进行审查;不符合本条例规定条件和安全技术规范要求的,不得许可、核准、登记;在申请办理许可、核准期间,特种设备安全监督管理部门发现申请人未经许可从事特种设备相应活动或者伪造许可、核准证书的,不予受理或者不予许可、核准,并在1年内不再受理其新的许可、核准申请。

未依法取得许可、核准、登记的单位擅自从事特种设备的生产、使用或者检验检测活动的,特种设备安全监督管理部门应当依法予以处理。

违反本条例规定,被依法撤销许可的,自撤销许可之日起3年内,特种设备安全监督管理部门不予受理其新的许可申请。

第五十三条　特种设备安全监督管理部门在办理本条例规定的有关行政审批事项时,其受理、审查、许可、核准的程序必须公开,并应当自受理申请之日起30日内,做出许可、核准或者不予许可、核准的决定。不予许可、核准的,应当采用书面形式向申请人说明理由。

第五十四条　地方各级特种设备安全监督管理部门不得以任何形式进行地方保护和地区封锁,不得对已经依照本条例规定在其他地方取得许可的特种设备生产单位重复进行许可,也不得要求对依照本条例规定在其他地方检验检测合格的特种设备,重复进行检验检测。

第五十五条　特种设备安全监督管理部门的安全监察人员(以下简称特种设备安全监察人员)应当熟悉相关法律、法规、规章和安全技术规范,具有相应的专业知识和工作经验,并经国务院特种设备安全监督管理部门考核,取得特种设备安全监察人员证书。

特种设备安全监察人员应当忠于职守、坚持原则、秉公执法。

第五十六条 特种设备安全监督管理部门对特种设备生产、使用单位和检验检测机构实施安全监察时,应当有 2 名以上特种设备安全监察人员参加,并出示有效的特种设备安全监察人员证件。

第五十七条 特种设备安全监督管理部门对特种设备生产、使用单位和检验检测机构实施安全监察,应当对每次安全监察的内容、发现的问题及处理情况做出记录,并由参加安全监察的特种设备安全监察人员和被检查单位的有关负责人签字后归档。被检查单位的有关负责人拒绝签字的,特种设备安全监察人员应当将情况记录在案。

第五十八条 特种设备安全监督管理部门对特种设备生产、使用单位和检验检测机构进行安全监察时,发现有违反本条例规定和安全技术规范要求的行为或者在用的特种设备存在事故隐患、不符合能效指标的,应当以书面形式发出特种设备安全监察指令,责令有关单位及时采取措施,予以改正或者消除事故隐患。紧急情况下需要采取紧急处置措施的,应当随后补发书面通知。

第五十九条 特种设备安全监督管理部门对特种设备生产、使用单位和检验检测机构进行安全监察,发现重大违法行为或者严重事故隐患时,应当在采取必要措施的同时,及时向上级特种设备安全监督管理部门报告。接到报告的特种设备安全监督管理部门应当采取必要措施,及时予以处理。

对违法行为、严重事故隐患或者不符合能效指标的处理需要当地人民政府和有关部门的支持、配合时,特种设备安全监督管理部门应当报告当地人民政府,并通知其他有关部门。当地人民政府和其他有关部门应当采取必要措施,及时予以处理。

第六十条 国务院特种设备安全监督管理部门和省、自治区、直辖市特种设备安全监督管理部门应当定期向社会公布特种设备安全以及能效状况。

公布特种设备安全以及能效状况,应当包括下列内容:

(1)特种设备质量安全状况。

(2)特种设备事故的情况、特点、原因分析、防范对策。

(3)特种设备能效状况。

(4)其他需要公布的情况。

6 事故预防和调查处理

第六十一条 有下列情形之一的,为特别重大事故:

(1)特种设备事故造成 30 人以上死亡,或者 100 人以上重伤(包括急性工业中毒,下同),或者 1 亿元以上直接经济损失的。

(2)600 MW 以上的锅炉爆炸的。

(3)压力容器、压力管道有毒介质泄漏,造成 15 万人以上转移的。

(4)客运索道、大型游乐设施高空滞留 100 人以上并且时间在 48 h 以上的。

第六十二条 有下列情形之一的,为重大事故:

(1)特种设备事故造成 10 人以上 30 人以下死亡,或者 50 人以上 100 人以下重伤,或者 5 000 万元以上 1 亿元以下直接经济损失的。

(2)600 MW 以上锅炉因安全故障中断运行 240 h 以上的。

（3）压力容器、压力管道有毒介质泄漏，造成 5 万人以上 15 万人以下转移的。

（4）客运索道、大型游乐设施高空滞留 100 人以上并且时间在 24 h 以上 48 h 以下的。

第六十三条　有下列情形之一的，为较大事故：

（1）特种设备事故造成 3 人以上 10 人以下死亡，或者 10 人以上 50 人以下重伤，或者 1 000 万元以上 5 000 万元以下直接经济损失的。

（2）锅炉、压力容器、压力管道爆炸的。

（3）压力容器、压力管道有毒介质泄漏，造成 1 万人以上 5 万人以下转移的。

（4）起重机械整体倾覆的。

（5）客运索道、大型游乐设施高空滞留人员 12 h 以上的。

第六十四条　有下列情形之一的，为一般事故：

（1）特种设备事故造成 3 人以下死亡，或者 10 人以下重伤，或者 1 万元以上 1 000 万元以下直接经济损失的。

（2）压力容器、压力管道有毒介质泄漏，造成 500 人以上 1 万人以下转移的。

（3）电梯轿厢滞留人员 2 h 以上的。

（4）起重机械主要受力结构件折断或者起升机构坠落的。

（5）客运索道高空滞留人员 3.5 h 以上 12 h 以下的。

（6）大型游乐设施高空滞留人员 1 h 以上 12 h 以下的。

除前款规定外，国务院特种设备安全监督管理部门可以对一般事故的其他情形做出补充规定。

第六十五条　特种设备安全监督管理部门应当制定特种设备应急预案。特种设备使用单位应当制定事故应急专项预案，并定期进行事故应急演练。

压力容器、压力管道发生爆炸或者泄漏，在抢险救援时应当区分介质特性，严格按照相关预案规定程序处理，防止二次爆炸。

第六十六条　特种设备事故发生后，事故发生单位应当立即启动事故应急预案，组织抢救，防止事故扩大，减少人员伤亡和财产损失，并及时向事故发生地县以上特种设备安全监督管理部门和有关部门报告。

县以上特种设备安全监督管理部门接到事故报告时，应当尽快核实有关情况，立即向所在地人民政府报告，并逐级上报事故情况。必要时，特种设备安全监督管理部门可以越级上报事故情况。对特别重大事故、重大事故，国务院特种设备安全监督管理部门应当立即报告国务院并通报国务院安全生产监督管理部门等有关部门。

第六十七条　特别重大事故由国务院或者国务院授权有关部门组织事故调查组进行调查。

重大事故由国务院特种设备安全监督管理部门会同有关部门组织事故调查组进行调查。

较大事故由省、自治区、直辖市特种设备安全监督管理部门会同有关部门组织事故调查组进行调查。

一般事故由设区的市的特种设备安全监督管理部门会同有关部门组织事故调查组进行调查。

第六十八条　事故调查报告应当由负责组织事故调查的特种设备安全监督管理部门的

所在地人民政府批复,并报上一级特种设备安全监督管理部门备案。

有关机关应当按照批复,依照法律、行政法规规定的权限和程序,对事故责任单位和有关人员进行行政处罚,对负有事故责任的国家工作人员进行处分。

第六十九条　特种设备安全监督管理部门应当在有关地方人民政府的领导下,组织开展特种设备事故调查处理工作。

有关地方人民政府应当支持、配合上级人民政府或者特种设备安全监督管理部门的事故调查处理工作,并提供必要的便利条件。

第七十条　特种设备安全监督管理部门应当对发生事故的原因进行分析,并根据特种设备的管理和技术特点、事故情况对相关安全技术规范进行评估。需要制定或者修订相关安全技术规范的,应当及时制定或者修订。

第七十一条　本章所称的"以上"包括本数,所称的"以下"不包括本数。

7　法律责任

第七十二条　未经许可,擅自从事压力容器设计活动的,由特种设备安全监督管理部门予以取缔,处 5 万元以上 20 万元以下罚款;有违法所得的,没收违法所得;触犯刑律的,对负有责任的主管人员和其他直接责任人员依照刑法关于非法经营罪或者其他罪的规定,依法追究刑事责任。

第七十三条　锅炉、气瓶、氧舱和客运索道、大型游乐设施以及高耗能特种设备的设计文件,未经国务院特种设备安全监督管理部门核准的检验检测机构鉴定,擅自用于制造的,由特种设备安全监督管理部门责令改正,没收非法制造的产品,处 5 万元以上 20 万元以下罚款;触犯刑律的,对负有责任的主管人员和其他直接责任人员依照刑法关于生产、销售伪劣产品罪,非法经营罪或者其他罪的规定,依法追究刑事责任。

第七十四条　按照安全技术规范的要求应当进行型式试验的特种设备产品、部件或者试制特种设备新产品、新部件,未进行整机或者部件型式试验的,由特种设备安全监督管理部门责令限期改正,逾期未改正的,处 2 万元以上 10 万元以下罚款。

第七十五条　未经许可,擅自从事锅炉、压力容器、电梯、起重机械、客运索道、大型游乐设施、场(厂)内专用机动车辆及其安全附件和安全保护装置的制造、安装、改造以及压力管道元件的制造活动的,由特种设备安全监督管理部门予以取缔,没收非法制造的产品,已经实施安装、改造的,责令恢复原状或者责令限期由取得许可的单位重新安装、改造,处 10 万元以上 50 万元以下罚款;触犯刑律的,对负有责任的主管人员和其他直接责任人员依照刑法关于生产、销售伪劣产品罪,非法经营罪,重大责任事故罪或者其他罪的规定,依法追究刑事责任。

第七十六条　特种设备出厂时,未按照安全技术规范的要求附有设计文件、产品质量合格证明、安装及使用维修说明、监督检验证明等文件的,由特种设备安全监督管理部门责令改正;情节严重的,责令停止生产、销售,处违法生产、销售货值金额 30% 以下罚款;有违法所得的,没收违法所得。

第七十七条　未经许可,擅自从事锅炉、压力容器、电梯、起重机械、客运索道、大型游乐设施、场(厂)内专用机动车辆的维修或者日常维护保养的,由特种设备安全监督管理部门予以取缔,处 1 万元以上 5 万元以下罚款;有违法所得的,没收违法所得;触犯刑律的,对负有责任的主管人员和其他直接责任人员依照刑法关于非法经营罪、重大责任事故罪或者其他罪的规定,依法追究刑事责任。

第七十八条 锅炉、压力容器、电梯、起重机械、客运索道、大型游乐设施的安装、改造、维修的施工单位以及场(厂)内专用机动车辆的改造、维修单位,在施工前未将拟进行的特种设备安装、改造、维修情况书面告知直辖市或者设区的市的特种设备安全监督管理部门即行施工的,或者在验收后 30 日内未将有关技术资料移交锅炉、压力容器、电梯、起重机械、客运索道、大型游乐设施的使用单位的,由特种设备安全监督管理部门责令限期改正;逾期未改正的,处 2 000 元以上 1 万元以下罚款。

第七十九条 锅炉、压力容器、压力管道元件、起重机械、大型游乐设施的制造过程和锅炉、压力容器、电梯、起重机械、客运索道、大型游乐设施的安装、改造、重大维修过程,以及锅炉清洗过程,未经国务院特种设备安全监督管理部门核准的检验检测机构按照安全技术规范的要求进行监督检验的,由特种设备安全监督管理部门责令改正,已经出厂的,没收违法生产、销售的产品,已经实施安装、改造、重大维修或者清洗的,责令限期进行监督检验,处 5 万元以上 20 万元以下罚款;有违法所得的,没收违法所得;情节严重的,撤销制造、安装、改造或者维修单位已经取得的许可,并由工商行政管理部门吊销其营业执照;触犯刑律的,对负有责任的主管人员和其他直接责任人员依照刑法关于生产、销售伪劣产品罪或者其他罪的规定,依法追究刑事责任。

第八十条 未经许可,擅自从事移动式压力容器或者气瓶充装活动的,由特种设备安全监督管理部门予以取缔,没收违法充装的气瓶,处 10 万元以上 50 万元以下罚款;有违法所得的,没收违法所得;触犯刑律的,对负有责任的主管人员和其他直接责任人员依照刑法关于非法经营罪或者其他罪的规定,依法追究刑事责任。

移动式压力容器、气瓶充装单位未按照安全技术规范的要求进行充装活动的,由特种设备安全监督管理部门责令改正,处 2 万元以上 10 万元以下罚款;情节严重的,撤销其充装资格。

第八十一条 电梯制造单位有下列情形之一的,由特种设备安全监督管理部门责令限期改正;逾期未改正的,予以通报批评:

(1)未依照本条例第十九条的规定对电梯进行校验、调试的。

(2)对电梯的安全运行情况进行跟踪调查和了解时,发现存在严重事故隐患,未及时向特种设备安全监督管理部门报告的。

第八十二条 已经取得许可、核准的特种设备生产单位、检验检测机构有下列行为之一的,由特种设备安全监督管理部门责令改正,处 2 万元以上 10 万元以下罚款;情节严重的,撤销其相应资格:

(1)未按照安全技术规范的要求办理许可证变更手续的。

(2)不再符合本条例规定或者安全技术规范要求的条件,继续从事特种设备生产、检验检测的。

(3)未依照本条例规定或者安全技术规范要求进行特种设备生产、检验检测的。

(4)伪造、变造、出租、出借、转让许可证书或者监督检验报告的。

第八十三条 特种设备使用单位有下列情形之一的,由特种设备安全监督管理部门责令限期改正;逾期未改正的,处 2 000 元以上 2 万元以下罚款;情节严重的,责令停止使用或者停产停业整顿：

（1）特种设备投入使用前或者投入使用后 30 日内，未向特种设备安全监督管理部门登记，擅自将其投入使用的。

（2）未依照本条例第二十六条的规定，建立特种设备安全技术档案的。

（3）未依照本条例第二十七条的规定，对在用特种设备进行经常性日常维护保养和定期自行检查的，或者对在用特种设备的安全附件、安全保护装置、测量调控装置及有关附属仪器仪表进行定期校验、检修，并做出记录的。

（4）未按照安全技术规范的定期检验要求，在安全检验合格有效期届满前 1 个月向特种设备检验检测机构提出定期检验要求的。

（5）使用未经定期检验或者检验不合格的特种设备的。

（6）特种设备出现故障或者发生异常情况，未对其进行全面检查、消除事故隐患，继续投入使用的。

（7）未制定特种设备事故应急专项预案的。

（8）未依照本条例第三十一条第二款的规定，对电梯进行清洁、润滑、调整和检查的。

（9）未按照安全技术规范要求进行锅炉水（介）质处理的。

（10）特种设备不符合能效指标，未及时采取相应措施进行整改的。

特种设备使用单位使用未取得生产许可的单位生产的特种设备或者将非承压锅炉、非压力容器作为承压锅炉、压力容器使用的，由特种设备安全监督管理部门责令停止使用，予以没收，处 2 万元以上 10 万元以下罚款。

第八十四条　特种设备存在严重事故隐患，无改造、维修价值，或者超过安全技术规范规定的使用年限，特种设备使用单位未予以报废，并向原登记的特种设备安全监督管理部门办理注销的，由特种设备安全监督管理部门责令限期改正；逾期未改正的，处 5 万元以上 20 万元以下罚款。

第八十五条　电梯、客运索道、大型游乐设施的运营使用单位有下列情形之一的，由特种设备安全监督管理部门责令限期改正；逾期未改正的，责令停止使用或者停产停业整顿，处 1 万元以上 5 万元以下罚款：

（1）客运索道、大型游乐设施每日投入使用前，未进行试运行和例行安全检查，并对安全装置进行检查确认的。

（2）未将电梯、客运索道、大型游乐设施的安全注意事项和警示标志置于易于为乘客注意的显著位置的。

第八十六条　特种设备使用单位有下列情形之一的，由特种设备安全监督管理部门责令限期改正；逾期未改正的，责令停止使用或者停产停业整顿，处 2 000 元以上 2 万元以下罚款：

（1）未依照本条例规定设置特种设备安全管理机构或者配备专职、兼职的安全管理人员的。

（2）从事特种设备作业的人员，未取得相应特种作业人员证书，上岗作业的。

（3）未对特种设备作业人员进行特种设备安全教育和培训的。

第八十七条　发生特种设备事故，有下列情形之一的，对单位，由特种设备安全监督管理部门处 5 万元以上 20 万元以下罚款；对主要负责人，由特种设备安全监督管理部门处

4 000 元以上 2 万元以下罚款；属于国家工作人员的，依法给予处分；触犯刑律的，依照刑法关于重大责任事故罪或者其他罪的规定，依法追究刑事责任：

（1）特种设备使用单位的主要负责人在本单位发生特种设备事故时，不立即组织抢救或者在事故调查处理期间擅离职守或者逃匿的。

（2）特种设备使用单位的主要负责人对特种设备事故隐瞒不报、谎报或者拖延不报的。

第八十八条　对事故发生负有责任的单位，由特种设备安全监督管理部门依照下列规定处以罚款：

（1）发生一般事故的，处 10 万元以上 20 万元以下罚款。

（2）发生较大事故的，处 20 万元以上 50 万元以下罚款。

（3）发生重大事故的，处 50 万元以上 200 万元以下罚款。

第八十九条　对事故发生负有责任的单位的主要负责人未依法履行职责，导致事故发生的，由特种设备安全监督管理部门依照下列规定处以罚款；属于国家工作人员的，并依法给予处分；触犯刑律的，依照刑法关于重大责任事故罪或者其他罪的规定，依法追究刑事责任：

（1）发生一般事故的，处上一年年收入 30% 的罚款。

（2）发生较大事故的，处上一年年收入 40% 的罚款。

（3）发生重大事故的，处上一年年收入 60% 的罚款。

第九十条　特种设备作业人员违反特种设备的操作规程和有关的安全规章制度操作，或者在作业过程中发现事故隐患或者其他不安全因素，未立即向现场安全管理人员和单位有关负责人报告的，由特种设备使用单位给予批评教育、处分；情节严重的，撤销特种设备作业人员资格；触犯刑律的，依照刑法关于重大责任事故罪或者其他罪的规定，依法追究刑事责任。

第九十一条　未经核准，擅自从事本条例所规定的监督检验、定期检验、型式试验以及无损检测等检验检测活动的，由特种设备安全监督管理部门予以取缔，处 5 万元以上 20 万元以下罚款；有违法所得的，没收违法所得；触犯刑律的，对负有责任的主管人员和其他直接责任人员依照刑法关于非法经营罪或者其他罪的规定，依法追究刑事责任。

第九十二条　特种设备检验检测机构，有下列情形之一的，由特种设备安全监督管理部门处 2 万元以上 10 万元以下罚款；情节严重的，撤销其检验检测资格：

（1）聘用未经特种设备安全监督管理部门组织考核合格并取得检验检测人员证书的人员，从事相关检验检测工作的。

（2）在进行特种设备检验检测中，发现严重事故隐患或者能耗严重超标，未及时告知特种设备使用单位，并立即向特种设备安全监督管理部门报告的。

第九十三条　特种设备检验检测机构和检验检测人员，出具虚假的检验检测结果、鉴定结论或者检验检测结果、鉴定结论严重失实的，由特种设备安全监督管理部门对检验检测机构没收违法所得，处 5 万元以上 20 万元以下罚款，情节严重的，撤销其检验检测资格；对检验检测人员处 5 000 元以上 5 万元以下罚款，情节严重的，撤销其检验检测资格，触犯刑律的，依照刑法关于中介组织人员提供虚假证明文件罪、中介组织人员出具证明文件重大失实罪或者其他罪的规定，依法追究刑事责任。

特种设备检验检测机构和检验检测人员，出具虚假的检验检测结果、鉴定结论或者检验检测结果、鉴定结论严重失实,造成损害的,应当承担赔偿责任。

第九十四条　特种设备检验检测机构或者检验检测人员从事特种设备的生产、销售,或者以其名义推荐或者监制、监销特种设备的,由特种设备安全监督管理部门撤销特种设备检验检测机构和检验检测人员的资格,处5万元以上20万元以下罚款;有违法所得的,没收违法所得。

第九十五条　特种设备检验检测机构和检验检测人员利用检验检测工作故意刁难特种设备生产、使用单位,由特种设备安全监督管理部门责令改正;拒不改正的,撤销其检验检测资格。

第九十六条　检验检测人员,从事检验检测工作,不在特种设备检验检测机构执业或者同时在2个以上检验检测机构中执业的,由特种设备安全监督管理部门责令改正,情节严重的,给予停止执业6个月以上2年以下的处罚;有违法所得的,没收违法所得。

第九十七条　特种设备安全监督管理部门及其特种设备安全监察人员,有下列违法行为之一的,对直接负责的主管人员和其他直接责任人员,依法给予降级或者撤职的处分;触犯刑律的,依照刑法关于受贿罪、滥用职权罪、玩忽职守罪或者其他罪的规定,依法追究刑事责任:

(1)不按照本条例规定的条件和安全技术规范要求,实施许可、核准、登记的。

(2)发现未经许可、核准、登记擅自从事特种设备的生产、使用或者检验检测活动不予取缔或者不依法予以处理的。

(3)发现特种设备生产、使用单位不再具备本条例规定的条件而不撤销其原许可,或者发现特种设备生产、使用违法行为不予查处的。

(4)发现特种设备检验检测机构不再具备本条例规定的条件而不撤销其原核准,或者对其出具虚假的检验检测结果、鉴定结论或者检验检测结果、鉴定结论严重失实的行为不予查处的。

(5)对依照本条例规定在其他地方取得许可的特种设备生产单位重复进行许可,或者对依照本条例规定在其他地方检验检测合格的特种设备,重复进行检验检测的。

(6)发现有违反本条例和安全技术规范的行为或者在用的特种设备存在严重事故隐患,不立即处理的。

(7)发现重大的违法行为或者严重事故隐患,未及时向上级特种设备安全监督管理部门报告,或者接到报告的特种设备安全监督管理部门不立即处理的。

(8)迟报、漏报、瞒报或者谎报事故的。

(9)妨碍事故救援或者事故调查处理的。

第九十八条　特种设备的生产、使用单位或者检验检测机构,拒不接受特种设备安全监督管理部门依法实施的安全监察的,由特种设备安全监督管理部门责令限期改正;逾期未改正的,责令停产停业整顿,处2万元以上10万元以下罚款;触犯刑律的,依照刑法关于妨碍公务罪或者其他罪的规定,依法追究刑事责任。

特种设备生产、使用单位擅自动用、调换、转移、损毁被查封、扣押的特种设备或者其主要部件的,由特种设备安全监督管理部门责令改正,处5万元以上20万元以下罚款;情节严重的,撤销其相应资格。

8 附则

第九十九条 本条例下列用语的含义是:

(1) 锅炉,是指利用各种燃料、电能或者其他能源,将所盛装的液体加热到一定的参数,并对外输出热能的设备,其范围规定为容积大于或者等于 30 L 的承压蒸汽锅炉,出口水压大于或者等于 0.1 MPa(表压),且额定功率大于或者等于 0.1 MW 的承压热水锅炉和有机热载体锅炉。

(2) 压力容器,是指盛装气体或者液体,并承载一定压力的密闭设备,其范围规定为最高工作压力大于或者等于 0.1 MPa(表压),且压力与容积的乘积大于或者等于 2.5 MPa·L 的气体、液化气体和最高工作温度高于或者等于标准沸点的液体的固定式容器和移动式容器,盛装公称工作压力大于或者等于 0.2 MPa(表压),且压力与容积的乘积大于或者等于 1.0 MPa·L 的气体、液化气体和标准沸点等于或者低于 60 ℃液体的气瓶和氧舱等。

(3) 压力管道,是指利用一定的压力,用于输送气体或者液体的管状设备,其范围规定为最高工作压力大于或者等于 0.1 MPa(表压)的气体、液化气体、蒸汽介质或者可燃、易爆、有毒、有腐蚀性、最高工作温度高于或者等于标准沸点的液体介质,且公称直径大于 25 mm 的管道。

(4) 电梯,是指动力驱动的,利用沿刚性导轨运行的箱体或者沿固定线路运行的梯级(踏步),进行升降或者平行运送人、货物的机电设备,包括载人(货)电梯、自动扶梯、自动人行道等。

(5) 起重机械,是指用于垂直升降或者垂直升降并水平移动重物的机电设备,其范围规定为额定起重量大于或者等于 0.5 t 的升降机,额定起重量大于或者等于 1 t,且提升高度大于或者等于 2 m 的起重机和承重形式固定的电动葫芦等。

(6) 客运索道,是指动力驱动的,利用柔性绳索牵引箱体等运载工具运送人员的机电设备,包括客运架空索道、客运缆车、客运拖牵索道等。

(7) 大型游乐设施,是指出于经营目的,承载乘客游乐的设施,其范围规定为设计最大运行线速度大于或者等于 2 m/s,或者运行高度距地面高于或者等于 2 m 的载人大型游乐设施。

(8) 场(厂)内专用机动车辆,是指除道路交通、农用车辆以外仅在工厂厂区、旅游景区、游乐场所等特定区域使用的专用机动车辆。

特种设备包括其所用的材料、附属的安全附件、安全保护装置和与安全保护装置相关的设施。

第一百条 压力管道设计、安装、使用的安全监督管理办法由国务院另行制定。

第一百零一条 国务院特种设备安全监督管理部门可以授权省、自治区、直辖市特种设备安全监督管理部门负责本条例规定的特种设备行政许可工作,具体办法由国务院特种设备安全监督管理部门制定。

第一百零二条 特种设备行政许可、检验检测,应当按照国家有关规定收取费用。

第一百零三条 本例自 2003 年 6 月 1 日起施行,1982 年 2 月 6 日国务院发布的《锅炉压力容器安全监察暂行条例》同时废止。

第三节　特种设备使用管理规则(节选)

(TSG 08—2017)

1　总则

1.1　目的

为规范特种设备使用管理,保障特种设备安全经济运行,根据《中华人民共和国特种设备安全法》《中华人民共和国安全生产法》《中华人民共和国节约能源法》和《特种设备安全监察条例》,制定本规则。

1.2　适用范围

本规则适用于《特种设备目录》范围内特种设备的安全与节能管理。

1.3　使用单位主体责任

特种设备使用单位应当按照本规则规定,负责特种设备安全与节能管理,承担特种设备使用安全与节能主体责任。

1.4　监督管理

1.4.1　职责分工。

县级以上地方各级人民政府负责特种设备安全监督管理的部门(以下简称特种设备安全监管部门)对本行政区域内特种设备使用安全、高耗能特种设备节能实施监督管理。国家质检总局对全国特种设备使用安全、高耗能特种设备节能的监督管理工作进行监督和指导。

1.4.2　使用登记。

特种设备安全监管部门依据法定职责,按照本规则的要求负责办理特种设备使用登记,本规则和其他特种设备安全技术规范(以下简称安全技术规范)明确不需要办理使用登记的特种设备除外。

1.4.3　监督检查。

特种设备安全监管部门对已经使用登记的特种设备,根据风险状况,按照分类监管原则,确定监督检查重点,制订监督检查计划,对本行政区域内的特种设备使用安全、高耗能特种设备节能实施情况进行现场监督检查。

1.4.4　信息化和安全状况公布。

负责办理使用登记的特种设备安全监管部门应当按照特种设备信息化管理的规定,建立特种设备管理信息系统,及时输入、更新有关数据。

国家质检总局和省级特种设备安全监管部门应当每年向社会公布特种设备安全总体状况,省级以下(不含省级)特种设备安全监管部门根据工作需要,适时公布本行政区域内的特种设备安全状况。

2　使用单位及其人员

2.1　使用单位含义

2.1.1　一般规定。

本规则所指的使用单位,是指具有特种设备使用管理权的单位(注2-1)或者具有完全民事行为能力的自然人,一般是特种设备的产权单位(产权所有人,下同),也可以是产权单位通过符合法律规定的合同关系确立的特种设备实际使用管理者。特种设备属于共有的,共有人可以委托物业服务单位或者其他管理人管理特种设备,受托人是使用单位;共有人未委托的,实际管理人是使用单位;没有实际管理人的,共有人是使用单位。

特种设备用于出租的,出租期间,出租单位是使用单位;法律另有规定或者当事人合同约定的,从其规定或者约定。

注 2-1:单位包括公司、子公司、机关事业单位、社会团体等具有法人资格的单位和具有营业执照的分公司、个体工商户等。

2.1.2 特别规定。

新安装未移交业主的电梯,项目建设单位是使用单位;委托物业服务单位管理的电梯,物业服务单位是使用单位;产权单位自行管理的电梯,产权单位是使用单位。

气瓶的使用单位一般是指充装单位,车用气瓶、非重复充装气瓶、呼吸器用气瓶的使用单位是产权单位。

2.2 使用单位主要义务

特种设备使用单位主要义务如下:

(1)建立并且有效实施特种设备安全管理制度和高耗能特种设备节能管理制度,以及操作规程。

(2)采购、使用取得许可生产(含设计、制造、安装、改造、修理,下同),并且经检验合格的特种设备,不得采购超过设计使用年限的特种设备,禁止使用国家明令淘汰和已经报废的特种设备。

(3)设置特种设备安全管理机构,配备相应的安全管理人员和作业人员,建立人员管理台账,开展安全与节能培训教育,保存人员培训记录。

(4)办理使用登记,领取"特种设备使用登记证"(格式见附件 A,以下简称使用登记证,本书略),设备注销时交回使用登记证。

(5)建立特种设备台账及技术档案。

(6)对特种设备作业人员作业情况进行检查,及时纠正违章作业行为。

(7)对在用特种设备进行经常性维护保养和定期自行检查,及时排查和消除事故隐患,对在用特种设备的安全附件、安全保护装置及其附属仪器仪表进行定期校验(检定、校准,下同)、检修,及时提出定期检验和能效测试申请,接受定期检验和能效测试,并且做好相关配合工作。

(8)制定特种设备事故应急专项预案,定期进行应急演练;发生事故及时上报,配合事故调查处理等。

(9)保证特种设备安全、节能必要的投入。

(10)法律、法规规定的其他义务。

使用单位应当接受特种设备安全监管部门依法实施的监督检查。

2.3 特种设备安全管理机构

2.3.1 职责。

特种设备安全管理机构是指使用单位中承担特种设备安全管理职责的内设机构。

高耗能特种设备使用单位可以将节能管理职责交由特种设备安全管理机构承担。

特种设备安全管理机构的职责是贯彻执行特种设备有关法律、法规和安全技术规范及相关标准,负责落实使用单位的主要义务;承担高耗能特种设备节能管理职责的机构,还应当负责开展日常节能检查,落实节能责任制。

2.3.2　机构设置。

符合下列条件之一的特种设备使用单位,应当根据本单位特种设备的类别、品种、用途、数量等情况设置特种设备安全管理机构,逐台落实安全责任人:

(1)使用电站锅炉或者石化与化工成套装置的。

(2)使用为公众提供运营服务电梯的(注 2-2),或者在公众聚集场所(注 2-3)使用 30 台以上(含 30 台)电梯的。

(3)使用 10 台以上(含 10 台)大型游乐设施的,或者 10 台以上(含 10 台)为公众提供运营服务非公路用旅游观光车辆的。

(4)使用客运架空索道,或者客运缆车的。

(5)使用特种设备(不含气瓶)总量 50 台以上(含 50 台)的。

注 2-2:为公众提供运营服务的特种设备使用单位,是指以特种设备作为经营工具的使用单位。

注 2-3:公众聚集场所,是指学校、幼儿园、医疗机构、车站、机场、客运码头、商场、餐饮场所、体育场馆、展览馆、公园、宾馆、影剧院、图书馆、儿童活动中心、公共浴池、养老机构等。

2.4　管理人员和作业人员

2.4.1　主要负责人。

主要负责人是指特种设备使用单位的实际最高管理者,对其单位所使用的特种设备安全节能负总责。

2.4.2　安全管理人员。

2.4.2.1　安全管理负责人。

特种设备使用单位应当配备安全管理负责人。特种设备安全管理负责人是指使用单位最高管理层中主管本单位特种设备使用安全管理的人员。按照本规则要求设置安全管理机构的使用单位安全管理负责人,应当取得相应的特种设备安全管理人员资格证书。

安全管理负责人职责如下:

(1)协助主要负责人履行本单位特种设备安全的领导职责,确保本单位特种设备的安全使用。

(2)宣传、贯彻《中华人民共和国特种设备安全法》以及有关法律、法规、规章和安全技术规范。

(3)组织制定本单位特种设备安全管理制度,落实特种设备安全管理机构设置、安全管理员配备。

(4)组织制定特种设备事故应急专项预案,并且定期组织演练。

(5)对本单位特种设备安全管理工作实施情况进行检查。

(6)组织进行隐患排查,并且提出处理意见。

(7)当安全管理员报告特种设备存在事故隐患应当停止使用时,立即做出停止使用特种设备的决定,并且及时报告本单位主要负责人。

2.4.2.2　安全管理员。

2.4.2.2.1　安全管理员职责。

特种设备安全管理员是指具体负责特种设备使用安全管理的人员。

安全管理员的主要职责如下：

（1）组织建立特种设备安全技术档案。

（2）办理特种设备使用登记。

（3）组织制定特种设备操作规程。

（4）组织开展特种设备安全教育和技能培训。

（5）组织开展特种设备定期自行检查。

（6）编制特种设备定期检验计划，督促落实定期检验和隐患治理工作。

（7）按照规定报告特种设备事故，参加特种设备事故救援，协助进行事故调查和善后处理。

（8）发现特种设备事故隐患，立即进行处理，情况紧急时，可以决定停止使用特种设备，并且及时报告本单位安全管理负责人。

（9）纠正和制止特种设备作业人员的违章行为。

2.4.2.2.2　安全管理员配备。

特种设备使用单位应当根据本单位特种设备的数量、特性等配备适当数量的安全管理员。按照本规则要求设置安全管理机构的使用单位以及符合下列条件之一的特种设备使用单位，应当配备专职安全管理员，并且取得相应的特种设备安全管理人员资格证书：

（1）使用额定工作压力大于或者等于 2.5 MPa 锅炉的。

（2）使用 5 台以上（含 5 台）第Ⅲ类固定式压力容器的。

（3）从事移动式压力容器或者气瓶充装的。

（4）使用 10 km 以上（含 10 km）工业管道的。

（5）使用移动式压力容器，或者客运拖牵索道，或者大型游乐设施的。

（6）使用各类特种设备（不含气瓶）总量 20 台以上（含 20 台）的。

除前款规定以外的使用单位可以配备兼职安全管理员，也可以委托具有特种设备安全管理人员资格的人员负责使用管理，但是特种设备安全使用的责任主体仍然是使用单位。

2.4.3　节能管理人员。

高耗能特种设备使用单位应当配备节能管理人员，负责宣传、贯彻特种设备节能的法律、法规。

锅炉使用单位的节能管理人员应当组织制定本单位锅炉节能制度，对锅炉节能管理工作实施情况进行检查；建立锅炉节能技术档案，组织开展锅炉节能教育培训；编制锅炉能效测试计划，督促落实锅炉定期能效测试工作。

2.4.4　作业人员。

2.4.4.1　作业人员职责。

特种设备作业人员应当取得相应的特种设备作业人员资格证书，其主要职责如下：

（1）严格执行特种设备有关安全管理制度，并且按照操作规程进行操作。

（2）按照规定填写作业、交接班等记录。

（3）参加安全教育和技能培训。

（4）进行经常性维护保养，对发现的异常情况及时处理，并且做出记录。

（5）作业过程中发现事故隐患或者其他不安全因素,应当立即采取紧急措施,并且按照规定的程序向特种设备安全管理人员和单位有关负责人报告。

（6）参加应急演练,掌握相应的应急处置技能。

锅炉作业人员应当严格执行锅炉节能管理制度,参加锅炉节能教育和技术培训。

2.4.4.2　作业人员配备。

特种设备使用单位应当根据本单位特种设备数量、特性等配备相应持证的特种设备作业人员,并且在使用特种设备时应当保证每班至少有一名持证的作业人员在岗。有关安全技术规范对特种设备作业人员有特殊规定的,从其规定。

医院病床电梯、直接用于旅游观光的额定速度大于 2.5 m/s 的乘客电梯以及需要司机操作的电梯,应当由持有相应特种设备作业人员证的人员操作。

2.5　特种设备安全与节能技术档案

使用单位应当逐台建立特种设备安全与节能技术档案。

安全技术档案至少包括以下内容:

（1）使用登记证;

（2）"特种设备使用登记表"（格式见附件 B,以下简称使用登记表,本书略）。

（3）特种设备设计、制造技术资料和文件,包括设计文件、产品质量合格证明（含合格证及其数据表、质量证明书）、安装及使用维护保养说明、监督检验证书、型式试验证书等。

（4）特种设备安装、改造和修理的方案、图样（注 2-4）、材料质量证明书和施工质量证明文件、安装改造修理监督检验报告、验收报告等技术资料。

（5）特种设备定期自行检查记录（报告）和定期检验报告。

（6）特种设备日常使用状况记录。

（7）特种设备及其附属仪器仪表维护保养记录。

（8）特种设备安全附件和安全保护装置校验、检修、更换记录和有关报告。

（9）特种设备运行故障和事故记录及事故处理报告。

特种设备节能技术档案包括锅炉能效测试报告、高耗能特种设备节能改造技术资料等。

使用单位应当在设备使用地保存 2.5 中（1）（2）（5）（6）（7）（8）（9）规定的资料和特种设备节能技术档案的原件或者复印件,以便备查。

注 2-4:压力管道图样是指管道单线图（轴测图）。

2.6　安全节能管理制度和操作规程

2.6.1　安全节能管理制度。

特种设备使用单位应当按照特种设备相关法律、法规、规章和安全技术规范的要求,建立健全特种设备使用安全节能管理制度。

管理制度至少包括以下内容:

（1）特种设备安全管理机构（需要设置时）和相关人员岗位职责。

（2）特种设备经常性维护保养、定期自行检查和有关记录制度。

（3）特种设备使用登记、定期检验、锅炉能效测试申请实施管理制度。

（4）特种设备隐患排查治理制度。

（5）特种设备安全管理人员与作业人员管理和培训制度。

（6）特种设备采购、安装、改造、修理、报废等管理制度。

（7）特种设备应急救援管理制度。

（8）特种设备事故报告和处理制度。

（9）高耗能特种设备节能管理制度。

2.6.2　特种设备操作规程。

使用单位应当根据所使用设备运行特点等，制定操作规程。操作规程一般包括设备运行参数、操作程序和方法、维护保养要求、安全注意事项、巡回检查和异常情况处置规定，以及相应记录等。

2.7　维护保养与检查

2.7.1　经常性维护保养。

使用单位应当根据设备特点和使用状况对特种设备进行经常性维护保养，维护保养应当符合有关安全技术规范和产品使用维护保养说明的要求。对发现的异常情况及时处理，并且做出记录，保证在用特种设备始终处于正常使用状态。

法律对维护保养单位有专门资质要求的，使用单位应当选择具有相应资质的单位实施维护保养。鼓励其他特种设备使用单位选择具有相应能力的专业化、社会化维护保养单位进行维护保养。

2.7.2　定期自行检查。

为保证特种设备的安全运行，特种设备使用单位应当根据所使用特种设备的类别、品种和特性进行定期自行检查。

定期自行检查的时间、内容和要求应当符合有关安全技术规范的规定及产品使用维护保养说明的要求。

2.7.3　试运行安全检查。

客运索道、大型游乐设施在每日投入使用前，其运营使用单位应当按照有关安全技术规范和产品使用维护保养说明的要求，开展设备运营前的试运行检查和例行安全检查，对安全保护装置进行检查确认，并且做出记录。

2.8　水（介）质

锅炉以及以水为介质产生蒸汽的压力容器的使用单位，应当做好锅炉水（介）质、压力容器水质的处理和监测工作，保证水（介）质质量符合相关要求。

2.9　安全警示

电梯、客运索道、大型游乐设施的运营使用单位应当将安全使用说明、安全注意事项和安全警示标志置于易于引起乘客注意的位置。

除前款以外的其他特种设备应当根据设备特点和使用环境、场所，设置安全使用说明、安全注意事项和安全警示标志。

2.10　定期检验

（1）使用单位应当在特种设备定期检验有效期届满的 1 个月以前，向特种设备检验机构提出定期检验申请，并且做好相关的准备工作。

（2）移动式（流动式）特种设备，如果无法返回使用登记地进行定期检验的，可以在异地（指不在使用登记地）进行，检验后，使用单位应当在收到检验报告之日起 30 日内将检验报告（复印件）报送使用登记机关。

（3）定期检验完成后，使用单位应当组织进行特种设备管路连接、密封、附件（含零部件、安全附件、安全保护装置、仪器仪表等)和内件安装、试运行等工作,并且对其安全性负责。

(4)检验结论为合格时(注 2-5),使用单位应当按照检验结论确定的参数使用特种设备。

注 2-5:有关安全技术规范中检验结论为"合格""复检合格""符合要求""基本符合要求""允许使用"统称为合格。

2.11 隐患排查与异常情况处理

2.11.1 隐患排查。

使用单位应当按照隐患排查治理制度进行隐患排查,发现事故隐患应当及时消除,待隐患消除后,方可继续使用。

2.11.2 异常情况处理。

特种设备在使用中发现异常情况的,作业人员或者维护保养人员应当立即采取应急措施,并且按照规定的程序向使用单位特种设备安全管理人员和单位有关负责人报告。

使用单位应当对出现故障或者发生异常情况的特种设备及时进行全面检查,查明故障和异常情况原因,并且及时采取有效措施,必要时停止运行,安排检验、检测,不得带病运行、冒险作业,待故障、异常情况消除后,方可继续使用。

2.12 应急预案与事故处置

2.12.1 应急预案。

按照本规则要求设置特种设备安全管理机构和配备专职安全管理员的使用单位,应当制定特种设备事故应急专项预案,每年至少演练一次,并且做出记录;其他使用单位可以在综合应急预案中编制特种设备事故应急的内容,适时开展特种设备事故应急演练,并且做出记录。

2.12.2 事故处置。

发生特种设备事故的使用单位,应当根据应急预案,立即采取应急措施,组织抢救,防止事故扩大,减少人员伤亡和财产损失,并且按照《特种设备事故报告和调查处理规定》的要求,向特种设备安全监管部门和有关部门报告,同时配合事故调查和做好善后处理工作。

发生自然灾害危及特种设备安全时,使用单位应当立即疏散、撤离有关人员,采取防止危害扩大的必要措施,同时向特种设备安全监管部门和有关部门报告。

2.13 移装

特种设备移装后,使用单位应当办理使用登记变更。整体移装的,使用单位应当进行自行检查;拆卸后移装的,使用单位应当选择取得相应许可的单位进行安装。

按照有关安全技术规范要求,拆卸后移装需要进行检验的,应当向特种设备检验机构申请检验。

2.14 达到设计使用年限的特种设备

特种设备达到设计使用年限,使用单位认为可以继续使用的,应当按照安全技术规范及相关产品标准的要求,经检验或者安全评估合格,由使用单位安全管理负责人同意、主要负责人批准,办理使用登记变更后,方可继续使用。允许继续使用的,应当采取加强检验、检测和维护保养等措施,确保使用安全。

2.15　移动式压力容器和气瓶充装单位特别规定

（1）移动式压力容器、气瓶充装单位，应当取得相应的充装许可资质，方可从事充装活动。

（2）充装单位应当建立并且落实充装前、充装后的检查与记录制度，禁止对不符合安全技术规范要求的移动式压力容器和气瓶进行充装，不得错装、混装介质。

（3）气瓶充装单位应当向气体使用者提供符合安全技术规范要求的气瓶（车用气瓶、非重复充装气瓶、呼吸器用气瓶除外），并且对气体使用者进行气瓶安全使用指导，为自有气瓶和托管气瓶建立充装档案。

（4）禁止充装永久性标记不清或者被修改、超期未检或者检验不合格、报废的移动式压力容器和气瓶；不得充装未在充装单位建立档案的气瓶（车用气瓶、非重复充装气瓶、呼吸器用气瓶除外）。

（5）气瓶充装单位应当建立气瓶管理信息系统，对气瓶的数量、充装、检验以及流转进行动态管理。

（6）鼓励气瓶充装单位利用二维码、电子标签等技术对气瓶进行信息化管理。

2.16　起重机使用单位特别规定

使用单位负责塔式起重机、施工升降机在使用过程中的顶升行为，并且对其安全性能负责。

3　使用登记

3.1　一般要求

（1）特种设备在投入使用前或者投入使用后30日内，使用单位应当向特种设备所在地的直辖市或者设区的市的特种设备安全监管部门申请办理使用登记，办理使用登记的直辖市或者设区的市的特种设备安全监管部门，可以委托其下一级特种设备安全监管部门（以下简称登记机关）办理使用登记；对于整机出厂的特种设备，一般应当在投入使用前办理使用登记。

（2）流动作业的特种设备，向产权单位所在地的登记机关申请办理使用登记。

（3）移动式大型游乐设施每次重新安装后、投入使用前，使用单位应当向使用地的登记机关申请办理使用登记。

（4）车用气瓶应当在投入使用前，向产权单位所在地的登记机关申请办理使用登记。

（5）国家明令淘汰或者已经报废的特种设备，不符合安全性能或者能效指标要求的特种设备，不予办理使用登记。

3.2　登记方式

3.2.1　按台（套）办理使用登记的特种设备。

锅炉、压力容器（气瓶除外）、电梯、起重机械、客运索道、大型游乐设施和场（厂）内专用机动车辆应当按台（套）向登记机关办理使用登记，车用气瓶以车为单位进行使用登记。

3.2.2　按单位办理使用登记的特种设备。

气瓶（车用气瓶除外）、工业管道应当以使用单位为对象向登记机关办理使用登记。

3.3　不需要办理使用登记的特种设备

使用单位应当参照本规则及有关安全技术规范中使用管理的相应规定，对不需要办理使用登记的锅炉、压力容器实施安全管理。

3.3.1　锅炉。

D级锅炉。

3.3.2　压力容器。

（1）深冷装置中非独立的压力容器、直燃型吸收式制冷装置中的压力容器、铝制板翅式热交换器、过程装置中冷箱内的压力容器。

（2）盛装第二组介质的无壳体的套管热交换器。

（3）超高压管式反应器。

（4）移动式空气压缩机的储气罐。

（5）水力自动补气气压给水（无塔上水）装置中的气压罐，消防装置中的气体或者气压给水（泡沫）压力罐。

（6）水处理设备中的离子交换或者过滤用压力容器、热水锅炉用膨胀水箱。

（7）蓄能器承压壳体。

（8）简单压力容器。

（9）消防灭火用气瓶、呼吸器用气瓶、非重复充装气瓶。

3.4　使用登记程序

使用登记程序包括申请、受理、审查和颁发使用登记证。

3.4.1　申请。

3.4.1.1　按台（套）办理。

使用单位申请办理特种设备使用登记时，应当逐台（套）填写使用登记表，向登记机关提交以下相应资料，并且对其真实性负责：

（1）使用登记表（一式两份）。

（2）含有使用单位统一社会信用代码的证明或者个人身份证明（适用于公民个人所有的特种设备）。

（3）特种设备产品合格证（含产品数据表、车用气瓶安装合格证明）。

（4）特种设备监督检验证明（安全技术规范要求进行使用前首次检验的特种设备，应当提交使用前的首次检验报告）。

（5）机动车行驶证（适用于与机动车固定的移动式压力容器）、机动车登记证书（适用于与机动车固定的车用气瓶）。

（6）锅炉能效证明文件。

锅炉房内的分汽（水）缸随锅炉一同办理使用登记；锅炉与用热设备之间的连接管道总长小于或者等于1 000 m时，压力管道随锅炉一同办理使用登记；包含压力容器的橇装式承压设备系统或者机械设备系统中的压力管道可以随其压力容器一同办理使用登记。登记时另提交分汽（水）缸、压力管道元件的产品合格证（含产品数据表），但是不需要单独领取使用登记证。

没有产品数据表的特种设备，登记机关可以参照已有特种设备产品数据表的格式，制定其特种设备产品数据表，由使用单位根据产品出厂的相应资料填写。

可以采用网上申报系统进行使用登记。

3.4.1.2　按单位办理。

使用单位申请办理特种设备使用登记时，应当向登记机关提交以下相应资料，并且对其真实性负责：

(1) 使用登记表(一式两份)。

(2) 含有使用单位统一社会信用代码的证明。

(3) 监督检验、定期检验证明(注3-1)。

(4) "压力管道基本信息汇总表——工业管道"(格式见附件C,本书略),"气瓶基本信息汇总表"(格式见附件D,本书略)。

注3-1:新投入使用的气瓶应当提供制造监督检验证明,进行定期检验的气瓶应当同时提供定期检验证明。压力管道应当提供安装监督检验证明,达到定期检验周期的压力管道还应当提供定期检验证明;未进行安装监督检验的,应当提供定期检验证明。

3.4.2 受理。

登记机关收到使用单位提交的申请资料后,能够当场办理的,应当当场做出受理或者不予受理的书面决定;不能当场办理的,应当在5个工作日内做出受理或者不予受理的书面决定。申请资料不齐或者不符合规定时,应当一次性告知需要补正的全部内容。

3.4.3 审查及发证。

自受理之日起15个工作日内,登记机关应当完成审查、发证或者出具不予登记的决定,对于一次申请登记数量超过50台或者按单位办理使用登记的可以延长至20个工作日。不予登记的,出具不予登记的决定,并且书面告知不予登记的理由。

登记机关对申请资料有疑问的,可以对特种设备进行现场核查。进行现场核查的,办理使用登记日期可以延长至20个工作日。

准予登记的特种设备,登记机关应当按照《特种设备使用登记证编号编制方法》(见附录a,本书略)编制使用登记证编号,签发使用登记证,并且在使用登记表最后一栏签署意见、盖章。

3.5 资料及信息

登记工作完成后,登记机关应当将特种设备基本信息录入特种设备管理信息系统,实施动态管理。

采用纸质申报方式进行使用登记的,登记机关应当将特种设备产品合格证及其产品数据表复印一份,与使用登记表一同存档,并且将使用单位申请登记时提交的资料交还使用单位。

3.6 定期检验日期的确定

首次定期检验的日期和实施改造、拆卸移装后的定期检验日期,由使用单位根据安全技术规范、监督检验报告和使用情况确定。

3.7 单位登记的设备信息报送

以单位登记的特种设备使用单位应当及时更新气瓶、压力管道技术档案及相应数据,每年一季度将上年度的气瓶、压力管道基本信息汇总表和年度安全状况报送登记机关。

3.8 变更登记

按台(套)登记的特种设备改造、移装、变更使用单位或者使用单位更名、达到设计使用年限继续使用的,按单位登记的特种设备变更使用单位或者使用单位更名的,相关单位应当向登记机关申请变更登记。登记机关按照本规则3.8.1至3.8.5的规定办理变更登记。

办理特种设备变更登记时,如果特种设备产品数据表中的有关数据发生变化,使用单位应当重新填写产品数据表。变更登记后的特种设备，其设备代码保持不变。

3.8.1　改造变更。

特种设备改造完成后，使用单位应当在投入使用前或者投入使用后 30 日内向登记机关提交原使用登记证、重新填写的使用登记表（一式两份）、改造质量证明资料以及改造监督检验证书（需要监督检验的），申请变更登记，领取新的使用登记证。

登记机关应当在原使用登记证和原使用登记表上做注销标记。

3.8.2　移装变更。

3.8.2.1　在登记机关行政区域内移装。

在登记机关行政区域内移装的特种设备，使用单位应当在投入使用前向登记机关提交原使用登记证、重新填写的使用登记表（一式两份）和移装后的检验报告（拆卸移装的），申请变更登记，领取新的使用登记证。登记机关应当在原使用登记证和原使用登记表上做注销标记。

3.8.2.2　跨登记机关行政区域移装。

（1）跨登记机关行政区域移装特种设备的，使用单位应当持原使用登记证和使用登记表向原登记机关申请办理注销；原登记机关应当注销使用登记证，并且在原使用登记证和原使用登记表上做注销标记，向使用单位签发《特种设备使用登记证变更证明》（格式见附件 E，本书略）。

（2）移装完成后，使用单位应当在投入使用前，持《特种设备使用登记证变更证明》、标有注销标记的原使用登记表和移装后的检验报告（拆卸移装的），按照本规则 3.4、3.5 的规定向移装地登记机关重新申请使用登记。

3.8.3　单位变更。

（1）特种设备需要变更使用单位，原使用单位应当持原使用登记证、使用登记表和有效期内的定期检验报告到登记机关办理变更；或者产权单位凭产权证明文件，持原使用登记证、使用登记表和有效期内的定期检验报告到登记机关办理变更；登记机关应当在原使用登记证和原使用登记表上做注销标记，签发《特种设备使用登记证变更证明》。

（2）新使用单位应当在投入使用前或者投入使用后 30 日内，持《特种设备使用登记证变更证明》、标有注销标记的原使用登记表和有效期内的定期检验报告，按照本规则 3.4、3.5 的要求重新办理使用登记。

3.8.4　更名变更。

使用单位或者产权单位名称变更时，使用单位或者产权单位应当持原使用登记证、单位名称变更的证明资料，重新填写使用登记表（一式两份），到登记机关办理更名变更，换领新的使用登记证。2 台以上批量变更的，可以简化处理。登记机关在原使用登记证和原使用登记表上做注销标记。

3.8.5　达到设计使用年限继续使用的变更。

对达到设计使用年限继续使用的特种设备，使用单位应当持原使用登记证、按照本规则 2.14 的规定办理的相关证明材料，到登记机关申请变更登记。登记机关应当在原使用登记证右上方标注"超设计使用年限"字样。

3.8.6　不得申请办理移装变更、单位变更的情况。

有下列情形之一的特种设备，不得申请办理移装变更、单位变更：

（1）已经报废或者国家明令淘汰的。

（2）进行过非法改造、修理的。

（3）无本规则 2.5 中（3）（4）规定的技术资料的。

（4）达到设计使用年限的。

（5）检验结论为不合格或者能效测试结果不满足法规、标准要求的。

3.9　停用

特种设备拟停用 1 年以上的，使用单位应当采取有效的保护措施，并且设置停用标志，在停用后 30 日内填写"特种设备停用报废注销登记表"（格式见附件 F，本书略），告知登记机关。重新启用时，使用单位应当进行自行检查，到使用登记机关办理启用手续；超过定期检验有效期的，应当按照定期检验的有关要求进行检验。

3.10　报废

对存在严重事故隐患，无改造、修理价值的特种设备，或者达到安全技术规范规定的报废期限的，应当及时予以报废，产权单位应当采取必要措施消除该特种设备的使用功能。特种设备报废时，按台（套）登记的特种设备应当办理报废手续，填写"特种设备停用报废注销登记表"，向登记机关办理报废手续，并且将使用登记证交回登记机关。

非产权所有者的使用单位经产权单位授权办理特种设备报废注销手续时，需提供产权单位的书面委托或者授权文件。

使用单位和产权单位注销、倒闭、迁移或者失联，未办理特种设备注销手续的，登记机关可以采用公告的方式停用或者注销相关特种设备。

3.11　使用标志

（1）特种设备（车用气瓶除外）使用登记标志与定期检验标志合二为一，统一为"特种设备使用标志"（格式见附件 G 式样一、式样二，本书略）。

（2）场（厂）内专用机动车辆的使用单位应当将车牌（格式见附件 H，本书略）固定在车辆前后悬挂车牌的部位。

（3）移动式压力容器使用单位应当将该移动式压力容器的电子秘钥或者使用登记时发放的 IC 卡随车携带。

（4）车用气瓶的使用标志格式见附件 G 式样三（本书略）。

4　附则

4.1　其他要求

特种设备使用管理除满足本规则的要求外，还应当满足有关安全技术规范的专项要求。

不涉及公共安全的个人（家庭）自用的特种设备不属于本规则管辖范围。

4.2　长输管道、公用管道使用管理

长输管道、公用管道使用管理的相关规定另行制定。

4.3　解释权限

本规则由国家质检总局负责解释。

4.4　施行时间

本规则自 2017 年 8 月 1 日起施行，以下安全技术规范同时废止：

（1）2005 年 9 月 16 日，国家质检总局颁布的《气瓶使用登记管理规则》（TSG R5001—

2005)。

（2）2009 年 5 月 8 日,国家质检总局颁布的《电梯使用管理与维护保养规则》(TSG T5001—2009)。

（3）2009 年 8 月 31 日,国家质检总局颁布的《起重机械使用管理规则》(TSG Q5001—2009)。

（4）2009 年 8 月 31 日,国家质检总局颁布的《压力管道使用登记管理规则》(TSG D5001—2009)。

（5）2013 年 1 月 16 日,国家质检总局颁布的《压力容器使用管理规则》(TSG R5002—2013)。

（6）2014 年 9 月 5 日,国家质检总局颁布的《锅炉使用管理规则》(TSG G5004—2014)。

第四节 特种设备事故报告和调查处理规定

（质量监督检验检疫总局令[2009]第 115 号）

1 总则

第一条 为了规范特种设备事故报告和调查处理工作,及时准确查清事故原因,严格追究事故责任,防止和减少同类事故重复发生,根据《特种设备安全监察条例》和《生产安全事故报告和调查处理条例》,制定本规定。

第二条 特种设备制造、安装、改造、维修、使用(含移动式压力容器、气瓶充装)、检验检测活动中发生的特种设备事故,其报告、调查和处理工作适用本规定。

第三条 国家质量监督检验检疫总局(以下简称国家质检总局)主管全国特种设备事故报告、调查和处理工作,县以上地方质量技术监督部门负责本行政区域内的特种设备事故报告、调查和处理工作。

第四条 事故报告应当及时、准确、完整,任何单位和个人对事故不得迟报、漏报、谎报或者瞒报。

事故调查和处理工作必须坚持实事求是、客观公正、尊重科学的原则,及时、准确地查清事故经过、事故原因和事故损失,查明事故性质,认定事故责任,提出处理和整改措施,并对事故责任单位和责任人员依法追究责任。

第五条 任何单位和个人不得阻挠和干涉特种设备事故报告、调查和处理工作。

对事故报告、调查和处理中的违法行为,任何单位和个人有权向各级质量技术监督部门或者有关部门举报。接到举报的部门应当依法及时处理。

2 事故定义、分级和界定

第六条 本规定所称特种设备事故,是指因特种设备的不安全状态或者相关人员的不安全行为,在特种设备制造、安装、改造、维修、使用(含移动式压力容器、气瓶充装)、检验检测活动中造成的人员伤亡、财产损失、特种设备严重损坏或者中断运行、人员滞留、人员转移等突发事件。

第七条 按照《特种设备安全监察条例》的规定,特种设备事故分为特别重大事故、重大事故、较大事故和一般事故。

第八条　下列情形不属于特种设备事故：

（1）因自然灾害、战争等不可抗力引发的。

（2）通过人为破坏或者利用特种设备等方式实施违法犯罪活动或者自杀的。

（3）特种设备作业人员、检验检测人员因劳动保护措施缺失或者保护不当而发生坠落、中毒、窒息等情形的。

第九条　因交通事故、火灾事故引发的与特种设备相关的事故，由质量技术监督部门配合有关部门进行调查处理。经调查，该事故的发生与特种设备本身或者相关作业人员无关的，不作为特种设备事故。

非承压锅炉、非压力容器发生事故，不属于特种设备事故。但经本级人民政府指定，质量技术监督部门可以参照本规定组织进行事故调查处理。

房屋建筑工地和市政工程工地用的起重机械、场（厂）内专用机动车辆，在其安装、使用过程中发生的事故，不属于质量技术监督部门组织调查处理的特种设备事故。

3　事故报告

第十条　发生特种设备事故后，事故现场有关人员应当立即向事故发生单位负责人报告；事故发生单位的负责人接到报告后，应当于 1 h 内向事故发生地的县以上质量技术监督部门和有关部门报告。

情况紧急时，事故现场有关人员可以直接向事故发生地的县以上质量技术监督部门报告。

第十一条　接到事故报告的质量技术监督部门，应当尽快核实有关情况，依照《特种设备安全监察条例》的规定，立即向本级人民政府报告，并逐级报告上级质量技术监督部门直至国家质检总局。质量技术监督部门每级上报的时间不得超过 2 h。必要时，可以越级上报事故情况。

对于特别重大事故、重大事故，由国家质检总局报告国务院并通报国务院安全生产监督管理等有关部门。对较大事故、一般事故，由接到事故报告的质量技术监督部门及时通报同级有关部门。

对事故发生地与事故发生单位所在地不在同一行政区域的，事故发生地质量技术监督部门应当及时通知事故发生单位所在地质量技术监督部门。事故发生单位所在地质量技术监督部门应当做好事故调查处理的相关配合工作。

第十二条　报告事故应当包括以下内容：

（1）事故发生的时间、地点、单位概况以及特种设备种类。

（2）事故发生初步情况，包括事故简要经过、现场破坏情况、已经造成或者可能造成的伤亡和涉险人数、初步估计的直接经济损失、初步确定的事故等级、初步判断的事故原因。

（3）已经采取的措施。

（4）报告人姓名、联系电话。

（5）其他有必要报告的情况。

第十三条　质量技术监督部门逐级报告事故情况，应当采用传真或者电子邮件的方式进行快报，并在发送传真或者电子邮件后予以电话确认。

特殊情况下可以直接采用电话方式报告事故情况,但应当在 24 h 内补报文字材料。

第十四条　报告事故后出现新情况的,以及对事故情况尚未报告清楚的,应当及时逐级续报。

续报内容应当包括:事故发生单位详细情况、事故详细经过、设备失效形式和损坏程度、事故伤亡或者涉险人数变化情况、直接经济损失、防止发生次生灾害的应急处置措施和其他有必要报告的情况等。

自事故发生之日起 30 日内,事故伤亡人数发生变化的,有关单位应当在发生变化的当日及时补报或者续报。

第十五条　事故发生单位的负责人接到事故报告后,应当立即启动事故应急预案,采取有效措施,组织抢救,防止事故扩大,减少人员伤亡和财产损失。

质量技术监督部门接到事故报告后,应当按照特种设备事故应急预案的分工,在当地人民政府的领导下积极组织开展事故应急救援工作。

第十六条　对本规定第八条、第九条规定的情形,各级质量技术监督部门应当作为特种设备相关事故信息予以收集,并参照本规定逐级上报直至国家质检总局。

第十七条　各级质量技术监督部门应当建立特种设备应急值班制度,向社会公布值班电话,受理事故报告和事故举报。

4　事故调查

第十八条　发生特种设备事故后,事故发生单位及其人员应当妥善保护事故现场以及相关证据,及时收集、整理有关资料,为事故调查做好准备;必要时,应当对设备、场地、资料进行封存,由专人看管。

因抢救人员、防止事故扩大以及疏通交通等原因,需要移动事故现场物件的,负责移动的单位或者相关人员应当做出标志,绘制现场简图并做出书面记录,妥善保存现场重要痕迹、物证。有条件的,应当现场制作视听资料。

事故调查期间,任何单位和个人不得擅自移动事故相关设备,不得毁灭相关资料、伪造或者故意破坏事故现场。

第十九条　质量技术监督部门接到事故报告后,经现场初步判断,发现不属于或者无法确定为特种设备事故的,应当及时报告本级人民政府,由本级人民政府或者其授权或者委托的部门组织事故调查组进行调查。

第二十条　依照《特种设备安全监察条例》的规定,特种设备事故分别由以下部门组织调查:

(1) 特别重大事故由国务院或者国务院授权的部门组织事故调查组进行调查。

(2) 重大事故由国家质检总局会同有关部门组织事故调查组进行调查。

(3) 较大事故由事故发生地省级质量技术监督部门会同省级有关部门组织事故调查组进行调查。

(4) 一般事故由事故发生地设区的市级质量技术监督部门会同市级有关部门组织事故调查组进行调查。

根据事故调查处理工作的需要,负责组织事故调查的质量技术监督部门可以依法提请事故发生地人民政府及有关部门派员参加事故调查。

负责组织事故调查的质量技术监督部门应当将事故调查组的组成情况及时报告本级人民政府。

第二十一条　根据事故发生情况,上级质量技术监督部门可以派员指导下级质量技术监督部门开展事故调查处理工作。

自事故发生之日起30日内,因伤亡人数变化导致事故等级发生变化的,依照规定应当由上级质量技术监督部门组织调查的,上级质量技术监督部门可以会同本级有关部门组织事故调查组进行调查,也可以派员指导下级部门继续进行事故调查。

第二十二条　事故调查组成员应当具有特种设备事故调查所需要的知识和专长,与事故发生单位及相关人员不存在任何利害关系。事故调查组组长由负责事故调查的质量技术监督部门负责人担任。

必要时,事故调查组可以聘请有关专家参与事故调查;所聘请的专家应当具备5年以上特种设备安全监督管理、生产、检验检测或者科研教学工作经验。设区的市级以上质量技术监督部门可以根据事故调查的需要,组建特种设备事故调查专家库。

根据事故的具体情况,事故调查组可以内设管理组、技术组、综合组,分别承担管理原因调查、技术原因调查、综合协调等工作。

第二十三条　事故调查组应当履行下列职责:

(1) 查清事故发生前的特种设备状况。

(2) 查明事故经过、人员伤亡、特种设备损坏、经济损失情况以及其他后果。

(3) 分析事故原因。

(4) 认定事故性质和事故责任。

(5) 提出对事故责任者的处理建议。

(6) 提出防范事故发生和整改措施的建议。

(7) 提交事故调查报告。

第二十四条　事故调查组成员在事故调查工作中应当诚信公正、恪尽职守,遵守事故调查组的纪律,遵守相关秘密规定。

在事故调查期间,未经负责组织事故调查的质量技术监督部门和本级人民政府批准,参与事故调查、技术鉴定、损失评估等有关人员不得擅自泄露有关事故信息。

第二十五条　对无重大社会影响、无人员伤亡、事故原因明晰的特种设备事故,事故调查工作可以按照有关规定适用简易程序;在负责事故调查的质量技术监督部门商同级有关部门,并报同级政府批准后,由质量技术监督部门单独进行调查。

第二十六条　事故调查组可以委托具有国家规定资质的技术机构或者直接组织专家进行技术鉴定。接受委托的技术机构或者专家应当出具技术鉴定报告,并对其结论负责。

第二十七条　事故调查组认为需要对特种设备事故进行直接经济损失评估的,可以委托具有国家规定资质的评估机构进行。

直接经济损失包括人身伤亡所支出的费用、财产损失价值、应急救援费用、善后处理费用。

接受委托的单位应当按照相关规定和标准进行评估,出具评估报告,对其结论负责。

第二十八条　事故调查组有权向有关单位和个人了解与事故有关的情况,并要求其提供相关文件、资料。有关单位和个人不得拒绝,并应当如实提供特种设备及事故相关的情况或者资料,回答事故调查组的询问,对所提供情况的真实性负责。

事故发生单位的负责人和有关人员在事故调查期间不得擅离职守,应当随时接受事故调查组的询问,如实提供有关情况或者资料。

第二十九条　事故调查组应当查明引发事故的直接原因和间接原因,并根据对事故发生的影响程度认定事故发生的主要原因和次要原因。

第三十条　事故调查组根据事故的主要原因和次要原因,判定事故性质,认定事故责任。

事故调查组根据当事人行为与特种设备事故之间的因果关系以及在特种设备事故中的影响程度,认定当事人所负的责任。当事人所负的责任分为全部责任、主要责任和次要责任。

当事人伪造或者故意破坏事故现场、毁灭证据、未及时报告事故等,致使事故责任无法认定的,应当承担全部责任。

第三十一条　事故调查组应当向组织事故调查的质量技术监督部门提交事故调查报告。事故调查报告应当包括下列内容:

(1)事故发生单位情况。

(2)事故发生经过和事故救援情况。

(3)事故造成的人员伤亡、设备损坏程度和直接经济损失。

(4)事故发生的原因和事故性质。

(5)事故责任的认定以及对事故责任者的处理建议。

(6)事故防范和整改措施。

(7)有关证据材料。

事故调查报告应当经事故调查组全体成员签字。事故调查组成员有不同意见的,可以提交个人签名的书面材料,附在事故调查报告内。

第三十二条　特种设备事故调查应当自事故发生之日起 60 日内结束。特殊情况下,经负责组织调查的质量技术监督部门批准,事故调查期限可以适当延长,但延长的期限最长不超过 60 日。

技术鉴定时间不计入调查期限。

因事故抢险救灾无法进行事故现场勘察的,事故调查期限从具备现场勘察条件之日起计算。

第三十三条　事故调查中发现涉嫌犯罪的,负责组织事故调查的质量技术监督部门商有关部门和事故发生地人民政府后,应当按照有关规定及时将有关材料移送司法机关处理。

5　事故处理

第三十四条　依照《特种设备安全监察条例》的规定,省级质量技术监督部门组织的事故调查,其事故调查报告报省级人民政府批复,并报国家质检总局备案;市级质量技术监督部门组织的事故调查,其事故调查报告报市级人民政府批复,并报省级质量技术监督部门备案。

国家质检总局组织的事故调查,事故调查报告的批复按照国务院有关规定执行。

第三十五条　组织事故调查的质量技术监督部门应当在接到批复之日起 10 日内,将事故调查报告及批复意见主送有关地方人民政府及其有关部门,送达事故发生单位、责任单位和责任人员,并抄送参加事故调查的有关部门和单位。

第三十六条　质量技术监督部门及有关部门应当按照批复,依照法律、行政法规规定的权限和程序,对事故责任单位和责任人员实施行政处罚,对负有事故责任的国家工作人员进行处分。

第三十七条　事故发生单位应当落实事故防范和整改措施。防范和整改措施的落实情况应当接受工会和职工的监督。

事故发生地质量技术监督部门应当对事故责任单位落实防范和整改措施的情况进行监督检查。

第三十八条　特别重大事故的调查处理情况由国务院或者国务院授权组织事故调查的部门向社会公布,特别重大事故以下等级的事故的调查处理情况由组织事故调查的质量技术监督部门向社会公布;依法应当保密的除外。

第三十九条　事故调查的有关资料应当由组织事故调查的质量技术监督部门立档永久保存。

立档保存的材料包括现场勘察笔录、技术鉴定报告、重大技术问题鉴定结论和检测检验报告、尸检报告、调查笔录、物证和证人证言、直接经济损失文件、相关图纸、视听资料、事故调查报告、事故批复文件等。

第四十条　组织事故调查的质量技术监督部门应当在接到事故调查报告批复之日起30日内撰写事故结案报告,并逐级上报直至国家质检总局。

上报事故结案报告,应当同时附事故档案副本或者复印件。

第四十一条　负责组织事故调查的质量技术监督部门应当根据事故原因对相关安全技术规范、标准进行评估;需要制定或者修订相关安全技术规范、标准的,应当及时报告上级部门提请制定或者修订。

第四十二条　各级质量技术监督部门应当定期对本行政区域特种设备事故的情况、特点、原因进行统计分析,根据特种设备的管理和技术特点、事故情况,研究制定有针对性的工作措施,防止和减少事故的发生。

第四十三条　省级质量技术监督部门应在每月25日前和每年12月25日前,将所辖区域本月、本年特种设备事故情况、结案批复情况及相关信息,以书面方式上报至国家质检总局。

6　法律责任

第四十四条　发生特种设备特别重大事故,依照《生产安全事故报告和调查处理条例》的有关规定实施行政处罚和处分;构成犯罪的,依法追究刑事责任。

第四十五条　发生特种设备重大事故及其以下等级事故的,依照《特种设备安全监察条例》的有关规定实施行政处罚和处分;构成犯罪的,依法追究刑事责任。

第四十六条　发生特种设备事故,有下列行为之一,构成犯罪的,依法追究刑事责任;构成有关法律法规规定的违法行为的,依法予以行政处罚;未构成有关法律法规规定的违法行为的,由质量技术监督部门等处以4 000元以上2万元以下的罚款:

(1)伪造或者故意破坏事故现场的。

（2）拒绝接受调查或者拒绝提供有关情况或者资料的。

（3）阻挠、干涉特种设备事故报告和调查处理工作的。

7 附则

第四十七条 本规定所涉及的事故报告、调查协调、统计分析等具体工作,负责组织事故调查的质量技术监督部门可以委托相关特种设备事故调查处理机构承担。

第四十八条 本规定由国家质检总局负责解释。

第四十九条 本规定自公布之日起施行,2001年9月17日国家质检总局发布的《锅炉压力容器压力管道特种设备事故处理规定》同时废止。

第五节 锅炉压力容器压力管道特种设备安全监察行政处罚规定

（质量监督检验检疫总局令[2001]第 14 号）

第一条 为规范锅炉、压力容器、压力管道、电梯、起重机械、厂内机动车辆、客运索道、游乐设施等特种设备（以下简称设备）安全监察行政处罚行为,保障设备安全监察工作的有效实施,依据质量监督与安全监察有关法律、法规,制定本规定。

第二条 国家质量监督检验检疫总局和各地质量技术监督部门对设备设计、制造、安装、充装、检验、修理、改造、维修保养、化学清洗等违法行为实施行政处罚,应当遵守本规定。

第三条 应当取得设备设计、制造、安装、充装、检验、修理、改造、维修保养、化学清洗许可,而未取得相应许可擅自从事有关活动的,责令其停止违法行为。属非经营性活动的,处1 000元以下罚款;属经营性活动,有违法所得的,处违法所得1倍以上3倍以下,最高不超过3万元的罚款;没有违法所得的,处1万元以下罚款。

实行生产许可证管理的设备未取得生产许可证的,按照《工业产品质量责任条例》等有关规定处罚。

第四条 没有按照规定办理设计文件审批手续的,或者没有按照规定进行型式试验就投入制造的,责令改正,处责任者1 000元以下罚款。情节严重的,处1万元以上3万元以下罚款,吊销相应的资格证件。

第五条 应当履行设备制造、安装、修理、改造安全质量监督检验程序而未按照规定履行的,责令改正。属非经营性活动的,处1 000元以下罚款;属经营性活动,有违法所得的,处违法所得1倍以上3倍以下,最高不超过3万元的罚款;没有违法所得的,处1万元以下罚款。

第六条 制造、销售不符合有关法规、标准的设备,致使设备不能投入使用的,按照《中华人民共和国产品质量法》的有关规定处罚。

安装不符合安全质量的设备,或安装、修理、改造质量不符合安全质量要求,致使设备不能投入使用的,处安装、修理、改造费用1倍以上3倍以下,最高不超过3万元的罚款。情节严重的,吊销相应许可证。

第七条 使用设备有下列违法行为之一的,责令改正,属非经营性使用行为的,处1 000元以下罚款;属经营性使用行为的,处1万元以下罚款:

（1）未取得设备制造（组焊）许可证的。

（2）委托没有取得相应许可的单位或个人进行安装、修理、改造、维护保养、化学清洗、检验的。

（3）未经批准自行进行安装、修理、改造、检验的。

（4）未办理使用（托管）注册登记手续的。

（5）超过检验有效期或检验不合格的。

（6）气瓶及其他移动式压力容器不按规定进行充装的。

（7）未按规定进行维修保养的。

（8）未按规定办理停用、报废手续的。

（9）已经报废或者非承压设备当承压设备的。

第八条　检验检测及有关从事审查、型式试验等机构伪造检验数据或者出具虚假证明的，按《中华人民共和国产品质量法》的有关规定进行处罚。

第九条　使用无相应有效证件的人员进行设备操作、检验等活动的，责令改正，并处 1 万元以下罚款。

第十条　转让资格许可证书，或给无许可资格的单位出具虚假证明的，吊销相应的许可资格，并处 1 万元以上 6 万元以下的罚款。

第十一条　制造、销售、使用等环节违反规定，责令其对设备进行必要的技术处理。设备存在事故隐患，无修理、改造价值的，予以判废、监督销毁。

第十二条　违反设备设计、制造、安装、使用、检验、修理、改造等有关法律、法规规定，造成事故的，依据有关规定进行处理。构成犯罪的，依法追究刑事责任。

第十三条　设备安全监察机构及有关执法部门的工作人员滥用职权、玩忽职守、营私舞弊，构成犯罪的依法追究刑事责任。尚不构成犯罪的，依法给予行政处分。

第十四条　对违法行为责令改正的，由国家质量监督检验检疫总局或地方质量技术监督部门的设备安全监察机构发出"安全监察意见通知书"，其他处罚由国家质量监督检验检疫总局或地方质量技术监督部门按有关规定进行。

第十五条　设备安全监察机构的安全监察人员进行执法，应当出示安全监察员证；其他执法人员进行执法，应当出示相关证件。不出示证件的，被检查者有权拒绝检查。

第十六条　被检查者对行政处罚不服的，可以依法提请行政复议或者行政诉讼。

第十七条　本规定由国家质量监督检验检疫总局负责解释。

第十八条　本规定自 2002 年 3 月 1 日起施行。

第六节　特种设备作业人员监督管理办法

（质量监督检验检疫总局令[2011]第 140 号）

1　总则

第一条　为了加强特种设备作业人员监督管理工作，规范作业人员考核发证程序，保障特种设备安全运行，根据《中华人民共和国行政许可法》《特种设备安全监察条例》和《国务院对确需保留的行政审批项目设定行政许可的决定》，制定本办法。

第二条　锅炉、压力容器(含气瓶)、压力管道、电梯、起重机械、客运索道、大型游乐设施、场(厂)内专用机动车辆等特种设备的作业人员及其相关管理人员统称特种设备作业人员。特种设备作业人员作业种类与项目目录由国家质量监督检验检疫总局统一发布。

从事特种设备作业的人员应当按照本办法的规定,经考核合格取得"特种设备作业人员证",方可从事相应的作业或者管理工作。

第三条　国家质量监督检验检疫总局(以下简称国家质检总局)负责全国特种设备作业人员的监督管理,县以上质量技术监督部门负责本辖区内的特种设备作业人员的监督管理。

第四条　申请"特种设备作业人员证"的人员,应当首先向省级质量技术监督部门指定的特种设备作业人员考试机构(以下简称考试机构)报名参加考试。

对特种设备作业人员数量较少不需要在各省、自治区、直辖市设立考试机构的,由国家质检总局指定考试机构。

第五条　特种设备生产、使用单位(以下统称用人单位)应当聘(雇)用取得"特种设备作业人员证"的人员从事相关管理和作业工作,并对作业人员进行严格管理。

特种设备作业人员应当持证上岗,按章操作,发现隐患及时处置或者报告。

2　考试和审核发证程序

第六条　特种设备作业人员考核发证工作由县以上质量技术监督部门分级负责。省级质量技术监督部门决定具体的发证分级范围,负责对考核发证工作的日常监督管理。

申请人经指定的考试机构考试合格的,持考试合格凭证向考试场所所在地的发证部门申请办理"特种设备作业人员证"。

第七条　特种设备作业人员考试机构应当具备相应的场所、设备、师资、监考人员以及健全的考试管理制度等必备条件和能力,经发证部门批准,方可承担考试工作。

发证部门应当对考试机构进行监督,发现问题及时处理。

第八条　特种设备作业人员考试和审核发证程序包括:考试报名、考试、领证申请、受理、审核、发证。

第九条　发证部门和考试机构应当在办公处所公布本办法、考试和审核发证程序、考试作业人员种类、报考具体条件、收费依据和标准、考试机构名称及地点、考试计划等事项。其中,考试报名时间、考试科目、考试地点、考试时间等具体考试计划事项,应当在举行考试之日2个月前公布。

有条件的应当在有关网站、新闻媒体上公布。

第十条　申请"特种设备作业人员证"的人员应当符合下列条件:

(1) 年龄在18周岁以上。

(2) 身体健康并满足申请从事的作业种类对身体的特殊要求。

(3) 有与申请作业种类相适应的文化程度。

(4) 具有相应的安全技术知识与技能。

(5) 符合安全技术规范规定的其他要求。

作业人员的具体条件应当按照相关安全技术规范的规定执行。

第十一条　用人单位应当对作业人员进行安全教育和培训,保证特种设备作业人员具备必要的特种设备安全作业知识、作业技能并能及时进行知识更新。作业人员未能参加用人单位培训的,可以选择专业培训机构进行培训。

作业人员培训的内容按照国家质检总局制定的相关作业人员培训考核大纲等安全技术规范执行。

第十二条 符合条件的申请人员应当向考试机构提交有关证明材料,报名参加考试。

第十三条 考试机构应当制定和认真落实特种设备作业人员的考试组织工作的各项规章制度,严格按照公开、公正、公平的原则,组织实施特种设备作业人员的考试,确保考试工作质量。

第十四条 考试结束后,考试机构应当在 20 个工作日内将考试结果告知申请人,并公布考试成绩。

第十五条 考试合格的人员,凭考试结果通知单和其他相关证明材料,向发证部门申请办理"特种设备作业人员证"。

第十六条 发证部门应当在 5 个工作日内对报送材料进行审查,或者告知申请人补正申请材料,并做出是否受理的决定。能够当场审查的,应当当场办理。

第十七条 对同意受理的申请,发证部门应当在 20 个工作日内完成审核批准手续。准予发证的,在 10 个工作日内向申请人颁发"特种设备作业人员证";不予发证的,应当书面说明理由。

第十八条 特种设备作业人员考核发证工作遵循便民、公开、高效的原则。为方便申请人办理考核发证事项,发证部门可以将受理和发放证书的地点设在考试报名地点,并在报名考试时委托考试机构对申请人是否符合报考条件进行审查,考试合格后发证部门可以直接办理受理手续和审核、发证事项。

3 证书使用及监督管理

第十九条 持有"特种设备作业人员证"的人员,必须经用人单位的法定代表人(负责人)或者其授权人雇(聘)用后,方可在许可的项目范围内作业。

第二十条 用人单位应当加强对特种设备作业现场和作业人员的管理,履行下列义务:

(1)制定特种设备操作规程和有关安全管理制度。

(2)聘用持证作业人员,并建立特种设备作业人员管理档案。

(3)对作业人员进行安全教育和培训。

(4)确保持证上岗和按章操作。

(5)提供必要的安全作业条件。

(6)其他规定的义务。

用人单位可以指定一名本单位管理人员作为特种设备安全管理负责人,具体负责前款规定的相关工作。

第二十一条 特种设备作业人员应当遵守以下规定:

(1)作业时随身携带证件,并自觉接受用人单位的安全管理和质量技术监督部门的监督检查。

(2)积极参加特种设备安全教育和安全技术培训。

(3)严格执行特种设备操作规程和有关安全规章制度。

(4)拒绝违章指挥。

（5）发现事故隐患或者不安全因素应当立即向现场管理人员和单位有关负责人报告。

（6）其他有关规定。

第二十二条　"特种设备作业人员证"每 4 年复审一次。持证人员应当在复审期届满 3 个月前，向发证部门提出复审申请。对持证人员在 4 年内符合有关安全技术规范规定的不间断作业要求和安全、节能教育培训要求，且无违章操作或者管理等不良记录、未造成事故的，发证部门应当按照有关安全技术规范的规定准予复审合格，并在证书正本上加盖发证部门复审合格章。

复审不合格、逾期未复审的，其"特种设备作业人员证"予以注销。

第二十三条　有下列情形之一的，应当撤销"特种设备作业人员证"：

（1）持证作业人员以考试作弊或者以其他欺骗方式取得"特种设备作业人员证"的。

（2）持证作业人员违反特种设备的操作规程和有关的安全规章制度操作，情节严重的。

（3）持证作业人员在作业过程中发现事故隐患或者其他不安全因素未立即报告，情节严重的。

（4）考试机构或者发证部门工作人员滥用职权、玩忽职守、违反法定程序或者超越发证范围考核发证的。

（5）依法可以撤销的其他情形。

违反前款第（1）项规定的，持证人 3 年内不得再次申请"特种设备作业人员证"。

第二十四条　"特种设备作业人员证"遗失或者损毁的，持证人应当及时报告发证部门，并在当地媒体予以公告。查证属实的，由发证部门补办证书。

第二十五条　任何单位和个人不得非法印制、伪造、涂改、倒卖、出租或者出借"特种设备作业人员证"。

第二十六条　各级质量技术监督部门应当对特种设备作业活动进行监督检查，查处违法作业行为。

第二十七条　发证部门应当加强对考试机构的监督管理，及时纠正违规行为，必要时应当派人现场监督考试的有关活动。

第二十八条　发证部门要建立特种设备作业人员监督管理档案，记录考核发证、复审和监督检查的情况。发证、复审及监督检查情况要定期向社会公布。

发证部门应当在发证或者复审合格后 20 个工作日内，将特种设备作业人员相关信息录入国家质检总局特种设备作业人员公示查询系统。

第二十九条　特种设备作业人员考试报名、考试、领证申请、受理、审核、发证等环节的具体规定，以及考试机构的设立、"特种设备作业人员证"的注销和复审等事项，按照国家质检总局制定的特种设备作业人员考核规则等安全技术规范执行。

4　罚则

第三十条　申请人隐瞒有关情况或者提供虚假材料申请"特种设备作业人员证"的，不予受理或者不予批准发证，并在 1 年内不得再次申请"特种设备作业人员证"。

第三十一条　有下列情形之一的，责令用人单位改正，并处 1 000 元以上 3 万元以下罚款：

（1）违章指挥特种设备作业的。

（2）作业人员违反特种设备的操作规程和有关的安全规章制度操作，或者在作业过程中发现事故隐患或者其他不安全因素未立即向现场管理人员和单位有关负责人报告，用人单位未给予批评教育或者处分的。

第三十二条　非法印制、伪造、涂改、倒卖、出租、出借"特种设备作业人员证"，或者使用非法印制、伪造、涂改、倒卖、出租、出借"特种设备作业人员证"的，处 1 000 元以下罚款。构成犯罪的，依法追究刑事责任。

第三十三条　发证部门未按规定程序组织考试和审核发证，或者发证部门未对考试机构严格监督管理影响特种设备作业人员考试质量的，由上一级发证部门责令整改。情节严重的，其负责的特种设备作业人员的考核工作由上一级发证部门组织实施。

第三十四条　考试机构未按规定程序组织考试工作，责令整改。情节严重的，暂停或者撤销其批准。

第三十五条　发证部门或者考试机构工作人员滥用职权、玩忽职守、以权谋私的，应当依法给予行政处分。构成犯罪的，依法追究刑事责任。

第三十六条　特种设备作业人员未取得"特种设备作业人员证"上岗作业，或者用人单位未对特种设备作业人员进行安全教育和培训的，按照《特种设备安全监察条例》第八十六条的规定对用人单位予以处罚。

5　附则

第三十七条　"特种设备作业人员证"的格式、印制等事项由国家质检总局统一规定。

第三十八条　考试收费按照财政和价格主管部门的规定执行。省级质量技术监督部门负责对本辖区内"特种设备作业人员证"考试收费工作进行监督检查，并按有关规定通报相关部门。

第三十九条　本办法不适用于从事房屋建筑工地和市政工程工地起重机械、场（厂）内专用机动车辆作业及其相关管理的人员。

第四十条　本办法由国家质检总局负责解释。

第四十一条　本办法自 2005 年 7 月 1 日起施行。原有规定与本办法要求不一致的，以本办法为准。

第七节　中国石油天然气股份有限公司特种设备安全管理办法

1　总则

第一条　为加强中国石油天然气股份有限公司（以下简称股份公司）特种设备安全工作，预防特种设备事故，保障人身和财产安全，依据《中华人民共和国特种设备安全法》等法律法规和《中国石油天然气集团公司特种设备安全管理办法》等有关规定，制定本办法。

第二条　本办法适用于股份公司总部、专业分公司及独资子公司、地区分公司（以下统称地区公司）特种设备的安全监督管理。

股份公司及地区公司的控股公司通过法定程序实施本办法；海外地区公司参照本办法，

执行资源国的相关规定和要求。

铁路机车、海上设施和船舶使用的特种设备安全监督管理按照国家和股份公司有关规定执行。

第三条 本办法所称特种设备,是指对人身和财产安全有较大危险性的锅炉、压力容器(含气瓶)、压力管道、电梯、起重机械、大型游乐设施、场(厂)内专用机动车辆,以及法律、行政法规规定的其他特种设备。

第四条 股份公司特种设备安全工作实行总部监督、专业分公司监管、地区公司负责的管理体制。

第五条 股份公司特种设备安全工作遵循以下原则:

(1) 安全第一、预防为主、节能环保、综合治理。

(2) 统一领导、分级负责、直线责任、属地管理。

2 机构与职责

第六条 股份公司安全环保与节能部是特种设备安全监督工作的归口管理部门,履行以下主要职责:

(1) 贯彻落实国家有关特种设备安全监督管理的法律、法规、规章、安全技术规范和标准。

(2) 组织制修订股份公司特种设备安全监督管理规章制度。

(3) 检查、指导、考核地区公司特种设备安全监督管理工作。

(4) 协调解决特种设备安全工作中出现的重大问题,参与特种设备事故的调查工作。

第七条 股份公司总部机关有关部门履行以下主要职责:

(1) 规划计划部门负责投资权限范围内特种设备隐患治理项目的立项。

(2) 人事部门负责协调特种设备安全监督管理部门人员的调配,归口管理特种设备安全管理人员、检测人员和作业人员能力评价与教育培训工作。

(3) 质量管理部门归口管理列入股份公司产品驻厂监造目录内特种设备的驻厂监造工作,组织制修订特种设备安全监督管理方面的企业标准。

(4) 物资采购管理部门负责特种设备采购管理工作,组织选择具有资质的特种设备供应商,按照标准规范要求进行采购。

总部机关其他部门按照职责分工,负责做好业务范围内的特种设备安全监督管理工作。

第八条 专业分公司履行以下主要职责:

(1) 贯彻落实股份公司特种设备安全监督管理规定,并检查执行情况。

(2) 负责将特种设备安全监督管理工作作为本专业设备管理的重点内容,纳入计划并组织实施。

(3) 监督、检查和指导业务归口地区公司特种设备日常管理工作。

(4) 协调解决本专业特种设备安全工作中出现的重大问题,参与本专业特种设备事故的调查工作。

第九条 使用特种设备的地区公司应当明确特种设备归口管理部门,配备满足工作需要的专职安全管理人员,负责特种设备的日常管理工作。

地区公司安全监督机构负责特种设备安全监督工作,未设置安全监督机构的由地区公司安全管理部门承担特种设备安全监督工作。

地区公司其他管理部门按照职责分工,负责做好业务范围内的特种设备安全监督管理工作,落实直线责任。

第十条 地区公司特种设备管理部门履行以下主要职责:

(1)贯彻执行国家有关特种设备安全监督管理的法律、法规、规章、安全技术规范、标准和股份公司有关规定,制修订地区公司特种设备安全监督管理制度,并检查执行情况。

(2)负责对本公司特种设备的采购、生产(包括设计、制造、安装、改造、修理)、经营(包括销售、租赁)、使用、检验、检测等环节的监督管理,定期开展特种设备检查。

(3)建立特种设备管理台账,完善 HSE 信息系统数据,并实行动态管理。

(4)组织制订特种设备检验计划,委托有相应资质、能力的检验机构对在用特种设备进行定期检验。

(5)参与特种设备设计单位、制造单位、施工单位资质审查,组织或者参与特种设备安装、改造、修理和锅炉清洗的审批与竣工验收。

(6)配合人事部门对特种设备安全管理人员、检测人员和作业人员进行专业培训。

(7)组织下属单位制修订特种设备应急预案,开展应急培训与演练。

(8)参与本公司特种设备事故的调查工作。

第十一条 地区公司安全监督机构主要负责对下属单位执行国家有关特种设备安全监督管理的法律、法规、规章、安全技术规范、标准和股份公司、本公司有关规定情况进行现场监督检查。

第十二条 地区公司下属特种设备使用单位(以下简称特种设备使用单位)应当按照本公司的有关规定,建立健全岗位责任、隐患治理、应急救援等安全管理制度,制定操作规程,建立完善安全技术档案,对特种设备安全管理人员、检测人员和作业人员进行安全教育和技术培训,对特种设备进行经常性维护保养和定期自行检查,整改特种设备存在的隐患和问题,制定事故应急专项预案,并定期进行培训与演练。

3 特种设备安全管理要求

3.1 一般规定

第十三条 地区公司主要负责人应当对本公司生产、经营、使用的特种设备安全负责,组织建立健全相关规章制度、操作规程和事故应急预案,开展监督检查,消除事故隐患,及时、如实报告特种设备事故,提供必要的资源和条件,提高特种设备安全性能和管理水平。

第十四条 地区公司应当按照国家有关规定配备特种设备安全管理人员、检测人员和作业人员,并对其进行必要的安全教育和技能培训。特种设备安全管理人员、检测人员和作业人员应当按照国家有关规定取得相应资格,方可从事相关工作。

建筑起重机械安装拆卸工、起重信号工、起重司机、司索工等特种作业人员应当经省级建设主管部门或者其委托的考核发证机构考核合格,取得特种作业操作资格证书后方可上岗作业。对于首次取得资格证书的人员,地区公司应当在其正式上岗前安排不少于 3 个月且在有资质人员监护下的实习操作,并每年组织其参加不少于 24 h 的年度安全教育培训或者继续教育。

第十五条 特种设备作业人员在作业中应当严格执行特种设备的安全技术规范、操作规程和有关规章制度,发现事故隐患或者其他不安全因素,应当立即采取措施,并向现场安全管理人员和单位有关负责人报告。特种设备作业人员有权拒绝使用未经定期检验或者检验不合格的特种设备。

第十六条 特种设备采用新材料、新技术、新工艺,与安全技术规范要求不一致,或者安全技术规范未作要求、可能对安全性能有重大影响的,应当经国务院特种设备安全监督管理部门委托的安全技术咨询机构或者相关专业机构进行技术评审,评审合格并经批准,方可投入生产、使用。

第十七条 地区公司受委托人委托管理特种设备的,应当履行管理义务,承担相应责任。

3.2 采购

第十八条 地区公司物资采购管理部门采购特种设备时,应当按照股份公司物资采购有关规定执行,选型、技术参数、安全性能、能效指标等应当符合国家或者地方有关强制性规定以及设计要求。

第十九条 地区公司物资采购管理部门应当会同特种设备管理部门对制造单位进行资质审查,合格后方可采购。

第二十条 地区公司物资采购管理部门在特种设备采购合同中,应当要求制造单位提供符合安全技术规范要求的设计文件、产品质量合格证明、安装及使用维护保养说明、监督检验证明等相关技术资料和文件,以及安全附件、安全保护装置等特殊技术要求文件。进口特种设备随附的安装及使用维护保养说明、产品铭牌、安全警示标志及其说明应当采用中文。

第二十一条 地区公司负责产品驻厂监造工作的部门应当按照股份公司产品驻厂监造管理规定,对列入股份公司产品驻厂监造目录的特种设备制造委托具有相应资质的单位承担驻厂监造任务。

第二十二条 地区公司物资采购管理部门应当组织对采购的特种设备、随机附件及随机文件进行检查验收。

第二十三条 地区公司在采购进口特种设备时应当提前向特种设备进口地安全监督管理部门告知。进口的特种设备应当符合我国安全技术规范的要求,并经检验合格。按照有关规定需要取得我国特种设备生产许可的,应当取得许可。

特种设备的进出口检验,应当遵守有关进出口商品检验的法律、行政法规。

第二十四条 大件特种设备运输时,地区公司应当根据其外形尺寸和车货重量在起运前勘查作业现场和运行路线,了解沿途道路线形和桥涵通过能力,制定运输组织方案,按有关部门核定的路线行车。白天行车时悬挂标志旗,夜间行车和停车休息时装设标志灯。

3.3 生产

第二十五条 地区公司下属特种设备生产单位应当取得国家规定的相应许可,按照安全技术规范及相关标准的要求从事生产作业活动。不得生产不符合安全性能要求和能效指标以及国家明令淘汰的特种设备。

第二十六条 地区公司锅炉、气瓶、氧舱和大型游乐设施的设计文件,应当经核准的检验机构鉴定,方可用于制造。

地区公司特种设备产品、部件或者试制的特种设备新产品、新部件以及特种设备采用的新材料,按照安全技术规范的要求需要通过型式试验进行安全性验证的,应当经核准的检验机构进行型式试验。

第二十七条　地区公司特种设备管理部门应当参与对从事特种设备安装、改造、修理施工单位的资质、业绩、人员素质等方面的审查。

电梯的安装、改造、修理应当由电梯制造单位或者其委托的取得相应许可的单位进行。

第二十八条　特种设备使用单位应当在施工前与施工单位签订工程服务合同,同时签订安全生产(HSE)合同或者在工程服务合同中明确安全生产要求。施工单位不得以任何形式转包和违规分包。

第二十九条　特种设备使用单位应当在开工前15个工作日内按规定向本公司安全监督机构办理备案,施工单位应当到地区公司特种设备管理部门办理施工审批手续。审批合格后,施工单位应当书面告知所在地直辖市或者设区的市的特种设备安全监督管理部门。

第三十条　特种设备使用单位应当履行属地管理责任,提供符合安全生产条件的作业环境,对进入现场的施工人员进行安全教育和考核,对施工过程进行检查。

第三十一条　地区公司锅炉、压力容器、压力管道元件等特种设备的制造过程和锅炉、压力容器、压力管道、电梯、起重机械、大型游乐设施的安装、改造、重大修理过程,应当经特种设备检验机构进行监督检验。

特种设备进行改造、修理,按照规定需要变更使用登记的,特种设备使用单位应当办理变更登记。

第三十二条　特种设备的安装、改造、修理,应当经地区公司特种设备管理部门验收,合格后财务部门方可结算。

第三十三条　特种设备使用单位应当在合同中提出,从事特种设备安装、改造、修理的施工单位在验收合格后15个工作日内将相关技术资料和文件移交特种设备使用单位,由特种设备使用单位存入该特种设备的安全技术档案。

3.4　经营

第三十四条　地区公司下属特种设备销售单位应当销售符合安全技术规范及相关标准要求的特种设备,随机附件和随机文件齐全,并建立检查验收和销售记录。

第三十五条　地区公司下属特种设备出租单位不得出租未取得许可生产的特种设备或者国家明令淘汰和已经报废的特种设备,以及未按照安全技术规范的要求进行维护保养和未经检验或者检验不合格的特种设备。

第三十六条　地区公司下属特种设备出租单位在出租期间应当承担特种设备使用管理和维护保养义务,法律另有规定或者当事人另有约定的除外。

特种设备出租单位应当与承租单位签订租赁合同,同时签订安全生产(HSE)合同或者在租赁合同中明确安全生产要求。

3.5　使用

第三十七条　特种设备使用单位应当在特种设备投入使用前或者投入使用后30日内按规定办理使用登记,取得使用登记证书;建筑起重机械安装验收合格之日起30日内,使用单位应当到工程所在地县级以上地方人民政府建设主管部门办理使用登记。登记标志应当置于该特种设备的显著位置。

第三十八条　锅炉使用单位应当按照安全技术规范的要求进行锅炉水(介)质处理,并进行定期检验。锅炉清洗过程应当接受监督检验。

第三十九条　电梯使用单位应当委托电梯制造单位或者依法取得许可的安装、改造、修理单位承担本单位电梯的维护保养工作,至少每半个月进行一次清洁、润滑、调整和检查。

第四十条　大型游乐设施运营使用单位在每日投入使用前,应当进行试运行和例行安全检查,并对安全附件和安全保护装置进行检查确认。

第四十一条　电梯、大型游乐设施的运营使用单位应当将电梯、大型游乐设施的安全使用说明、安全注意事项和警示标志置于易于为乘客注意的显著位置。

第四十二条　特种设备使用单位应当建立岗位责任、隐患治理、应急救援等安全管理制度,并明确特种设备使用管理要求,主要内容包括:特种设备采购、安装、注册登记、维护保养、日常检查、定期检验、改造、修理、停用报废、安全技术档案、教育培训、安全资金投入、事故报告与处理等。

第四十三条　地区公司应当建立健全特种设备操作规程,明确特种设备安全操作要求,至少包括以下内容:

(1)特种设备操作工艺参数(最高工作压力、最高或者最低工作温度、最大起重量、介质等)。

(2)特种设备操作方法(开车、停车操作程序和注意事项等)。

(3)特种设备运行中应当重点检查的项目和部位,运行中可能出现的异常情况和纠正预防措施,以及紧急情况的应急处置措施和报告程序等。

(4)特种设备停用及日常维护保养方法。

第四十四条　地区公司应当分级建立特种设备管理台账,特种设备使用单位应当建立健全安全技术档案。安全技术档案应当包括以下内容:

(1)特种设备的设计文件、产品质量合格证明、安装及使用维护保养说明、监督检验证明等相关技术资料和文件。

(2)特种设备的定期检验和定期自行检查记录。

(3)特种设备的日常使用状况记录。

(4)特种设备及其附属仪器仪表的维护保养记录。

(5)特种设备的运行故障和事故记录。

第四十五条　地区公司特种设备安全管理人员应当对特种设备使用状况进行经常性检查,发现问题应当立即处理。情况紧急时,可以决定停止使用特种设备并及时报告本公司有关负责人。

第四十六条　特种设备出现故障或者发生异常情况,特种设备使用单位应当对其进行全面检查,消除事故隐患后,方可继续使用。

第四十七条　特种设备使用单位应当制定事故应急专项预案,并定期进行培训及演练。

压力容器、压力管道发生爆炸或者泄漏,在抢险救援时应当区分介质特性,严格按照相关预案规定程序处理,防止次生事故。

第四十八条　地区公司下属移动式压力容器、气瓶充装单位应当按规定取得许可,方可从事充装活动。

充装单位应当建立充装前后的检查、记录制度,向气体使用者提供符合安全技术规范要求的气瓶,对气体使用者进行气瓶安全使用指导,并按照安全技术规范的要求办理气瓶使用登记,及时申报定期检验。

第四十九条　地区公司下属特种设备承租单位应当租用取得许可生产、按照安全技术规范要求进行维护保养并经检验合格的特种设备,禁止租用国家明令淘汰和已经报废的特种设备。

地区公司下属气瓶使用单位应当租用已取得气瓶充装许可单位提供的符合安全技术规范要求的气瓶,并严格按照有关规定正确使用、运输、储存气瓶。

第五十条　特种设备使用单位应当确保特种设备使用环境符合有关规定,特种设备的使用应当具有规定的安全距离、安全防护措施。与特种设备安全相关的建筑物、附属设施,应当符合有关法律、行政法规的规定。

安全警示标识齐全,现场特种设备与管理台账应当一致,并及时将特种设备使用登记、检验检测、停用报废等信息录入公司 HSE 信息系统。

3.6　停用、报废与处置

第五十一条　特种设备长期停用或者重新启用、移装、过户、改变使用条件、报废,使用单位应当以书面形式向本公司特种设备管理部门和地方政府特种设备安全监督管理部门办理相关手续。

第五十二条　特种设备停用后,应当在显著位置设置停用标识。长期停用的特种设备应当在卸载后,切断动力,隔断物料,定期进行维护保养。

第五十三条　特种设备存在严重事故隐患,无改造、修理价值,或者达到安全技术规范规定的其他报废条件的,地区公司特种设备管理部门应当及时按规定予以报废并注销。

对达到设计使用年限可以继续使用的,应当按照安全技术规范的要求通过检验或者安全评估,并办理使用登记证书变更,方可继续使用。

第五十四条　地区公司特种设备管理部门应当对报废的特种设备采取必要措施,消除其使用功能。报废的特种设备严禁转让、使用。

3.7　检验

第五十五条　地区公司特种设备管理部门应当制订特种设备年度检验计划,特种设备使用单位在检验合格有效期届满前 1 个月向特种设备检验机构提出定期检验要求,并向检验机构及其检验人员提供特种设备相关资料和必要的检验条件。

空气呼吸器使用单位应当对空气呼吸器每月至少检查一次,每年进行一次定期技术检测。空气呼吸器气瓶应当按规定要求进行检验,使用过程中发现异常情况应当提前检验,库存或者停用时间超过一个检验周期时,启用前应当进行检验。

第五十六条　地区公司设置的特种设备检验机构,应当配齐检验设备和人员,依照核准的检验范围和有关国家标准开展检验工作,对检验结果、鉴定结论负责。

第五十七条　地区公司应当优先选用内部检验机构承担特种设备检验、安全附件校验任务,特种设备管理部门应当对承担检验工作的检验机构进行资质、能力审查,经审查合格的方可允许其开展检验、校验工作,并对其检验过程进行监督。

第五十八条　特种设备检验机构应当在规定时间内出具检验报告。经检验发现影响安全运行的问题和隐患,及时告知特种设备使用单位和地区公司特种设备管理部门。

第五十九条　特种设备使用单位应当对在用特种设备的安全附件、安全保护装置进行定期校验、检修,并做出记录。

第六十条　地区公司特种设备检验机构及其检验人员对检验过程中知悉的商业秘密，负有保密义务。不得从事有关特种设备的生产、经营活动，不得推荐或者监制、监销特种设备。

4　特种设备安全监督检查

第六十一条　地区公司应当依照本办法，对特种设备采购、生产、经营、使用和检验实施全过程监督管理。

第六十二条　地区公司特种设备管理部门应当每半年至少组织一次特种设备管理情况检查，特种设备使用单位应当每月至少对在用特种设备进行一次自查，并做出记录。

特种设备安全管理人员应当对特种设备使用状况进行经常性检查，发现问题及时处理。

第六十三条　地区公司安全监督机构应当对特种设备使用单位进行监督检查，包括以下主要内容：

（1）特种设备管理，主要包括特种设备管理部门及人员设置、特种设备管理规章制度建立与执行、安全生产责任制落实和特种设备作业人员安全培训，以及风险管理等情况。

（2）安全生产条件，主要包括安全防护设施和安全附件齐全完好情况、设备维修保养情况，以及作业环境满足安全生产要求等情况。

（3）安全生产活动，主要包括现场生产组织、作业许可与变更手续办理，以及特种设备作业人员持证上岗等情况。

（4）安全应急准备，主要包括应急组织建立、特种设备专项应急预案的制修订、应急物资储备、应急培训和应急演练开展等情况。

（5）其他需要监督的内容。

第六十四条　地区公司安全监督机构应当对安装、改造、修理等施工过程进行监督，包括以下主要内容：

（1）审查特种设备施工单位资质、人员资格、安全生产（HSE）合同、安全生产规章制度建立和安全组织机构设立、安全监管人员配备等情况。

（2）检查特种设备施工项目安全技术措施、施工方案、HSE"两书一表"、人员安全培训、施工设备和安全设施、技术交底、开工证明和基本安全生产条件、作业环境等。

（3）检查现场施工过程中安全技术措施落实、规章制度与操作规程执行、作业许可办理、设计与计划变更等情况。

（4）检查施工单位事故隐患整改、违章行为查处、安全费用使用、安全事故（事件）报告及处理情况。

（5）其他需要监督的内容。

第六十五条　地区公司安全监督机构应当对特种设备检验检测、安全附件校验的工作过程进行监督，包括以下主要内容：

（1）检验检测、校验人员持证情况。

（2）安全技术规范、现场管理规定等执行情况。

（3）作业许可办理和安全措施落实情况。

（4）其他需要监督的内容。

第六十六条　特种设备安全管理人员和安全监督人员发现特种设备施工单位、使用单位、检验检测机构违反有关规定的,应当及时通知被监督单位采取措施予以改正。

特种设备安全管理人员和安全监督人员发现存在事故隐患无法保证安全的,或者发现危及员工生命安全的紧急情况时,有权责令停止作业或者停工,并立即向所在部门或者机构报告。

5 特种设备事故管理

第六十七条 特种设备事故属于生产安全事故,是指因特种设备的不安全状态或者相关人员的不安全行为,在特种设备制造、安装、改造、维修、使用、检验检测活动中造成的人员伤亡、财产损失、特种设备严重损坏或者中断运行、人员滞留、人员转移等突发事件。

第六十八条 特种设备事故分为特别重大事故、重大事故、较大事故和一般事故。

(1) 特别重大事故。

① 特种设备事故造成30人以上死亡,或者100人以上重伤(包括急性工业中毒,下同),或者1亿元以上直接经济损失的。

② 600 MW以上锅炉爆炸的。

③ 压力容器、压力管道有毒介质泄漏,造成15万人以上转移的。

④ 客运索道、大型游乐设施高空滞留100人以上并且时间在48 h以上的。

(2) 重大事故。

① 特种设备事故造成10人以上30人以下死亡,或者50人以上100人以下重伤,或者5 000万元以上1亿元以下直接经济损失的。

② 600 MW以上锅炉因安全故障中断运行240 h以上的。

③ 压力容器、压力管道有毒介质泄漏,造成5万人以上15万人以下转移的。

④ 客运索道、大型游乐设施高空滞留100人以上并且时间在24 h以上48 h以下的。

(3) 较大事故。

① 特种设备事故造成3人以上10人以下死亡,或者10人以上50人以下重伤,或者1 000万元以上5 000万元以下直接经济损失的。

② 锅炉、压力容器、压力管道爆炸的。

③ 压力容器、压力管道有毒介质泄漏,造成1万人以上5万人以下转移的。

④ 起重机械整体倾覆的。

⑤ 客运索道、大型游乐设施高空滞留人员12 h以上的。

(4) 一般事故。

① 特种设备事故造成3人以下死亡,或者10人以下重伤,或者1万元以上1 000万元以下直接经济损失的。

② 压力容器、压力管道有毒介质泄漏,造成500人以上1万人以下转移的。

③ 电梯轿厢滞留人员2 h以上的。

④ 起重机械主要受力结构件折断或者起升机构坠落的。

⑤ 客运索道高空滞留人员3.5 h以上12 h以下的。

⑥ 大型游乐设施高空滞留人员1 h以上12 h以下的。

第六十九条 下列情形不属于特种设备事故:

(1) 因自然灾害、战争等不可抗力引发的。

（2）通过人为破坏或者利用特种设备等方式实施违法犯罪活动或者自杀的。

（3）特种设备作业人员、检验检测人员因劳动保护措施缺失或者保护不当而发生坠落、中毒、窒息等情形的。

（4）因交通事故、火灾事故引发的与特种设备相关的事故，但该事故的发生与特种设备本身或者相关作业人员无关的。

（5）非承压锅炉、非压力容器发生的事故。

第七十条　特种设备事故发生后，现场人员应当采取应急措施，事故发生单位应当立即启动应急预案，并按国家和股份公司的有关规定报告。

第七十一条　特种设备事故的调查处理按国家法律法规和股份公司生产安全事故管理规定执行。

6　考核与奖惩

第七十二条　股份公司将地区公司特种设备安全监督管理工作作为年度安全生产考核的重点内容，考核结果作为评选安全生产先进单位的依据。

第七十三条　地区公司应当每年对下属单位的特种设备安全监督管理工作进行考核，对于特种设备安全监督管理工作成绩显著的单位和个人，应当给予表彰奖励。

第七十四条　地区公司应当对违反本办法和股份公司有关规定的单位及责任人给予处罚。造成事故的，按照股份公司有关规定追究责任。

7　附则

第七十五条　地区公司应当根据本办法，结合本公司实际，制定具体实施细则。

第七十六条　对于未列入国家特种设备目录，但在石油天然气生产经营过程中使用的涉及生命安全、危险性较大的加热炉、电脱水器、灰罐、常压锅炉等设备，以及未列入国家特种设备目录和公安交通管理部门管理的在场（厂）内运行的机动车辆，地区公司应当明确管理部门，以及建档、检验、培训、检查等日常管理要求。

第七十七条　石油天然气管道的规划、建设、运行及保护，依照本办法和《中华人民共和国石油天然气管道保护法》的规定执行。

第七十八条　本办法由股份公司安全环保与节能部负责解释。

第七十九条　本办法自 2014 年 1 月 1 日起施行。

第八节　辽河油田公司热注系统管理规定

1　总则

第一条　为了加强辽河油田分公司、辽河石油勘探局热注系统管理，提高热注系统生产与技术管理水平，确保油田热注系统"安全、优质、高效"运行，结合油田公司实际，制定本管理规定。

第二条　本管理规定所称热注系统，是指油田公司及所属单位服务于稠油开采的热注作业区、热注站、热注设备、配套设施、热注管线等。

第三条　本管理规定适用于辽河油田分公司、辽河石油勘探局(以下简称油田公司)。

2　管理机构及职责

第四条　采油工艺处是油田公司热注系统的业务归口管理部门,对油田公司热注系统的管理工作全面负责,主要职责有:

(1)根据集团公司和股份公司有关规定,结合油田公司生产实际起草、制定、修订油田公司热注系统管理规章制度,经批准后组织实施。

(2)负责热注系统日常生产技术的管理,组织制定和审查热注系统的操作规程、技术规范与标准,编制热注系统的发展规划和年度计划,并组织实施。

(3)负责组织编制热注管线技术方案,审查新建、改建、扩建热注站、热注设备、配套设施,并负责组织热注系统技术研究工作。

(4)负责热注系统新工艺、新技术、新产品的论证与评价、化学药品的筛选与评价,及其试验与推广等技术管理工作。

(5)负责热注系统专业市场管理,负责技术认定及准入审批工作。

(6)负责对油田公司所属各单位(部门)的热注系统管理工作进行指导、监督、检查、考核。

第五条　油田公司所属单位热注系统管理部门的主要职责有:

(1)负责贯彻落实油田公司热注系统管理规章制度。

(2)负责组织制定本单位热注系统岗位操作规程、技术规范与标准,负责本单位热注系统工艺技术管理工作。

(3)负责编制和上报本单位热注系统的发展规划、年度计划,本单位热注站、热注管线的新建改建扩建等工艺技术方案,并组织技术研究工作。

(4)负责本单位热注系统新工艺、新技术、新产品的论证与评价、化学药品的筛选与评价,及其试验与推广等技术管理工作。

(5)负责对本单位热注系统的管理工作进行指导、监督、检查和考核,保证本单位热注系统安全平稳运行。

第六条　油田公司建立"热注系统简报"(季度)、定期召开油田热注系统工作会议,每半年一次;采油工艺处定期组织"热注系统专业管理检查",每年度一次。同时,强化不定期日常管理检查工作。

3　热注系统技术指标管理

第七条　热注系统技术指标。

(1)蒸汽质量指标。

① 蒸汽干度测定方法参照《油田专用湿蒸汽发生器蒸汽干度测定方法》(Q/SY LH 0070—2000)标准执行。

② 蒸汽干度达到30%方可转注,4 h内,需达到注汽方案要求。

③ 湿蒸汽发生器正常运行时,当注汽压力不超过额定压力的90%时,要求干度大于75%且小于80%;当注汽压力超过额定压力的90%时,若干度仍达不到75%,排量不能超过额定蒸发量的60%。

④ 质量指标：干度合格率大于等于 98%；锅炉运行时率大于等于 96%；报表准确率 100%。

（2）水质指标。

① 用清水。

湿蒸汽发生器使用清水，水质指标参照《油田专用湿蒸汽发生器安全规定》（SY/T 5854—2005）标准执行，水质检验方法参照《稠油污水回用于湿蒸汽发生器水质指标及水质检验办法》（Q/SY LH 0233—2007）标准执行。

其中水质指标：

总硬度（$CaCO_3$）	≤0.001 mg/L
总悬浮固形物含量	≤1 mg/L
总铁含量	≤0.1 mg/L
溶解氧	≤0.05 mg/L
总矿化度	<7 000 mg/L
碱度	<2 000 mg/L
油含量	<1 mg/L
硅含量	<50 mg/L
pH（25 ℃）	7～12

② 用稠油污水。

稠油污水回用于湿蒸汽发生器的水质指标及水质检验方法参照《稠油污水回用于湿蒸汽发生器水质指标及水质检验办法》（Q/SY LH 0233—2007）标准执行。

其中水质指标：

溶解氧	<0.05 mg/L
总硬度	<0.1 mg/L（以 $CaCO_3$ 计）
总铁含量	<0.05 mg/L
二氧化硅	<100 mg/L
悬浮物	<2.0 mg/L（采用强酸树脂软化）
	<5.0 mg/L（采用弱酸树脂软化）
总碱度	<2 000 mg/L（以 $CaCO_3$ 计）
油和脂	<2.0 mg/L（建议不计溶解油）
可溶性固体	<7 000 mg/L
pH（25 ℃）	7.5～11.0

③ 水质合格率要求达到 100%。

（3）湿蒸汽发生器保温、排烟温度、热效率及单耗指标。

① 表面温度。

发生器正常运行时，辐射段表面平均温度不超过 50 ℃，最高点不得超过 80 ℃；过渡段、对流段表面平均温度不超过 80 ℃，最高点不得超过 100 ℃。

② 排烟温度。

发生器正常运行时，若以天然气为燃料，要求排烟温度不超过 220 ℃；若以其他物质为燃料，要求排烟温度不超过 300 ℃。

③ 热效率。

要求湿蒸汽发生器实际运行热效率大于等于80%。

④ 单耗指标。

湿蒸汽发生器达到额定效率时，消耗的燃料量与产生的蒸汽量的比值作为测算单耗的依据，单耗以年初下发的计划指标为准。

（4）热注管线。

① 注蒸汽管线表面温度。

地面热注管线按设计要求进行保温隔热，热损失不超过5%/km。热注管线在使用中，原则上固定管线外表面温度要低于50℃，活动管线外表面温度要低于50℃，最高不能超过70℃。

② 活动管线。

活动管线在使用中，管线连接处、热采井口要求保温。

③ 固定管线。

固定管线分支全面实行U形弯连接，杜绝端点放空。

（5）热采管柱设计。

根据湿蒸汽发生器压力等级不同选用配套的热采井口装置，热采井口装置按照《热采井口装置》(SY/T 5328—1996)标准执行。热采井应采取隔热措施，采用井下高温封隔器和隔热管，必要时采用环空充氮气隔热技术保护套管，隔热管要定期检查，发现问题要及时更换。注汽过程中，要求井深1 km处，井底蒸汽干度不小于40%。

（6）湿蒸汽发生器的利用率。

湿蒸汽发生器的利用率要大于65%。

第八条 热注系统技术指标管理。

（1）蒸汽质量指标管理。

发生器正常运行时，岗位员工每小时检查一次蒸汽质量；热注作业区每5天检查一次单台发生器的蒸汽质量。

（2）水质指标管理。

① 日常检查。

用清水或用稠油污水注汽，规定岗位员工化验给水硬度的周期为1 h、化验Na_2SO_3过剩量的周期为2 h(采用化学除氧)。发生器正常运行时，要求热注作业区每5天检查一次单台发生器使用水质的情况。

② 季度检查。

每季度采油工艺处组织水质分析的权威部门，对油田公司所属湿蒸汽发生器使用的水质进行全面分析，并出具检验报告。

（3）湿蒸汽发生器保温、排烟温度、热效率及单耗管理。

① 测量单耗。

要求热注站每天记录燃料消耗量、累积注汽量，每周计量燃料单耗，及时发现单耗异常的湿蒸汽发生器。要求热注作业区建立湿蒸汽发生器单耗登记台账，每月进行登记。发现湿蒸汽发生器单耗异常时，热注作业区要查明原因，采取标定水流量、标定燃料量、吹灰、清灰、除垢、调整燃烧状态等方式消除异常情况。

② 测量表面温度。

湿蒸汽发生器表面温度无异常时,每年测量一次表面温度;发现湿蒸汽发生器表面温度异常时,必须及时测量表面温度。对表面温度超标的湿蒸汽发生器要纳入本单位的修理计划进行修理。

③ 测量热效率。

每年测量一次湿蒸汽发生器的热效率,并做好记录。

④ 分析燃料特性。

每年分析一次燃料油特性,更换燃料油时必须及时进行特性分析;使用天然气做燃料时,每年对天然气特性分析一次。

燃料油、天然气特性分析内容参照《热力采油蒸汽发生器运行技术规程》(SY/T 6086—1994)。

(4) 热注管线管理。

① 管线连接和巡检。

热注管线安装必须规范,布局必须合理。活动管线包括 Z 形、L 形弯管段在内,每 40～50 m 必须加装一个胀力弯,活动管线穿越道路要安装护管,并安装醒目的警示标志。

发生器正常运行时,每 4 h 检查一次热注管线、热采井口,遇井口返汽、井口升高等特殊情况要加密巡井,认真填好巡检情况记录,发现异常情况的,积极组织整改。

② 热注管线保温维护。

每年结合热注管线检验,对管线表面温度进行测量,也可以通过注汽井测试资料了解热注管线散热情况。对散热量超标的管线要纳入本单位的修理计划进行修理。

③ 建立热注管线台账。

热注作业区要建立固定管线、活动管线台账。固定管线台账应包括规格型号、建设年份、起止位置、检验、修理等内容;活动管线台账应包括管线名称、规格型号、数量、投产时间等内容。新增、淘汰、检验、修理热注管线要及时完善热注管线台账信息。

热注作业区对所管固定管线每月检查一次,对严重变形、保温破损严重、掉墩的固定管线及时修理,对散失活动管线及时收回,统一存放。

(5) 热采管柱及注汽方案管理。

根据地质部门对热采井的具体要求,设计部门进行热采管柱方案和注汽方案设计,热注站严格按照注汽方案进行注汽。

(6) 湿蒸汽发生器的利用率管理。

各单位计划增加湿蒸汽发生器时,要充分考虑单台发生器控制的井数、热注管线布局、控制区域内注汽量的需求,合理安排湿蒸汽发生器的数量和位置,保证投产后的利用率。闲置的湿蒸汽发生器先在二级单位内部调剂,后在油田公司内部进行调剂。

4　热注站规范管理

第九条　热注系统管理执行以下规定:

(1) 要求热注站建立健全各岗位责任制和操作规程。岗位生产工艺流程图、巡回检查路线图、危险点源控制图、岗位责任制必须上墙,做到翔实准确,简易实用。

(2) 必须按油田公司规定,统一设置各类记录本和制度汇编。各生产岗位资料、报表填写做到齐全准确、及时整洁。各种记录、报表存档保留 2 年。

（3）必须建立并严格执行巡回检查制度。生产岗位各关键控制环节，必须设立全面的巡回检查点，采用"拨牌"或"巡检钮"等方式强化检查。

（4）热注站必须编制切实可行的"事故应急处理预案""防暴风、雨、雪预案"等，并组织演练。重大生产事故，必须在 4 h 内及时上报采油工艺处。

（5）安全器材（包括试电笔、绝缘手套、H₂S 防护用具等）、消防器材配备齐全、合理，并有定期检查记录，确保其灵活好用。各重要工艺部位，均有安全警示牌。岗位员工，劳保着装应整齐规范，严格执行集团公司的规定。

（6）岗位员工要熟练掌握工艺流程、设备性能、操作规程及各项生产工艺参数。要切实抓好员工生产技能培训工作，杜绝人为因素造成的生产质量和安全事故的发生。各二级单位要利用长停、闲置热注站，建立内容全面、实用的热注系统岗位练兵场。

5　热注系统建设管理

第十条　热注系统新建改建扩建热注站、热注管线审查审批程序如下：

各二级单位编制技术方案，首先要由本单位组织技术论证，经本单位主管领导审定后，上报采油工艺处组织专业技术审查。各二级单位，必须根据专业技术审查意见，对方案做进一步修改完善后，报请油田公司主管领导审批。

6　热注系统应用新技术、新工艺、新产品管理

第十一条　热注系统的"新技术、新工艺、新产品"，是指在辽河油田从未使用过，或已经使用，但在原有基础上，主要核心、辅助部分进行了重大改进的技术、工艺、产品。热注系统应用"三新"按照如下程序审批：

（1）首次进入油田公司热注系统的"新技术、新工艺、新产品"必须由采油工艺处组织"技术认定"，出具"油田公司技术认定报告"后，方可进行现场试验。没有"油田公司技术认定报告"书，二级单位一律不允许进入现场试验，一经发现，立即终止试验，停办任何市场准入手续和相关结算，并对相关二级单位进行处罚。现场试验完成后，由二级单位主管部门组织技术验收，并出具"技术验收报告"，方可办理市场准入手续和相关结算。

（2）经过现场试验的"新技术、新工艺、新产品"准备进行规模实施与推广，必须经过采油工艺处组织"技术审查"，出具"油田公司技术审查报告"后，方可在工程设计中采用或规模实施。

7　热注系统工艺设备管理

第十二条　各作业区，必须建立健全设备档案、工艺设施台账及管理制度。热注系统工艺设备管理对象主要包括：湿蒸汽发生器，水处理装置，扩容器，燃油储罐，供水储罐，污水罐，天然气分离器，供油、供气、供水管线，污水管线及热注管线等。需满足以下基本管理要求：

（1）各类工艺设施，必须按《油气田地面管线和设备涂色规范》（SY/T 0043—2006）着色。必须严格按周期及时组织清理、维护和保养工作。必须认真做好防腐蚀保护与运行管理。

（2）站区及设施，必须按照规范管理。站区及设施要达到"三清、四无、五不漏"（三清：设备清、操作间清、站区清；四无：无油污、无杂草、无易燃易爆物、无明火；五不漏：不漏油、气、水、电、火），各类设施标识，必须按照中国石油天然气股份有限公司《油气田地面设施标识设计规定》执行，闲置工艺设施，保持完整、整洁、不锈蚀，确实不需要的设备要及时拆除或再利用。

（3）工艺设施及设备管理承包到人，并建立检查标准和考核制度。工艺设备严格按"十字作业法"维修保养，杜绝设备"脏松漏缺锈"等现象。运行、保养记录及时填写，各项参数齐全、准确。

（4）确保各类工艺设施及设备完好，电气设备无缺件或严重老化现象，备用设备保持完好状态。

（5）湿蒸汽发生器要配备连续计量仪表，记录压力、温度、流量、干度、累积量等参数，保留记录数据3个月以上。

第十三条　湿蒸汽发生器安全管理参照《油田专用湿蒸汽发生器安全规定》（SY/T 5854—2005）标准执行。该标准规定了发生器从设计、制造、安装、使用管理、修理与改造、定期检验到报废的全过程管理，对安全附件与仪表也作了相关规定，各单位要按规定严格落实。考虑几种特殊情况，对发生器报警系统的校验作如下规定：

（1）发生器报警值的设置参照制造单位相关规定。热注作业区每3个月组织一次安全保护装置的检验工作，检验报警系统是否好用、检查报警值设置是否合理、检查在用各类仪表、安全附件是否在校验期内，热注站应保存发生器报警值检验记录。安全阀每年至少校验一次，压力表每半年至少标定一次，变送器、热电偶、显示屏按相关标准校验，报警开关每6个月校验一次，使用气动仪表时，水流量每3个月校验一次。湿蒸汽发生器运行期间应随时检查安全保护装置运行情况，发现异常应及时处理。

（2）注蒸汽驱、SAGD井时，发生器注汽压力较低，注汽参数相对稳定。发生器的报警值作如下调整：发生器的注汽参数稳定达到注汽方案要求后，将发生器的蒸温高报警值按照比实际蒸汽温度高6 ℃设定，按照设定后的蒸温高报警值对应的饱和压力，调整发生器的蒸压高报警值；将发生器的管温高报警值设定为比实际管温高10 ℃；将比实际蒸汽温度高3 ℃的温度值设定为蒸温高预报警值，超过此温度，发生器只发出报警信号并不灭火，提醒操作人员调整。

（3）注吞吐井时，若单井累积注汽量超过5 000 m³，要求按上述办法调整报警值。注汽压力较低的区块可根据实际情况，对发生器报警值作适当修正。

第十四条　发生器运行管理按照《热力采油湿蒸汽发生器运行技术规范》（SY/T 6086—1994）标准执行。

第十五条　固定管线的安全检验参照《稠油热采注汽管道再用检验规则》（Q/SY LH 0271—2008）标准执行。活动管线安全检验参照固定管线检验标准，为便于跟踪检查，活动管线要用醒目的颜色标识出生产年份。反复拆装使用的卡箍、螺栓、螺母，每次使用前要经过外观检查，发现损坏及时淘汰，反复拆装使用的卡箍、螺栓、螺母如果不经过超声波检验或磁粉探伤检验，原则上每年更新一次。

第十六条　其他设施清理维护检测内容与周期执行如下规定：

（1）机泵、压力容器、电器等设备、设施的保养、维护、大修，必须按有关管理规定执行。

（2）在用树脂罐,每半年开盖检查一次,并按规定要求补充树脂,如果树脂污染严重,必须对其清洗或更换。水罐、油罐根据杂质沉积情况由本单位自己决定清理周期。

（3）压力容器检验要遵照《固定式压力容器安全技术监察规程》（TSG R0004—2009）执行。

8　热注系统化学品管理

第十七条　热注系统化学品使用与管理,按照油田公司化学品使用与管理有关规定执行。

第十八条　化学品技术评价工作,由采油工艺处,会同物资公司、质量节能管理部、纪检监察处和各二级单位,每2年组织一次。未经技术评价的化学品,不得使用。化学品技术评价室内检测,由油田公司指定的权威机构完成。

第十九条　热注系统化验药品要求由专人配置、统一管理,保证药品不失效。采油工艺处对各单位药品配置人员进行登记,并定期培训。

9　节能挖潜管理

第二十条　热注系统要本着"安全、优质、高效"的原则,广泛采用先进成熟技术,不断深化节能工艺技术改造,实现热注系统经济合理运行。

第二十一条　热注系统节能挖潜基本管理要求:

（1）热注站内的水、电、气表以及油流量计每年要标定一次,保证计量准确。

（2）各单位要重点围绕"水、电、燃料"三大费用,突出抓好节能挖潜工作。必须制订年度节能降本措施计划,并认真执行。

（3）各单位根据实际情况,确定各热注站水、电、燃料单耗指标,并认真检查考核。

（4）要积极采用高效、节能型设备,发生器柱塞泵电机要配备变频器。禁止使用国家明令淘汰设备。要有计划地更新、淘汰低效、高耗能设备,降低运行成本。

第二十二条　热注系统节能挖潜技术指标要求:

（1）热注系统每吨蒸汽实际耗水量小于1.3 t。

（2）热注系统每吨蒸汽实际耗电量小于8 kW·h。

（3）热注系统每吨蒸汽实际耗油量不高于年初计划指标。

10　奖惩规定

第二十三条　采油工艺处采用日常抽查和定期检查的方式对各单位热注日常管理工作进行检查,年底组织开展"高效优质热注站"检查评比,评选出"热注管理先进单位"4个,"先进热注作业区"7个,"高效优质热注站"7个,并对先进单位进行表彰和奖励。

第二十四条　热注单位出现水质抽查2次以上不合格、报警系统漏校验一次、注汽管线未按规定检测、注汽工艺及流程不符合设计规范等严重安全漏洞和问题,采油工艺处将进行通报批评,并取消当年热注系统的先进评选资格。

第二十五条　热注单位发生生产责任事故,将严格按照《辽河油田公司生产安全事故管理规定》进行处罚。

第十章 热注岗位危害因素辨识、风险评价与控制程序

第一节 危险识别的主要内容及辨识方法

危险因素是指能够对人造成伤亡或对物造成突发性损害的因素;有害因素是指能够影响人的身体健康,导致疾病或对物造成慢性损害的因素。通常情况下,两者不做严格的区分。客观存在的危险,有害物质或能量超过临界值的设备、设施和场所等,统称为危险因素。

危险因素的辨识是安全评价的主要内容之一。危险因素辨识是确认危害的存在并确定其特性的过程,即找出可能引发事故并导致不良后果的材料、系统、生产过程或工厂的特征。因此,危险因素辨识有 2 个关键任务:识别可能存在的危险因素,辨识可能发生的事故后果。

一、危险识别的主要内容及辨识方法

危险辨识的主要内容有:厂址的地理位置及交通条件,厂区平面布局,建(构)筑物结构,生产卫生设施,生产工艺过程,生产设备、装置,粉尘、毒物、噪声、振动、辐射、高温、低温等有害作业部位,工时制度,女职工劳动保护,体力劳动强度,管理设施,事故应急抢救设施和辅助生产、生活卫生设施。

危险识别过程是组织建立职业安全卫生管理体系的基础,许多系统的安全分析、评价方法,都可用来进行危险因素的辨识。方法是分析危险因素的工具,选用哪种方法要根据分析对象的性质、特点、寿命的不同阶段和分析人员的知识、经验和习惯来定。通用的辨识方法大致可分为两大类:

(1)直观经验法。适用于有可供参考先例、有以往经验可以借鉴的危险辨识过程,又可分为对照、经验法和类比方法。对照、经验法是对照有关标准、法规、检查表或依靠分析人员的观察分析能力,借助于经验和判断能力直观地评价对象危险性和危害性的方法。类比方法利用相同或相似系统或作业条件的经验和职业安全卫生的统计资料来类推、分析评价对象的危险、危害因素,多用于危害因素和作业条件危险因素的辨识过程。

(2)系统安全分析方法。即应用系统安全工程评价方法的部分方法进行危险辨识。系统安全分析方法常用于复杂系统、没有事故经验的新开发系统。常用的系统安全分析方法有事件树(ETA)、事故树(FTA)等。

二、物质及作业环境危险辨识

生产过程中的原料、半成品、成品和废弃物分别以气、液、固态存在,它们分别具有相应

的物理、化学性质及危险、危害特性。常用的危险化学品分为爆炸品、压缩气体和液化气体、易燃液体、易燃固体(含自燃物品)和遇湿易燃物品、氧化剂和有机过氧化物、有毒品、放射性物品、腐蚀品等 8 类。这些危险特性可概括为化学反应危险、高能量储存的危险、物质毒性危害、腐蚀性危害、辐射危害等。可根据易燃、易爆物质化学特性、引燃或引爆条件,分析其生产、储存、运输、使用过程中的火灾、爆炸危险因素。可根据存在的有害物质和物理危害因素,分析作业环境的危害因素。

三、重大危险源辨识

重大危险源是指长期地或临时地生产、加工、搬运、使用或储存危险物质,且危险物质的数量等于或超过临界量的单元。重大危险源辨识依据物质的危险特性及其数量。单元内存在危险物质的数量等于或超过临界量,即被定为重大危险源。单元内存在危险物质的数量根据危险物质种类的多少分为以下 2 种情况:单元内存在的危险物质为单一品种,则该物质的数量即为单元内危险物质的总量,若等于或超过相应的临界量,则定为重大危险源;单元内存在的危险物质为多品种时,则计算各种危险物质实际存在量与各危险物质相对应的生产场所或贮存区的临界量的比值之和,若大于等于 1,则定为重大危险源。

重大事故是由于重大危险源在失去控制的情况下导致的后果。重大事故隐患包含在重大危险源的范畴之中,从事故预防的角度,加强对重大危险源的监控管理,控制危险源,查找、治理事故隐患是非常必要的。

四、危害因素辨识范围

危害因素辨识的范围必须覆盖生产作业活动的全过程,包括 3 种时态、3 种状态、7 种类型。

1.3 种时态

(1) 过去时态:评估对残余风险的可承受度。

(2) 现在时态:评估现有控制措施下的风险。

(3) 将来时态:生产作业活动中或计划中可能带来的危害因素。

2.3 种状态

(1) 正常状态:指正常生产情况。

(2) 异常状态:指机器设备试运转、停机及发生故障时的状况。

(3) 紧急状态:指不可预见何时发生,可能带来重大危害的状况,如地震、火灾、爆炸、大型机械设备损失、高空坠落、触电等状况。

3.7 种类型

机械能、电能、热能、化学能、放射能、生物因素、人机工程因素等。

五、辨识依据

(1) 国家、政府各部委颁布的政策、法规、标准、规定、条例等。

(2) 公司注册所在地的地方法规、标准、规定、条例等。

(3) 认证机构和检验检测机构的检测及认证结果或反馈的信息。

（4）其他相关方信息。

（5）其他外部信息（各部门直接从外部获取的信息）。

六、危害因素评价

1.评价依据

（1）国家和政府的法律法规、行业协会的规定。

（2）职业安全健康危害因素影响的范围。

（3）职业安全健康危害因素影响的严重程度。

（4）职业安全健康危害因素发生的频次。

（5）职业安全健康危害因素对社会影响和经济影响的程度。

（6）职业安全健康危害因素对公司发展的影响程度。

（7）社会、员工、投资方对职业安全健康的要求。

2.评价方法

（1）由企业体系推进组组织对《作业活动信息表》和《危害性事件调查表》进行评审。

（2）风险评价采用"风险评价指数矩阵法"，矩阵中指数的大小按可以接受的程度划分类别，也可称为风险接受准则。矩阵中给出 4 种类别，其中：指数为 1～5 的为不可接受的风险，是用人单位不能接受的；6～9 的为不希望有的风险，需由用人单位决策是否可以承受；10～17 的是有条件接受的风险，需经用户评审后方可接受；18～20 的是不需评审即可接受的风险。

（3）为了易于员工理解风险分类，将不可接受的风险称为重大风险，不希望有的风险称为重要风险。

（4）评价结果填写《危害辨识、风险评价、风险控制工作表》。

（5）根据风险程度及公司能力和发展规划，最后确定出《风险控制策划工作表》。

七、危害因素的更新

（1）一般情况下，每年一、二季度由生产部组织各部门对职业安全健康危害因素进行重新辨识与评价。

（2）当发生以下情况时，须对职业安全健康危害因素进行辨识与评价，更新不可承受风险：

① 有关法律、法规、标准、规范变更和增加时。

② 新的作业活动产生时。

③ 发生重大职业安全健康和环境污染事故后。

④ 采用新工艺、新材料、新技术、新设备时。

⑤ 管理评审中的新要求。

⑥ 供方更新时。

八、危害因素控制

（1）控制措施应包括：

① 目标、指标和管理方案。

② 运行控制。

③ 培训。

④ 监测与监视。

⑤ 管理制度。

(2) 对危害因素评价的结果采取相应的风险控制措施：

① 不需要评审即可接受的风险。

不需采取措施且不必保留文件记录。

② 有条件接受的风险。

通过评审决定是否需要另外的控制措施，如需要，应考虑投资效果更佳的解决方案或不增加额外成本的改进措施。同时，需要通过监测来确保控制措施得以维持。

③ 不希望有的风险。

应努力降低风险，但应仔细测定并限定预防成本，并应在规定时间期限内实施措施减少风险。在该风险与严重事故后果相关的场合，必须进行进一步的评价以更准确地确定该事故后果发生的可能性，以确定是否需要改进长远的控制措施和当前简易可靠的控制措施。

④ 不可接受的风险。

直至风险降低后才能开始工作。为降低风险有时必须配合给予大量的资源。当风险涉及正在进行中的工作时，应立即采取应急措施。制定目标、指标和管理方案降低风险。

第二节　职业安全健康危害因素辨识、风险评价、风险控制标准

一、划分作业活动

在开展危害辨识、风险评价和风险控制时，首先要准备一份作业活动表，用合理且易于控制的方式对作业活动进行划分并收集必要的信息。例如，其中必须包括不常见的维修任务，以及日常的生产活动。作业活动可从以下几个方面进行分类：

(1) 用人单位厂房内/外的各作业地点（场所）。

(2) 生产过程或所提供服务的各个阶段。

(3) 有计划的工作和临时性的工作。

(4) 确定的任务。

一个用人单位通常有多种作业活动，对作业活动划分的总要求是：所划分出的每种作业活动既不能太复杂，如包含多达几十个作业步骤或作业内容；也不能太简单，如仅由一两个作业步骤或作业内容构成。

各评价小组人员应在仔细分析研究本部门（车间）实际情况的基础上，列出本部门（车间）的作业活动类型。

二、作业活动信息要求

各项作业活动(正在执行的任务)所需信息可能包括以下方面：

(1) 作业活动的期限和频次。

(2) 作业场所。

(3) 通常(偶然)执行此任务的人员。

(4) 受到此项工作影响的其他人员(如访问者、承包方人员、公众)。

(5) 已接受此任务的人员的培训。

(6) 为此任务准备好的书面工作制度和(或)持证上岗程序。

(7) 可能使用的装置和机械。

(8) 可能使用的电动手工具。

(9) 制造商或供应商关于装置、机械和电动手工具的操作和保养说明。

(10) 可能要搬运的原材料的尺寸、形状、表面特征和重量。

(11) 原材料须用手移动的距离和高度。

(12) 所用的服务(如压缩空气)。

(13) 工作期间所用到或所遇到的物质。

(14) 所用到或所遇到的物理形态的物质(如烟气、气体、蒸汽、液体、粉尘、粉末、固体)。

(15) 与所用到的或所遇到的物质有关的危害数据表的内容和建议。

(16) 与所进行的工作、所使用的装置和机械、所用到的或所遇到的物质有关的法规和标准的要求。

(17) 被认为适当的控制措施。

(18) 被动监测资料：用人单位从内部和外部获得的与所进行的工作、所用设备和物质有关的事件、事故和疾病的经历的信息。

(19) 与此作业活动有关的任何现有评价的发现。

各评价小组人员应针对本部门(车间)的各项作业活动,通过现场实际调查或与现场作业人员访谈,了解各项作业活动的有关信息,并填写《作业活动信息表》。

三、危害辨识

有助于识别危害的3个问题：

(1) 存在什么危害(伤害源)？

(2) 谁(什么)会受到伤害？

(3) 伤害怎样发生？

也可以反过来询问：

(1) 谁(什么)会受到伤害？

(2) 伤害怎样发生？

(3) 存在什么危害(伤害源)？

危害辨识的主要目的是找出各项作业活动中的潜在危害性事件。较好的做法是在对各项作业活动进行仔细调查研究的基础上,找出各项作业活动中的主要事故类型,分析可能导致这些事故的危害性事件,并对造成这些危害性事件的原因进行详细的分析,在此基础上,针对现场实际的控制措施,提出应进一步改进的措施,并填写《危害性事件调查表》。

在进行原因分析时,可以从物的不安全状态、人的不安全行为以及管理方面的缺陷等几个方面进行分析。

国家标准《企业职工伤亡事故分类》(GB 6441—1986)中将人的不安全行为归纳为操作失误、造成安全装置失效、使用不安全设备等13大类;将物的不安全状态归纳为防护、保险、信号等装置缺乏或有缺陷,设备、设施、工具、附件有缺陷,个人防护用品用具缺少或有缺陷以及生产(施工)场地环境不良等四大类,详见表10-1和表10-2。

表 10-1　工伤事故不安全状态分类

分类号	分　类	分类号	分　类
01	防护、保险、信号等装置缺乏或有缺陷	02.1.5	工件有锋利毛刺、毛边
01.1	无防护	02.1.6	设施上有锋利倒棱
01.1.1	无防护罩	02.1.7	其他
01.1.2	无安全保险装置	02.2	强度不够
01.1.3	无报警装置	02.2.1	机械强度不够
01.1.4	无安全标志	02.2.2	绝缘强度不够
01.1.5	无护栏、护栏损坏	02.2.3	起吊重物的绳索不合安全要求
01.1.6	(电气)未接地	02.2.4	其他
01.1.7	绝缘不良	02.3	设备在非正常状态下运行
01.1.8	风扇无消音系统、噪声大	02.3.1	设备带"病"运转
01.1.9	危房内作业	02.3.2	超负荷运转
01.1.10	未安装防止"跑车"的挡车器或挡车栏	02.3.3	其他
01.1.11	其他	02.4	维修、调整不良
01.2	防护不当	02.4.1	设备失修
01.2.1	防护罩未在适应位置	02.4.2	地面不平
01.2.2	防护装置调整不当	02.4.3	保养不当、设备失灵
01.2.3	坑道掘进、隧道开凿支撑不当	02.4.4	其他
01.2.4	防爆装置不当	03	个人防护用品用具——防护服、手套、护目镜及面罩、呼吸器官护具、听力护具、安全带、安全帽、安全鞋等缺少或有缺陷
01.2.5	采伐、集材作业安全距离不够		
01.2.6	放炮作业隐蔽所有缺陷		
01.2.7	电气装置带电部分裸露	03.1	无个人防护用品、用具
01.2.8	其他	03.2	所有防护用品、用具不符合安全要求
02	设备、设施、工具、附件有缺陷	04	生产(施工)场地环境不良
02.1	设计不当,结构不合安全要求	04.1	照明光线不良
02.1.1	通道门遮挡视线	04.1.1	照度不足
02.1.2	制动装置有缺陷	04.1.2	作业场地烟雾(尘)弥漫,视物不清
02.1.3	安全间距不够	04.1.3	光线过强
02.1.4	拦车网有缺陷	04.2	通风不良

分类号	分　类	分类号	分　类
04.2.1	无通风	04.4.3	迎门树、坐殿树、搭挂树未作处理
04.2.2	通风系统效率低	04.4.4	其他
04.2.3	风流短路	04.5	交通线路的配置不安全
04.2.4	停电停风时放炮作业	04.6	操作工序设计或配置不安全
04.2.5	瓦斯排放未达到安全浓度即放炮作业	04.7	地面滑
04.2.6	瓦斯超限	04.7.1	地面有油或其他液体
04.2.7	其他	04.7.2	冰雪覆盖
04.3	作业场所狭窄	04.7.3	地面有其他易滑物
04.4	作业场地杂乱	04.8	贮存方法不安全
04.4.1	工具、制品、材料堆放不安全	04.9	环境温度、湿度不当
04.4.2	采伐时，未开"安全道"		

表 10-2　工伤事故不安全行为分类

分类号	分　类	分类号	分　类
01	操作错误、忽视安全、忽视警告	02.1	拆除了安全装置
01.1	未经许可开动、关停、移动机器	02.2	安全装置堵塞，失去作用
01.2	开动、关停机器时未给信号	02.3	调整错误造成安全装置失效
01.3	开关未锁紧，造成意外转动、通电或泄漏等	02.4	其他
		03	使用不安全设备
01.4	忘记关闭设备	03.1	临时使用不牢固的设施
01.5	忽视警告标志、警告信号	03.2	使用无安全装置的设备
01.6	操作错误(指按钮、阀门、扳手、把柄等的操作)	03.3	其他
		04	用手代替工具操作
01.7	奔跑作业	04.1	用手代替手动工具
01.8	供料或送料速度过快	04.2	用手清除切屑
01.9	机器超速运转	04.3	不用夹具固定，用手拿工件进行机加工
01.10	违章驾驶机动车	05	物体(指成品、半成品、材料、工具、切屑和生产用品等)存放不当
01.11	酒后作业		
01.12	客货混载	06	冒险进入危险场所
01.13	冲压机作业时，手伸进冲压模	06.1	冒险进入漏洞
01.14	工作间不牢固	06.2	接近漏料处(无安全设施)
01.15	用压缩空气吹铁屑	06.3	采伐、集材、装车时，未离开危险区
01.16	其他	06.4	未经安全监察人员允许进入油罐或井中
02	造成安全装置失效	06.5	未"敲帮问顶"即开始作业

分类号	分 类	分类号	分 类
06.6	冒进信号	11.1	未戴护目镜或面罩
06.7	调车场超速上下车	11.2	未戴防护手套
06.8	易燃易爆场合明火	11.3	未穿安全鞋
06.9	私自搭乘矿车	11.4	未戴安全帽
06.10	在绞车道行车	11.5	未佩戴呼吸护具
06.11	未及时瞭望	11.6	未佩戴安全带
07	攀、坐不安全位置（如平台护栏、汽车挡板、吊车吊钩）	11.7	未戴工作帽
		11.8	其他
08	在起吊物下作业、停留	12	不安全装束
09	机器运转时进行加油、修理、检查、调整、焊接、清扫等工作	12.1	在有旋转零部件的设备旁作业时穿过于肥大的服装
10	有分散注意力行为	12.2	操纵带有旋转零部件的设备时戴手套
11	在必须使用个人防护用品用具的作业或场合中，忽视其使用	12.3	其他
		13	对易燃易爆等危险物品处理错误

四、管理方面

（1）管理方面的缺陷可参考以下分类：

① 对物（含作业环境）性能控制的缺陷，如设计、监测和不符合处置方面的缺陷。

② 对人失误控制的缺陷，如教育、培训、指示、雇用选择、行为监测方面的缺陷。

③ 工艺过程、作业程序的缺陷，如工艺、技术错误或不当，无作业程序或作业程序有错误。

④ 作业用人单位的缺陷，如人事安排不合理、负荷超限、无必要的监督和联络、禁忌作业等。

⑤ 对来自相关方（供应商、承包商等）的风险管理的缺陷，如合同签订、采购等活动中忽略了安全健康方面的要求。

⑥ 违反工效学原理，如使用的机器不适合人的生理或心理特点。

（2）在确定事故类型时，可参考《企业职工伤亡事故分类》（GB 6441—1986），该标准将伤亡事故分为 20 类：物体打击、车辆伤害、机械伤害、起重伤害、触电、淹溺、灼烫、火灾、高处坠落、坍塌、冒顶片帮、透水、放炮、瓦斯爆炸、火药爆炸、锅炉爆炸、容器爆炸、其他爆炸、中毒和窒息、其他伤害。

（3）涉及职业危害或职业病时，可参照我国法定职业病名单。

职业病是指职工在生产环境中由于工业毒物、不良气象条件、生物因素、不合理的劳动组织以及一般卫生条件恶劣的职业性毒害而引起的疾病。例如从事矿山开采、翻砂造型、玻璃、陶瓷等作业的工人，因长期接触含二氧化硅的粉尘而得硅肺，从事冶炼、蓄电池、铸铅字、钳制品等作业的工人，因接触焊烟、尘而患铅中毒等。

1957 年我国卫生部公布试行的《职业病范围和职业病患者处理办法的规定》中规定了 14 种职业病,之后,有关部门又补充规定了 4 种。1987 年卫生部、劳动人事部、财政部、全国总工会联合发布关于修订《职业病范围和职业病患者处理办法的规定》的通知,重新规定了现行的职业病名单。

新规定中的职业病范围共包括 9 类、99 项,其中:

职业中毒	51 项
尘肺	12 项
物理因素职业病	6 项
职业性传染病	3 项
职业性皮肤病	7 项
职业性眼病	3 项
职业性耳鼻喉病	2 项
职业性肿瘤	8 项
其他职业病	7 项

第三节　热注岗位危害因素辨识控制技术

热注作业区安全组是危害因素识别与风险评价的归口管理部门,负责组织对作业区管理范围内的建设项目的"三同时"和"预评价"实施工作监督、审查;负责组织危害因素的评价和重大危害因素清单的制定;负责对风险控制和削减措施落实情况进行监督检查。各站队及机关各组负责组织本单位危害识别,负责制定风险削减措施,实施风险管理。

危害识别与风险评价判别准则是国家、地方政府及职能部门和企业关于职业健康安全的政策、法律、法规、标准、规范等,由安全组收集、整理和确定。

热注岗位危害识别要充分体现全员参与,采取自下而上的方式,由岗位员工、生产管理人员对各个岗位的危害进行识别,填写《危害因素辨识与风险评价表》。

危害识别是动态的活动,遇有较大的工艺变更、流程改造、设施设备更新等情况,要及时进行危害识别。各基层站队、相关各组每年一月下旬将《危害因素辨识与风险评价表》报至安全组。

作业区要成立风险评价小组,对危害因素是否全面、评价是否合理、防范措施是否符合要求进行评审,并形成书面的评审报告,评价人员要签字备案。风险评价小组对各单位上报的危害因素进行确认和评价后,经各专业主管部门审核确认后,填写《重大危害因素清单》,报作业区区长批准执行,并上报上级安全科备案。

针对风险评价结果,风险评价小组提出风险控制目标和具体指标,经作业区 HSE 委员会批准后实施。

当作业区机构、工艺、设施发生重大变更或外界状况发生重大变化时,安全组及各站队、直属单位及时对目标和指标进行评审,使其满足法律法规和实际变化的需要,确保目标及指标的连续性和适宜性。

重大危害因素由安全组纳入目标进行管理,每年定期组织风险评价小组制订"年度重大危害因素削减计划"（即职业健康安全管理方案）或制订相应的运行控制及应急准备和响应计划。

作业区自行制定的管理方案,应统筹安排、保证资源,安全、如期实现。安全组定期检查管理方案执行落实情况,同时针对目标或其他重大因素的变化及时对方案进行评审和修订。对跨年度职业健康安全管理方案,在年初组织评审。对需要上级部门解决的重大危害因素视为上报事故隐患,执行《事故隐患管理办法》。

各基层站队危害因素辨识小组负责本单位危害因素削减措施的制定和评审,由本单位安全监督员检查措施实施效果。各基层站队负责将识别的危害因素清单和上级下发的《重大危害因素清单》向员工交底,使员工了解岗位的危害及削减、应急措施。

经过审批的风险控制削减措施,由基层站队组织实施并对措施的落实情况进行验收,填写《风险控制削减措施验收表》。经审批后的重大危害因素、固定场所的风险控制削减措施以及实施后的验收表,报安全组备案。

危害因素识别评价每年进行一次。

遇有下列情况,应及时更新危害因素的信息:

（1）有关的法律、法规与标准提出新的要求时。

（2）采用了新工艺、新技术和新材料时。

（3）单位的生产经营活动性质发生了较大的变化时。

（4）危害识别有遗漏时。

（5）管理评审有要求时。

第四节　热注风险评估的方法

热注危害因素风险评估可采用 LEC 法或矩阵法进行。

一、运用 LEC 法对其进行风险评价

LEC 法危险性用下式表示:

$$D = LEC \tag{10-1}$$

式中　L——发生事故的可能性大小;

　　　E——人体暴露在这种危险环境中的频繁程度;

　　　C——一旦发生事故会造成的损失后果;

　　　D——危险性。

3 个主要因素的评价方法见表 10-3、表 10-4 和表 10-5,D 值见表 10-6。

表 10-3　L——发生事故的可能性

L（分值）	事故发生的可能性
10	完全可以预料
6	相当可能
3	可能,但不经常

L（分值）	事故发生的可能性
1	可能性小,完全意外
0.5	很不可能,可以设想
0.2	极不可能

表 10-4　E——人体暴露在这种危险环境中的频繁程度

E（分值）	暴露于危险环境的频繁程度
10	连续暴露
6	每天工作时间内暴露
3	每周一次或偶然暴露
2	每月一次暴露
1	每年几次暴露
0.5	非常罕见的暴露

表 10-5　C——一旦发生事故会造成的损失后果

C（分值）	发生事故产生的后果
100	大灾难,许多人死亡
40	空难,数人死亡
15	非常严重,一人死亡
7	严重,重伤
3	重大,致残
1	引人注目,需要救护

表 10-6　D——危险性

D 值	危险程度	风险等级	
>320	极其危险,不能继续作业	5	非常大
160～320	高度危险,要立即整改	4	高度
70～160	显著危险,需要整改	3	较大
20～70	一般危险,需要注意	2	一般
<20	稍有危险,可以接受	1	轻微

二、矩阵法

采用风险矩阵法对辨识出的危害因素进行评价,评价结果分为重大风险、中度风险和一般风险三级,见表 10-7。

表 10-7　风险矩阵法（矩阵风险评估表）

严重级别	风险后果				概率增加				
	人员	财产	环境	名誉	A	B	C	D	E
	P	A	R	E	从没有发生过	本行业发生过	本组织发生过	本组织容易发生	本组织经常发生
0	无伤害	无损失	无影响	无影响					
1	轻微伤害	轻微损失	轻微影响	轻微影响					
2	小伤害	小损失	小影响	有限损害	（Ⅰ区）				
3	重大伤害	局部损失	局部影响	很大影响			（Ⅱ区）		
4	一人死亡	重大损失	重大影响	全国影响					
5	多人死亡	特大损失	巨大影响	国际影响		（Ⅲ区）			

注：Ⅰ区，一般风险，需加强管理不断改进。

Ⅱ区，中度风险，需制定风险削减措施。

Ⅲ区，重大风险，不可忍受的风险，纳入目标管理或制定管理方案。

评价为一般风险和中度风险的危害因素应列入危害因素清单，评价为重大风险的危害因素应列入重要危害因素清单。

矩阵风险评估表中对人员、财产、环境、组织名誉的损害和影响的判别准则见表 10-8 至表 10-11。

表 10-8　对人的影响

潜在影响		定　义
0	无伤害	对健康没有伤害
1	轻微伤害	对个人受雇和完成目前劳动没有伤害
2	小伤害	对完成目前工作有影响，如某些行动不便或需要一周以内的休息才能恢复
3	重大伤害	导致某些工作能力的永久丧失或需要经过长期恢复才能工作
4	一人死亡	一人死亡或永久丧失全部工作能力
5	多人死亡	多人死亡

表 10-9　对财产的影响

潜在影响		定　义
0	无损失	对设备没有损坏
1	轻微损失	对使用没有妨碍，只需要少量的修理费用
2	小损失	给操作带来轻度不便，需要停工修理
3	局部损失	装置倾倒，修理可以重新开始
4	严重损失	装置部分丧失，停工
5	特大损失	装置全部丧失，造成大范围损失

表 10-10　对环境的影响

潜在影响		定　义
0	无影响	没有环境影响
1	轻微影响	可以忽略的环境影响,当地环境破坏在小范围内
2	小影响	破坏大到足以影响环境,单项超过基本或预定的标准
3	局部影响	环境影响多项超过基本的或预设的标准,并超出了一定范围
4	严重影响	严重的环境破坏,承包商或业主被责令把污染的环境恢复到污染前水平
5	巨大影响	对环境(商业、娱乐和自然生态)的持续严重破坏或扩散到很大的区域,对承包商或业主造成严重经济损失,持续破坏预先规定的环境界限

表 10-11　对声誉的影响

潜在影响		定　义
0	无影响	没有公众反应
1	轻微影响	公众对事件有反应,但是没有公众表示关注
2	有限影响	一些当地公众表示关注,受到一些指责;一些媒体有报道和一些政治上的重视
3	很大影响	引起整个区域公众的关注,大量的指责,当地媒体大量反面的报道;国家媒体或当地/国家政策的可能限制措施或许可证影响;引发群众集会
4	国内影响	引起国内公众的反应,持续不断的指责,国家级媒体的大量负面报道;地区/国家政策的可能限制措施或许可证影响;引发群众集会
5	国际影响	引起国际影响和国际关注;国际媒体大量反面报道或国际政策上的关注;可能对进入新的地区得到许可证或税务上有不利影响,受到群众的压力;对承包方或业主在其他国家的经营产生不利影响

第五节　热注危害因素辨识与控制

热注危害因素与控制、削减措施见表 10-12。

表 10-12　热注危害因素与控制、削减措施

工艺(作业)活动及场所	危害因素	可能导致的事故	控制、削减措施
启炉操作	流程未倒好	设备损坏、人员伤亡	启炉前检查
	未正确使用引燃气	火灾爆炸	正确使用引燃气
	前吹扫时间不够	爆炸	足够时间前吹扫
	私自拆卸火焰监测器	触电、坠落	严禁私自拆卸火焰监测器
	油气混烧时连续点火,发生二次燃烧	火灾爆炸	按操作规程操作
	油气比控制不合理,发生锅炉尾部燃烧	火灾爆炸	合理控制油气比
	空气燃烧比调节不合理,冒黑烟	危害人体健康	定期调节燃烧比

工艺(作业)活动及场所	危害因素	可能导致的事故	控制、削减措施
启泵操作	员工违章操作	机械事故	严禁违章操作
	精神不佳,发生误操作	机械事故	保持最佳精神状态
	不懂流程,误操作	机械事故、污染	按"十不准操作"
	生水泵旋转区域未装防护罩	绞伤	旋转区域安装防护罩
	生水泵电机无接地或接地不合格	触电、机械事故	定期检查接地
	检修时生水泵未停机或挂牌作业	人员伤亡	停机或挂牌维修
	启泵前未盘泵,泵内抽入异物、结垢	机械事故	启泵前盘泵
	启泵盘车时,戴手套盘车操作	绞伤	禁止戴手套作业
卸油操作	卸油时,人不在现场,易发生油外溢	污染	卸油时有人监督
	倒错阀门易发生冒油、设备故障	机械事故、污染	懂流程,注意力集中
	阀门盘根刺漏	污染	按时巡检,及时发现处理
	拉油车上卸油台,员工帮司机扶油管	人员伤亡	严禁给油车扶管
油泵房内作业	泵房内泵运行噪音	噪音危害	佩戴耳罩
	泵房内地滑	人员伤亡	注意小心
	维修时工具乱放	人员伤亡	按规定摆放
	检修时油泵未停机或挂牌作业	人员伤亡	停机并挂牌检修
	启泵前未盘泵,泵内抽入异物	设备损坏	启泵前盘泵并清理周围障碍物
	油泵盘车时,戴手套操作	绞伤	禁止戴手套作业
	未停泵进行维修	绞伤	常检查,发现问题及时整改
	倒错阀门发生冒油、设备故障	污染	认真检查流程,开关正常
	开关阀门没有侧身,正对着丝杆,压力突变阀门丝杆及压盖弹出	人员伤亡	开关阀门要侧身操作
	阀门盘根刺漏	污染	按时巡检,及时更换
启、停水处理操作	员工误操作或操作不当	触电	按规程操作
	操作盘内存放物品	触电	操作盘内禁止堆放杂物
	操作盘前无绝缘胶皮	触电	操作盘前铺设绝缘胶皮
	开关虚接连电	触电	常检查,发现问题及时整改
	操作盘内线路零乱或电线老化	触电	常检查,发现问题及时整改
再生操作	再生时倒错阀门,发生设备故障	机械事故	认真检查流程,开关正常
	再生时,开关阀门没有侧身,正对着丝杆,压力突变阀门丝杆及压盖弹出	人员伤亡	开关阀门要侧身操作
	阀门盘根突然刺漏	资源浪费	按时巡检,及时更换盘根

工艺(作业)活动及场所	危害因素	可能导致的事故	控制、削减措施
水处理运行	水管线超期使用、开焊	资源浪费	定时巡检,发现问题及时汇报整改
	水管管路法兰突然刺漏	人员伤亡、资源浪费	定时巡检,发现问题及时汇报整改
锅炉运行	机泵噪音	噪音危害	佩戴耳罩
	高温区作业	烫伤、危害人体健康	减少高温区停留时间
	火焰燃烧不正常烧炉管,局部受热	爆管	按时巡检,及时汇报调整
	炉卡子掉炉管烧塌、变形	爆管	定时巡检,及时维修
	炉管未定期检测,带病工作	爆管	定期检测炉管
	报警失灵	锅炉爆炸	定期校验,及时维修调整
油车卸油	拉油车上卸油台,司机不注意了望,发生油车翻车	人员伤亡、污染	检查油车证件及灭火机
	油车油管无桶接油滴	污染	油车卸完油后,油管应用桶接油滴
	卸油台基础裂	污染、人员伤亡	重新加固卸油台基础
	卸油台有积雪,易发生油车翻车	污染	及时清扫积雪
燃油脱水操作	私自开启脱水箱或巡检不到位	油品丢失	严禁私自开启脱水箱
	脱水时不注意观察液位,发生油外溢	污染	认真巡检,注意观察
	用明火查看液位	火灾爆炸	严禁用明火看液位
	不按时巡检,易造成污水外溢	污染	按时巡检
	油管线开焊、超期使用穿孔	污染	按时巡检,及时维修更换
	倒错阀门发生冒罐、设备故障	污染、机械事故	认真检查流程,开关正确
	开关阀门没有侧身,正对着丝杆,压力突变阀门丝杆及压盖弹出	人员伤亡	侧身操作
	阀门盘根刺漏	污染	按时巡检,及时维修更换
	液位高易发生原油外溢	污染	按时巡检,液位正常
干度化验操作	员工不及时化验干度,锅炉易过热	爆管	按时化验干度,严禁过热
	硫酸洒落	腐蚀	操作时认真细致
	取样器刺漏	烫伤	按时巡检,及时维修更换
	不按操作规程操作	影响注汽质量	按操作规程操作
水质化验操作	不按时化验给水硬度	爆管	定时化验
	不按时化验亚硫酸钠过剩量	爆管	定时化验
	不按操作规程化验水质	爆管	按时化验,保证水质合格

工艺(作业)活动及场所	危害因素	可能导致的事故	控制、削减措施
配制亚硫酸钠药液	精神不集中导致药液外流	污染	定时巡检,发现问题及时汇报整改
	浓度不够或超标	机械事故	按时化验,保证浓度合格
	药液溅入眼内	危害人体健康	加药时小心
燃烧不充分	没有烟囱帽	污染	及时安装烟囱帽
辐射段区作业	清洗辐射段上的灰尘	坠落	作业时小心
炉堂清灰操作	粉尘区域作业	危害人体健康	佩戴防护用品
	清灰时使用 36 V 以上电压	触电	使用 36 V 以下的安全电压
	清灰时不按操作规程操作	窒息	按操作规程操作
	清灰时不戴防护面具	中毒	清灰时佩戴好劳动用品
配电间内送电操作	无证人员操作	触电、设备损坏	由持证电工操作
	操作时不戴绝缘手套	触电	操作时戴绝缘手套
	不按操作规程操作	触电	按规程操作
	不按顺序断电、送电	触电、设备损坏	按规程操作
	开关电闸,弧光伤人	危害人体健康	按规程操作
上对流段作业	在对流段上作业时,操作人员打闹	坠落	严禁高处作业时打闹
	注意力不集中或有眩晕症者	坠落	操作者注意力要集中,禁止有眩晕症者高处作业
	上下抛工具	人员伤亡	严禁上下抛工具
	上对流段吹灰不系安全带	坠落	高处作业必须系安全带
	对流段高压法兰漏气、渗漏	人员伤亡	定期检查,及时维护
	雨雪天、风天上对流段	坠落	及时清扫积雪
拆装护板操作	对流段护栏间隔大或无护栏或护栏开焊	坠落	定期检查,及时维护
	侧板销子、螺丝缺或断	人员伤亡、坠落	定期检查,及时维修
	对流段保温材料脱落或腐蚀严重	烧塌护板	及时保温合格
	烟囱固定螺丝不齐全或开焊	刮落伤人	定时巡检,及时维修更换
停炉井口放空	放空泄压,噪音大	噪音危害	佩戴耳罩
	员工不按规程操作,倒错阀门	人员伤亡、污染	认真检查流程,侧身操作
	井口放空阀泄压过快	人员伤亡、污染	开放空阀时要缓慢泄压
固定管线巡线	巡线人员在固定管线上行走	坠落	严禁管线上走人
	不懂注汽管网流程,私自开关流程阀门	人员伤亡	严禁私自开启注汽阀门
	违章操作	人员伤亡	杜绝违章操作
	固定管线被车刮碰,断裂、离墩	管线甩龙	按时巡检,发现问题及时汇报

续表 10-12

工艺(作业)活动及场所	危害因素	可能导致的事故	控制、削减措施
固定管线巡线	注汽管线超期使用	管线甩龙、人员伤亡	严禁使用超期或损坏的管线
	冬天端点头放汽量小	管线冻堵	控制好端点放汽
	疏水阀冻堵、冻裂	管线冻堵	加密巡检,定期放水
	管架基础不牢或老化或倾斜	管线倒塌	按时巡检,发现问题及时维修
	固定管线未保温或保温不合格或保温层脱落	人员烫伤	及时保温合格
	管线渗漏	管线渗漏	及时进行整改
观看液位	员工用明火查看液位	火灾爆炸	严禁用明火看液位
	不按时巡检,发生冒罐现象	油气泄漏	按时巡检,及时控制好液位
燃油运行	油温未控制好,发生设备故障或冒罐	油气泄漏、机械事故	按时巡检,控制好油温
办公室操作	办公室电器长期使用,烟头没有熄灭扔入纸篓	火灾	人走关闭电器,熄灭烟头
	办公室电器操作	触电	检查电器线路
	办公室暖气操作	烫伤	定期检查
	上站乘车操作	交通事故	提醒司机安全驾驶
	站区检查操作	受伤	上站时提高警惕
解堵管线	解冻固定管线时,未打好地锚或不按规定打地锚	管线甩龙、人员伤亡	解冻管线时要打好地锚
倒注汽管线、井口流程	开关阀门没有侧身,正对着丝杆,压力突变阀门丝杆及压盖弹出	人员伤亡	按时检查,开关阀门应侧身
	总阀门不严	人员伤亡、污染	按时巡检,发现问题及时更换
	注汽井口突然返汽	人员烫伤	操作人员提高警惕,迅速离开
	注汽阀门渗漏,操作不规范	人员烫伤	认真检查流程,侧身操作
连接注汽管线	钢圈和卡箍头质量不合格或磨损	人员伤亡	连接前,仔细检查
	管线未保温或保温层脱落	人员烫伤	按时巡检,及时发现处理
	螺丝断或缺,蒸汽突然刺漏	火灾	管线连接后仔细检查
	带压连接管线	蒸汽刺漏、管线甩龙、人员伤亡	严禁带压施工
	活动管线周围有易燃物	火灾	连接管线时,清除周围易燃物品
	超期使用或未定期检测	人员伤亡	严禁使用超期或损坏的管线
	跨路管线未用跨路护管,未垫山皮土,发生管线断裂	人员伤亡	过路管线跨路要用跨路护管并垫山皮土

工艺(作业)活动及场所	危害因素	可能导致的事故	控制、削减措施
连接注汽管线	注汽管线连接不规范,踩压井口流程	污染	按规定连接井口管线
	搬运管线着力不均匀	人员伤亡	搬运时用力均匀
	注意力不集中	砸伤	作业时注意力集中
安、拆井口压力表	压力表接头密封不严,量程不符合	烫伤	按规定执行
	压力表阀门未关或未关严	烫伤	按规定执行
维修、更换压力表	压力表安装不合格或损坏的,易发生憋压	人员伤亡	巡检发现问题,及时整改更换
	不按规定拆装井口压力表	人员伤亡	按规定拆装井口压力表
	压力表量程不符合	人员伤亡	按规定拆装压力表
	带压维修压力表	人员伤亡	严禁带压维修
燃油加热	蒸汽加热油散发出的油气	危害人体健康	注意保持安全距离,按操作规程操作
维修队动火	无动火审批手续	火灾、爆炸	必须有动火手续,无手续禁止动火
	动火无专人监护或监护人员不到位	火灾、爆炸	动火期间必须有专人监护,加强责任心
	未按要求开具安全作业票或作业票项目不全	易发生各种事故	按要求开具安全作业票,由中心站检查落实
外施工单位动火	无动火审批手续	火灾、爆炸	无手续禁止动火
	动火无专人监护或监护人员不到位	火灾、爆炸	动火期间必须有专人监护,加强责任心
	未按要求开具安全作业票或作业票项目不全	易发生各种事故	按要求开具安全作业票,由中心站检查落实
	多工种参与现场工作,交叉施工	易发生各种事故	合理安排施工次序,杜绝交叉施工
	相关手续不全,导致施工人员对现场施工安全要求不清	易发生各种事故	检查相应的施工手续,手续不全禁止施工
	未对施工队伍进行安全告知	易发生各种事故	施工前对其进行安全告知并记录在相关手续上
	施工过程中施工队伍出现违章	易发生各种事故	强化施工过程的监护,发现违章及时制止直至停工
	防火重点部位不配备消防器材	火灾、爆炸	按动火措施配备消防器材
	施工用电设备和设施线路裸露,电线老化破皮未包	触电事故	监护人员及电工加强检查

工艺（作业）活动及场所	危害因素	可能导致的事故	控制、削减措施
电气焊施工	无证操作	火灾、爆炸	持证操作
	焊接烟尘	人身伤害	佩戴防护用品
	绝缘漏电	触电	定期检查,及时维修
	违章、违规作业	火灾、爆炸	按规章制度操作
倒油流程	倒错阀门易发生冒罐、设备故障	机械事故、油气泄漏	认真检查流程,侧身操作
	开关阀门没有侧身,正对着丝杆,压力突变阀门丝杆及压盖弹出	人员伤亡	认真检查流程,侧身操作
	油罐阀门刺漏	油气泄漏	定期维修更换
油罐区巡检	油罐未保温或保温层脱落	火灾爆炸	及时保温合格
	油罐未安装阻火器或未定期校验	火灾爆炸	安装阻火器并定期校验
	油罐区未安装避雷针或未定期检测	火灾爆炸	安装避雷针并定期检测
	油罐下有杂草或种花草	火灾	油罐下严禁种花草
	管架腐蚀严重、开焊	倒塌、油气泄漏	定时巡检,及时维修
	无接地或地线接地不合格	火灾爆炸	定期检测,地线接地合格
	未设"禁止烟火"警示牌	火灾爆炸	卸油箱设"禁止烟火"警示牌
空压机运行	管线开焊或接头漏,气压不足	机械事故	按时巡检,及时整改
	空压机旋转区域未装防护罩或防护罩破裂	人员伤亡	旋转区域安装防护罩并保证其合格
	未按时排放污水	设备故障	按时排放污水
	未按操作规程操作或误操作	设备故障、人员伤亡	按操作规程操作
	未戴压风帽擦拭转动区域	人员伤亡	戴压风帽擦拭
	不按时巡检	设备故障	按时巡检
燃气管线	腐蚀、泄漏	火灾、爆炸	严格执行巡检制度
油管线巡线	油管线超期使用穿孔	油气泄漏	按时巡检,及时维修更换
油罐区作业	未使用防爆照明灯具	火灾爆炸	使用防爆灯具
	油罐上无照明灯,夜间易发生误操作	高处坠落	油罐上设照明灯
	梯子腐蚀严重或无扶手或有积水、积雪	高处坠落	及时清扫积雪
	护栏开焊、不牢或间隔大	高处坠落	发现问题及时维修
	平台有油污、积水、积雪,易滑倒	高处坠落	及时清扫积雪
	人孔用金属垫子	火灾爆炸	人孔使用胶皮垫子
	油罐上电缆分布散乱,易绊倒	高处坠落	加护线管集中布线
	在油罐口使用移动通信工具	火灾爆炸	严禁在易燃易爆区域使用移动通信工具

工艺（作业）活动及场所	危害因素	可能导致的事故	控制、削减措施
油罐区作业	油罐护栏缺失或松动	坠落	严禁高处作业时打闹
	人孔有漏洞	火灾爆炸	密封漏洞
	避雷针断	雷击	重新连接
加热炉点火操作	不使用点火枪	火灾、爆炸	按规定使用点火枪
	不执行"三不点"规定	火灾、爆炸	按规定进行操作
	气管线漏气	火灾、爆炸	定期检查，及时维修
	防爆板坏熄火	爆炸	定期检查，及时维护
	炉膛缺水	干烧	点火前关闭气阀，自然通风20 min
	不按时巡检	火灾、爆炸	按时巡检
机泵运行	未接地线或接地电阻不合格	触电	定期测试，保证接地合格
	地角螺丝缺或松动	机械事故	定时巡检，发现问题及时汇报整改
	未使用防爆电机	火灾爆炸	使用防爆电机
	机泵运行噪音大	噪音危害	佩戴耳罩
卸油箱巡检	箱体开焊	油气泄漏	定时巡检，及时维修
	液位高易发生原油外溢	油气泄漏	按时巡检，及时控制好液位
	箱口与箱盖硬接触，易发生火花	火灾爆炸	箱口使用胶皮垫子
	油温未控制好，过高易冒罐，过低设备易发生故障	污染、机械事故	按时巡检，及时控制好油温
水处理工巡检	员工不按时巡检，发生水质硬度过高，泵抽空或药液、盐液冒箱	爆管、机械事故、油气泄漏	按时巡检
上水罐巡检	梯子、踏步腐蚀或无扶手或有积水、积雪	坠落	及时清扫积雪，常检查，及时维修
	雨雪天、风天上水罐看液位	坠落	及时清扫积雪，上下小心
	护栏开焊、不牢或间隔大	坠落	定时巡检，发现问题及时汇报整改
检修擦洗设备	未戴女工帽擦设备	绞伤	定时检查，发现问题及时整改
	用汽油及轻质油擦洗设备及地板	火灾爆炸	严禁用汽油及轻质油擦洗设备及地板
来水巡检	不按时巡检，发生冒罐	浪费资源	按时巡检，及时处理问题
	观察水位时，直接走近罐口边，掉进水罐内	淹溺	注意安全
	水量表损坏或不定期校验，易发生冒罐或缺水	设备损坏、资源浪费	定时巡检，定期校验、更换

工艺(作业)活动及场所	危害因素	可能导致的事故	控制、削减措施
来水巡检	夏天天热,进水罐内洗澡	淹溺	严禁在水罐内洗澡
	饮用水罐内生水	危害人体健康	饮用安全生活用水
	基础不牢或老化	倒塌	定时巡检,发现问题及时汇报整改
配电间巡检	配电间未配置灭火器	火灾	按规定配备消防器材
	配电间未配备试电笔、绝缘手套	触电	配备试电笔、绝缘手套
	电压电流不稳或三相不平衡	用电设备烧坏	定时巡检,及时汇报
	配电间地板不铺设绝缘胶皮	触电	配电间地板铺设绝缘胶皮
	配电间各接线头虚接、裸露	触电、火灾	常检查,发现问题及时整改
	配电间各空开不设标签或标签模糊不清,易造成误操作	触电、设备损坏	各空开标签清楚
	房顶落雨或雨雪天不关门窗,易连电	触电	雨雪天及时关闭门窗
	电缆需更换(腐蚀严重)	触电、火灾	及时更换损坏电缆
	配电间无"有人作业禁止合闸""当心触电"等标志牌,易发生事故	触电	设有警示牌
油泵房巡检	巡检时女工未戴女工帽,易发生绞伤	人员伤亡	女工要戴女工帽
	不按时巡检	火灾、油气泄漏	按时巡检
	未定期清理过滤器	机泵损坏	定期清理
	不按要求或动火程序焊接	火灾爆炸	按规定操作
	未安装可燃气体报警仪或报警仪不好用	火灾爆炸	安装使用可燃气体报警仪
	在油泵房内动用明火	火灾爆炸	严禁动用明火
	夏季泵房内通风不好	火灾爆炸	定时通风
	泵房前未设立"闲人免进"警示牌	人员伤亡	常检查,发现问题及时整改
	油泵旋转区域未装防护罩	绞伤	定期检查整改,接地合格
	泵房照明及开关电器未使用防爆的	火灾爆炸	按时巡检及时汇报整改
	电线虚接或线头裸露在外	火灾、触电	常检查,发现问题及时整改
	油泵房及其内设备接地不合格	触电	定期检查整改,接地合格
	油管线有砂眼或腐蚀或安装不合理	人员伤亡、油气泄漏	按时巡检及时汇报整改
日常用电	使用电炉取暖	火灾、触电	严禁使用电炉取暖,严禁乱接电
	电线老化虚接	触电	常检查,发现问题及时整改
	乱接临时电线	触电	常检查,发现问题及时整改
	吊扇螺丝缺或固定不好	坠落伤人	常检查,发现问题及时整改

工艺（作业）活动及场所	危害因素	可能导致的事故	控制、削减措施
小伙房管理	员工未按用气操作规程操作	火灾	按规程操作
	液化气阀未关漏气，房内有人睡觉	火灾、中毒	用完气后关闭角阀，严禁在值班室内睡觉
	用热水、明火加热液化气罐	火灾、爆炸	严禁用热水、明火加热液化气罐
	未安装减压阀或减压阀失灵	火灾、爆炸	定期检查及时更换
	液化气罐连管磨损漏气，气管线头未捆扎紧	火灾、爆炸	定期检查及时更换
	做饭炒菜用火时现场无人	火灾	做到人走火灭
	未实行分餐制，发生传染病传染	危害人体健康	实行分餐制
	误食腐烂变质食物	食物中毒	不吃腐烂变质食品
	抽油烟机电线路接触不好	触电	定期检查及时更换
	未安装可燃气体报警仪或报警仪不好用	火灾爆炸	安装并定期检查
树脂罐检修	检修树脂罐时，交叉作业或可拆卸件脱落	物件伤人	严禁交叉作业
	违章指挥、违章操作	人员伤亡	严禁违章操作、违章指挥
	检修时，长时间在罐内作业	窒息、中毒	在有限空间内作业不超过 20 min
润滑油使用	润滑油不够或变质乳化	设备损坏	按时巡检，保证油质正常
	润滑油油位不合格	设备损坏	按时巡检，保证油位正常
	润滑油压力不够	设备损坏	按时巡检，保证油压正常
烟囱使用、维护	烟囱无绷绳或绷绳松或一桩多绳	倒塌、人员伤亡	使用配套的绷绳，绳头用卡子固定且一桩一绳
	烟囱开焊	倒塌、人员伤亡	定期检查，及时维修
	烟囱固定螺丝不齐全或不牢固	倒塌、人员伤亡	固定螺丝齐全、牢固
清洗、更换锅炉油嘴	违章、违规操作	人员伤亡	按规章制度操作
	用轻质油清洗	火灾	严禁用轻质油擦拭
	油嘴未上紧	炉膛内喷出大量油	作业完，认真检查
投运减压伴热装置	伴热管线未保温或保温层脱落	人员烫伤	管线保温合格
	伴热管线超期使用，发生断裂	伤亡事故	不使用超期管线
	伴热管线腐蚀、开焊，突然泄漏	伤亡事故	定时巡检，发现问题及时汇报整改

工艺（作业）活动及场所	危害因素	可能导致的事故	控制、削减措施
投运减压伴热装置	减压阀失灵,突然泄漏	伤亡事故	定时巡检,发现问题及时汇报整改
	违章操作易发生设备故障或人员伤亡事故	伤亡事故	严禁违章操作
	不按时巡检	设备故障、人员伤亡	按时按规定进行巡检
	发现隐患问题不及时处理或制定措施	伤亡事故	发现问题及时整改,一时整改不了的制定防范措施
低压线路检修	未使用绝缘工具	触电	使用绝缘工具
	带电作业	触电	严禁带电作业
	雨天作业	触电	雨雪天禁止在户外检修
	设备漏电	触电	定期检查,及时维护
电机维修及拆吊装电机	皮带打滑	人员伤亡	禁止用手套抓皮带轮,禁止用手盘皮带轮
	吊装电机前绳套不牢固或违章作业或交叉作业	人员伤亡	操作前要检查绳套,严禁违章、交叉作业
	检修电机时未切断控制电源	触电	严禁带电作业
	长时期不使用的电机使用前未测电阻,烧坏电机	机械事故	使用前必须测电阻合格后方能启动
	未停机擦洗机泵	绞伤	擦洗机泵要停机
	电机地脚未紧固	设备损坏	安装后检查
	电机二次接地松或断	触电	认真巡检,及时检修
	砸伤	人员伤亡	作业时注意力集中
	挂钩不牢,电机脱落	砸伤人员	作业前认真检查
	拆卸件捆绑不牢	脱落伤人	作业前认真检查
	交叉作业	挤人手脚	严禁交叉作业
	配合不好,精力不集中	挤人手脚	精力集中,协调配合
	带电作业	触电	严禁带电作业
柱塞泵维修及操作	员工违章操作	机械事故	严禁违章操作
	未停泵紧盘根	人员伤亡	禁止未停泵紧盘根
	未定时检查	泵损坏、能源浪费、渗漏造成油气泄漏	及时发现及时治理
	使用工具不当	人员伤亡	使用合格的工具
	工具乱堆乱放	人员伤亡	按规定摆放工具

续表 10-12

工艺（作业）活动及场所	危害因素	可能导致的事故	控制、削减措施
安全阀使用	超期使用或未定期校验	爆炸	定期校验,禁止使用超期安全阀
	安全阀失灵	爆炸	定时巡检,发现问题及时汇报整改
	安全阀附属件缺或坏	爆炸	定时巡检,发现问题及时整改
列车房	列车房腐蚀严重	人员伤亡	维修或更换列车房
	倾斜	人员伤亡	重新正确安装列车房
锅炉报警校验	触电	人员伤亡	严格按照操作规程操作,必要时有人监护
	报警开关没安装好,锅炉运行过程中崩开	人员伤害	及时检查,及时调整
差压变送器校验	压力未泄尽	人员伤亡	首先将压力泄尽
	校验不准确	锅炉爆管	校验合格
调整引燃火	高压电弧	人员击伤	注意防范
	引燃火	人员烧伤	注意防范
	着火	爆炸	隔离易燃易爆物
环境	站区涨潮,危害健康	人员伤亡、疾病	及时搭建避水走台或不能长期处在水中
	站区涨潮电器漏电	人员伤亡	及时巡检整改隐患
	污水外排地池漏水,需修理	油气泄漏	及时维修
	高温区域作业	中暑	避免长时间在高温区域作业或采取降温措施
	注汽井场有油污	火灾	注汽前要及时清污
合作开发	煤气炉燃烧操作—一氧化碳泄漏	中毒、火灾爆炸	快速通过、绕行
	燃油脱水操作私自开启脱水箱或巡检不到位	油品丢失	严禁私自开启脱水箱
	烧石油焦灰尘污染	危害人体健康	定期清理,戴防护装置
	烧石油焦气味较大	危害人体健康	快速通过、绕行
	烧石油焦燃烧不完全	火灾、爆炸	合理控制使燃料完全燃烧
	烧石油焦机泵运行噪音大	噪音危险	戴防护措施

续表 10-12

工艺(作业)活动及场所	危害因素	可能导致的事故	控制、削减措施
U 形弯连接与拆卸	连接 U 形弯时没放支撑架	U 形弯倒塌,导致管线甩龙	连接时放支撑架
	拆卸 U 形弯时,蒸汽余压未放净	人员烫伤	现场交接,确保无压后方可作业
	拆卸 U 形弯时没放支撑架	人员砸伤	连接时放支撑架
	连接 U 形弯时突然送汽	人员烫伤	遵守操作规程,连接后再注汽
消防检查	消防箱刮坏需更换	设备损坏	及时维修
	消防器材老化	火险伤亡	按时保养
化验室	化验室汽油保存不好	火灾及慢性中毒	强制通风
	配制氨-氯化氨缓冲液,氨水有强烈刺激味、氯化铵有麻醉作用	慢性中毒	强制通风
	配制盐酸溶液,盐酸有强烈刺激味和腐蚀性	中毒及烧伤	通风,戴乳胶手套、防毒面具
	配制硫酸溶液,硫酸具有腐蚀性	烧伤	戴乳胶手套
	淀粉溶液含碘化汞	汞中毒	强制通风
	化验室操作收集蒸馏水	触电、烫伤	按章操作,注意小心
	化验室操作化验药品	慢性中毒	按规程操作
	铬黑 T 指示剂无水乙醇	易燃	通风储存
调整锅炉燃烧	燃烧器回火	人员烧伤	注意防范
	二次燃烧	人员伤亡	合理调整燃烧
其他	管输过滤器未定时清理	油流量计堵卡、流量计量误差	定期清理和检查
	锅炉氧含量未及时调整	污染空气、造成能源浪费	按时巡检,及时调整燃烧
	油箱油位低运行	电加热器干烧发生火灾	及时检查,控制好油位
	锅炉搬迁电缆盘放,冬季强硬施工	电缆损坏	缓慢操作
	低压电气检修未断电,无监护	触电	专人监护,断电操作
	漏电保护器失灵,无保护	触电	认真巡检,及时检修
	电气设备吹灰未断电,无监护	触电	专人监护,断电操作
	电器开关检修未断电	触电	认真巡检,及时检修
	场地照明坏无照明	人员伤亡	认真巡检,及时检修
	变压器无护栏	触电	变压器按规定加装护栏

工艺(作业)活动及场所	危害因素	可能导致的事故	控制、削减措施
其他	龙门倾斜,车辆通过危险	人员伤亡	认真巡检,及时检修
	地面泵台平台腐蚀	人员伤亡	认真巡检,及时检修
人在生产过程中	生产组织违章指挥	设备损坏、人员伤亡	杜绝违章指挥行为
	夜间生产视线不好	设备损坏、人员伤亡	配备夜间照明灯
	车辆不按规定行驶,酒后驾车,超速行车	交通伤亡事故	履行路单审批手续,严禁酒后驾车,不开快车
	特车使用不懂特车性能	生产事故	听从专业人员指挥
	演习及组织大型活动,集体行动人员多,局面不好控制	人员伤亡	按要求做好各项防范措施,一切行动听指挥
	外来施工人员或参观人员乱动、乱碰,进入危害区域	人员伤亡	安全警示告知
锅炉烟气测定	高温区域	人员烫伤	注意防范,有监护人
	高处作业	高处坠落	注意防范,有监护人
	有害气体	有害气体中毒	注意防范,有监护人
注汽管网改造	管线减薄,管线支撑倾斜	管线甩龙	加强巡检
热注锅炉改造	辐射段、对流段、弯头腐蚀	炉管变形严重,容易发生爆管事故	加强巡检
分配间操作	开关阀门没侧身	人员伤亡	开关阀门要侧身
	流程连接处及阀门刺漏	人员伤亡	加强巡检,发现问题及时汇报整改
	操作盘前无绝缘胶皮	触电	操作盘前铺设绝缘胶皮
汽水分离器操作	液位超限	影响注汽质量	及时检查,准确控制液位
	液位过低	危害分离器运行	及时检查,准确控制液位
	流程连接处及阀门刺漏	人员伤亡	加强巡检,发现问题及时汇报整改
	调节阀失灵	影响注汽质量	自动失灵时改为手动控制

第六节　热采活动炉搬迁 HSE 检查细则

热采活动炉搬迁 HSE 检查细则见表 10-13。

表 10-13　热采活动炉搬迁 HSE 检查细则表

搬迁单位			
搬迁日期	年　　月　　日		
搬迁始发地		搬迁目的地	
序号	检查部位	检查内容		

序号	检查部位	搬迁前	搬迁中	搬迁后
1	锅炉厂房及设备	① 水汽流程是否泄压、放水； ② 对流段进出口连接卡箍和三通管线是否拆除； ③ 锅炉去井阀门、放空阀门及放空管线是否拆除； ④ 梯子和接地线是否拆除； ⑤ 工艺流程是否断开； ⑥ 轮胎气量是否充足，轮胎紧固螺丝是否齐全、润滑良好； ⑦ 门、窗是否封严	① 吊装过程是否有专人负责指挥； ② 作业人员是否戴安全帽； ③ 拉运过程中，是否控制车速； ④ 轮胎有无异常	① 对流段进出口连接卡箍和三通管线是否连接紧固； ② 水汽流程是否畅通； ③ 锅炉去井阀门、放空阀门及放空管线是否连接紧固，放空管线是否用地锚固定； ④ 梯子和接地线是否连接紧固； ⑤ 工艺流程有无渗漏； ⑥ 压力表、安全阀、灭火器是否齐全有效； ⑦ 轮胎气量是否充足； ⑧ 基础是否稳固
2	水处理厂房及设备	① 梯子和接地线是否拆除； ② 工艺流程是否断开； ③ 门、窗是否封严	① 吊装过程是否有专人负责指挥； ② 作业人员是否戴安全帽； ③ 拉运过程中，是否控制车速； ④ 轮胎有无异常	① 梯子和接地线是否连接紧固； ② 工艺流程有无渗漏； ③ 压力表、安全阀、灭火器是否齐全有效； ④ 基础是否稳固
3	值班室	① 电缆线是否拆除，接头是否用塑料布包扎好； ② 梯子和接地线是否拆除	① 吊装过程是否有专人负责指挥； ② 作业人员是否戴安全帽； ③ 是否按规定封车； ④ 拉运过程中，是否控制车速	① 电缆线连接是否规范； ② 梯子和接地线是否连接可靠
4	库房、小伙房	① 电缆线是否拆除、接头是否用塑料布包扎好； ② 梯子和接地线是否拆除	① 吊装过程是否有专人负责指挥； ② 作业人员是否戴安全帽； ③ 是否按规定封车； ④ 拉运过程中，是否控制车速	① 电缆线连接是否规范； ② 梯子和接地线是否连接紧固

搬迁单位				
搬迁日期		年 月 日		
搬迁始发地			搬迁目的地	
序号	检查部位	检查内容		
		搬迁前	搬迁中	搬迁后
5	采暖泵房及设备	① 电缆线是否拆除,接头是否用塑料布包扎好; ② 工艺流程是否断开; ③ 接地线是否拆除	① 是否按规定封车; ② 拉运过程中,是否控制车速	① 电缆线连接是否规范; ② 梯子和接地线是否连接紧固
6	配电间	电缆线、接地线是否拆除	① 吊装过程是否有专人负责指挥; ② 作业人员是否戴安全帽; ③ 是否按规定封车; ④ 拉运过程中,是否控制车速	① 电缆线、接地线连接是否规范; ② 变压器油位是否正常,接线柱是否紧固; ③ 三相电压是否平衡
7	油泵房	① 是否对燃油流程扫线; ② 电缆线是否拆除,接头是否用塑料布包扎好	① 吊装过程是否有专人负责指挥; ② 作业人员是否戴安全帽; ③ 是否按规定封车; ④ 拉运过程中,是否控制车速; ⑤ 板房顶部作业是否系安全带	① 燃油流程有无渗漏; ② 电缆线连接是否规范; ③ 电机二次接地线连接是否紧固; ④ 灭火器是否齐全、有效; ⑤ 泵护罩是否齐全、紧固
8	外盐池及设备	① 是否放净池内存水; ② 工艺流程是否断开; ③ 接地线是否拆除	① 吊装过程是否有专人负责指挥; ② 作业人员是否戴安全帽; ③ 是否按规定封车; ④ 拉运过程中,是否控制车速	① 电缆线连接是否规范; ② 工艺流程有无渗漏; ③ 接地线连接是否紧固
9	厕所	① 工艺流程是否断开; ② 接地线是否拆除	① 是否按规定封车; ② 拉运过程中,是否控制车速	① 工艺流程有无渗漏; ② 接地线连接是否紧固
10	天然气分离器	① 工艺流程是否断开; ② 接地线是否拆除	① 吊装过程是否有专人负责指挥; ② 作业人员是否戴安全帽; ③ 拉运过程中,是否控制车速	① 工艺流程有无渗漏; ② 接地线连接是否紧固; ③ 安全阀是否在有效期内

续表 10-13

搬迁单位				
搬迁日期		年　　　月　　　日		
搬迁始发地			搬迁目的地	
序号	检查部位	检查内容		
		搬迁前	搬迁中	搬迁后
11	油罐	① 是否放净罐内存油； ② 工艺流程是否断开； ③ 接地线是否拆除	① 吊装过程是否有专人负责指挥； ② 作业人员是否戴安全帽； ③ 是否按规定封车； ④ 拉运过程中,是否控制车速； ⑤ 罐顶部作业是否系安全带	① 梯子、护栏、平台是否完好； ② 工艺流程有无渗漏； ③ 接地线连接是否紧固
12	水罐	① 是否放净罐内存水； ② 工艺流程是否断开； ③ 接地线是否拆除	① 吊装过程是否有专人负责指挥； ② 作业人员是否戴安全帽； ③ 是否按规定封车； ④ 拉运过程中,是否控制车速； ⑤ 罐顶部作业是否系安全带	① 梯子、护栏、平台是否完好； ② 工艺流程有无渗漏； ③ 接地线连接是否紧固
13	污水罐及设备	① 是否放净罐内存水； ② 工艺流程是否断开； ③ 接地线是否拆除	① 吊装过程是否有专人负责指挥； ② 作业人员是否戴安全帽； ③ 是否按规定封车； ④ 拉运过程中,是否控制车速； ⑤ 罐顶部作业是否系安全带	① 梯子、护栏、平台是否完好； ② 工艺流程有无渗漏； ③ 接地线连接是否紧固
14	电缆线	① 是否挑断变压器高压令克； ② 接头要用塑料布包扎好,并盘放规整,用绳子捆扎牢固		① 连接走向是否合理； ② 过路是否加装护管； ③ 有无破损、接头连接是否规范
15	软连接管线	① 是否盘放规整,用绳子捆扎牢固； ② 冬季是否对管线进行扫线		① 有无渗漏； ② 连接走向是否合理

续表 10-13

搬迁单位			
搬迁日期	年　　　月　　　日		
搬迁始发地		搬迁目的地	

序号	检查部位	检查内容		
		搬迁前	搬迁中	搬迁后
16	放空池及设备	① 工艺流程是否断开； ② 接地线是否拆除	① 是否按规定封车； ② 拉运过程中，是否控制车速	① 工艺流程有无渗漏； ② 接地线连接是否紧固
17	枕　木	是否在指定位置堆放		是否完好，支撑是否稳固
18	其　他	① 是否明确搬迁路线行程，道路能否安全通行，确定新现场各设备的摆放位置； ② 电工是否沿途挑线； ③ 牵引销子钢丝绳、吊环是否完好	① 吊车摆放是否平稳，配合车辆摆放是否合理； ② 是否对原地环境卫生进行清理； ③ 起重司机、起重指挥、起重司索、电工是否持证上岗	对机泵进行正反转测试

第十一章　热注生产应急管理

随着 2006 年 1 月 8 日国务院发布的《国家突发公共事件总体应急预案》的出台,我国应急预案框架体系初步形成。是否已提高应急能力及制定防灾减灾应急预案,标志着社会、企业、社区、家庭安全文化的基本素质程度的高低。作为公众中的一员,我们每个人都应具备一定的安全减灾文化素养及良好的心理素质和应急管理知识。

应急概念是针对特重大事故灾害的危险问题提出的。危险包括人的危险、物的危险和责任危险三大类。人的危险可分为生命危险和健康危险;物的危险指威胁财产的火灾、雷电、台风、洪水等事故;责任危险是产生于法律上的损害赔偿责任,一般又称为第三者责任险。其中,危险是由意外事故、意外事故发生的可能性及蕴藏意外事故发生可能性的危险状态构成的。

应急预案指面对突发事件如自然灾害、重特大事故灾害、环境公害及认为破坏时的应急管理、社会、救援计划等。它一般应建立在综合防灾规划之上,应包括以下几个重要的子系统:完善的应急政治管理指挥系统;强有力的应急工程救援保障体系;综合协调、应对自如的相互支持系统;充分备灾的保障供应体系;体现综合救援的应急队伍等。

应急管理及救助中心是事故灾害的“神经中枢”,它必须具备通讯、预警、灾情评估和监视、确定行动重点地带、协调及分配救灾力量、公众信息与新闻媒介等多方面的功能。同时,必须要求各级管理者及公众熟悉应急预案的内容。对现代安全减灾来讲,最重要的是城市人口或企业人口应急疏散。科学统计表明,已制定应急预案及疏散避难对策,与未制定应急预案对策的单位及社区相比,灾害人员伤亡可相差 40% 左右。

应急管理是对突发事件的全过程管理,根据突发事件的预防、预警、发生和善后 4 个发展阶段,应急管理可分为预防与应急准备、监测与预警、应急处置与救援、事后恢复与重建 4个过程。应急管理又是一个动态管理,包括预防、预警、响应和恢复 4 个阶段,均体现在管理突发事件的各个阶段中。应急管理还是一个完整的系统工程,可以概括为“一案三制”,即突发事件应急预案,应急机制、体制和法制。

第一节　热注生产风险分析

目前我国开采稠油的各大油田,其生产均集油气生产、储运、工程建设、多种经营、矿区服务于一体,可谓点多面广,地表油井密集分布,道路四通八达,地下管线纵横交错,特别是油气生产属易燃、易爆危险行业,存在发生事故灾难的诸多因素。一般油区地理区域内会有河流,油区内可能会遍布芦苇荡和稻田、旱田,甚至有旅游生态区。生产区域可能因地势低洼,处于洪涝、地震、强对流极端气候等自然灾害多发地带,也会有经常性的潮水侵袭,经常淹没河两岸的井站,造成了严重的洪涝灾害。冬季频发的暴风雪等恶劣的自然灾害容易覆盖井场道路,造成交通阻断,停水断电的恶性事故。另外,原油生产含有较多的有毒有害气体,如 H_2S,而多数活动锅炉一般布置在井场,容易对施工作业人员造成危害。井区随着地层大排量地注汽,地层压力、温度逐步上升,密集井网的相连,地层情况的复杂及不可预见性,导致气窜及井喷事故随时发生,因此防井喷尤为重要。热采生产属高密集工作,近距离接触人员较多,各自然站都有食堂,存在发生突发公共卫生事件的可能。各采油厂机关到各三级单位机关小队有上千台电脑,日常工作实现了网上办公、信息传递,易受网络攻击,存在着发生网络信息突发事件造成网络瘫痪的可能。稠油热采的热注站,由于为保证连续生产而存放燃料油,是重点治安防范区域,也存在恐怖袭击的可能。

综上所述,稠油热采在生产经营过程中,存在自然灾害、事故灾难、公共卫生、社会安全 4 种类型事件的风险。

第二节　热注应急管理预案

应急管理是对突发公共事件的全过程管理,根据突发事件的预警、发生、缓解和善后 4 个阶段,应急管理可分为预测预警、识别控制、紧急处置和善后管理 4 个过程。应急管理又是一个动态管理,包括预防、准备、响应和恢复 4 个阶段,均体现在管理突发公共事件的各个阶段中。

应急预案编制应含有应急预案的编制目的、应急预案的编制依据、应急预案的主要内容、应急预案的基本结构 4 项内容。

一、总体应急预案

总体应急预案的编写含有以下几部分内容:

(1)总则部分,包含编制目的、编制依据、适用范围、工作原则、预案体系等内容。

(2)组织结构与职责,包含应急组织体系、结构与职责等内容。

(3)风险分析与应急能力评估,包含企业概况、风险分析与应急能力评估、事故分类与等级等内容。

(4)预防和预警,包含预防与应急准备、监测与预警信息和报告与处置等内容。

(5)应急响应,包含应急响应流程、应急响应分级、应急响应程序、应急响应启动与恢复、重建应急联动等内容。

(6)应急保障,包含应急保障计划、资金资源、应急通讯、应急技术、其他保障等内容。

(7)预案管理,包含预案培训、预案演练、预案修订、预案备案等内容。

(8)附则,包含预案的签署与解释预案的实施等内容。

(9)附件,包含突发事件参考标准、突发事件分级标准、突发事件报告单、应急组织机构联系电话、关联交易及地方应急组织机构联系电话、应急队伍、应急专家组成表等内容。

二、热注专项应急预案

专项应急预案是着重解决某项突发事故的应急处置,是总体应急预案的支持性文件,由本单位应急办公室组织制定。是针对本单位的生产特点,为适应本单位的应急需求,认真组织有关人员编制完成的。本预案阐述了编制目的、适用范围、编制依据、工作原则,明确了应急组织机构与职责、应急报警、应急响应及应急保障等内容。

热注专项应急预案根据现场实际情况编写,按照国家及集团公司要求,作业区一般应编写下列预案:

(1)热注作业区油气站库爆炸着火事故专项应急预案。

(2)热注作业区危险化学药品严重泄漏和中毒事故专项应急预案。

(3)热注作业区硫化氢中毒事故专项应急预案。

(4)热注作业区供用电事件专项应急预案。

(5)热注作业区防洪防汛专项应急预案。

(6)热注作业区防御破坏性地震专项应急预案。

(7)热注作业区防恐专项应急预案。

(8)热注作业区公共文化场所和文化活动突发事件专项应急预案。

(9)热注作业区突发公共卫生事件专项应急预案。

(10)热注作业区防暴风雪专项应急预案。

(11)热注站在国外及极端恶劣自然条件下生产依据实际编写的专项应急预案。

三、专项应急预案实例——热注火灾爆炸专项应急预案

(一)总则

1.编制目的

为了积极应对作业区可能发生的化学事故、气体泄漏事故、井喷事故、公共密集场所灾害事故、油罐爆炸事故、苇田着火事故等灾害事故,高效有序地组织事故抢险和灭火救援工作,最大限度地减少人员伤亡和财产损失,确保作业区的安全生产和群众正常稳定的工作和生活秩序,特制定应急措施。

2.编写依据

《中华人民共和国安全生产法》。

《中华人民共和国突发事件应对法》。

《中国石油天然气集团公司突发事件总体应急预案(试行)》。

《中国石油＊＊油田公司突发事件总体应急预案(试行)》。

《中国石油＊＊油田公司火灾爆炸专项应急预案(试行)》。

《＊＊油田公司＊＊采油厂油气火灾爆炸专项应急预案(试行)》。

3.适用范围

热注站油泵房、锅炉房、油罐区、小伙房、配电间、苇田等发生的油气火灾、电气火灾、苇田着火、井喷火灾等。

4.工作原则

(1)以人为本,科学决策,减少危害:充分履行职能,最大限度地保护人民群众的生命和财产安全。运用现代科技手段,准确决策,保证应急指挥的权威性。

(2)统一领导,分级管理,协同救援:对火灾爆炸事件应急反应行动实行统一指挥,保证各机构组织、应急力量行动协调,取得最佳效果。根据火灾爆炸事故的性质、程度,实施分级管理。

(3)防应结合,资源共享,团结协作:"防"是做好火灾爆炸的预防工作;"应"是保证火灾

爆炸事件发生后,及时采取行动,减少损失。防应并重,确保救助。充分利用常备资源,广泛调动各方资源,发挥储备资源的作用。充分发挥参与救助各方力量的自身优势和整体效能,相互配合,形成合力。

(二) 组织机构与职责

1. 组织机构

为有序、高效应对重特大火灾爆炸事故,作业区设立应急救灾领导小组(以下简称领导小组)。领导小组下设应急办公室(设在作业区调度室)。应急响应时期,领导小组负责指挥应急救灾总体工作。

(1)领导小组。

组长:区长书记。

副组长:副区长。

成员:机关各组组长、技术组、维修队及各中心站主要领导。

(2)应急办公室。

应急办公室设在调度室,是应急领导小组的日常办事机构。机构由各中心站和工程队组成。

2. 工作职责

(1)领导小组主要职责。

① 领导和协调防火灾爆炸应急工作,贯彻执行采油厂应急领导小组的应急决策,部署采油厂和上级部门交办的有关工作。

② 及时了解灾情、灾情发展趋势或灾区受灾情况等信息;向采油厂或地方政府救灾指挥部通报本单位灾害损失和生产、救灾等情况。

③ 根据采油厂应急工作原则,制定应急对策,指挥抢险救灾和恢复生产;视情况协调现场抢救工作;组织紧急配置、调动救灾物资或提供其他紧急救助行动。

④ 明确应急时期各相关部门的职责,统一安排应急期间领导小组各成员、部门的工作。

⑤ 负责火灾爆炸应急措施的审核工作以及措施的启动和终止。

(2)成员部门主要职责。

① 灭火小组:组长由作业区领导和安全监督员担任,成员由作业区义务消防员组成。作业区各热注站、公共场所等部位发生着火、爆炸、气体泄漏等情况,应立即与当地消防中队联系。消防灭火小组均执行作业区制定的灭火预案。灭火小组的主要职责是组织义务消防人员安全、及时、按预案进行有效初期火灾灭火扑救工作,及时将现场灭火扑救执行情况反馈至应急领导小组,按应急领导小组的指令适时调整扑救。

② 生产指挥小组:组长由作业区主管生产的区长和生产管理组组长担任,组员由事故发生单位负责人等组成。根据井喷爆炸、泄漏着火、苇田区域及站外相关区域生产情况,按应急领导小组指令调节生产运行,安排和组织灭火辅助工作(如原油的引流、收集,临时流程的施工等),向应急领导小组及时反馈信息,适时调整生产救助。

③ 技术方案小组:组长由作业区区长担任,成员由生产管理组、质量安全环保组、地质队、维修队及各中心站负责人员组成。技术方案小组应根据泄漏、井喷爆炸、着火区域内及站内外相关区域生产情况,对照预案调整和补充灭火的技术措施,制定临时生产、停产、恢复生产技术方案,报应急领导小组审定。

④ 后勤保障小组：主要由生产管理组、材料组、质量安全环保组等组成。后勤保障小组主要负责按预案或应急指挥领导小组命令准备消防灭火设备、材料、物资，负责生产救助物资供应，负责现场人员的生活保障。

⑤ 现场警戒小组：组长由作业区保卫担任，成员由作业区民兵组成。现场警戒小组的主要职责是到达现场后，根据指挥部的安排，主要担负现场治安稳定、抢救伤员、设立警戒区域、加强警戒和巡逻检查防止明火进入警戒区内、维护秩序疏散交通等任务，直到灭火工作结束。

（3）现场应急指挥部。

现场应急指挥部在领导小组领导下开展应急工作，职责如下：

① 根据领导小组指令，负责现场应急指挥工作，针对事态发展制定和调整现场应急抢险方案。

② 收集现场信息，核实现场情况，保证现场与应急办公室之间信息传递的及时、畅通、一致。

③ 负责整合调配现场应急资源。

④ 及时向领导小组和应急办公室汇报应急处置情况。

⑤ 协调地方政府应急救援工作。

⑥ 在领导小组指示下负责现场新闻发布工作。

⑦ 收集、整理应急处置过程中的有关资料。

⑧ 落实应急终止条件并向领导小组请示应急终止。

⑨ 负责现场应急工作总结。

⑩ 完成领导小组交办的其他任务。

（4）政工组。

根据火灾爆炸事故的需要，设置政工组。政工组在领导小组领导下开展应急工作，应急期间，职责如下：

① 贯彻领导小组的应急指令，草拟信息发布材料。

② 根据授权保持与媒体联系，正确引导舆论。

③ 根据授权发布内部消息，平息误传、谣传，稳定员工情绪。

④ 完成领导小组交办的其他任务。

（5）热注作业区所属单位组织机构。

热注作业区所属单位（以下简称所属单位）是应对突发事件的关键执行层，直接管理控制本作业区突发应急事件。所属单位要成立相应火灾爆炸应急组织机构，明确责任，健全制度，确保抢险救援工作落实到人。

所属单位应急救援机构主要职责范围如下：

① 贯彻执行作业区应急领导小组的应急决策。

② 明确应急时期各相关部门的职责。

③ 负责配置、调动本单位应急救援的各类物资。

④ 负责本单位火灾爆炸应急措施的编制和完善工作。

⑤ 指挥和协助管辖范围内的生产作业单位，处理现场突发事件。

⑥ 负责火灾爆炸灾害信息的上报工作。

所属单位应急救灾指挥机构成员名单、负责部门及联系电话应上报厂应急办公室备案。指挥机构主要成员发生较大调整时,应及时上报。

（三）事故预防

安全组负责监督检查各中心站防火防爆的工作情况,分析灾害可能对企业职工安全和生产经营造成的危害。按照早发现、早报告、早处置的原则,按规定采取相应处置措施。

（四）应急响应

1. 事故报告

现场员工发现油气泄漏、井喷等各类灾害的着火事故后,应立即拨打 119 火警或消防队值班电话(有人员伤亡情况时,应立即拨打 120 急救中心),同时报告自然站、中心站站长、作业区调度。

作业区调度:接到报告后立即向作业区应急指挥部汇报,在得到应急指挥部的指令后,向厂相关科室汇报。

（1）报告内容。

① 事故发生时间、地点(作业区、站、井号)。

② 事故现场简要描述:破坏程度、人员伤亡、火势。

③ 事故原因简要陈述:雷击、自然引爆或着火、施工引爆或着火、操作引爆或着火、其他原因等。

④ 通讯联络:由作业区调度负责,保障各部门、各单位和对外联络之间通讯畅通。采用一切先进的通信设备,如手持对讲机、移动电话、固定电话等。对移动通话设备要设定限制区域(有可燃气体泄漏、易燃易爆场所不能使用),如果需要人员通讯,应配备足够的现场联络通讯员。

（2）根据生产需要部位潜在危害程度,应急反应划分为以下三级:

① 一级应急反应:有一定破坏程度和突发事件。如原油储罐泄漏,加热炉腐蚀穿孔,分离器、高架罐、储油罐等压力容器原油、天然气发生泄漏、着火等。

a. 报警。事件发生后,目击的员工应立即向站长报告,站长应立即向作业区调度室汇报,并根据现场的具体情况,确定是否打 119 火警电话,作业区调度室向厂应急机构汇报。

b. 站长立即安排员工合理切换流程,合理组织现场抢险,做好事故控制,防止扩散蔓延工作。

c. 一级应急反应主要指站、作业区现场自救。站、作业区启动本单位的应急预案进行现场自救,作业区应根据现场的具体情况向厂应急机构汇报是否需要外援。

② 二级应急反应:主要是指根据站内高架罐、储油罐泄漏着火等突发事件,制定的应急反应对策、措施等内容。

a. 报警:重大事件发生后,目击员工应立即拨打 119 火警电话,并向作业区调度室汇报,作业区调度向厂应急机构汇报。

b. 流程切换:迅速切换流程,以阻止火源扩散和蔓延。

c. 作业区、中心站、自然站迅速组织抢险人员火速到达指定抢险部位,按照作业区、中心站、自然站应急救援程序进行抢险,对有天然气泄漏处,进行可燃气体监测,采取通风置换,降低气体浓度,并根据泄漏着火情况向上级应急机构相关科室汇报,厂立即组织应急指挥成员,根据情况随时出动抢险。

③ 三级应急反应:主要指根据站内可燃气体爆炸、储罐着火、有毒介质泄漏、站内压力容器着火爆炸等突发事件,制定的应急反应对策、措施等内容。这是破坏最严重的一级,厂立即启动应急指挥程序。

a.报警:特大事件发生后,目击员工应立即拨打 119 火警电话和 120 急救中心电话,并向作业区调度室汇报,作业区调度向厂生产运行科和安全科汇报,安全科立即向油田公司质量安全环保处报告。

b.切换流程:岗位员工迅速切换流程,以阻止火源扩散和蔓延。

c.厂应急事故预案领导小组迅速组织抢险人员火速到达指定抢险现场,按照采油厂应急救援程序进行抢险,对有天然气泄漏处,进行可燃气体监测,采取警戒防护措施,降低气体浓度,并根据泄漏着火情况向油田公司生产运行处汇报,油田公司启动一级事故应急预案,组织应急指挥成员,根据情况随时出动抢险。

d.调整水、电、讯线路:用于灭火降温的消防供水源要保障,并有备用;对泄漏或着火的危险区域,要立即切断电源;通信线路保持畅通,一旦有故障或因事故通信设施遭到破坏,应及时调整,采用其他通讯方式联络(采用通讯员来传递信息)。

e.疏散人员:应急救援失败,迅速撤离和疏散人员到安全区域。

f.对中毒和受伤人员,采取急救措施,立即送往就近医院进行抢救。

2.应急措施

(1)应急范围。

气体泄漏事故、井喷事故、油罐着火爆炸事故、苇田着火事故等。

(2)可燃气体泄漏灾害事故。

① 气体特性。

天然气是易燃气体混合物,爆炸极限 10%～25%。

硫化氢:无色、有臭鸡蛋恶臭的气体,能溶于水,剧毒可燃,遇火星能引起燃烧爆炸。燃烧时产生有毒的二氧化硫气体。爆炸极限 4%～44%。空气中最高允许浓度 100 ppm(15 mg/m³)。

② 监管措施。

a.所有人员要熟悉措施及井站周围环境情况。

b.进行岗位巡查,发现泄漏着火等险情,立即上报本单位调度。

c.发现险情后,在消防队协助、监护下,由生产单位组织部分人员实施抢险。

d.消防队负责对抢险人员进行堵漏工具、空气呼吸器的使用培训,必要时实施抢险综合演练。

③ 处置对策。

a.可燃气体燃烧时的灭火要点:

(a)气体发生火灾,不能急于灭火,应以防止蔓延和防止发生二次灾害为重点。指挥员达到现场后,首先应宏观决策,确保周围群众和参加灭火人员的安全,要与有关单位密切配合、协同作战。

(b)对于容器管道上的气体火灾,应在落实关闭进气阀门或堵漏措施后,才可灭火。阀门受火势直接威胁,无法关闭时,首先应冷却阀门,在保证阀门完好的情况下,再行灭火。同时,应掌握时机,选择在火焰由高变低,声音由大变小,压力降低的有利条件下灭火。灭火后迅速关闭阀门,并使用蒸汽或喷雾水,稀释和驱散余气。

(c) 冷却燃烧气体容器和钢瓶时,避免用水流直接冲击,防止容器、钢瓶被冲倒,导致火焰上窜,燃烧容器壁,而产生爆炸危险。已经倒伏的钢瓶要设法使它立起。

(d) 燃烧容器或其邻近容器有爆炸危险时,可利用地形、地物、耐火建筑物为掩体,使用带架水枪、水炮、25 mm 或 19 mm 口径水枪喷水冷却,以防止爆炸,并阻止火势向附近建筑物蔓延。

(e) 利用喷雾水枪掩护战斗员行动或灭火时,以 60°～75°角,大于 0.6 MPa 的压力,效果最佳。

(f) 灭火后对容器管道要继续射水,以便驱散周围可燃余气。

b. 可燃气体扩散未燃烧时的排险要点:

(a) 迅速设置警戒区。警戒区指该地可燃气体浓度已超过其爆炸下限 30% 的区域。警戒区应由气体浓度检测人员确定,并报告指挥部决定。

(b) 做好灭火战斗部署,防止遇火源发生爆炸时,因缺乏战斗准备而盲目行动。

(c) 要迅速落实切断气源或堵漏措施,杜绝气体继续外泄。

(d) 消防车不准驶入警戒区域内,在警戒区域内停留的车辆不准再发动行驶。现场附近严禁动火,消防队员在破拆等战斗行动中,绝对禁止发出火花。

(e) 按照扩散气体可能遇到火源的部位,作为灭火的主攻方向,部署好水枪阵地,做好应付突然情况的准备,以免一旦发生爆炸、燃烧,骤感措手不及。

(f) 气体扩散时,可用喷雾水稀释、驱散。

④ 处置要求。

a. 进入有毒气体区域(或现场)的人员,要佩戴防毒面具或防护面罩,扎紧衣服领口、袖口、裤脚口,勿使皮肤外露。

b. 进入现场人员要精干,严禁穿钉鞋和化纤衣服。一般先采取淋湿衣服的措施,以防止产生静电火花。操作各种消防器材、工具、手电、手抬泵、车辆时,严防打出火花。

c. 堵漏时,应采取木堵,使用铜锤、胶皮锤等不发火工具。

d. 为排除室内可燃气体须破拆窗户时,应选择下风向或侧风向窗户破拆。应使用木棍(或消防斧木柄端)击碎玻璃,以防撞击火花引起可燃气体爆炸。

e. 利用地形、地物(如门板、墙壁、废料桶、工具车等)作为掩体攻入,防止冲击波、热辐射的伤害。

f. 注意观察储气罐(柜)爆炸征兆。当发现储气罐排气阀排气猛烈,并有刺耳哨声,罐体颤动震荡,火焰发白时,便是爆炸前奏,应组织全体人员撤退。

g. 在事故现场划定出警戒区,严禁无关人员进入事故现场,同时疏散警戒区内的居民住户,并派专人监测警戒区内的气体浓度。

⑤ 调集消防力量。

发生气体泄漏或爆炸灾害事故时可调集附近消防队伍。

3. 油罐燃烧、爆炸灭火应急措施

(1) 油罐分类。

按安装形式分:地下油罐、半地下油罐和地上油罐。

按采用材料分：金属油罐和非金属油罐。金属油罐又包括拱顶油罐、浮顶油罐、无力矩油罐和卧式油罐。

（2）油品分类。

油罐内储存的油品分稀油和稠油两大类。由于油品具有"热波特性"和一定的含水率，燃烧时易出现沸溢、喷溅现象。

（3）油罐火灾的特点。

① 爆炸会引起燃烧。

② 燃烧会引起爆炸。

③ 火焰高、辐射热强。

④ 易形成沸溢与喷溅。

⑤ 易造成大面积燃烧。

（4）灭火战术要求。

坚持冷却保护、防止爆炸，充分利用各种灭火器，适时消灭火灾。

（5）火情侦察。

通过外部观察或询问知情人，迅速查明燃烧罐内油品的种类，储量罐的结构，受辐射热作用的邻罐情况，灭火器或固定、半固定灭火装置的完好程度等。

（6）冷却防爆措施。

对燃烧罐和相邻罐实施冷却以防止爆炸，开启冷水管或水喷淋冷却装备，利用水压或水枪进行冷却，冷却水要射至罐壁上沿，要求均匀，不留空白点。

（7）灭火措施。

① 对大面积地流淌性火灾，采取围堵防流，分片消灭的灭火方法，利用干粉灭火器一举消灭。

② 对灭火装置好的燃烧罐，启动灭火装置实施灭火。

③ 对灭火装置被破坏的燃烧罐，利用泡沫管枪、移动炮、泡沫钩管等设备灭火。

④ 对在油罐的裂口、呼吸阀、量油口等处形成的火焰型燃烧，可用覆盖物窒息灭火，也可用直流水冲击灭火。

（8）消防力量。

发生油罐燃烧、爆炸灾害事故，可调集附近消防队伍组织开展灭火。

（9）注意事项。

① 参战人员应配有防高温、防毒气的防护装备。

② 正确使用灭火机。

③ 正确选择灭火位置，应在上风或侧风方向，与燃烧罐保持一定的安全距离。

④ 注意观察火场情况变化，及时发现沸溢、喷溅征兆。

⑤ 充分冷却，防止复燃。

4. 应急设备及其他

（1）车辆设备安排。

应急救援抢险车辆由应急指挥部统一调动，具体由调度组组织实施。车辆保障由运输大队负责，需要用外单位的救助车辆时，由调度组负责联系落实。

（2）应急抢险装备和物资准备。

由生产管理组和材料组负责组织保障。应急抢险工作所需的资金由作业区经营组负责落实。

（3）灭火器类。

常备 CO_2、MFT35、MF8、MF5、MT3、MT7、MFA2、MFA4、MFA8 灭火器及消防车（油田消防二大队）。

（4）呼吸器及防毒面具类。

由质量安全环保组上报，厂安全部门审查，主管领导审批，上报物资供应站采购，由质量安全环保组保管使用。

（5）通讯设备类。

电话（各单位和岗位的值班室内）。

5.应急终止

（1）作业区应急办公室或现场应急指挥组确认事故现场符合下列条件并报请作业区应急领导小组批准后，下达应急结束指令，应急终止。

① 事故现场得到有效控制，事故隐患基本消除。

② 现场应急处置已经结束。

（2）应急救灾工作结束后，由作业区应急办公室编写应急救灾总结报告，报送采油厂备案。

6.应急保障

（1）应急队伍保障。

建立应急救援专业抢险队伍，按规定配备人员、装备，开展培训。定期进行监督和检查，保持应急队伍战斗力，做到常备不懈。

（2）应急资金保障。

每年安排一定的专项应急资金，用于预防和应对事故的设备建设、抢险物资储备、人员培训、预防演练。应急救援期间，可随时启用，实行专款专用。

（3）应急医疗卫生保障。

作业区要联系医疗卫生部门做好应对火灾爆炸的医疗保障措施，组建医疗卫生应急队伍，储备应急药品。配备精干医护人员和精良医疗器械，具备随时赶赴现场参与救援的能力。

7.宣传、培训

（1）利用各种宣传手段进行防火救援宣传教育，使职工和家属了解防火知识，提高应急意识。

（2）定期对应急相关专业人员进行培训，了解并掌握应急措施要求和应急救援技术，提高应急救援能力。

（五）附则

（1）本措施由热注作业区安全组制定，作业区安全组负责解释与组织实施。

（2）本措施自发布之日起实施。

（六）附件

附件1　热注作业区火灾爆炸应急通讯录（见表11-1）。

附件 2 热注作业区突发事件报告单(见表 11-2)。

附件 3 协议应急救援机构联系电话(见表 11-3)。

表 11-1 热注作业区应急组织机构联系电话

应急机构	职 务	姓 名	油田公司职务	办公电话	移动电话
应急领导小组	组长		区 长		
			书 记		
	副组长		副区长		
			副区长		
	成 员		生产组长		
			调度长		
			安全员		
			材料员		
			电管员		
			计量员		
			质 量		
			经营组长		
			政工组长		
			宣传员		
			会 计		

表 11-2 热注作业区突发事件报告单

报告单位		报告编号	
报告时间	年 月 日 时 分	收到时间	
报告人姓名	电 话	报告地点	
事件简要情况			
事件发生时间	年 月 日 时 分		
事件发生地点			
事件发生单位			
事件类型	□ 事故灾难 □ 公共卫生 □ 自然灾害 □ 社会安全		
事故经过简要描述			
目前人员伤亡情况			

目前造成 周边影响	
现场负责人姓名	联系电话
事件初步 原因描述	
已经实施或 正在采取的 控制措施	
事件潜在后果 以及可能对周边 造成的影响	
信息报道 情况	☐　作业区领导 ☐　有关部门 ☐　上级部门 ☐　政府部门
此报告信息 接收人	接收时间　　时　分
备　注	

表 11-3　协议应急救援机构联系电话

分　类	单位名称	联系电话
上级管理部门		

第三节　热注中心站(小队)应急管理

热注小队及单位应在上级单位的应急管理预案框架内制定本单位应急管理措施,注重基层队操作方便,最大限度减小风险带来的损失。下面列举一个热注中心站(小队)的防洪防汛专项应急措施进行学习。

一、单位概况

简单介绍单位人员、设备、所处地域自然条件及危险因素等。

二、危害名称及特点

热注作业区中心站所管理的设备都在绕阳河畔两岸,每年进入夏季,受雨水增多,上游泄洪及绕阳河自身受潮汐的影响,会造成绕阳河水位急速上涨,很容易发生洪涝灾害,给生产生活带来困难及严重损失,突发性洪水灾害引发的主要灾害有交通不畅通、站内人员被困、食物短缺、房屋倒塌、容器漂浮、人员伤亡、触电、污染事故、传染病等。

三、组织机构和职责

(一) 组织机构

为有序、高效应对洪水自然灾害突发事件,中心站设立防洪防汛应急救灾领导小组(以下简称领导小组)。领导小组下设应急办公室。应急响应时期,领导小组负责指挥应急救灾总体工作。

(1) 领导小组。

组长:中心站站长、中心站书记。

副组长:中心站副站长、中心站技术副站长。

成员:电工、核算、各自然站站长。

(2) 应急办公室。

应急办公室设在中心站,是日常办事机构。成员为应急组织机构成员。

值班电话:略。

(二) 工作职责

(1) 领导小组主要职责。

① 领导和协调防洪防汛灾害应急工作,贯彻执行热注作业区应急领导小组的应急决策,部署热注作业区、采油厂和上级部门交办的有关工作。

② 及时了解站区灾情预报、灾情发展趋势和站区受灾情况等信息;向热注作业区通报本单位灾害损失和生产、救灾等情况。

③ 根据热注作业区应急工作原则,制定应急救灾对策,指挥灾后抢险救灾和恢复生产;视灾情协调站区现场救灾工作;组织紧急配置、调动救灾物资或提供其他紧急救助行动。

④ 明确应急时期各相关部门的职责,统一安排应急救灾期间的各项工作。

⑤ 负责防洪防汛应急处置措施的审核工作,以及措施的启动和终止工作。

(2) 应急办公室主要职责。

应急办公室负责搜集洪水灾害预报部门发出的预警信息,分析灾害可能对企业职工安全和生产经营造成的危害。按照早发现、早报告、早处置的原则,按规定采取相应处置措施。职责如下:

① 负责中心站应急领导小组信息收集平台的建立,负责应急值班和 24 h 值班电话的设置。

② 接收洪水灾害突发事件的报告,并持续跟踪事件发展动态,及时向作业区应急领导小组汇报,接收并传达指令。

③ 负责应急状态下协调、指挥,根据中心站应急领导小组指令传达到机关各职能部门、

下属单位。

④ 按照中心站应急领导小组指令统一对外联系,向热注作业区上报洪水突发事件信息。

⑤ 负责应急值班记录和现场应急处置总结的审核、汇报工作。

⑥ 负责应急工作所需费用的预算。

⑦ 负责防洪防汛应急处置措施的备案工作。

⑧ 收集各类信息,随时向应急办公室组长汇报事态情况,有重要信息要随时汇报。

⑨ 收集了解应急指令的执行情况。

(三)小组成员职责

(1)中心站站长职责。

① 负责抢险的现场指挥,将险情进度及时通报给作业区应急领导小组。

② 组织人员进行现场抢险,并对次生灾害的发生做好准备。

③ 组织事件损失评估,按规定向作业区应急办公室汇报损失评估结果。

(2)中心站书记职责。

① 负责协助中心站站长现场指挥,在中心站站长不在现场的情况下,接替中心站站长职责。

② 负责做好站上人员现场疏散等安全工作,防止二次伤害发生。

③ 负责组织各自然站的复产清淤工作。

(3)中心站生产副站长职责。

① 负责组织各自然站所有设备的安全停启及生产恢复工作。

② 负责组织各自然站站长对未架高设备进行回收。

③ 负责组织电工断开所有设备电源。

(4)中心站技术副站长职责。

① 负责组织各自然站所有设备的安全停启及生产恢复工作。

② 负责组织电工断开所有设备电源。

③ 负责组织各自然站的复产清淤工作。

(5)自然站站长职责。

① 负责自然站洪水灾害信息的上报工作。

② 负责指挥自然站员工处理现场突发事件。

③ 负责组织清理本站污染。

④ 负责自然站设备的安全停启及生产恢复工作。

(6)电工岗职责。

① 及时了解并掌握易出现供电事件的设备,及电路线路的走向、控制部位。

② 负责断开所有设备电源及电源恢复工作。

(7)核算岗职责。

① 收集各类信息,保证现场与应急办公室之间信息传递的及时、畅通、一致。

② 做好宣传报道工作。

四、削减措施

（一）应急处置程序

（1）灾情预警。

应急办公室负责搜集洪水灾害预报部门发出的预警信息,分析灾害可能对岗位员工安全和生产经营造成的危害。按照早发现、早报告、早处置的原则,按规定采取相应处置措施。

（2）应急响应。

① 灾情报告。

洪水灾害发生后,自然站应立即向中心站应急办公室报告,接到灾害预警后,应在 1 h 内将受灾具体情况报告热注作业区应急办公室,并立即进入应急准备状态。

② 应急准备。

接到灾害预警后,应急小组成员应迅速到位,安排应急救灾工作。应急保障工作准备就绪,抢险救灾装备和人员集结待命,保持与热注作业区应急办公室的联系畅通。

③ 应急救灾。

迅速调集抢险救灾队伍投入抢险,视灾情严重程度进行现场协调指挥应急救灾工作。检查生产设施破坏情况,检修生产和生活设施,采取一切有效措施保障职工的安全和生活秩序,并做好恢复生产前的准备工作。

（3）应急终止。

中心站应急办公室确认灾害现场符合下列条件并报请热注作业区应急领导小组批准后,下达应急结束指令,应急终止。

① 灾害现场得到有效控制,洪水灾害隐患基本消除。

② 现场应急处置已经结束。

（4）应急救灾工作结束后,由中心站应急办公室编写应急救灾总结报告。

（二）应急处置措施

（1）汛前准备工作。

① 中心站要认真开展雨季"十一防"安全教育,各自然站展开自查自改工作以保证汛期的安全生产。要求 ＊ 月 ＊ 日前完成。

总负责:中心站站长。成员:各自然站站长。

② 立足于"防大洪、抗大险、救大灾",以此为出发点组织好汛期安全生产的各项工作,认真搞好汛前摸底调查,尽快落实组织实施,做好汛期抢险、逃险准备工作,做到"招之即来、来之能战、战之能胜"。汛期做好人员的管理工作,并建立严格外出、休假审批制度。

总负责:生产副站长。成员:各自然站站长。

③ 自然站救生衣按白班人数每人 1 件,救生圈 4 套,绝缘手套 2 副(放在配电间内),试电笔 2 支,绝缘雨靴 1 双,防汛物资配备齐全,做到"宁可备而不用,不可用而不备"。专物专用妥善保管,不得私自挪用。盐箱、水罐、油泵房、值班室、配电间用 8 号铁线打桩加固,各站把"水标"牌立在醒目处,及时观察水情。要求 ＊ 月 ＊ 日前完成。

总负责:生产副站长。成员:各自然站站长。

④ 做好雨季防触电工作,低压电路整体检查,电气设备和露天电器设施及电缆接头要

规范、防雨包扎。各站准备好吊机泵支架,备好工具随时拆卸机泵设备,拆卸后的电机设备要架到高处,妥善保管,防潮防盗。要求＊月＊日前完成。

总负责:技术副站长。成员:中心站电工、各自然站站长。

⑤各自然站在汛期前对锅炉轮胎全面检查并充足气,对站区内进行清污会战,防止汛期污染扩大,汛期要求各自然站做到"双岗"(防汛、生产)值班,列出突击队员名单和联系电话,做到随叫随到,同时中心站干部要主动到各自然站,督促做好汛前准备工作落实,使问题能早发现早解决。中心站＊月＊日—＊月＊日进行检查,汛前准备工作本着谁主管、谁检查、谁负责的原则,主汛期为＊月＊日—＊月＊＊日。

总负责:生产副站长。成员:各自然站站长。

⑥储油箱在汛情紧急时,要低液位运行,并封好卸油箱口等缝隙,避免泄漏外溢造成污染。

总负责:中心站书记。成员:各自然站站长。

⑦各站做好防盗工作,撤离时必须把气罐、工具等日用品一起带走,以防丢失。

总负责:中心站书记。成员:各自然站站长。

⑧防汛所需应急用品。

a.药品:感冒药、拉肚子药、消炎药、驱蚊剂、创可贴、眼药水等,"84"消毒液2瓶。

b.食品:纯净水、干粮(面包、方便面)、咸菜等,5个站一周所需用量。

c.物品:防水手电筒、绝缘靴、拆卸电机工具。

总负责:中心站书记。成员:各自然站站长。

(2)度汛措施。

场地进水后,站区第一时间汇报中心站,及时与作业区调度联系,汇报水情。

①＊＊河河套内为重点防汛区块,进站水深0.4m,地面设备及注汽管线不在水中,保证安全生产的前提下坚持生产。在＊＊河河坝外的站,只要＊＊河不决堤就能保证生产。若水势上涨可能造成管线被淹,要及时汇报作业区、站长,等待处理指令,并进入紧急状态,必要时当班人员可当机立断,及时停炉、断电,做好拆卸准备(由于现班站各机泵设施均在距地面0.4m以上,若地面注汽管线不被淹,可向作业区申请坚守岗位,坚持注汽,真正为油井着想,为产量负责)。停炉做好拆卸准备,并在接到通知后,启动防汛措施,立即开始拆卸电机等设备,将其移至高处固定好,各容器(水罐、盐箱)充满水并加固,油箱准备拉油清空后加固,粮食、药品提前到位。如果水势上涨,接到命令后停炉,做好拆卸准备工作,全站进入紧急状态。

②进站水位超过0.5m时,所有线路断电(摘掉高压离合,由专业电工进行),水位升到锅炉操作台后,女职工撤离岗位,男职工坚守岗位,对站上所有物品进行分类规划保管,做好防盗、防潮、防水等准备工作。

a.准备转移至安全处物品:空调、冰箱、消毒柜、抽油烟机、饮水机、气罐等。

b.打开炉门将贵重物品转移至炉膛,封好炉门,包括锅炉程序器等各种仪表、所有工具、管输流量计、各种软件资料等。

c.其他物品移至高处。

d.各房屋、厂房门窗做好防盗措施,关死上锁。

e.活动管线按作业区安排彻底封死,避免因水势大被冲走。各类物品处理妥当后,留守人员坚守岗位并及时汇报水情。

③ 进站水位继续上涨，看站人员听从指挥有计划有组织地安全撤离，以最大限度减少损失为原则，保护国家财产。突击队员身着救生衣或救生圈准备抢险。

（3）抗洪复产措施。

洪水退去，抗洪抢险人员接到厂防汛应急办公室复产的通知后，便直接成为抗洪复产人员。抗洪复产工作仍然按照抗洪抢险措施中的组织机构、人员分工、职能责任、抢险车辆、安全规定来进行。复产过程中安全工作应放在首位，继续发扬抗洪抢险精神，所有抢险组织机构和人员全部投入到复产工作中，按照"水退一块、抢一块"的原则，交叉组织 3 个会战，力争在最短时间内把全厂产量恢复到灾前水平。

① 设备抢修。

负责人：中心站站长，技术副站长。

主要任务：组织人员把所有拆卸设备设施复原，对所有机泵重新检修保养，所有流程阀门逐一确定正确位置。安全放在第一位，沉重物品三人以上操作，并设有专门监护人。设备要在最短时间内恢复到灾前水平。

② 供电线路及电气设备抢修。

负责人：生产副站长，电工。

主要任务：设备恢复原位后，尽快恢复各受损线路，做好所有电机测试工作。对所有电路、电器开关磁力逐一检查。

③ 清淤会战。

负责人：中心站书记。

主要任务：组织部分员工首先清理场地淤泥和油污，力争在较短时间内达到灾前环保水平，便于安全工作；其次将所有撤离物品就位。

上述复产措施的实施，要以最大限度地降低损失为原则，各抢修会战要分出轻重缓急，由厂、作业区及中心站根据实际情况统一协调，尽早使设备恢复安全生产状态。

第四节　真正使应急管理工作在关键时刻发挥关键作用

要坚持事前预防与应急处置并重，也就是坚持平常预防与应对突发事件相结合，即常态和非常态相结合。就是说，把应对突发事件的各项工作落实到日常管理之中。

加强应急管理，首要的一点是普及应急知识，使领导干部都能按职责熟知分管范围的应急预案内容，做到心中有数、临危不乱；让广大员工知晓在突发事件面前自己的职责和义务，提高全员参与应急管理和自防自救的能力。

为了把应急意识渗透到每个员工的头脑，把应急工作落实到每个岗位，有关部门应把一线员工全部纳入应急队伍进行管理，通过专业培训、岗位练兵、集中演练、考核评价等方式，促使每个岗位的员工都具备基本的按章操作能力和应急救援能力。同时，还应根据需要，随时补充新人员，组建新队伍，确保在任何紧急情况下，都具备有效处置突发事件的应急救援队伍和能力。

提前预防是做好应急管理工作的关键。功夫要下在事前，这样，一旦发生事故，就会游刃有余、应对自如。

第五节　注汽锅炉生产现场应急管理

一、锅炉压力容器爆炸应急管理

（一）危险性分析

1. 缺水爆炸

由于锅炉缺水，致使炉内盘管不能很好地换热，因此造成炉内温度急剧升高、压力升高，当安全附件失灵，炉壳强度不能承受炉内压力时，即发生炉壳破裂，产生爆炸。

2. 管理不当爆炸

由于火焰过大，检查不及时，当燃油或天然气燃烧产生的温度不能被换热充分带走时，炉内温度急剧升高、压力升高，当安全附件失灵，炉壳强度不能承受炉内压力时，即发生炉壳破裂，产生爆炸。

3. 炉膛可燃气体爆炸

由于炉膛燃烧腔内存有可燃气体，在没有充分通风、彻底清除炉内可燃气体时进行点火操作，炉内可燃气体遇到火种时产生瞬时闪燃，由于瞬时闪燃产生的温度、压力在有限的炉腔内得不到及时扩散，即发生爆炸。

4. 可燃气体有限空间体爆炸

当房间或其他密闭的有限空间大量积聚可燃气体时，在遇到电气设备工作或其他明火时，产生瞬时闪燃，由于瞬时闪燃产生的温度、压力在有限的空间内得不到及时扩散，即发生爆炸。

5. 其他爆炸

（1）分离器爆炸。

若油气分离器出口误关闭，会使内部压力超限值积聚，当安全附件失灵，分离器外壳强度不能承受内部压力时，即发生壳体破裂，产生爆炸。

（2）储油罐爆炸。

巡检人员采用明火照明或被雷电击中时产生爆炸。

（二）应急办法

（1）如果发生锅炉蒸汽爆炸，当班人在安全的情况下第一时间切断燃料供给和操作盘控制电源。

（2）打开放空阀，关闭生产阀，切断管线中的余压。

（3）操作人员远离鼓风机吸风入口。

（4）当班人要立即通知中心站及作业区调度，汇报爆炸情况，请求增援。

（5）当班人在确保人身安全的情况下，以将损失降到最低为原则，积极参与到公共财产的抢救中。

二、管线解堵、扫线应急管理

（一）危险性分析

（1）解堵扫线人员未穿戴好劳保用品，易发生人员冻伤。

（2）管线排水阀及焊口裂开，易发生烫伤。

（3）被扫线、解堵的管线端点未打上表补芯、未用 8 号线捆扎紧固、未打地锚加固，活动管线未与井口连接，易发生管线甩龙、砸伤等事故。

（4）解堵时用明火处理冻堵管线，易发生火灾事故。

（5）扫线时，扫线流程上的阀门未全部打开，局部截压易伤人。

（6）井口阀门倒错，油污倒流，造成污染。

（7）扫线时流程未连接好，有泄漏、松动现象，易造成事故。

（8）压风机启动后未根据实际情况在安全的条件下适当调整压力，易造成事故。

（9）压风机启动后，取压点无人监视压力，易造成事故。

（10）压风机停机但未完全泄余压即拆卸连接的工艺管线，易造成伤害事故。

（11）扫线、解堵的管线流程的各端点现场未指派有经验的员工操作，未及时采取措施，易发生其他事故。

（二）应急办法

各站在管线解堵、扫线过程中应本着"先主后次、先干线后支线"的原则。现场了解清楚管线冻堵的情况后，应保证在第一时间内与中心站取得联系，汇报所需工作量、所需物品及所用锅炉车情况，并组织人力做好前期各项准备工作。

（1）如发生管线突然泄漏，站长或当班人立即关闭能够控制泄漏点的阀门，切断流程，严禁管线带压。

（2）抢救伤者时，对只有轻微红肿的轻度烫伤，可以用冷水反复冲洗，用流动的自来水冲洗或浸泡在冷水中，以达到皮肤快速降温的目的。对于轻微砸伤，应立即包扎伤口。

（3）严重伤者要立即汇报领导，并立即送往医院，出现伤亡事故要打 120 急救电话。

（4）因井口阀门倒错，油污倒流，造成污染的，应立即切断流程，防止污染范围扩大。

三、防中暑应急管理

（一）危险性分析

（1）在高温环境下作业，防热、散热条件差，易发生中暑事故。

（2）长时间在高温环境下作业，易发生中暑事故。

（3）各站在高温环境下作业，未做好防暑降温工作，易发生中暑事故。

（4）睡眠不足过度疲劳，易发生中暑事故。

（二）应急办法

（1）将患者迅速移到阴凉安静的地方平卧休息。

（2）解松或脱去衣服，用凉水擦洗全身、头部及腋窝，同时用扇子或电风扇向患者吹风帮助散热。

（3）及时送给适量的含盐清凉饮料。

（4）服解暑药物，如十点水、解暑片等。

（5）对严重中暑病人，急救后应立即送往医院治疗。

四、防油气火灾爆炸应急管理

（一）危险性分析

（1）锅炉与油箱及油罐防火距离不够，接地不合格，易发生火灾。

（2）防爆防火的设施、设备不健全、不灵活，易发生火灾。

（3）巡检不及时，跑油、冒罐检查不到位，易发生火灾。

（4）油泵房通风不畅，室内温度过高，油箱及油罐油温过高，油气产生自燃，易发生起火、爆炸事故。

（5）电机、照明、各种启动按钮不防爆，易发生火灾。

（6）控制电器及线路老化产生火花、电弧，易导致火灾爆炸。

（7）油箱及油罐区域作业未使用防爆工具，易发生火灾。

（8）使用手电筒时，未在远离油箱及油罐区的地方提前打开，易发生火灾。

（9）生产岗位违章吸烟，或用汽油、轻质油和易燃易爆挥发物品擦洗设备和衣物，易发生火灾。

（10）不正确着装劳保用品，穿戴有铁钉的鞋和易产生静电的服装，或用铁器敲打罐体，易产生火花或静电引起火灾。

（11）用明火观看油箱及油罐油位，上罐打手机，易发生火灾。

（12）搬迁拆卸流程前未将油箱及油罐的人孔盖打开，将可燃气体放掉，或打开盖时动作过大，撞击产生火花，导致火灾爆炸。

（13）冬季用明火处理冻堵管线，易发生火灾。

（14）阀门及油管线腐蚀或操作不当，造成跑油、泄漏，易发生火灾。

（15）油箱及油罐的安全附件、阻火器等失灵，非金属垫片缺损，易发生火灾。

（16）工业动火、处理污染、危害性较大场所施工时，未严格履行动火手续，动火前未做好充分准备，易发生火灾。

（二）应急办法

（1）若发现初起火灾，站长要组织当班工人动用站内各类消防设施，扑灭火源。

（2）若发生严重火灾，看站人员负责打119报警，同时报告作业区调度。

（3）大班要负责关闭阀门，切断站内油气泄漏源，防止火势的进一步扩大。

（4）站长派一名有经验的工人切断站内总电源。

（5）全体人员要注意人身避险，远离火源，防止烧伤。

（6）站长派一人到路口引导消防车辆，尽快进入火场救火。

（7）如有人受伤，将其送往就近医院救治或拨打120急救中心，站长负责现场抢救，并待上级抢救队伍到达后，组织员工积极配合抢救，向上级汇报现场抢救情况，保护现场，协助上级调查事故原因。

五、防淹溺应急管理

（一）危险性分析

（1）野外工作容易发生淹溺事件造成人员死亡。

（2）部分施工作业涉水，乘船时对河、塘的自然状况不熟悉，易造成事故。

（二）应急办法

（1）首先将溺水人口鼻中的泥土清洗干净，再把颈部向下轻扶，臀部向上倒出腹水，然后视情节轻重进行抢救。

（2）在病人呼吸停止时，急需人工呼吸方法帮助其恢复呼吸。人工呼吸方法主要有口对口人工呼吸法、口对鼻人工呼吸法、俯卧压胸人工呼吸法、俯卧压背人工呼吸法 4 种。

① 口对口人工呼吸法。

让病人平躺，解开腰带、衣扣，清除病人口中的呕吐物，保持呼吸道的通畅，救护人员将病人额头托起，使其头尽量往后仰，一只手捏住病人的鼻孔，把病人的嘴撑开，救护人员对准病人的嘴用力吹气，吹气后立即离开病人的嘴，同时松开捏住病人鼻孔的手指，使其肺部的气体自然排出，每分钟吹入 16～18 次。但要注意：吹气力量适中，不要过猛，以免吹破肺泡。

② 口对鼻人工呼吸法。

口对鼻吹气法与口对口吹气法基本相同。在病人牙关紧闭，不能做口对口吹气法时，可用此方法。具体方法是用手捏住病人的嘴唇，对准鼻孔吹气，吹气的力量要稍大，吹的时间要稍长。

③ 仰卧压胸人工呼吸法。

让病人取仰卧位，背部可稍加垫，使胸部凸起。救护人屈膝跪地于病人大腿两旁，把双手分别放于乳房下面（相当于第六七对肋骨处），大拇指向内，靠近胸骨下端，其余四指向外，放于胸廓肋骨之上。向下稍向前压，肘关节伸直，身体向前倾，依靠体重和臂力推压患者胸廓，借此力使胸廓缩小，迫使气体由其肺内排出（即呼气），在此位置停 2 s，然后再将双手松开，身体向后，略停 3 s，使患者胸扩张，空气进入其肺内（即吸气），如此反复压，每分钟 15～20 次为宜，不能中断，直至患者有自主呼吸为止。

④ 俯卧压背人工呼吸法。

让伤病人俯卧，即胸腹贴地，腹部可微微垫高，头偏向一侧，两臂伸过头，一臂枕于头下，另一臂向外伸开，以使胸廓扩张。救护人面向其头，两腿屈膝跪地于伤病人大腿两旁，把两手平放在其背部肩胛骨下角（大约相当于第七对肋骨处）脊柱骨左右，大拇指靠近脊柱骨，其余四指稍开微弯。救护人俯身向前，慢慢用力向下压缩，用力的方向是向下，稍向前推压。当救护人的肩膀与病人肩膀将成一直线时，不再用力。在这个向下、向前推压的过程中，即将肺内的空气压出，形成呼气。然后慢慢放松，使外界空气进入肺内，形成吸气。按上述动作，反复有节律地进行，每分钟 14～16 次，不能中断，直至患者有自主呼吸为止。

（3）乘坐的汽车掉进水里时的应急办法。

首先明白，汽车掉进水里，一般不会立即下沉。因此，可抓住其在水面上漂浮的约 1 min 时间，打开车门或从车窗逃生。另外，随着汽车不断下沉，水注满车厢大约在 0.5 h 之内（当未打开车窗，密封好且水不太深时）。这时，应注意的是：

① 车有引擎的一端（即车头）会首先下沉，空气会集中到另一端（即车尾），并逐渐缩小体积，你可把头伸到车尾这个大气泡中呼吸。

② 车在逐渐下沉中，车身的孔隙会不断进水，只有到内外压力相等时，车厢内的水位才不会再上升。这段时间，要保持镇定，可进行慢呼吸来耐心等待。因为当内外压力不等时，想要强行打开车门的话，反而会乱了阵脚，无端减少逃生机会。

③ 当水位不再上升时,可以深深吸一口气,打开车窗或车门游出去。

④ 当往上浮游时应慢慢呼出一些气来。因为在车里时,车里和肺里的空气压力跟水压是一样的,而当浮游上升时,肺里的空气会随着水压的变小而膨胀,所以,若不呼出过多的空气,就会使肺脏受到伤害。

⑤ 逃生时,几个人要手挽着手,以免留下任何人,等到所有人都脱离车厢后才可放手。

六、防烫伤应急管理

(一) 危险性分析

(1) 烫伤容易发生的部位:热注站蒸汽雾化管线(表面温度83 ℃)、注汽管线(300～350 ℃)、炉前观火孔(113 ℃)、炉前雾化分离器(112 ℃)、炉后蒸汽雾化及取样阀门(220 ℃)、取样器及信号管(240 ℃)、炉后三级减压阀组(140 ℃)、放空阀扩容器(270 ℃)、锅炉房内暖气片(170 ℃)、炉后安全阀(90 ℃)、炉后生产放空阀组(300 ℃)、炉后观火孔(140 ℃)等部位;采油站掺油管线(90～110 ℃)、放喷井井口及管线(90～130 ℃)、正在注汽的热注井口(300～350 ℃)、加热炉炉头(80～100 ℃)、油泵房进出口管线(70～85 ℃)及小伙房燃气灶等处。

(2) 劳保不合格,员工工作状态不好,接触高温部位易发生烫伤。

(3) 违章操作,开关各类阀门没有侧身操作,开关阀门动作过快,易发生烫伤。

(4) 高温部位防范措施不当,无警示标志,易发生烫伤。

(5) 高温工艺流程走向不合理,隔热保温效果不能满足要求,易发生烫伤。

(二) 应急办法

一旦烫伤应做到:

(1) 对只有轻微红肿的轻度烫伤,可以用冷水反复冲洗,用流动的自来水冲洗或浸泡在冷水中,以达到皮肤快速降温的目的(不可将冰块直接放在伤口上,以避免皮肤组织受伤),然后再涂些清凉油就行了。

(2) 烫伤部位已经起小水泡的,不要弄破小水泡,可以在小水泡周围涂擦酒精,用干净的纱布包扎。

(3) 烫伤比较严重的,应当及时送医院进行诊治。

(4) 烫伤面积较大的,应尽快脱去衣裤、鞋袜,但不能强行撕脱,必要时应将衣物剪开;烫伤后,要特别注意烫伤部位的清洁,不能随意涂擦外用药品或代用品,防止受到感染,给医院的治疗增加困难。正确的方法是脱去患者的衣物后,用洁净的毛巾或床单进行包裹。

七、防燃气中毒应急管理

(一) 危险性分析

(1) 通风不好,室内空气不清新,易发生轻度中毒事故。

(2) 气罐管线、接头未按时检查,发生漏气现象,易造成中毒事故。

(3) 用后未及时关闭气罐阀,易发生漏气,造成中毒事故。

(4) 可燃气体报警仪失灵,有漏气现象发生时未能及时发现,易发生中毒事故。

（二）应急办法

（1）轻度中毒可自己打开门窗，或离开现场，到空气新鲜的地方做深呼吸。

（2）若感到全身乏力不能直立，应迅速打开门窗，同时呼救，匍匐可以保证脑部有较多的血液供应，而且因一氧化碳的密度比空气的小，故贴近地面一氧化碳浓度较低，可以减少一氧化碳的吸入。

（3）对中毒较重者，除了立即将病人移至空气新鲜流通处外，特别要注意保持病人的呼吸道通畅，包括解开衣扣，解松裤带，不断清除其口鼻腔内的黏液、分泌物或其他异物。

（4）已昏迷者，应保持其平卧、头后仰，取掉衣服口袋内的硬币、钥匙等，以免压伤，并注意保暖。

（5）如已发现病人呼吸不规则或心跳停止，则把病人移至空气新鲜处，立即进行现场心肺复苏术，即用仰头举颏法或抑头抬颈法给病人打开气道；口对口人工呼吸，12～16次/分；胸外心脏按压，100次/分。并迅速将病人送入高压氧舱，以促使碳氧血红蛋白离解和一氧化碳排出。

① 抑头抬颈法：抢救者跪在病人头部的一侧，一手放在病人的颈后将颈部托起，另一手置于前额，并压住前额使头后仰，要求下颌尖与耳垂连线和地面垂直。动作要轻柔，用力过猛可能操作到颈椎。

② 仰头举颏法：深度昏迷病人下颌松弛，可采用举起下颏法，即一手置于前额使头部后仰，另一手的食、中指置于下颌骨之下靠近下颏处，举起下颏。此法较抑头抬颈法可使牙托更易堵塞气道，但仰头举颏法可支撑下颌，还动牙托，几乎可完全使之复位，使口对口人工呼吸更易于进行。

八、防雷击应急管理

（一）危险性分析

（1）在雷电发生时，在站上使用电气设备，如对讲机、计算机、电话机等，易发生事故。

（2）室外天线和电源线没有接地，感应雷和雷电波易侵害。

（3）如果人在户外，雷雨时没有及时进入装有避雷设施的场所，在孤立的电线杆、房檐、大树、烟囱下躲避，易发生雷击事故。

（4）当雷电距离很近时，撑开带铁杆的雨伞，头顶上方没有避开金属物，并且使用手机，易造成直击雷的袭击。

（5）在雷雨中，若感到头、颈、身体有麻木的感觉，这是即将遭受雷击的先兆，如果未立即躺下，易发生雷击事故。

（二）应急办法

（1）遇到被雷电击昏者，应立即进行人工呼吸和胸外心脏按压，并及时送往医院抢救。

（2）在旷野外遇雷雨时，要在屋顶下方稍有空间的房子或金属房中躲避，一般的简易帐篷或小棚没有防雷作用。如果附近没有躲避的场所，应蹲下两脚合拢，尽可能站在不吸湿的材料上，不要站在高大单独的树木下。

九、防绞伤应急管理

(一)危险性分析

(1)各机泵盘车时,戴手套操作,易发生绞伤事故。

(2)各机泵旋转区域未装防护罩或防护罩破裂,易发生绞伤事故。

(3)检修机泵时,电源未断开,未悬挂警示牌,易发生触电事故。

(4)巡检时女工未戴女工帽,易发生绞伤。

(5)劳保不符合要求,违章操作,易发生事故。

(二)应急办法

(1)紧急"停车",抢救伤者。

(2)轻者包扎伤口,立即汇报单位主管领导。

(3)严重伤者速送医院,出现伤亡事故打急救电话。

十、防滑应急管理

(一)危险性分析

(1)霜多造成工作界面滑,致使操作工人没有安全的站位,在登高作业、有限空间作业时,容易出现滑倒、坠落摔伤。

(2)雾多降低了能见度,致使操作员工观察不清,判断失误,容易出现滑倒、坠落摔伤。

(3)风雪天工作界面滑,机械设备、电气设备极易出现故障,在处理这些问题时易出现被动的、连带的交通事故、机械伤害及触电事故。

(4)冬季放溢流的区域易形成冰面,防范不到位,易出现滑倒、坠落摔伤。

(5)未合理使用劳保用品、未制作张贴区域警示标志、未采取防滑措施,易出现滑倒、坠落摔伤。

(6)工作现场工具及物品摆放凌乱,不小心踩到,易出现滑倒、坠落摔伤。

(二)应急办法

(1)抢救伤者,轻者包扎伤口,立即汇报单位主管领导。

(2)严重伤者速送医院,出现伤亡事故打急救电话。

十一、防洪防汛专项应急管理

(一)危险性分析

(1)汛期会造成突然停电、停水、停止供油、停炉的发生。

(2)突然停电停炉会造成干度过热、爆管等事故。

(3)水位超过警戒线,若撤离不及时会造成人员溺水事件。

(4)雨水不断,水位上涨严重时会引起交通不畅通,站内人员被困,食物短缺等不利因素。

(5)低压线路整体检查保养不到位,易发生触电事故。

(6)地锚不牢固,易发倒塌、容器漂浮事故。

（7）在汛期前对站区内清污不彻底，会造成污染事故。

（8）汛前消毒药品准备不充分，易发生传染病等事故。

（9）汛情紧急时储油箱未按要求低液位运行，卸油箱箱口等未及时封好，易泄漏外溢，造成污染。

（10）员工不清楚现场安全撤离路线及逃生方向，易造成混乱，发生伤亡事故。

（二）应急办法

1. 防洪防汛应急用品

纯净水、药品（感冒药、拉肚子药、消炎药、驱蚊剂、创可贴、眼药水等）、干粮（面包、方便面）、咸菜、"84"消毒液、手电筒等。

2. 员工要掌握的知识

（1）站区水位警戒线。

（2）防洪防汛应急各步骤。

（3）紧急启、停炉操作及相关安全知识。

（4）站区工艺流程走向、注汽井位置及周边现场情况。

（5）安全撤离路线及方向。

3. 汛前准备工作

（1）认真开展雨季"十防"安全教育，展开自查自改工作，以保证汛期的安全生产。

（2）防汛物资配备齐全，不得私自挪用。救生衣按白班人数每人 1 件，救生圈 4 套，绝缘手套 2 副（放在配电间内），试电笔 2 支，绝缘雨靴 1 双，防汛物资配备齐全，专物专用妥善保管，不得私自挪用。盐箱、水罐、油泵房、值班室、配电间用 8 号铁线打桩加固，水标牌立在醒目处，并用"红、黄、蓝"3 种颜色的箭头标定好水位警戒线，以便及时观察水情。

（3）雨季防触电工作，低压线路整体检查。电缆接头规范、防雨包扎，架高走向合理。电机准备好机泵支架，预先确定好电机安全转移点，地角螺丝用黄油保养好。备好工具随时拆卸并妥善保管，同时做好防潮防盗处理。

（4）在汛期前对活动锅炉的轮胎全面检查并充足气，对站区内进行清污，防止汛期污染扩大，汛期要求各班人员加强汛前各项准备工作的落实，使问题能早发现早解决。

（5）储油箱在汛情紧急时，要低液位运行，并封好卸油箱箱口等缝隙，避免泄漏外溢造成污染。

（6）做好防盗工作，撤离时将贵重物品一起带走，以防丢失。

4. 应急办法

场地进水后，站区第一时间汇报中心站，及时与单位调度联系，汇报水情。

（1）河套内为重点防汛区块，若进站水深在 0.4 m 以下，地面设备及注汽管线不在水中，在保证安全生产的前提下坚持生产。若水势上涨可能造成管线被淹，要及时汇报作业区，等待处理指令，并进入紧急状态，必要时当班人员可当机立断，及时停炉、断电，做好拆卸准备（各机泵设施均在距地面 1.2 m 以上，若地面注汽管线不被淹，可向中心站申请坚守岗位，坚持注汽，真正为油井着想，为产量负责）。停炉做好拆卸准备并接到通知后，立即开始拆卸电机等设备移至高处固定好，各容器（水罐、盐箱）充满水并加固，油箱准备拉油清空后加固，粮食、药品提前到位。如果水势上涨，接到命令后 1 h 内停炉，做好拆卸准备工作，全站进入紧急状态。

（2）进站水位超过 0.5 m 时，所有线路断电（摘掉高压离合，由专业电工进行），水位升到锅炉操作台后，对站上所有物品进行分类规划保管，做好防盗、防潮、防水等准备工作。

① 准备转移至安全处物品：空调、冰箱、消毒柜、抽油烟机、饮水机、气罐等。

② 贵重物品移至高处，包括锅炉程序器等各种仪表、所有工具、管输流量计、各种软件资料等。

③ 其他物品移至高处。

④ 各房屋、厂房门窗做好防盗措施，关死上锁。

⑤ 活动管线按作业区安排彻底封死，避免因水势大被冲走。各类物品处理妥当后，留守人员坚守岗位并及时汇报水情。

（3）进站水位继续上涨（水位超过 0.6 m），看站人员听从指挥有计划有组织地安全撤离，以最大限度减少损失为原则，保护国家财产。突击队员身着救生衣或救生圈准备抢险。

5.复产工作

（1）设备抢修。

主要任务：组织最强力量把所有拆卸设备设施复原，对所有机泵重新检修保养，所有流程阀门逐一确定正确位置。安全放在第一位，沉重物品三人以上操作，并设有专门监护人。设备要在最短时间内恢复到灾前水平。

（2）供电及电气设备抢修。

主要任务：设备恢复原位后，尽快恢复各受损线路，做好所有电机测试工作。对所有电路、电器开关磁力逐一检查。

（3）清淤会战。

主要任务：组织部分员工首先清理场地淤泥和油污，力争在较短时间内达到灾前环保水平，便于安全工作；其次将所有撤离物品就位。

（4）日常用品归位及消毒工作。

主要任务：组织部分员工将厨房、值班室及水处理间等各室内的物品及时就位，并将厨房内所有餐具及时消毒处理，同时用"84"消毒液对厨房、值班室等房间进行全面消毒，便于员工身心健康地投入到工作中。

上述复产程序的实施，要以最大限度地降低损失为原则，把安全放在第一位，在站长的统一协调指挥下，尽快、尽早使设备恢复安全生产状态。

十二、防高温、高压管线突然泄漏应急管理

（一）危险性分析

（1）管线、阀门腐蚀严重，易发生管线甩龙伤人。

（2）未正确穿戴劳保用品，易发生烫伤。

（3）违章操作、流程倒错、开关阀门动作过快或未使用专用的工具，易伤人。

（4）安全阀、压力表等安全附件失灵或缺失，未起到超压保护作用，易伤人。

（5）阀门渗漏，操作不规范，易发生高压蒸汽伤人。

（6）高压系统的巡回检查未明确规定出巡检路线，无醒目标志，易伤人。

（7）高压阀门安装方向未避开人员或车辆稠密的方向，注汽管线跨路处未安放"高温高

压"警示牌,易伤人。

(二)应急办法

一旦发生高压伤害现象,应立即做到:

(1)如发生管线突然泄漏,站长或当班人员立即关闭能够控制泄漏点的阀门,切断流程,严禁管线带压。

(2)当班人员及时采取停炉倒开放空泄压的方法,关闭井口及生产阀门,倒开放空。

(3)抢救伤者,对只有轻微红肿的轻度烫伤,可以用冷水反复冲洗,用流动的自来水冲洗或浸泡在冷水中,以达到皮肤快速降温的目的。

(4)严重的要立即汇报领导,并立即送往医院,出现伤亡事故要打急救电话。

十三、防高处坠落应急管理

(一)危险性分析

(1)霜多造成工作界面滑,致使操作工人没有安全的站位,在登高作业时容易出现滑倒、坠落摔伤。

(2)在高处作业时,未佩戴安全带或未采取其他保护措施,易发生高处坠落事故。

(3)员工安全意识淡薄、责任心不强、监护不到位,易发生高处坠落事故。

(二)应急办法

(1)抢救伤者,轻者包扎伤口,立即汇报单位主管领导。

(2)严重伤者速送医院,出现伤亡事故要打急救电话。

十四、防冻伤应急管理

(一)危险性分析

(1)员工在冬季寒冷状态下长时间在野外工作时,易发生冻伤事故。

(2)不正确使用劳保用品,致使四肢或面部器官受冻致伤。

(二)应急办法

(1)急救和复温迅速使病人脱离低温环境和冰冻物体,立即施行局部或全身的快速复温,但勿用火炉烘烤。

(2)局部冻伤创面保持清洁干燥,经过复温、消毒后,创面干燥者可加软干纱布包扎;有较大的水泡者,可将泡内液体吸出后,用软干纱布包扎,或涂冻伤膏后暴露。

(3)全身冻伤的治疗复温后,首先要防治休克和维护呼吸功能。

(4)在寒冷条件下工作的人员,均需穿戴相应的防寒装备。个人需做到"三防"。

① 防寒:衣着松软,厚而不透风,尽可能减少暴露在低温的体表面积(用手套、口罩、耳罩或头罩等)。

② 防湿:保持衣着、鞋袜等干燥,沾湿者及时更换。

③ 防静:在严寒环境中要适当活动,避免久站或蹲地不动。

总之,有了充分的防冻准备,即使进入高寒地区和环境,仍能预防冻伤发生。

十五、防触电应急管理

（一）危险性分析

（1）雨季前未对电气设备、电路、配电箱等进行检查，对所有板房、电气设施、电缆的接地电阻未进行检测，易发生漏电等事故。

（2）站区未配齐绝缘手套、绝缘靴和试电笔，易发生人员触电事故。

（3）电机接线盒、配电箱、配电柜门不全或关不严，易发生漏电、触电事故。

（4）未安装匹配漏电保护器，操作人员未配有防直接触电的防护用品，易发生漏电、触电事故。

（5）操作人员未严格执行停送电操作规程，并且无人监护，易发生触电伤亡事故。

（二）应急办法

如果人员不慎触电，须用正确的方法抢救。

（1）使触电者迅速脱离电源。发现有人触电应立即关闭电源开关，若一时找不到开关可用绝缘物包住刀柄来切断电源；若无法切断电源，可用绝缘物挑开电线。

（2）受害者脱离电源后，立即使之平卧，迅速清除口腔和呼吸道内的异物，解松衣扣，以保持呼吸畅通。如呼吸或心跳停止，应迅速按医疗抢救方法抢救（人工呼吸和胸外心脏按压法），并及时将受害者送医院抢救治疗，转送途中仍要继续进行急救处理。

十六、预防暴风雨应急管理

（一）危险性分析

（1）所有电缆、电线如有破损、老化现象，并且走向不合理，下雨潮湿易发生漏电、触电、导电事故。

（2）电源线与板房接触，进户线未用绝缘管穿引，易发生触电事故。

（3）各种电器未接零、接地，并且未进行检测工作，在暴风雨期间，易发生雷击、导电事故。

（4）露天的铁壳开关、电机接线盒及锅炉电缆接线箱未用塑料布包好，进水后对各电器开关易造成损害，并且易发生触电事故。

（5）各房屋门窗未关闭，进雨后，淋到用电设备上，对各种设备易造成损害。

（二）应急办法

1. 内涝

根据站所处位置可能发生内涝情况采取必要的应急办法。

（1）局部内涝。

场地较低的局部位置提前打好排泄通道。

（2）全部内涝。

若产生这种情况，因自然站所处地势关系，再做任何排泄工作已无用，唯一应急办法就是观察暴风雨持续可能程度，及时观察水位上涨情况。在达到不具安全注汽条件时，果断停炉并采取相应度汛程序，把暴风雨上升到重大汛情对待。

2.突然停水

（1）各值班岗位员工必须使水罐保持高水位持续运行，一旦停水，靠自身存水，降低锅炉运行排量，掌握再生时间及用水量，最大限度保证坚持生产。

（2）发生停水后，值班员工要及时与调度反映情况，在得到大概停水时间后，实施具体办法。

① 较短时间的情况下可供水，靠水罐存水运行。

② 长时间很难恢复的情况下，在水罐水位接近低限时停炉，并对油管线进行扫线，防止停电或其他突发事件发生。

③ 停炉操作严格执行操作规程，当班人员之间要协调工作，即一人操作，另一人监护相互配合，防止意外事件发生。

④ 停炉后，注汽管线压力必须放掉，以免发生事故。

⑤ 所有操作结束后，做好设备、设施防雨工作，等待消息，观察雨情，加强巡检，等待复产。

3.突然停电

（1）值班人把所有设备运行开关打到"停"位置，将总电源及分路电源全部关闭。

（2）关闭对流段入口2个阀门及水处理出口阀门，防止蒸汽出口单流阀失灵，蒸汽回流。

（3）关闭井口总生产阀门及侧生产阀门。

（4）利用管线充足蒸汽进行油管路扫线工作，并做好流程切换，防止其他事故造成油污污染。

（5）油流程扫线后将管线中余汽放净，然后关门生产阀门，打开对流段两入口阀门及水处理出口阀门。

十七、预防暴风雪应急管理

（一）危险性分析

（1）暴风雪会造成突然停电、停水、停止供油、停炉的发生。

（2）突然停电、停炉会造成设备、仪表、管线发生冻裂、冻堵的事故。

（3）暴风雪会造成人员发生冻伤的事件。

（4）暴风雪会造成交通堵塞、站内人员被困、食物短缺等不利因素。

（5）暴风雪会造成电线或电路断裂，易发生触电事故。

（6）风大易发生高处坠落、倒塌事故。

（二）应急办法

（1）暴风雪来临时，若在夜间，站长组织员工尽可能在第一时间赶到现场，对各项准备工作细致检查，掌握设备运行状态，各项工作做到心中有数，与当班人员共同抵御暴风雪。

（2）当班员工要加密巡检，观察设备、设施运行状况，尤其是电力、仪表系统，发现问题应立即整改并汇报。

（3）员工要注意安全，路滑小心行走，特别是梯子、场地要勤打扫，防止摔伤或发生高处坠落事故，并且要密切观察水位、油位，防止发生突然停水、停管输。

（4）暴风雪造成线路停电、停水或停供燃料油后，站长要第一时间与中心站和调度联系，并进行自我保护处理。

① 停电。

当班人员首先要关闭配电间总开关,然后利用蒸汽迅速对油流程扫线,扫线后关闭炉后生产阀门、缓慢打开放空阀,关闭井口总生产阀门、打开井口侧放空,微放蒸汽,防止管线井口冻堵,其他设备流程在最低处放水防冻,柱塞泵、生水泵打开丝堵放水,而锅炉保证温度等待来电。

② 停水、燃料油。

当班人员首先最低排量运行,计算大概停炉时间,汇报调度,停炉前烧高干度到 80% 左右,然后停炉扫油管线,最后关闭总生产阀门,井口缓慢放压排空,用设备自带空压机对各流程及炉管、雾化管线、注汽管线等进行扫线,使各流程及注汽管线免冻堵,扫线完毕在各流程最低处,打开排水阀门,检查扫线效果,最后长时间吹扫锅炉炉管,扫线结束后,拆下所有压力表接头、压力开关、压力传感器接头,各机泵丝堵放水。

③ 上述步骤完毕后,水处理树脂罐充满浓盐水防冻,如是突然停电可打开树脂罐上盖,运盐倒入树脂罐内。

④ 对电器仪表各低点处放水,精密仪表(差压变送器、压力传感器)拆下妥善保管。

⑤ 如调度能安排压风车扫线,站上人员配合再次全面吹扫,以防自行扫线不彻底。

⑥ 上述操作过程中,操作人员克服困难,注意安全。

第十二章　常用安全附件及防护用品的使用和维护

第一节　安全附件的使用与维护

热注系统装备和设备安全附件主要有以下几类：

（1）预防事故设备，如阻火器、安全阀、呼吸阀等。

（2）防止事故扩大设备，如空气呼吸器、防毒面具等。

（3）防火监测设备，如可燃气检测报警仪等。

（4）消防设备，如消防斧、消防桶、灭火机等。

（5）安全专用通信，如防爆对讲机等。

由于安全阀、呼吸阀、灭火机等已在前面讲过，此处不再重复叙述。

一、阻火器的使用与维护

1.储油罐阻火器的使用与维护

阻火器安装在机械呼吸阀和液压安全阀的下面，它由铜铝或其他导热良好的金属制成皱纹网的箱体构成。

阻火器的作用是当有火焰通过防火器时，金属皱纹网吸收燃烧气体的热量，使火焰熄灭，从而防止外界的火焰经呼吸阀窜入罐内。

阻火器每季度至少检查一次，主要检查滤芯是否被堵塞、变形或腐蚀。若发生这些问题，应及时清洗或更换。安装阻火器时，应注意阻火方向，不得倒置。冬季应有确保防止冻堵的措施并加密检查次数。

2.车用阻火器的使用与维护

车用阻火器是一种安装在内燃机排气管路后，允许排气流通过，且阻止排气流内的火焰和火星喷出的安全防火装置，是保障重点防火单位和运输车辆在易燃易爆区域必配的安全防火重要产品。

车用阻火器安装时，只需将口径匹配的规格产品带有夹紧箍的开口一端套在相应机动车排气管上，然后拧紧夹紧箍两边的螺母即可。

车用阻火器使用时一定要处于阻火状态，使用后必须检查确保完好，主要检查滤芯是否被堵塞、变形或腐蚀。若发生这些问题，应及时清洗或更换。安装阻火器时，应注意和排气管一定要匹配。

二、正压式空气呼吸器的使用与维护

正压式空气呼吸器是一种自给开放式呼吸保护器具，是供使用人员呼吸器官免受浓烟、

毒气、刺激性气体或缺氧伤害的保护装备。空气呼吸器根据使用时面罩内压力状况,分为负压式空气呼吸器和正压式空气呼吸器。

1.使用前的检查

(1)检查气瓶压力和供气管高压气密性。首先打开气瓶开关,随着管路、减压系统中的压力上升,会听到警报发出的短暂(2 s)声响。气瓶开足后,检查空气储存压力,减压系统中的压力一般应在 28~30 MPa 之间。关闭气瓶开关,观察压力表读数,在 5 min 内,压力降不大于 5 MPa 为合格,否则表明供气管高压气密不好。当压力降至 4~6 MPa 时,警报器应发出报警声响。

(2)检查面罩的密闭性。戴好面罩后,用手捂住卡扣,呼吸,检查面罩是否密闭,面罩应紧贴面部。

2.使用方法

(1)背戴气瓶:将气瓶阀向下,背上气瓶通过拉肩带上的自由端,调节气瓶的上下位置和松紧,至感觉舒适为止。

(2)扣紧腰带:将腰带公扣插入母扣内,然后将左右两侧的伸缩带向后拉紧,确保扣牢。

(3)佩戴面罩:将面罩上的 5 根带子放到最松,把面罩置于使用者脸上,然后将头带从头部的上前方向后下方拉下,由上向下将面罩戴在头上。调整面罩位置,使下巴进入面罩下面凹形内,先收紧下端的 2 根颈带,然后收紧上端的 2 根头带及顶带,如果感觉不适,可调节头带松紧。

(4)面罩密封:用手按住面罩接口处,通过吸气检查面罩密封是否良好。做深呼吸,此时面罩两侧应向人体面部移动,人体感觉呼吸困难,说明面罩气密良好,否则再收紧头带或重新佩戴面罩。

(5)装供气阀:将供气阀上的接口对准面罩插口,用力往上推,当听到咔嚓声时,安装完毕。

(6)检查仪器性能:完全打开气瓶阀,此时,应能听到报警哨短促的报警声,否则,报警哨失灵或者气瓶内无气。同时观察压力表读数,气瓶压力应不小于 28 MPa,通过几次深呼吸检查供气阀性能,呼气和吸气都应舒畅、无不适感觉。

(7)使用:正确佩戴仪器且经认真检查后即可投入使用。使用中应注意随时观察压力表和报警器发出的报警信号。

(8)使用后:用两手同时按压卡扣的 4 个钮,卸下需求阀,此时自动中断供气;关闭气瓶阀;卸下面罩和背架;按压旁路钮,释放系统内压力,此时报警哨会短暂发声;放下呼吸器,小心不要碰撞。

3.注意事项

(1)如果气瓶压力低于 10 MPa,最好不要使用呼吸器。气瓶若未完全充满,使用时间将会缩短。

(2)当打开气瓶阀时,需求阀不应有空气逸出。除非供气系统有故障,否则不要按压需求阀上的旁路按钮,因为旁路系统将大量消耗空气。

(3)操作人员必须特别注意密闭检查。如果供气系统发生故障,应立即离开危险区域。

(4)戴眼镜的人不要操作(影响面罩的密闭性)。

(5)在具有腐蚀性环境中(如腐蚀性气体或溅落的液体)工作时,要在呼吸器外面再穿上防化服装。

4.空气呼吸器的维护与保养

（1）使用后的处理。

呼吸器使用后应及时清洗,先卸下气瓶,擦净器具上的油污,清洗时,要用不含洗涤剂和溶剂的肥皂水;面罩的视窗要用酒精擦拭,口鼻罩、呼气阀片最好用清水擦洗,洗净的部位应自然晾干。最后按要求组装好,并检查呼气阀气密性。使用后的气瓶必须重新充气,充气压力为 28~30 MPa。

（2）日常检查与管理。

生产班组的定期检查要求每周检查一次;站（队）的定期检查要求每月检查一次。日常检查主要检查警报器、气瓶储气压力及供气管路气密性,并做好记录。

① 气瓶:气瓶应严格按《气瓶安全技术监察规程》的规定进行管理和使用,并应定期进行检验。使用时,气瓶内气体不能全部用尽,应保留不小于 0.5 MPa 的余压。满瓶不允许暴晒。

② 高压减压阀:应定期用高压空气吹洗或用酒精擦洗一下减压阀外壳和 O 形密封圈,如密封圈磨损老化应更换。

③ 压力计和报警哨:出厂时已按规定压力调试好,一般不进行调试;如需调试,必须按规定的压力重新调试。

④ 全面罩:空气呼吸器不使用时,全面罩应放置在保管箱内,全面罩存放时不能处于受压迫状态,收贮在清洁、干燥的仓库内,不能受到阳光暴晒和有毒有害气体及灰尘的侵蚀。呼气阀应保持清洁,呼气阀膜片每年需要更换一次,更换后应检查呼气阀气密性。

⑤ 需求阀:一般情况下严禁拆卸,如需对其维修,可从全面罩上卸下,放松压环,打开壳体,小心地拆下膜片组等零件进行检查和清洗。在没有校验设备的条件下,要按原来位置装复,接上中压导管后,接通 0.5~0.8 MPa 压力的气流,按压 2~3 次转换开关,检查空气流量是否合适。

三、防毒面具的使用与维护

1.长管式防毒面具

（1）长管式防毒面具分自然通风式与强制通风式 2 种,自然通风式长度为 20 m 以下,强制通风式长度为 20 m 以上。

（2）使用长管式面具前必须进行气密检查,方法是带上面罩,用手卡住进气口做深呼吸,吸不进气是气密,方可使用。

（3）使用时应看准风向,将吸气口置工作地点的上风处,离地面最少 5 cm 处,并注意上风向有无排料、放空等情况。

（4）使用时应仔细检查单向阀是否灵活好用,无问题才可戴面罩进行工作。

（5）使用长管式面具要有专人监护,监护人必须认真负责、坚守岗位,确保软管畅通无阻,被监护人要听从监护人的指挥,严禁在毒区脱下面罩。

（6）戴长管式面具进入密闭设备工作,监护人和被监护人之间须事先规定好联络讯号。

（7）必须经过学习并掌握此种面具使用方法的人才能使用。

2.过滤式防毒面具

（1）过滤式防毒面具使用范围:空气中有毒气体体积分数不得超过 2%,空气中氧气体积分数不得低于18%,惰性气体环境中禁用。

(2)使用中闻出所预防物质的气味时,应迅速撤离毒区,进行检查,更换滤毒罐。

(3)嗅觉不灵的人不宜使用过滤式防毒面具。

四、可燃气体检测报警仪的使用与维护

可燃气体检测报警仪是用来检测化学品作业场所或设备内部空气中的可燃或有毒气体和蒸气含量并超限报警的仪器。在危险化学品场所有害气体检测报警是非常必要的,是保证工业安全和工作人员健康的有力工具,对避免和控制事故具有重要意义。我们要根据具体的使用环境场合以及需要的功能,选择合适的气体检测仪。

1.分类

(1)便携式可燃气体检测报警仪。

仪器将传感器、测量电路、显示器、报警器、充电电池、抽气泵等组装在一个壳体内,成为一体式仪器,小巧轻便,便于携带,泵吸式采样,能随时随地进行检测。袖珍式仪器是便携式仪器的一种,一般无抽气泵扩散式采样,干电池供电,体积极小,油、气集输系统安全管理人员都配了该仪器,便于随时检测可燃气体浓度。

(2)固定式可燃气体检测报警仪。

这类仪器固定在现场,连续自动检测相应可燃气体(蒸气),可燃气体超限自动报警,有的还可自动控制排风机等。固定式仪器分为一体式和分体式2种。

一体式固定可燃气体检测报警仪与便携式仪器一样,不同的是它安装在现场,220 V交流供电,连续自动检测报警,多为扩散式采样。分体式固定可燃气体检测报警仪的传感器和信号变送电路组装在一个防爆壳体内,俗称探头,安装在现场(危险场所)。其他部分包括数据处理、二次显示、报警控制和电源,组装成控制器,俗称二次仪表,安装在控制室(安全场所)。探头扩散式采样检测,二次仪表显示报警。

2.使用与维护

(1)注意经常性的校准检测。

可燃气体检测报警仪同其他的分析检测仪器一样,都是用相对比较的方法进行测定的。因此,随时对仪器进行校零,经常性对仪器进行校准都是保证仪器测量准确的必不可少的工作。一般来说,为了保证测量精度,应用标定浓度的气体进行半年一次的定期标定检验,最长不得超过一年。

需要说明的是,目前很多气体检测仪都是可以更换检测传感器的,但是,这并不意味着一个检测仪可以随时配用不同的检测仪探头。不论何时,在更换探头时除了需要一定的传感器活化时间外,还必须对仪器进行重新校准。另外,建议各类仪器在使用之前,对仪器用标准气体进行响应检测,以保证仪器真正起到保护的作用。

(2)注意各种不同传感器间的检测干扰。

每种传感器都对应一种特定的检测气体,但任何一种气体检测仪也不可能是绝对特效的。因此,在选择一种气体传感器时,应当尽可能了解其他气体对该传感器的检测干扰,以保证它对于特定气体的准确检测。

(3)注意各类传感器的寿命。

各类气体传感器都具有一定的使用年限,即寿命。一般来说,在便携式仪器中,LEL传

感器的寿命较长,一般可以使用 2 年左右;氧气传感器的寿命最短,在 1 年左右。固定式仪器由于体积相对较大,传感器的寿命也较长一些。因此,要随时对传感器进行检测,尽可能在传感器的有效期内使用,一旦失效,及时更换。

(4)注意检测仪器的浓度测量范围。

各类有毒有害气体检测器都有其固定的检测范围。只有在其测定范围内完成测量,才能保证仪器准确地进行测定。而长时间超出测定范围进行测量,就可能对传感器造成永久性的破坏。比如,LEL 检测器,如果不慎在超过 100%LEL 的环境中使用,就有可能彻底烧毁传感器。而有毒气体检测器,长时间工作在较高浓度下也会造成损坏。所以,固定式仪器在使用时如果发出超限信号,要立即关闭测量电路,以保证传感器的安全。

五、对讲机的使用与维护

对讲机是无线移动通信设备。随着社会的进步和科学技术的不断发展,现在,对讲机已进入了人们的日常生产、生活。及时沟通、一呼百应、经济实用等通信特点使它成为人们喜欢和信赖的通信工具。

使用对讲机首先要根据需要选择类型。从功率上来分,对讲机可以分为专业对讲机和民用对讲机。专业对讲机是指发射功率大于 4 W 的机器,实际通话距离一般在 0~10 km 之间。从使用场合上来分,对讲机可分为防爆对讲机和普通对讲机。防爆对讲机并非指自身能抵抗爆炸的,而是指可以在爆炸性气体环境下工作的对讲机,防爆对讲机必须使用与之配套的防爆电池。

正确地使用对讲机不仅能使对讲机发挥最佳性能,达到最佳通信效果,还能延长对讲机的使用寿命和减小对人体的伤害。因此使用对讲机时,应注意以下几个方面:

(1)养成良好的操作习惯。当对讲机正在发射信号时,保持对讲机处于垂直位置,并保持话筒与嘴部 2.5~5 cm 的距离,距离头部或身体至少 2.5 cm。如果将手持对讲机携带在身体上,发射时,天线距离人体至少 2.5 cm。在使用过程中不要进行多次开机关机,根据使用场合的嘈杂程度把音量调整到适合听觉的音量。

(2)要正确使用对讲机天线。在使用时,不要用手去拿天线,更不能拧下天线,否则在发射时容易把功率管烧坏。不要使用损坏的天线,在发射时,如果损坏的天线接触皮肤,可能引起轻微的灼伤。只能使用原配或认可的天线,未经认可的天线、经改装或增添了附件的天线可能会损坏对讲机或违反信息产业部无线电管理局的规定。

(3)要正确使用电池。使用的电池只能是原配的或认可的,否则会影响对讲机的工作,甚至烧坏对讲机。对已经充好电的电池,尤其是当将它装入口袋、皮夹或其他有金属的容器时,需特别注意,如果金属导体如珠宝首饰、钥匙或珠链触及电池的裸露电极,所有电池都可能引起破坏或人身伤害。充电应在 5~40 ℃的环境中进行,如果超过此温度范围,电池寿命将受到影响,同时有可能充不满额定容量。电池寿命已到,应更换新电池,镍氢电池正常使用的充放电次数一般为 500 次,锂电池为 1 000 次。

(4)要正确保养和维护。不要使用强腐蚀性化学药剂清洗,只能用中性洗剂和湿布清洁机壳,使用诸如除污剂、酒精、喷雾剂或石油制剂等化学药品都可能造成对讲机表面和外壳的损坏。不用附件时,请盖上防尘盖。

第二节　常用劳动防护用品的使用与维护

工程控制措施虽然是减少化学品危害的主要措施,但是为了减少毒性暴露,工人还需从自身进行防护,以作为补救措施。工人本身的控制分 2 种形式:使用防护器具和讲究个人卫生。

热注行业一是有炉膛内、水罐内、油罐内、树脂罐内等有限空间作业风险,二是员工从事井口操作作业。因此,在无法将作业场所中有害化学品的浓度降低到最高容许浓度以下时,工人就必须使用合适的个体防护用品。个体防护用品既不能降低工作场所中有害化学品的浓度,也不能消除有害化学品,而只是一道阻止有害物进入人体的屏障。防护用品本身的失效就意味着保护屏障的消失,因此个体防护不能被视为控制危害的主要手段,而只能作为一种辅助性措施。

为了防止由于化学品的飞溅,以及化学粉尘、烟、雾、蒸气等所导致的眼睛和皮肤伤害,也需要根据具体情况选择相应的防护用品或护具。

一、作业人员的个人卫生

作业人员养成良好的卫生习惯也是消除和降低化学品危害的一种有效方法。保持个人卫生的基本原则有:

(1) 遵守安全操作规程并使用适当的防护用品。

(2) 不直接接触能引起过敏的化学品。

(3) 工作结束后、饭前、饮水前、吸烟前以及便后要充分洗净身体的暴露部分。

(4) 在衣服口袋里不装被污染的东西,如抹布、工具等。

(5) 勤剪指甲并保持指甲洁净。

(6) 时刻注意防止自我污染,尤其在清洗或更换工作服时更要注意。

(7) 防护用品要分放、分洗。

(8) 定期检查身体。

二、劳动防护用品分类

(1) 头防护类:各种材质的安全帽等。

(2) 呼吸器官防护类:过滤式防毒面具、滤毒罐(盒)、防尘口罩、长管面具等。

(3) 眼面防护类:电焊面罩、电焊护目镜、防冲击眼护具等。

(4) 听觉器官防护类:各种材质的防噪声护具。

(5) 防护服装类:阻燃服、防酸碱工作服、防静电工作服、防水工作服等。

(6) 手足防护类:绝缘、耐油、耐酸手套,皮安全鞋、胶面防砸安全靴、耐酸碱鞋(靴)、防刺穿鞋、绝缘皮鞋、低压绝缘胶鞋、防静电导电安全鞋等;

(7) 防坠落类:安全带、安全绳、安全网等。

三、常见劳动防护用品的使用与维护

(1) 劳动防护用品使用前应首先做一次外观检查。检查的目的是认定防护用品对有害因素防护效能的程度,用品外观有无缺陷或损坏,各部件组装是否严密,启动是否灵活等。

(2)防护用品的使用必须在其性能范围内且达到标准要求,不得超极限使用;不得使用未经国家指定检测部门认可和检测还达不到标准的产品;不能随便代替,更不能以次充好。

(3)严格按照使用说明书正确使用劳动防护用品,使用和佩戴要规范化、制度化,经常对工人进行安全生产教育,严格遵守操作规程和防护用品使用制度,了解其使用性能和佩戴方法,要达到正确和熟练。

第十三章　热注系统 HSE 事故案例

第一节　锅炉本体类事故

锅炉爆管、爆燃事故是注汽行业较为易发的事故。事故发生的原因大多与锅炉报警失效或人为短接及员工的责任心不强或急于求成违章冒险操作相关。近年来,油田注汽行业不断加强报警系统的管理,严格执行锅炉的检测制度,取得了较好的成效。为减少和避免此类事故出现,技术人员首先要做到按期进行报警校验,努力提高锅炉点火成功率,避免员工重复多次点火启炉。岗位操作者要提高对报警系统及各种非正常状态的敬畏心,一旦出现问题,不可"硬撑"蛮干或调整报警值,正确的方法是"早诊断、早治疗、早康复"。

目前使用的 BOT 水的锅炉,使水处理岗员工不用因再生作业保证水质合格而疏于去化验水质。一旦 BOT 水硬度超标,只需几个小时,就会对锅炉运行产生巨大的影响。水处理岗位责任重大,切不可疏忽大意。

一、注汽锅炉安全报警保护系统失灵危害大

锅炉的安全报警保护系统是很完善和可靠的,在正常情况下都能对意外情况实现及时的安全报警提示和安全停机,可是一旦失灵后果很严重。下面列举几例。

1. 事故经过和损失

（1）案例一。

某注汽站锅炉为 23T 注汽锅炉,此锅炉控制系统有一个功能:启炉过程中有一个 180 s 延时联锁旁通功能,即在启炉点火过程中,启动此功能后有报警不会停炉,待延时达到 180 s 便自动复位解除旁通进入正常运行。某日晚上,锅炉故障停炉,岗位工人启炉点火恢复注汽,此过程中启动了联锁旁通功能,但正常运行后由于某原因却没有自动复位,这就相当于所有安全报警保护功能全部失效。同时岗位工人也未能按时巡检,最终导致锅炉辐射段大部分炉管烧毁,甚至锅炉出口 20 余米管线烧红"塌腰",也都报废了。事故直接经济损失近 50 万元。

（2）案例二。

某注汽站锅炉为 9.2T 注汽锅炉,某日早天没亮小队技术员接到站上电话说锅炉爆管了,技术员到现场发现炉管及锅炉出口管线都已烧红了,打开锅炉放空阀门泄压,放出的不是汽更不是水,而是强大的火柱,直接就把芦苇点着了。最终确认锅炉辐射段大部分炉管以及锅炉出口近 10 m 管线报废,直接经济损失 30 余万元。

2. 原因分析

前一天晚上锅炉出现多次故障停炉,岗位工人可能把报警短接了,让安全报警保护功能

失效,是否短接没有得到证实,但这是坚决杜绝的行为。另外事后在燃油电磁阀内也发现有焊渣等杂质使燃油阀无法关严,有内漏现象。这应该是锅炉搬迁安装时不注意造成的,而且过滤器也是失效的。还有岗位员工责任心及巡检制度落实情况等,都会对事故发生起到决定性的作用。经统计,锅炉爆管事故绝大多数发生在深夜易困乏睡岗时间段。

3.预防措施

锅炉报警必须定期校验,确保灵活好用,任何故障必须及时彻底消除,坚决禁止短接报警。岗位工人必须按时巡检,及时发现、处理故障和问题。过滤器等辅助设备设施都是锅炉必不可少的,同样需要精心维护保养,保证有效好用。

二、意想不到的故障造成无法估量的损失

1.事故经过和损失

某注汽站有 2 台 23T 锅炉,整个冬季运行其中一台锅炉,另一台处于停运状态,厂房内有采暖,并用自己设备上的空压机对炉管进行了吹扫。冬天过后要启运这台已经基本停运了一冬的锅炉。启炉过程一切正常顺利。但是,刚一提高火量立即就出现烟温高报警停炉,反复试运行现象和结果都一样,工艺流程和控制程序都查不出问题,怎么也找不到也理解不了这种奇怪的故障现象产生的原因,甚至误以为是仪表检测或显示故障产生的一种假象,所以做出了严重错误的决定:将烟温高报警短接再试。很短的时间就出现了严重的后果:对流段外表局部特别是出口管线周围出现烧红现象,接缝处往外蹿火星。工作人员知道已经酿成大祸,便立即停炉,打开对流段后发现炉管已经向下"塌腰"了,这个现象明显是对流段没有进水或进水极少导致的。进一步推断可能的原因是给水换热器内漏,于是对换热器进行试漏,得到证实。工作人员将换热器打开后,发现内套管已断裂,锅炉给水通过断裂处直接进入辐射段,使对流段没有进水或进水极少,最终导致对流段大部分管报废,直接经济损失40 余万元。

2.原因分析

虽然吹扫了,但是空压机气量较小且换热器还有一个调节温度的旁通阀门,通过旁通分流使气量更小,很难把水吹扫干净。且 2 台锅炉工艺是联通的,就会有另一台锅炉渗漏的可能。另外,采暖是靠另一台锅炉伴热汽循环取暖,常因停炉中断,因此不知何时的寒流或是采暖出现问题造成内套管冻断,且内套管是普通管材,并非厚壁高压管,强度相对低,易冻断。而处理故障过程中,没能彻底查清和排除故障而盲目试运行,甚至短接报警,最终酿成巨大损失。

3.预防措施

冬天停运锅炉一定要吹扫彻底,尽量保证采暖温度平稳。锅炉任何故障必须彻底消除才能启炉,杜绝设备带病运行,更不能短接报警。

三、对流段结焦的后果

1.事故经过和损失

在燃料结构调整过程中,某注汽锅炉改烧水焦浆,即把焦炭研磨后与水、添加剂等混合配制成浆供给锅炉做燃料燃烧,其燃烧各项参数比原油差,但是对燃料结构调整工作还是做出了贡献。

某天,因为供水不足停炉,锅炉后吹扫未完就彻底没水了,岗位工人按照正常程序操作,停运柱塞泵,手动启动鼓风机继续吹扫降温。这时有人发现锅炉烟囱有烟飘出,但没在意。后来烟冒得越来越大,判断可能是对流段结焦并燃烧。再后来对流段护板局部开始变红,缝隙蹿出烟火。工作人员感到问题已经十分严重,立即停掉鼓风机,把情况进行了汇报,并报了火警。消防队到达后,边用水对对流段护板降温,边努力打开护板,由于温度过高且护板已经变形,打开护板非常困难。刚打开一点缝,由于空气的进入使火焰更大,只得盖上护板从外面和烟囱口喷水降温灭火,但基本没有效果。从炉门往里看火红的铁水伴着微爆声和飞溅的火星像下雨一样不停地往下落,并且越来越大,持续了很长时间火才熄灭。一座火红的铁山堆在过渡段。对流段炉管烧得所剩无几,基本就剩下一个已经不成形的外壳。直接经济损失60余万元。

2.原因分析

水焦浆燃烧效果差,极易在对流段结焦。停水供风又增加了燃烧的可能和速度。对新工艺新项目缺乏足够的论证和对问题隐患缺乏足够的防范意识和措施。(疑惑:一个对流段能集结多少可以燃烧的焦,把这么多的炉管化成铁水?可能是达到了铁的燃点,铁自己也在燃烧。)

3.预防措施

燃油锅炉一定要保证良好的燃烧,避免对流段积炭。要及时清理锅炉积灰及积炭,确保安全高效。新工艺新项目要有充分的论证,对问题隐患要有足够的防范意识和措施。这台锅炉后来给对流段增加了一套停炉后水循环降温系统。

四、工艺状况不清违章操作造成设备重大损失

1.事故经过和损失

锅炉在运行过程中,当班员工发现烟温不断上升,烟温高报警停炉后再重启问题依旧,立即汇报小队技术人员。技术人员认为可能是误报警,现场检修烟温电偶、补偿导线及二次表,问题未得到解决,因冬季生产害怕造成设备冻堵,短接烟温报警继续运行,并汇报机关技术负责人,此时已经带病运行4h左右。机关技术人员判断有可能是工艺原因造成,要求立即停炉大排量吹扫降温,并赶到现场。之后发现,对流段极度高温,护板烧红,给水换热器出口高温。后检查发现,对流段大部分翅片管烧毁,换热器穿孔,护板变形损坏。损失达60万元左右。

2.原因分析

给水换热器内管穿孔,造成内部回流,基本没有水进入对流段,对流段干烧,技术人员未及时判断出存在的问题,违章操作。

3.预防措施

(1)认真学习了解锅炉工艺流程。

(2)出现报警后认真分析原因,排除故障后方可继续运行。

(3)及时沟通,强化日常巡检和检修。

五、锅炉爆燃事故

1.事情经过和损失

某注汽站员工在夜班时出现火焰故障灭火,多次点火主燃火不着,发生爆燃。经事后分

析是火焰无效,炉膛内可燃气体过多,发生爆燃事故。

2.原因分析

多次点火不着炉膛内可燃气体过多,短时间多次点火发生爆燃。

3.预防措施

在燃气时点火不着后应停止点火,让炉子后吹扫使炉膛内可燃气体散尽后再次尝试点火。

六、锅炉侧板崩飞事件

1.事故经过和损失

某注汽站,当班员工发现锅炉灭火后去正常点炉,由于锅炉引燃火故障频繁点火,为了尽快启炉回家,站长刘某违章操作把鼓风机的入口阀门关小。而长时间频繁点火加上引燃气电磁阀关不严,使炉膛堆积大量的可燃气体,前吹扫时间短进风量不够造成最后一次点火对流段发生爆炸,锅炉侧板崩飞。直接经济损失10万元以上。

2.原因分析

(1)当班员工违章操作。

(2)员工安全意识淡薄,对本岗位危害因素和风险识别能力差。

(3)设备保养不及时。

3.预防措施

(1)严格按照操作规程操作。

(2)加强员工风险识别能力和对危害因素的认识。

(3)设备保养及时到位,发现问题及时处理。

七、锅炉炉管严重结垢事件

1.事故经过和损失

某注汽站,水处理工余某在接班时没有亲自去化验水处理二级罐出口的水质硬度,而是询问交接班人员怎么样,下班员工杨某说没事挺好,然后下班。站长姜某上班后看水处理报表发现这组运行100多个小时了,告诫余某勤化验后就离开了。第二天早上,队长王某去注汽站检查时发现锅炉压差达到5 MPa以上,马上要求停炉检查。检查结果是对流段全部结垢,内径只剩下2 cm,锅炉辐射段炉管大面积结垢。直接经济损失20万元以上。

2.原因分析

(1)当班人员没有认真巡检。

(2)当班人员没有按交接班制度去交接。

(3)管理干部没有认真去督促员工,责任心差。

3.预防措施

(1)严格按交接班制度交接班。

(2)严格按照巡检内容认真巡检。

(3)认真落实员工的岗位职责。

第二节 注汽管网、管线及井口类事故

注汽管网、管线及井口是注汽行业最易发生人身伤害的重大危险源。管网的事故一般来自管网的冻堵及管网倒塌,确保管网不冻是注汽行业冬季生产最为有效的防范措施。由于不是每个人都经历过这些事故,对防范管网事故的警觉性并不是很高,任何的侥幸都可能是一起事故的开始。虽然在冬季管网管理上我们参考天气预报,但天气预报只能预报天气,不能预报管网是否发生冻堵。要特别注意入冬及入春期间的管网管理,认真执行巡检制度,避免发生管网冻堵及坍塌。

管线及井口事故主要与连接材料及井口质量有关,也有员工操作时因环境变化(大量水汽放出、噪音刺耳等)图快、图省事的因素。要减少和避免事故的发生,必须做好检测工作,对活动管线连接用料、管网阀门、炉后阀门必须进行检测,合格后再使用;对活动管线及注汽井口进行现场抽检,提高本质安全水平。员工日常操作要严格遵守操作规程,缓慢送汽,放空适当保留,检查正常时再缓慢关闭;停炉时,先后吹扫,管道压力降至正常注汽压力以下时,再进行操作。

因管道及井口阀门可能关闭不严,在执行管线拆装或其他相关作业(如压力表拆装)时,均有可能因放压不尽,产生突发事件。这就要求我们在工作中必须执行交接与确认制度,避免人身伤害事故出现。

一、小失误酿大灾祸

工作中由于种种原因难免会出现一些失误,如没有按时巡检、没有严格按照操作规程操作等。当这些人的不安全行为遇到物的不安全状态时,必然会发生事故,甚至是酿成不可想象的严重后果。注汽设备处于高温高压状态下运行,更是如此,下面列举一些案例,感受一下现场可怕的现象和后果,让我们引以为戒。

1. 事故经过和损失

(1)案例一。

某注汽站在偏远处不常用的注汽管线没有按时巡线,且在冬季造成了冻堵,没有被及时发现和处理。在最冷的某天发生了"爆炸",响声巨大,现场瞬间变成一片汽海。岗位员工紧急停炉,寻着响声和汽浪的方向到达现场,发现一段几米长的管线炸成了碎片,另外还有几十米管线严重变形和移位。万幸地处苇田深处,没有人和其他物。事故直接经济损失近20万元。

(2)案例二。

某注汽站冬季一处管线端点放汽量偏小,又没有及时巡线和调整,要使用这段管线注汽时发现已经冻堵。岗位工人在没有任何防范意识和措施的情况下打开端点阀门试着排放并处理冻堵。由于冻堵得不是很严重,管线内冻堵物瞬间被冲开,冰、水、汽全都咆哮而出,此时锅炉正处于注汽运行状态,注汽管线瞬间泄压,造成管线出现严重"甩龙"现象,管径为114 mm的注汽管线被卷成直径3 m左右的圆圈,且卷了近3圈,前部几十米管线也严重变形和移位。万幸现场工人只有一人,且逃跑的方向和速度都偶然和幸运地避开了失控乱舞的汽流和管线的直接袭击,仅受到泥水砂石及汽浪的轻微伤害。事故直接经济损失10余万元。

2. 原因分析

管线端点放汽量控制得不好,偏小或没放。没有按时巡线,冻堵没有被及时发现和处理。

3. 预防措施

进入冬季及时进行管线端点放汽并加强巡线杜绝冻堵,后期在管线分支处改装 U 形弯,对闲置管线进行吹扫防冻堵,效果更好。一旦出现冻堵必须采取严格的安全防范措施才能进行解堵。

二、停炉放空造成人员伤害

启炉、停炉注汽对每一个注汽员工来说,再平凡普通不过了,然而这一天却改变了人们的思考,致使以后的每一次启、停炉都变得不同寻常。这里讲述一个案例。

1. 事故经过和损失

某注汽活动站,站上当班人员当接到注汽量到量停炉指令时,开始降小火、断联锁、后吹扫、开放空泄压、关去井阀。当值班操作人员在打开放空阀门时,只听到一声巨响,强大的蒸汽气流喷射而出,刺耳的气流声伴随着噼啪声,使整个小小的站区弥漫在白色的蒸汽中,操作人员也被巨大的汽浪抛出了好几米,裸露在衣服外面的皮肤,从头到脚被站区场地上垫的细沙子打的都是血点,还有好多沙子嵌入了皮肤,在放空阀组的周围崩出了好几平方米一米多深的坑。由于此次发生的事故对该员工造成了严重的身体伤害和惊吓,经几个月的治疗后,调离了注汽岗位。

2. 原因分析

根据事后事故现场的勘察和对当事人的情况了解,该起事故发生原因主要有 2 个方面。首先是放空三阀组的高压焊口有缺陷;其次是操作人员打开放空阀门的速度过快,使强大的汽流突然喷出,造成管线及高压焊口内应力突变,加上高压焊口的焊接缺陷,超出了管线及高压焊口的耐压承受能力,焊口崩裂,造成这次事故。

3. 预防措施

(1) 要有高压焊接资质的焊工进行焊接。

(2) 要对高压焊口进行无损探伤并达到焊接技术要求。

(3) 在停炉操作放空泄压时,操作人员要缓慢平稳地打开放空阀,并根据泄压情况相应地关闭去井阀,避免出现因 2 个阀门操作不当造成管线的剧烈颤动,造成管线"甩龙"及焊口开裂出现事故。

三、注汽井口放空阀失灵危害大

1. 事故经过和损失

某天 18 点,锅炉运行初期,注汽井口传来一声巨响,井口放空阀门螺丝断裂,放空阀门前端飞出 20 m 远落地,井口蒸汽喷出,蒸汽高度 20 多米,地面颤动。当时站上员工发现锅炉出口压力快速下降,听到井口方向的响声,快速确定井口出问题了,马上打开放空,关闭柱塞泵和水泵,关闭控制井口最近的阀门,及时上报,未造成人员烫伤和伤亡,但是损坏了一个高压放空阀,部分阀门松动。无压力后,全部更换新阀门。造成了一定的经济损失。

2. 原因分析

放空阀门螺丝腐蚀,强度下降。

3. 预防措施

发现问题,马上停炉和关闭控制的阀门。

四、粗心大意险酿大祸

注汽行业是高危行业,设备在高温高压状态下运行,从锅炉产生蒸汽压力和把蒸汽输送到井底需要流程的连接和转换。转换流程和管网巡检如果没有严格按照操作规程操作,遇到特殊情况时,就会酿成不可想象的严重后果,值得我们深刻反思和引以为戒。

1. 案例一

(1) 事故经过和损失。

某注汽活动站当班员工在对注汽锅炉启炉,转换流程注汽时,垫子崩飞,打到旁边玉米地,造成一片玉米倒地,万幸旁边没有人和其他物。直接损失约千元。

(2) 原因分析。

注汽井压力高,启炉后直接把放空关死,没有观察蒸汽压力到合适范围内再关闭,启停炉存在懒惰行为和麻痹心理,以为井压差不多,是责任心不强造成的。

(3) 预防措施。

在启炉注汽过程中要及时观察蒸汽压力,尤其是在冬季使用注汽管网时缓慢关闭放空,不可操之过急。

2. 案例二

(1) 事故经过和损失。

某注汽站在使用注汽管网正常注汽时发生管网倾斜倒塌 50 m 左右,现场进行了及时处理和对管网的泄压处置,未造成管网甩龙崩裂,未造成人员伤亡。

(2) 原因分析。

① 管托缺失、地基下沉。

② 巡检不及时。

③ 责任心不强。

(3) 预防措施。

加强对管网的巡检,对发现的管托缺失损坏现象及时上报和整改,有隐患的管网禁止使用。在启炉前对管网进行一定的试压再使用。

五、操作不当引起大事故

注汽行业是一个高危险的行业,在高温高压的环境下工作,如果不按照安全操作规程及设备使用规范进行工作,那么就容易造成事故,给本人造成伤害,给企业造成损失,现在就举一个案例,让大家明白安全生产的重要性。

1. 事故经过及损失

冬季天气寒冷,大站的管网需要每小时巡检一次,在端点放气,不能太大,这样浪费热量,增加热损失;也不能太小,这样时间长了端点容易冻堵,甚至整个管网都冻住。由于小班员工不及时巡检,造成了注汽管网的冻堵,使注汽工作不能正常进行,在组织大家对注汽管网解冻过程中,由于操作人员急于求成,未停炉就进行解冻,因为压力过大,注汽管网造成甩龙事故,庆幸人员离得比较远,没有造成人员伤亡,但是却造成了巨大的经济损失。

2.原因分析

员工没有及时巡检,问题没有得到及时解决,解冻时没有按照操作规程进行操作。

3.预防措施

进入冬季定时对管网进行放汽,严格巡检制度;员工要加强安全教育培训,使每个员工都能认识到安全生产的重要性;严格执行操作规程,严禁违章操作,加强岗位技术培训,提高员工的技术水平,在发生事故后能够及时处理,减少损失。

六、蛮干酿大祸

1.事情经过和损失

2007年冬季,某注汽站所管理的管网一个端点阀门关不上,需更换。更换阀门的施工队伍没有和站上沟通,在没有熟悉管网流程的人员带领下自己去开关端点阀门。在王某开阀门时发现出汽小,然后把阀门全部打开,造成蒸汽大量喷出,瞬间泄压,管网甩龙。当场一人重伤,100多米管网倒塌。直接经济损失30万元以上。

2.原因分析

(1)外来施工人员没有和站内沟通。

(2)施工人员在不了解流程的情况下蛮干。

(3)注汽站对外来施工监管不到位。

(4)员工没有按照操作规程操作。

3.预防措施

(1)对外来施工加大管理力度。

(2)严禁违章操作,严禁违章指挥。

(3)施工前和所管辖的站区沟通好,并在相关人员的带领下进行操作并挂上警示牌。

第三节　操作防护类事故

前面我们讲述了一些日常工作中发生的事故,在日常工作中很多事难以考虑周全,可能顾此失彼。而这种疏忽和大意很可能给企业带来重大的损失,甚至给当事人带来人身的伤害。如果我们认真分析这些疏忽和大意,从中也可以看出,绝大多数疏忽大意的背后都有违章、违规操作和责任心不强的痕迹。为减少和避免这些"疏忽大意"行为的出现,需要我们提高岗位责任心,提升按章指挥、标准操作的能力和意识,养成开工前认真分析所做工作可能会产生什么风险的良好习惯。

一、灭火器变成"灭人器"

1.事故经过和损失

1993年,绕阳河发洪水。洪水即将到来前,绕阳河河套内各站为迎接洪峰的到来都忙着做准备工作。某注汽站也一样,维修队及站上人员在共同忙着架高柱塞泵电机,电焊工正在电机旁紧张地制作支架。突然焊渣落入下面的地沟里引燃了油棉纱等可燃物,工人小谢立即跑去拿来了一个手提式干粉灭火器,拔掉销子对准火焰按下手柄一气呵成,但灭火器没有反应。然后,小谢提起灭火器用力地晃了晃,又重重地墩向地面。只听到一声巨响,一团白色的蘑菇云把灭火器推起,重重地射向房子顶棚后弹回地面。等粉尘稍稍散去,大家发现小谢还一动不动地躺在那里,眉头正在流血,人已经昏迷不醒。大家立即把他抬到车上送往医院,经过医治很快恢复。后来大家分析,飞起的灭火器没有正对着头打去,而是侧着蹭到了前额,否则不知会发生什么样的后果。

2. 原因分析

灭火器缺乏检测和维护保养,从灭火器残骸上看,其底部已严重腐蚀。另外,在使用和搬运过程中应避免磕碰和撞击。

3. 预防措施

灭火器定期检测和维护保养,在使用和搬运过程中应避免磕碰和撞击。

二、停炉放空后未及时巡检,造成污染,活动管线凝堵

1. 事故经过和损失

冬季某站注汽结束后,当班职工进行停炉操作,打开锅炉放空后,至注汽井口处,关闭生产阀,打开井口放空阀,考虑到活动管线较长(200多米,30余根),需等待很长时间,私自决定回站,午餐后再进行巡检。再回到现场后,发现井场大面积污染,活动管线全部被油凝堵。

2. 原因分析

注汽井口主生产阀关闭不严,放空压力降低后,井下原油返出,造成污染,并凝堵活动管线。

3. 预防措施

严格遵守启停炉操作规程,停炉操作时必须在现场待泄压完毕后方可离开,切换井口阀门时,要注意检查阀门是否正常关闭。

三、违章操作酿惨祸

1. 事故经过和损失

某注汽站,和往常一样每天上站接班、交班、巡检。9点多钟,该站一名员工见配电间的配电柜里满是蜘蛛网,未和同班人员沟通,就不假思索地到值班室拿起笤帚,进配电间开始清扫配电柜里的蜘蛛网,当清扫到电气开关比较密集的配电柜时,惨祸发生了。只见一团耀眼的弧光闪过和一声巨响,该名员工抱着头从配电间跑了出来,很快被送到医院抢救,经检查,该员工手、脸及上身约40%以上被电气弧光烧伤,住院治疗了几个月,身上留下了永不消失的伤痕,同时也在该员工的心理上造成了永远无法抹去的心灵创伤。

2. 原因分析

用电设备及各电气控制部件间按国家标准都要满足一定的绝缘等级和安全距离,确保电气和人身安全。当该员工用笤帚划拉电气开关时,笤帚上缠绕的大量蜘蛛网和电气开关上扬起的灰尘共同作用,改变了各电气开关间的安全距离,使得周围空气发生高压电离击穿,产生强烈的电离弧光,该弧光可瞬间产生几千摄氏度的高温,对人员和设备造成重创。

3. 预防措施

(1)严格执行电气及用电各项安全操作规定。

（2）加强配电间日常管理，关闭配电间门窗，防止漏雨和蚊虫进入。

（3）严禁用带水的拖布在配电间拖地和用湿抹布擦电气设备。

（4）根据当地气候条件，不定期对用电设备和电气开关上的灰尘、蜘蛛网进行清扫，但必须是在确认断电和无静电聚集的状态下进行。

四、违章操作造成手指断骨

1.事情经过和损失

2008年冬季，某活动注汽站在注汽过程中夜班人员发现柱塞泵声音异常，上报值班干部，值班干部赶到现场，经细致检查分析发现中间的柱塞有脱扣现象，立即停炉进行整改。停炉后一边维修一边进行扫线，夜班员工先扫油路，扫完油路后没有查看柱塞泵那边的检修情况，也没有通知要扫水汽流程，当值班队长检查柱塞连杆母扣有没有损伤时，夜班员工开始扫水汽流程造成柱塞突然顶回把值班队长的食指挤伤。经医院检查食指指骨断裂。

2.原因分析

现场属于交叉作业，没有相关安全意识，操作时检查不到位。

3.预防措施

避免交叉作业，在不可避免时要充分地进行安全检查，在确保安全的情况下方可进行操作。

五、冬季积雪及时清，防护劳保穿戴好

1.事情经过和损失

2011年12月，某注汽站当班员工去锅炉上巡回检查，在走上锅炉台阶时脚下一滑，一条小腿卡在台阶中间，幸好及时握住旁边护栏，才没有摔倒在地面。事后发现腿部多处淤青，并未造成骨折骨裂，没有什么大碍。

2.原因分析

下雪后积雪不及时清扫或者清扫不彻底，存在死角，致使楼梯面结冰。当班员工安全意识不强，在工作前未清掉鞋底积雪，导致工作时滑倒。

3.预防措施

进入冬季雨雪天气较多，路面容易结冰，摔伤事件非常容易发生，因此下雪后，当班员工一定要及时清扫积雪，不要留有死角，同时可在各操作间门口放置防滑垫。另外，要求职工在工作期间一定要做好防滑措施。

六、锅炉严重缺水事故

锅炉是特种设备，锅炉缺水是最大的安全隐患，严重缺水或处理不当时会造成锅炉爆炸，对此我们今后必须加强管理，否则一旦发生事故，后果将不堪设想。下面列举一个案例。

1.事故经过和损失

某日夜班，司炉工王某和刘某是当班职工，早上7点30分，锅炉的水位显示器失控，水位显示虽然正常，但是实际此时锅炉已经在低水位运行。7点40分，锅炉房组长孙某上班后发现锅炉运行异常，安排立即停炉，禁止上水，并对锅炉进行了检查，发现锅炉在低水位运行，避免了一起锅炉烧坏，甚至爆炸事故。

2.原因分析

（1）王某和刘某对锅炉的水位显示器巡回检查不到位,安全意识差,是造成事故的直接原因。

（2）水位显示器失控,使用设备不符合要求,是造成事故的间接原因。

3.防范措施

（1）司锅工要加强业务学习,掌握锅炉水位要求。

（2）要完善锅炉的压力安全保护,并按规定进行定期检查和校验,任何人不得私自对安全保护装置进行调整。

（3）要经常检查锅炉水位情况和附带各种仪表情况,发现问题要及时反映处理。

七、登高作业违章,造成人员摔伤

1.事情经过和损失

某活动注汽站员工对值班室板房房顶进行除锈、刷漆,利用梯子登上板房顶部时,梯子滑倒,导致该员工左脚踝骨骨折。

2.原因分析

违章作业,利用梯子登高作业时,梯子下方无专人扶。再就是作业前对工具（梯子）检查不到位,事后发现梯子两腿不在同一水平面上,存在较大的安全隐患。

3.预防措施

利用梯子登高作业时,下方应有专人扶。超过 2 m 登高作业时应系安全带。作业前应对所使用工具进行仔细检查,确保安全。

八、绝缘胶皮破损造成值班房漏电

1.事故经过和损失

天下着小雨,某注汽站夜班员工和平时一样接班后去巡检,回到值班室时,用手开门发现有触电感觉,立刻向站长汇报,站长指示不要去值班室,等待来人处理,并告诫另一个值班人员。注汽作业区值班干部赶到现场发现值班室漏电现象严重,暂时封闭值班室,挂上警示牌。第二天晴天后,电工查找发现是搬家时把值班室外接电源线的绝缘胶皮给无意识地破坏了造成漏电。由于当班员工发现及时并处理妥当没有什么财产损失和人员伤亡。

2.原因分析

（1）搬家时没有监管到位,巡检不仔细。

（2）设备保养不及时,危害因素识别能力差。

3.预防措施

（1）严格按照巡检内容认真巡检。

（2）严格执行交接班制度。

（3）加强员工风险识别能力和对危害因素的认识。

（4）严格要求员工正确穿戴劳保用品。

第四节　火灾爆炸类事故

火灾爆炸在热注行业并不少见,热注行业的特点决定了这是个与易燃、易爆相生相伴的行业。燃料中的油、气,各种管道中及储油罐内的电热设备,大量的电器及仪器仪表都可能是火灾爆炸的引源。各种油气管道施工、解冻较为频繁,稍有不慎都有可能引发现场的火灾、爆炸。

一、油箱电加热引发着火事故

1. 事故经过和损失

某注汽站夜班员工张某在凌晨三四点钟,发现屋外有火光,急忙出去检查,发现油箱着火。急忙搬灭火器到油箱,将火扑灭。

2. 原因分析

当时供油系统电加热器加热管直接接触燃油加热,凌晨时油箱液位降至电加热器加热管露出,电加热器加热管将液面的易燃挥发成分引燃,引起油箱着火。

3. 预防措施

电加热器改用防爆产品。日常工作中注意油箱油量及锅炉排量的控制,保证油箱运行液位高于电加热器顶面。

二、锅炉轮胎着火引发大火

1. 事故经过和损失

某活动注汽站因敷设的水管线管理不善发生冻堵,作业区组织解堵作业。因解堵当天气候寒冷,北风较大,锅炉车解堵效果不明显。为加快解堵进度,现场组织者决定使用柴油点燃芦苇明火解堵。在解堵接近尾端时,水管线从锅炉后方穿过,在浇油时,未能注意到柴油流到了锅炉车下方,点火后,柴油将锅炉车轮胎引燃。组织扑救时,站上灭火器大都不能使用。大家急忙跑到附近采油站取灭火器,此时,已错过了扑救初起火灾的最佳扑救阶段。而后,大火在北风的助力下,熊熊燃起。等到消防车中午赶到现场,大火已将整个锅炉彩板房烧毁,操作盘及各种电器仪表基本全部烧毁。损失接近百万元。

2. 原因分析

(1) 安全意识淡薄,在风级较大的情况下动用明火作业。

(2) 没有灭火经验,安全培训不到位。对初起火灾没有下决心扑救,现场观望气氛浓厚,没有积极想办法扑救,扑救方法不多,主要依靠灭火器,并抱着火着不起来的心理自我安慰。一误再误,导致错过了扑救的最佳时机。

(3) 消防器材保管、检查、使用均有缺陷。干粉灭火器存储温度为 $-20 \sim 50\ ℃$,当时的温度已经低于 $-20\ ℃$,灭火器全部保存在室外,救急应用时,大都失效。

3. 预防措施

(1) 消防器材妥善保管,避免应急时失效。

(2) 培训员工使之具备起码的扑救初起火灾的能力。(3) 严格执行动火制度。

三、油箱爆炸事故

1. 事故经过和损失

某活动站准备注汽。站长在进行燃油预热时,启动油箱电加热。十几分钟后,油箱突然发生爆炸。油箱顶部崩开,原油四溅,整个油箱变形。

2.原因分析

因事情比较突然,也无任何预兆,现场调查取证中未发现任何违章操作,只能往前追溯。据站长说,停炉时使用空气扫线,怕扫不干净,反复几次,时间较长。后检查油箱顶部排气呼吸阀堵塞。推断事故起因是因为大量空气扫线,因油箱呼吸阀排气不畅,积聚于油箱,而油箱电加热器是直接接触介质加热的不防爆产品,在加热燃油时,由于扫线空气可能存于油箱底部,引发空气急剧膨胀,引起油箱爆炸。

3.预防措施

油箱加热必须选用防爆产品。对油箱呼吸阀进行定期校验,保证排气通畅。在进行扫线作业时,要尽可能使用蒸汽扫线。

四、暖气片爆炸事故

1.事故经过和损失

某活动注汽站入冬时中午试投用采暖,暖气为炉后经三级减压后的蒸汽。蒸汽进入采暖流程没有几分钟,突然听到一声巨响。站长急忙切断三级减压阀门进行检查,发现厨房暖气片爆炸,让人意想不到是一个小小暖气片爆炸威力巨大,不仅将彩板一面墙炸塌,而且将距离半米远的灶台一角掀翻。所幸做饭女工刚刚从厨房出来,无人员伤亡。

2.原因分析

(1)设计缺陷,水暖气片用于蒸汽采暖。这个板房是作业区为班站新建的值班室带厨房,使用的暖气片是中间多股翅片管、两头汽包用于通水的水暖产品,产品的耐压是 0.5 MPa,而现场使用的是蒸汽供暖。

(2)三级减压安全阀校验不合格,作业区炉后三级减压后压力要求不高于 0.5 MPa,而这个站三级减压安全阀起跳压力高于 0.6 MPa。事故原因可以推论,当初次使用试投采暖时,管道内的气体被蒸汽加热升压,可能压力远超过 0.6 MPa。汽包为暖气的受压薄弱点,从此点崩开。而且从现场的情况看,零点几兆帕的压力不会有这么大威力。

3.预防措施

(1)水暖产品不得应用于汽暖。

(2)对三级减压安全阀应进行起跳试验,起跳压力不得超过 0.5 MPa。

(3)每年试运行采暖时,要由站队长在现场负责,并做警示讲话,避免出现人员伤害。

五、燃油电加热器爆炸威力大

1.事故经过和损失

某新建注汽站工程已竣工,进入试运阶段。对燃油工艺试运时按照试压、扫线、投油、加热进行。运行一段时间后出现渗漏等问题,便安排停运整改,对油管线进行扫线。在扫线过程中,突然油泵房内一声巨响,巨大的烟团夹杂火苗从油泵房里窜出。等烟火散去看到油泵房前面的墙已彻底倒掉,其他几面墙已严重变形,电加热器侧面被炸出一个大窟窿,还有烟火向外窜。万幸当时油泵房内没有人,否则后果不堪设想,且爆炸时油已基本被扫净,没有发生大的火灾。事故造成一台电加热器报废,一栋油泵房严重损坏。直接经济损失近 10 万元。

2.原因分析

事后检查发现电加热器开关没有断开仍在加热状态,空压机的压缩空气又有良好的助燃性,这种情况燃烧爆炸是必然的。

3.预防措施

燃油工艺扫线必须切断电加热器的电源,且等温度降得尽量低的情况下再进行扫线。对油、天然气等可燃物的管线扫线,扫线介质不允许使用空气,而应该使用惰性气体,如氮气等。

六、注汽活动管线着火事件

活动注汽管线接头部位温度常高达300 ℃以上,保温棉一旦坏损或缺失,将成为一个火源。管线保温坏损的地方,温度也可达200 ℃以上,超过很多物质的燃点。一旦条件具备,极易发生火灾。下面举2个例子。

1.案例一

(1)事件经过和损失。

某注汽站为平台井注汽,当时平台井中间的一口油井进行作业施工,突然发生火灾。所幸当时作业人员扑救及时,未发生较大损失。如一旦火起,未能及时发现,井场着火,可能造成不堪设想的后果。

(2)原因分析。

此平台井有5口油井,其中边缘一口井注汽,注汽活动管线从平台井前贯穿而过,作业施工井位于平台井正中,作业时起管所带的油水洒落在井口边的注汽管线上,因管线温度较高,引发火灾。

(3)预防措施。

注汽活动管线连接要避开作业面,不得从抽油机前穿过。

2.案例二

(1)事故经过和损失。

苇场组织人员将苇田内割好的芦苇运出。当时因某热注站注汽管线在路边,从苇田运出苇子需跨过这条管线,某苇场雇佣人员在拖一捆苇子过管线时,发生苇子着火事件。事故损失轻微。

(2)原因分析。

从现场情况判断,此人拖的这捆苇子正好从活动管线接头保温处经过,部分苇子透过接头保温直接接触管线接头。因温度较高,直接点燃芦苇。

(3)预防措施。

① 管线连接要注意可能存在的施工,提前铺垫管线,使施工方能从铺垫处路过。

② 在冬季生产时注汽管线要打好安全通道,避免引燃管线边杂物。

③ 注意管线检查及保温检查,对不合格管线给予更换,保温不合格不注汽。

④ 加强管线巡检,及时发现隐患。

七、燃气电动阀渗漏造成锅炉爆炸

1.事故经过和损失

某注汽站,按操作规程正常启炉。当前吹扫结束,点引燃火、点主燃火时,锅炉一声巨响,突然发生爆炸。造成对流段两侧侧板崩掉,侧板严重变形,保温全部掉落,对流段四周硬保温严重破损,翅片管变形损坏,锅炉操作间瓦口和鼓风机间的连接螺丝和防爆螺丝崩脱,鼓风机前段掉落,受损严重。造成直接经济损失 60 多万元。

2. 原因分析

经过事后事故调查,主要原因在于:一是在停炉期间天然气燃料手阀未关闭;二是 2 个燃气电动阀由于燃气管路里有杂质,在阀自动关闭时由于管道杂质的存在,造成没有完全关闭阀门,表面看好像阀门已关闭,但实际上一部分天然气还源源不断地进入炉膛,使得炉膛内的天然气大量聚集,达到了爆炸极限。虽然启炉时进行了前吹扫,但由于吹扫时间有限(只有 5 min,这个吹扫时间是根据各燃气控制阀无泄漏时设定的),加上 2 个燃气电动阀一直都在不间断地往炉膛泄漏天然气,前吹扫就无法彻底地将炉膛内的天然气吹扫干净,所以,当点火时出现了爆炸事故。

3. 预防措施

(1)每次停炉时都要关闭燃料手阀。

(2)经常性地检查、冲洗燃气管路内的杂质。

(3)在设备本体燃气管路上安装过滤器。

(4)经常搬家的活动炉,在每次连接燃气管路时,要检查和冲洗管路,尽量使用法兰安装管路。

(5)在 2 个天然气控制电动阀上,安装自动阀门检漏装置,这样在每次启炉时,对 2 个燃气电动阀进行密封性自动检测,可有效防止类似爆炸事故的发生。

八、不按正常操作引起的事故

1. 事故经过和损失

白班员工与夜班员工交接完后,夜班告诉白班只剩下油流程没扫线,当班的郭某换完工服就上锅炉去扫油流程。这时另一员工也从站长室换完工服往锅炉赶去,发现炉前油电加热器表面刷的漆在冒烟,于是跑到锅炉操作盘前,将炉前电加热开关打到"停止"的位置,同时将空压机扫线阀门关闭,这时发现油管线表面的漆在一点一点不断变黑,该员工觉得有可能是用空气扫线后氧气进入油管线内同时电加热干烧后将油管线内的油点燃,这时该员工迅速将油箱和油泵房的出入口阀门关闭,断绝氧气并切断燃料来源,使油管线内的火熄灭,自然冷却。幸亏发现得早,采取的措施得当,否则火烧到油箱就有可能发生爆炸事故。当检查电加热器时发现电加热器全部烧坏。造成直接经济损失 1 万多元。

2. 原因分析

造成事故的原因,可能是当班员工郭某对燃油的扫线操作应注意的内容不了解或是马虎大意,忘记了先停电加热器,待油温降到六七十摄氏度后,才能扫线。

3. 预防措施

扫油流程时,必须先确认油流程上的电加热器停运,如果刚到量停炉的,可以利用蒸汽余压先进行蒸汽扫线,再用空压机气源压力进行空气吹扫,防止蒸汽吹扫完后冷凝成水发生冻堵。

九、锅炉运行中空开短路自燃

注汽站员工在值班工作期间要加强责任心,巡检要及时到位,不应放过任何一点危险点源。尤其对注汽锅炉的电路要加强监督和维修保养,否则就会造成不可想象的后果。

1.事故经过和损失

某注汽站当天夜里员工上夜班时,晚上 10 点钟左右当班员工听到锅炉报警声后去锅炉房查看情况,发现锅炉操作盘冒烟后及时与同事沟通,当班员工发现操作盘柜门里的锅炉空开正在燃烧,于是及时用二氧化碳灭火器进行处理,避免了整个盘的损毁,技术人员连夜对空开和线路进行恢复。估计直接损失在 1 万元以上。

2.原因分析

(1)锅炉空开的一根线接头松动虚连,造成了短路,空开也没有及时跳闸,过热,造成了这次事故。

(2)当班员工巡检未及时查看配电柜,巡检不仔细,不到位,责任心不强,也是事故的原因。

3.预防措施

加强员工的责任心,巡检要及时到位,不放过任何一点危险点源。对锅炉电路的维修保养要加强监督,对电器质量加强监督。

十、操作不当造成大危害

1.事故经过和损失

2009 年冬,某注汽站到量停炉,接到通知第二天搬家,当班员工开始进行扫线,扫完油路时由于忘记关闭油箱上部回油阀门,使管线内充满可燃气体。第二天搬家时,施工方切割管线发生爆燃事故。估计损失 5 万元左右。

2.原因分析

当班员工对岗位技能掌握不熟悉,操作大意未按操作规程操作,而巡检时不认真未发现问题。

3.预防措施

加强员工岗位技能培训,提高责任心,对工作中的危险点源清楚了解,并对外来施工做到严格监管。

第五节　锅炉搬迁及车辆运输类事故

活动炉搬迁是作业区较为常见的工作,在搬迁过程中,会因种种原因产生一些始料不及的事故。在热注活动锅炉搬迁中发生过锅炉侧翻,拉运设备、板房刮到高压线引发电击、撞到热注管网龙门架等一些较为重大的事故,不封车或封车不合格造成拉运时设备滑落摔坏的事故也有发生。搬迁过程中更为常见的是碰碰刮刮,撞伤、挤伤设备、板房几乎每年都会发生。由于井场条件所限,现场车辆回旋余地较小,在搬迁工作中更应注意搬迁物件流程次序,提前看好路况,对高空电线、光缆、数据线及各个路口情况了如指掌,对可能出现的问题提前做好预案,确保搬迁顺利进行。下面举一些这方面的例子,警醒大家。

一、钢丝绳划伤女工

1.事故经过和损失

某活动站搬迁进入收尾阶段,设备、值班室等都已就位,站上职工开始进行整理工作。

此时,吊车放下一小物件后在进行收杆时,因吊钩上悬挂的钢丝绳摆动幅度过大,从一女工面前划过,钢丝绳上的毛刺从该女工眼眉上方划过,造成一道长几厘米的伤口。万幸的是,没有划伤眼睛。

2.原因分析

搬迁进入尾声,施工人员及班站员工均放松了心情,疏于防范,未严格执行吊装现场管理制度。

3.预防措施

吊装作业时,不仅起重臂下不得进入,也要注意钢丝绳的摆动范围。吊装作业未结束,班站人员不得组织各项清理、整理工作。

二、运油车辆撞死女工

1.事故经过和损失

某注汽站夜班锅炉岗员工外出巡线,此时运油车辆来到该站,该站水处理工帮助司机卸油。在该车倒车时帮助扶油罐车尾部放油管,因司机倒车不慎,车辆将该女工挤撞,送医院后因内脏出血抢救无效死亡。

2.原因分析

该女工并无此项作业的经验,未能分析出作业中存在的风险,而且是在夜间作业,司机后视难度加大,不能确认是否倒车到位。卸油台上并未设置拒马挡车,卸油箱又较高,无空间闪避。卸油车辆将该女工挤撞在卸油箱上,造成伤亡事故。

3.预防措施

为避免发生事故,要求现场设备就位时要预留拉油车辆回旋的安全空间;夜间保证卸油、作业照明;卸油车辆卸油管高度由作业区安装滑轮,用绳索调整,卸油作业面不得站人;所有卸油车辆在距离油箱合适位置设置拒马,作为阻挡车辆的一道防线,防止撞伤人员及设备。

三、拉水车伤人事故

1.事件经过及损失

某注汽站站长清晨在拉水车后、清水箱前洗衣服。水车司机从休息室出来发动车,松手刹的时候,产生了溜车,站长听到有声音时站了起来,胸部正好被挤在水箱和水车之间。所幸的是水车轻微溜车后即开走了。站长被送进医院诊断为胸肺部挤压伤,住院一个月。

2.原因分析

(1)站长安全意识淡薄,没有认识到自身所处位置的危害性。

(2)水车司机启动车之前应对车身周围进行观察。

3.预防措施

(1)水车和清水箱之间合适的位置设置拒马,防止溜车。

(2)员工应加强对本岗位及工作现场的危害因素辨识。

第六节　设备管理类事故

注汽现场大量使用的各类设备,在运行过程中往往会因为人为责任原因或质量原因引发事故。有些单纯地造成设备机械伤害,而有些可能会造成人身伤害。

预防和控制设备事故需要我们了解设备及其性能,按设备管理制度定期组织维修,做好日常维护保养工作。同时要严把设计关和质量关,选用合格产品,并对老旧设备按照规定进行更新改造。保证设备的性能。全体员工要按时进行巡检,并在巡查中提高自身防护意识。努力学习管理、使用、操作设备的知识,使自己成为懂维护保养,会操作使用,能排除故障的设备管理者和操作者。

一、柱塞泵壳体打碎报废事故

1.事故经过和损失

某站注汽锅炉正在运行中,当班员工巡检结束后刚刚离开锅炉房走到门口,突然听到柱塞泵发出"铛铛……"的异常声响,操作人员急忙跑回操作盘紧急停止柱塞泵。查看柱塞泵,发现柱塞泵周围机油漏失一地,泵壳底部已打碎,柱塞泵报废。

2.原因分析

经现场检查,发现是轴瓦螺丝断裂所致。轴瓦螺丝有断裂旧痕,致使运行中的柱塞泵在轴瓦螺丝断裂后,甩开轴瓦,造成下部壳体打碎。

3.预防措施

在柱塞泵的定期保养中,加强对轴瓦螺丝、大轮螺丝等紧固螺丝的检查或检测,防止有裂痕的螺丝再次使用。

二、蒸汽出口阀门阀杆弹出事故

1.事故经过和损失

热注站当班员工在接到停炉通知后,迅速进行锅炉放空和生产的切换。在进行生产阀门关闭时,阀杆带动轮柄弹起,大量蒸汽同时从阀门盘根处刺漏,造成整个锅炉房内全是蒸汽,蒸汽散尽后,有部分仪表电器部件因蒸汽结露损坏。

2.原因分析

(1)该阀门长期使用,造成阀杆磨损,咬合力不够。

(2)操作人员开关阀门速度过快,在管线内蒸汽向上的推力下,造成阀杆弹起蒸汽泄漏。

3.预防措施

对蒸汽阀门进行检查,对出现松旷的阀门进行维修或更换。另外要求,在操作高压蒸汽阀门的过程中,严格按照标准执行,侧位站立、缓慢开关。

三、正确操作排除隐患,杜绝人身伤害

在日常工作中,常常会因为一些仪器仪表存在缺陷,或者到期未及时校验而存在一些未知的隐患,在一定的条件下就会引发一些不应该出现的事故。仪器仪表属于精密仪器,必须定期校验。

1.事情经过和损失

(1)案例一。

2007年年初,某员工在冷活一倒班,某天凌晨2点钟,该员工进行正常巡检,调整燃油雾

化压力时,发现压力表内有气泡产生,当时未在意,巡检一圈后,就发现压力表表蒙子崩碎,碎玻璃崩出 2 m 远。幸运的是当时人未在事故发生处,未受伤。当时活动站辐射段裸露在外,调整雾化压力时,人站在平台下面,头部正对压力表,要是此时发生事故,人员就会受伤,轻者面部受伤,重者眼睛受伤。

(2)案例二。

2012 年年初,冷三站更换了一批压力表,接二连三发生使用蒸汽介质和震动大的部位的压力表表蒙子崩碎事故,最危险的是在柱塞泵入口的压力表正对巡检路线,一旦在巡检时发生事故,势必对人员造成一定伤害。

2.原因分析

(1)压力表到期未及时校验。

(2)操作时存在安全隐患。

(3)压力表不符合使用要求。

3.预防措施

调整压力时一定要侧身,不要正对压力表。到期的压力表一定要校验,压力表的选用一定要符合使用要求,不要使用一些存在缺陷和不适合的压力表。

四、粗心大意酿成大祸

1.事情经过和损失

早上 5 点到量后,夜班员工对站上工艺流程进行了扫线和软连接控水,但忘记了进行一体化水箱内的工艺流程吹扫和水泵最低点放水。接班时与白班交接内容为工艺流程全部扫完,可以搬家。寒冬腊月整整搬了一天的家。不巧的是夜班员工上班时本站的变压器也出现了故障,电工查到晚上 11 点确定是变压器坏了,当晚无法送电,只能等第二天换变压器。到了第二天更换完变压器试电机正反转时发现,冻坏一台供水泵,7 个 50 碟阀。造成直接经济损失五六千元。

2.原因分析

(1)员工对扫线的知识掌握得不够。

(2)交接班交接内容不清楚。

(3)站长粗心,考虑得不够到位,对员工了解不够。

3.预防措施

首先应开展好员工冬季停炉扫线的培训,使每一名员工都能独立完成站内工艺流程的扫线,提高员工应急能力。尽量避免夜间停炉扫线,尽可能安排到白天扫线,白班人多想得也全,就可能减少冻堵发生。

附录 热注相关标准

安全标志及其使用导则(节选)

(GB 2894—2008)

1 范围

本标准规定了传递安全信息的标志及其设置、使用的原则。

本标准适用于公共场所、工业企业、建筑工地和其他有必要提醒人们注意安全的场所。

2 规范性引用文件

下列文件中的条款通过本标准的引用而成为本标准的条款。凡是注日期的引用文件,其随后所有的修改单(不包括勘误的内容)或修订版均不适用于本标准,然而,鼓励根据本标准达成协议的各方研究是否可使用这些文件的最新版本。凡是不注日期的引用文件,其最新版本适用于本标准。

GB 2893 安全色

GB/T 10001(所有部分)标志用公共信息图形符号

GB 10436 作业场所微波辐射卫生标准

GB 10437 作业场所超高频辐射卫生标准

GB 12268—2005 危险货物品名表

GB/T 15566(所有部分)公共信息导向系统 设置原则与要求

3 术语和定义

下列术语和定义适用于本标准。

3.1 安全标志(Safety sign)。

用以表达特定安全信息的标志,由图形符号、安全色、几何形状(边框)或文字构成。

3.2 安全色(Safety colour)。

传递安全信息含义的颜色,包括红、蓝、黄、绿4种颜色。

3.3 禁止标志(Prohibition sign)。

禁止人们不安全行为的图形标志。

3.4 警告标志(Warning sign)。

提醒人们对周围环境引起注意,以避免可能发生危险的图形标志。

3.5　指令标志(Direction sign)。

强制人们必须做出某种动作或采用防范措施的图形标志。

3.6　提示标志(Information sign)。

向人们提供某种信息(如标明安全设施或场所等)的图形标志。

3.7　说明表示(Explanatory sign)。

向人们提供特定提示信息(标明安全分类或防护措施等)的标记,由几何图形边框和文字构成。

3.8　环境信息标志(Environmental information sign)。

所提供的信息涉及较大区域的图形标志。标志种类代号:H。

3.9　局部信息标志(Partial information sign)。

所提供的信息只涉及某地点,甚至某个设备或部件的图形标志。标志种类代号:J。

4　标志类型

安全标志分禁止标志、警告标志、指令标志和提示标志四大类型。

4.1　禁止标志。

4.1.1　禁止标志的基本形式是带斜杠的圆边框,如图1所示。

4.1.2　禁止标志基本形式的参数:

外径 $d_1 = 0.025L$;内径 $d_2 = 0.800d_1$;斜杠宽 $c = 0.080d_2$;斜杠与水平线的夹角 $\alpha = 45°$;L 为观察距离(见附录A,本书略)。

4.1.3　禁止标志,见表1。

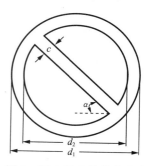

图1　禁止标志的基本形式

表1　禁止标志

编号	图形标志	名　称	标志种类	设置范围和地点
1-1		禁止吸烟	H	有甲、乙、丙类火灾危险物质的场所和禁止吸烟的公共场所等,如木工车间、油漆车间、沥青车间、纺织厂、印染厂等
1-2		禁止烟火	H	有甲、乙、丙类火灾危险物质的场所,如面粉厂、煤粉厂、焦化厂、施工工地等
1-3		禁止带火种	H	有甲类火灾危险物质及其他禁止带火种的各种危险场所,如炼油厂、乙炔站、液化石油气站、煤矿井内、林区、草原等
1-4		禁止用水灭火	H.J	生产、储运、使用中有不准用水灭火的物质的场所,如变压器室、乙炔站、化工药品库、各种油库等

续表 1

编号	图形标志	名　称	标志种类	设置范围和地点
1-5		禁止放置易燃物	H.J	具有明火设备或高温的作业场所,如动火区、各种焊接、切割、锻造、浇铸车间等场所
1-6		禁止堆放	J	消防器材存放处,消防通道及车间主通道等
1-7		禁止启动	J	暂停使用的设备附近,如设备检修、更换零件等
1-8		禁止合闸	J	设备或线路检修时,相应开关附近
1-9		禁止转动	J	检修或专人定时操作的设备附近
1-10		禁止叉车和厂内机动车辆通行	J.H	禁止叉车和其他厂内机动车辆通行的场所
1-11		禁止乘人	J	乘易造成伤害的设施,如室外运输吊篮、外操作载货电梯框架等
1-12		禁止靠近	J	不允许靠近的危险区域,如高压试验区、高压线、输变电设备的附近
1-13		禁止入内	J	易造成事故或对人员有伤害的场所,如高压设备室、各种污染源等入口处
1-14		禁止推动	J	易于倾倒的装置或设备,如车站屏蔽门等

编号	图形标志	名　称	标志种类	设置范围和地点
1-15		禁止停留	H.J	对人员具有直接危害的场所,如粉碎场地、危险路口、桥口等处
1-16		禁止通行	H.J	有危险的作业区,如起重、爆破现场,道路施工工地等
1-17		禁止跨越	J	禁止跨越的危险地段,如专用的运输通道、带式输送机和其他作业流水线,作业现场的沟、坎、坑等
1-18		禁止攀登	J	不允许攀爬的危险地点,如有坍塌危险的建筑物、构筑物、设备旁
1-19		禁止跳下	J	不允许跳下的危险地点,如深沟,深池,车站,站台及盛装过有毒物质、易产生窒息气体的槽车、贮罐、地窖等处
1-20		禁止伸出窗外	J	易于造成头受伤害的部位或场所,如公交车窗、火车车窗等
1-21		禁止倚靠	J	不能依靠的地点或部位,如列车车门、车站屏蔽门、电梯轿门等
1-22		禁止坐卧	J	高温、腐蚀性、塌陷、坠落、翻转、易损等易于造成人员伤害的设备设施表面
1-23		禁止蹬踏	J	高温、腐蚀性、塌陷、坠落、翻转、易损等易于造成人员伤害的设备设施表面
1-24		禁止触摸	J	禁止触摸的设备或物体附近,如裸露的带电体,炽热物体,具有毒性、腐蚀性物体等处

续表 1

编号	图形标志	名　称	标志种类	设置范围和地点
1-25		禁止伸入	J	易于夹住身体部位的装置或场所,如有开口的传动机、破碎机等
1-26		禁止饮用	J	禁止饮用水的开关处,如循环水、工业用水、污染水等
1-27		禁止抛物	J	抛物易伤人的地点,如高处作业现场、深沟(坑)等
1-28		禁止戴手套	J	戴手套易造成手部伤害的作业地点,如旋转的机械加工设备附近
1-29		禁止穿化纤服装	H	有静电火花会导致灾害或有炽热物质的作业场所,如冶炼、焊接及有易燃易爆物质的场所等
1-30		禁止穿带钉鞋	H	有静电火花会导致灾害或有触电危险的作业场所,如有易燃易爆气体或粉尘的车间及带电作业场所
1-31		禁止开启无线移动通信设备	J	火灾、爆炸场所以及可能产生电磁干扰的场所,如加油站、飞行中的航天器、油库、化工装置区等
1-32		禁止携带金属物或手表	J	易受到金属物品干扰的微波和电磁场所,如磁共振室等
1-33		禁止佩戴心脏起搏器者靠近	J	安装人工起搏器者禁止靠近高压设备、大型电机、发电机、电动机、雷达和有强磁场设备等
1-34		禁止植入金属材料者靠近	J	易受到金属物品干扰的微波和电磁场所,如磁共振室等

续表 1

编号	图形标志	名　称	标志种类	设置范围和地点
1-35		禁止游泳	H	禁止游泳的水域
1-36		禁止滑冰	H	禁止滑冰的场所
1-37		禁止携带武器及仿真武器	H	不能携带和托运武器、凶器和仿真武器的场所或交通工具,如飞机等
1-38		禁止携带托运易燃及易爆物品	H	不能携带和托运易燃、易爆物品及其他危险品的场所或交通工具,如火车、飞机、地铁等
1-39		禁止携带托运有毒物品及有害液体	H	不能携带托运有毒物品及有害液体的场所或交通工具,如火车、飞机、地铁等
1-40		禁止携带托运放射性及磁性物品	H	不能携带托运放射性及磁性物品的场所或交通工具,如火车、飞机、地铁等

4.2　警告标志。

4.2.1　警告标志的基本形式是正三角形边框,如图 2 所示。

4.2.2　警告标志基本形式的参数:

外边 $a_1=0.034L$;内边 $a_2=0.700a_1$;边框外角圆弧半径 $r=0.080a_2$;L 为观察距离(见附录 A,本书略)。

4.2.3　警告标志,见表 2。

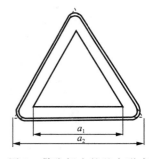

图 2　警告标志的基本形式

表 2　警告标志

编号	图形标志	名　称	标志种类	设置范围和地点
2-1		注意安全	H.J	易造成人员伤害的场所及设备等

编号	图形标志	名　称	标志种类	设置范围和地点
2-2		当心火灾	H.J	易发生火灾的危险场所,如可燃性物质的生产、储运、使用等地点
2-3		当心爆炸	H.J	易发生爆炸危险的场所,如易燃易爆物质的生产、储运、使用或受压容器等地点
2-4		当心腐蚀	J	有腐蚀性物质(GB 12268—2005 中第 8 类所规定的物质)的作业地点
2-5		当心中毒	H.J	剧毒品及有毒物质(GB 12268—2005 中第 6 类第 1 项所规定的物质)的生产、储运及使用地点
2-6		当心感染	H.J	易发生感染的场所,如医院传染病区,有害生物制品的生产、储运、使用等地点
2-7		当心触电	J	有可能发生触电危险的电气设备和线路,如配电室、开关等
2-8		当心电缆	J	有暴露的电缆或地面下有电缆处施工的地点
2-9		当心自动启动	J	配有自动启动装置的设备
2-10		当心机械伤人	J	易发生机械卷入、轧压、碾压、剪切等机械伤害的作业地点
2-11		当心塌方	H.J	有塌方危险的地段、地区,如堤坝及土方作业的深坑、深槽等
2-12		当心冒顶	H.J	具有冒顶危险的作业场所,如矿井、隧道等

编号	图形标志	名　称	标志种类	设置范围和地点
2-13		当心坑洞	J	具有坑洞易造成伤害的作业地点,如构件的预留孔洞及各种深坑的上方等
2-14		当心落物	J	易发生落物危险的地点,如高处作业、立体交叉作业的下方等
2-15		当心吊物	J、H	有吊装设备作业的场所,如施工工地、港口、码头、仓库、车间等
2-16		当心碰头	J	有产生碰头的场所
2-17		当心挤压	J	有产生挤压的装置、设备或场所,如自动门、电梯门、车站屏蔽门等
2-18		当心烫伤	J	具有热源易造成伤害的作业地点,如冶炼、锻造、铸造、热处理车间等
2-19		当心伤手	J	易造成手部伤害的作业地点,如玻璃制品、木制加工、机械加工车间等
2-20		当心夹手	J	有产生挤压的装置、设备或场所,如自动门、电梯门、列车车门等
2-21		当心扎脚	J	易造成脚部伤害的作业地点,如铸造车间、木工车间、施工工地及有尖角散料等处
2-22		当心有犬	H	有犬类作为保卫的场所
2-23		当心弧光	H、J	由于弧光造成眼部伤害的各种焊接作业场所

续表 2

编号	图形标志	名　称	标志种类	设置范围和地点
2-24		当心高温表面	J	有灼烫物体表面的场所
2-25		当心低温	J	易于导致冻伤的场所,如冷库、汽化器表面、存在液化气体的场所等
2-26		当心磁场	J	有磁场的区域或场所,如高压变压器、电磁测量仪器附近等
2-27		当心电离辐射	H.J	能产生电离辐射危害的作业场所,如生产、储运、使用 GB 12268—2005 规定的第 7 类物质的作业区
2-28		当心裂变物质	J	具有裂变物质的作业场所,如其使用车间、储运仓库、容器等
2-29		当心激光	H.J	有激光产品和生产、使用、维修激光产品的场所(激光辐射警告标志常用尺寸规格见附录 B,本书略)
2-30		当心微波	H	凡微波场强超过 GB 10436、GB 10437 规定的作业场所
2-31		当心叉车	J.H	有叉车通行的场所
2-32		当心车辆	J	厂内车、人混合行走的路段,道路的拐角处,平交路口;车辆出入较多的厂房、车库等出入口
2-33		当心火车	J	厂内铁路与道路平交路口,厂(矿)内铁路运输线等
2-34		当心坠落	J	易发生坠落事故的作业地点,如脚手架、高处平台、地面的深沟(池、槽)、建筑施工、高处作业场所等

续表 2

编号	图形标志	名　称	标志种类	设置范围和地点
2-35		当心障碍物	J	地面有障碍物,绊倒易造成伤害的地点
2-36		当心跌落	J	易于跌落的地点,如楼梯、台阶等
2-37		当心滑倒	J	地面有易造成伤害的滑跌地点,如地面有油、冰、水等物质及滑坡处
2-38		当心落水	J	落水后有可能产生淹溺的场所或部位,如城市河流、消防水池等
2-39		当心缝隙	J	有缝隙的装置、设备或场所,如自动门、电梯门、列车等

4.3　指令标志。

4.3.1　指令标志的基本形式是圆形边框,如图 3 所示。

4.3.2　指令标志基本形式的参数:

直径 $d=0.025L$;L 为观察距离(见附录 A,本书略)。

4.3.3　指令标志,见表 3。

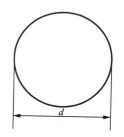

图 3　指令标志的基本形式

表 3　指令标志

编号	图形标志	名　称	标志种类	设置范围和地点
3-1		必须戴防护眼镜	H.J	对眼镜有伤害的各种作业场所和施工场所
3-2		必须佩戴遮光护目镜	J.H	存在紫外、红外、激光等光辐射的场所,如电气焊等

编号	图形标志	名　　称	标志种类	设置范围和地点
3-3		必须戴防尘口罩	H	具有粉尘的作业场所,如纺织清花车间、粉状物料拌料车间以及矿山凿岩处等
3-4		必须戴防毒面具	H	具有对人体有害的气体、气溶胶、烟尘等作业场所,如毒物散发的地点或处理由毒物造成的事故现场
3-5		必须戴护耳器	H	噪声超过 85 dB 的作业场所,如铆接车间、织布车间、射击场、工程爆破、风动掘进等处
3-6		必须戴安全帽	H	头部易受外力伤害的作业场所,如矿山、建筑工地、伐木场、造船厂及起重吊装处等
3-7		必须戴防护帽	H	易有粉尘污染头部的作业场所,如纺织、石棉、玻璃纤维以及具有旋转设备的机加工车间等
3-8		必须系安全带	H.J	易发生坠落危险的作业场所,如高处建筑、修理、安装等地点
3-9		必须穿救生衣	H.J	易发生溺水的作业场所,如船舶、海上工程结构物等
3-10		必须穿防护服	H	具有放射、微波、高温及其他需穿防护服的作业场所
3-11		必须戴防护手套	H.J	易伤害手部的作业场所,如具有腐蚀、污染、灼烫、冰冻及触电危险的作业等地点
3-12		必须穿防护鞋	H.J	易伤害脚部的作业场所,如具有腐蚀、灼烫、触电、砸(刺)伤等危险的作业地点

编号	图形标志	名　称	标志种类	设置范围和地点
3-13		必须洗手	J	接触有毒有害物质作业后
3-14		必须加锁	J	剧毒品、危险品库房等地点
3-15		必须接地	J	防雷、防静电场所
3-16		必须拔出插头	J	在设备维修、故障、长期停用、无人值守状态下

4.4　提示标志。

4.4.1　提示标志的基本形式是正方形边框,如图 4 所示。

4.4.2　提示标志基本形式的参数:

边长 $a=0.025L$,L 为观察距离(见附录 A,本书略)。

4.4.3　提示标志,见表 4。

图 4　提示标志的
基本形式

表 4　提示标志

编号	图形标志	名　称	标志种类	设置范围和地点
4-1		紧急出口	J	便于安全疏散的紧急出口处,与方向箭头结合设在通向紧急出口的通道、楼梯口等处
4-2		避险处	J	铁路桥、公路桥、矿井及隧道内躲避危险的地点

编号	图形标志	名 称	标志种类	设置范围和地点
4-3		应急避难场所	H	在发生突发事件时用于容纳危险区域内疏散人员的场所,如公园、广场等
4-4		可动火区	J	经有关部门划定的可使用明火的地点
4-5		击碎板面	J	必须击开板面才能获得出口
4-6		急救点	J	设置现场急救仪器设备及药品的地点
4-7		应急电话	J	安装应急电话的地点
4-8		紧急医疗站	J	有医生的医疗救助场所

4.4.4 提示标志的方向辅助标志。

提示标志提示目标的位置时要加方向辅助标志。按实际需要指示左向时,辅助标志应放在图形标志的左方;如指示右向时,则应放在图形标志的右方,如图 5 所示。

图 5 应用方向辅助标志示例

4.5 文字辅助标志。

4.5.1 文字辅助标志的基本形式是矩形边框。

4.5.2 文字辅助标志有横写和竖写 2 种形式。

4.5.2.1 横写时,文字辅助标志写在标志的下方,可以和标志连在一起,也可以分开。

禁止标志、指令标志为白色字;警告标志为黑色字。禁止标志、指令标志衬底色为标志的颜色,警告标志衬底色为白色,如图 6 所示。

4.5.2.2 竖写时,文字辅助标志写在标志杆的上部。

禁止标志、警告标志、指令标志、提示标志均为白色衬底,黑色字。

图 6　横写的文字辅助标志

标志杆下部色带的颜色应和标志的颜色相一致,如图 7 所示。

图 7　竖写在标志杆上部的文字辅助标志

4.5.2.3　文字字体均为黑体字。

4.6　激光辐射窗口标志和说明标志。

激光辐射窗口标志和说明标志应配合"当心激光"警告标志使用,说明标志包括激光产品辐射分类说明标志和激光辐射场所安全说明标志,激光辐射窗口标志和说明标志的图形、尺寸和使用方法见附录 C(本书略)。

5　颜色

安全标志所用的颜色应符合 GB 2893 规定的颜色。

6　安全标志牌的要求

6.1　标志牌的衬边。

安全标志牌要有衬边。除警告标志边框用黄色勾边外,其余全部用白色将边框勾一窄边,即为安全标志的衬边,衬边宽度为标志边长或直径的 0.025 倍。

6.2　标志牌的材质。

安全标志牌应采用坚固耐用的材料制作,一般不宜使用遇水变形、变质或易燃的材料。有触电危险的作业场所应使用绝缘材料。

6.3　标志牌表面质量。

标志牌应图形清楚,无毛刺、孔洞和影响使用的任何疵病。

7　标志牌的型号选用(型号见附录 A,本书略)

7.1　工地、工厂等的入口处设 6 型或 7 型。

7.2　车间入口处、厂区内和工地内设 5 型或 6 型。

7.3 车间内设 4 型或 5 型。

7.4 局部信息标志牌设 1 型、2 型或 3 型。

无论厂区或车间内,所设标志牌其观察距离不能覆盖全厂或全车间面积时,应多设几个标志牌。

8 标志牌的设置高度

标志牌的设置高度应尽量与人眼的视线高度相一致。悬挂式和柱式的环境信息标志牌的下缘距地面的高度不宜小于 2 m;局部信息标志的设置高度应视具体情况确定。

9 安全标志牌的使用要求

9.1 标志牌应设在与安全有关的醒目地方,并使大家看见后,有足够的时间来注意它所表示的内容。环境信息标志宜设在有关场所的入口处和醒目处;局部信息标志应设在所涉及的相应危险地点或设备(部件)附近的醒目处。激光产品和激光作业场所安全标志的使用见附录 C(本书略)。

9.2 标志牌不应设在门、窗、架等可移动的物体上,以免标志牌随母体物体相应移动,影响认读。标志牌前不得放置妨碍认读的障碍物。

9.3 标志牌的平面与视线夹角应接近 90°,观察者位于最大观察距离时,最小夹角不低于 75°,如图 8 所示。

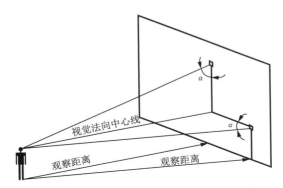

图 8 标志牌平面与视线夹角 α 不低于 75°

9.4 标志牌应设置在明亮的环境中。

9.5 多个标志牌在一起设置时,应按警告、禁止、指令、提示类型的顺序,先左后右、先上后下地排列。

9.6 标志牌的固定方式分附着式、悬挂式和柱式 3 种。悬挂式和附着式的固定应稳固不倾斜,柱式的标志牌和支架应牢固地连接在一起。

9.7 其他要求应符合 GB/T 15566 的规定。

10 检查与维修

10.1 安全标志牌至少每半年检查一次,如发现有破损、变形、褪色等不符合要求的应及时修整或更换。

10.2 在修整或更换激光安全标志时应有临时的标志替换,以避免发生意外伤害。

稠油热采注蒸汽系统设计规范(节选)

(SY 0027—2014)

1 总则

1.0.1 为在稠油注汽系统设计中贯彻执行国家的技术经济政策,做到安全适用、技术可行、质量可靠、经济合理、环保优先,制定本规范。

1.0.2 本规范适用于下列蒸汽参数范围内的陆上油田稠油注汽系统设计:

(1)蒸汽压力小于或等于 21 MPa 的饱和蒸汽。

(2)蒸汽压力小于或等于 17.2 MPa 且温度低于或等于 380 ℃的过热蒸汽。

1.0.3 稠油注汽系统设计除应符合本规范外,尚应符合国家现行的有关标准的规定。

2 术语

2.0.1 稠油 viscous crude。

温度在 50 ℃时的动力黏度大于 400 mPa·s,且温度为 20 ℃时的密度大于 0.916 1 g/cm³ 的原油。

2.0.2 注汽 steam injection。

将高温高压蒸汽注入油层,采出稠油的一种工艺。

2.0.3 吞吐 cyclic steam stimulation。

稠油热采时,注汽、采油交替进行的一种开采工艺。

2.0.4 汽驱 steam drive。

高压蒸汽从注汽井注入,连续驱动稠油从生产井采出的一种开采工艺。

2.0.5 蒸汽辅助重力泄油 steam assisted gravity drainage(SAGD)。

蒸汽从位于油藏底部附近的水平生产井上方的一口直井或一口水平井注入油藏,被加热的原油和蒸汽冷凝液从油藏底部的水平井产出的一种开采工艺。

2.0.6 注汽系统 steam injection system。

注汽站和注汽管道。

2.0.7 注汽锅炉 once-through high quality steam generator。

为稠油热采产生蒸汽的直流锅炉。

2.0.8 注汽站 steam injection station。

为稠油热采而生产注入油层蒸汽的站。

2.0.9 固定式注汽站 immobile/fixed steam injection station。

将装置安装在固定基础上,并为之建设固定厂房的注汽站。

2.0.10 移动式注汽站 mobile steam injection station。

将装置安装在拖车或橇座上,不为之建设固定厂房的注汽站。

2.0.11 供汽半径 steam supply range。

从注汽站到最远注汽井井口的沿程长度。

2.0.12　重油 heavy fuel oil (including residual oil, heavy oil and emulsified fuel oil)。
注汽锅炉燃用的渣油、稠油及乳化燃料油。

3　基本规定

3.0.1　注汽系统应根据稠油开发方案统一规划设计。固定式注汽站的建设规模及注汽管道敷设方式应根据稠油开发中、长期规划方案和环境条件确定,并与采、集、输工艺相结合,适应吞吐向汽驱或 SAGD 的转换,减少从吞吐转汽驱或 SAGD 的调整工作量,并应符合下列要求:

　　(1) 注汽站处于负荷中心时,注汽管线宜采用辐射状敷设方式。

　　(2) 注汽站距负荷中心较远时,注汽管线宜采用辐射状和枝状相结合的敷设方式。

　　(3) 注汽系统的分配、调节、计量应满足开发要求。

　　(4) 注汽系统设计应热能综合利用。注汽站生产、采暖及生活用热,宜优先利用余热。

3.0.2　注汽站设计应取得燃料、水质、气象、地质、水文、电力和供水资料。

3.0.3　注汽站的燃料结构应根据当地燃料供应条件,遵循国家能源和节能政策,经技术经济论证后确定。

3.0.4　注汽站的形式应根据需要分为固定式和移动式 2 种,并符合下列要求:

　　(1) 对连续供汽时间较长的稠油区块宜建设固定式注汽站。

　　(2) 对供汽时间较短、供汽间隔时间较长的小断块稠油区块宜建设移动式注汽站。

3.0.5　注汽站注汽锅炉的总容量应按该站所有热用户的下列耗热量确定:

　　(1) 注汽区块注汽高峰期年总用汽量。

　　(2) 用热设备和管道的散热损失。

　　(3) 注汽站的自用耗热量。

　　(4) 其他各类热用户的总耗热量。

3.0.6　注汽锅炉的选择应满足下列条件:

　　(1) 注汽参数应满足开发方案提出的设计技术要求。当需要注高干度蒸汽或过热蒸汽时,宜选用相同参数的注汽锅炉;利用已有注汽锅炉时,当注汽锅炉额定的出口蒸汽干度不能满足注汽要求时,可设置汽水分离装置。

　　(2) 注汽站宜选用相同参数相同型号的注汽锅炉。注汽锅炉制造组装应符合国家现行标准《油田注汽锅炉制造安装技术规范》(SY/T 0441) 的规定。燃煤注汽锅炉热效率不应低于80%,燃油、燃气注汽锅炉热效率不应低于 85%。

　　(3) 燃煤注汽锅炉应有可靠的停电保护措施。

3.0.7　注汽站不宜设备用注汽锅炉。固定式注汽锅炉工时利用率不宜低于 85%。

3.0.8　注汽管道的工艺设计应保证技术先进、经济合理、安全可靠,并应符合下列要求:

　　(1) 应根据油田开发方案统一规划注汽管道系统,应满足吞吐向汽驱或 SAGD 的转换要求。

　　(2) 应按各不同注汽阶段的注汽参数分别进行注汽管道的水力计算,并按最不利条件下的设计参数进行管道的柔性计算或应力核算、强度计算和保温核算。

3.0.9　注汽管道使用年限应根据稠油开发方案确定,不宜超过 15 年。

3.0.10　注汽系统设计除符合本规范外,还应符合现行国家标准《锅炉房设计规范》(GB 50041) 的规定。

4　注汽站布置

4.1　位置的选择

4.1.1　注汽站宜靠近热负荷中心,并宜根据燃料的供应和废水、废气、废渣的排放情况综合比较后确定。

4.1.2　注汽站宜布置在城镇和居住区的全年最小频率风向的上风侧。在山区、丘陵地区建设站场,宜避开窝风地段。

4.1.3　注汽站宜与油田内部站场合建。

4.1.4　注汽站宜选择在公用工程依托条件、工程地质和地形条件好的区域。

4.1.5　移动式注汽站宜依托已有站场建设。

4.2　建(构)筑物和场地布置

4.2.1　注汽站内建(构)筑物的布置应根据使用的燃料品种的性质确定。

4.2.2　燃油(气)注汽站内部的总平面布置防火间距应符合表1的规定。

表 1　燃油(气)注汽站内部的总平面布置防火间距表　　　　　　　单位:m

名　称	注汽锅炉间	注汽锅炉油气辅助设施	生产辅助用房	燃油泵房	燃油储罐	卸油槽
注汽锅炉间						
注汽锅炉油气辅助设施	—					
生产辅助用房	10	10				
燃油泵房	15[a]	10[a]	12[a]			
燃油储罐	20[a,b,c]	10	15[a]	9[a]	—	
热水炉	—	—	—	10[a]	15[a]	15
卸油槽	15		7.5	8[a]	—	
露天调压装置	10	10	12	—	10[a]	10

注:① "—"为操作安装需要的距离。

② 注汽锅炉油气辅助设施指油气分离器、燃气分液包、油气加热器、污油池。

③ 生产辅助用房指单独布置的办公室、值班间、配电间、采暖泵房等。

④ [a] 表中防火间距为燃料油的火灾危险性为甲、乙类油品时的距离。当采用丙 A 类油品时,与油罐和油泵房的距离可减少 25%;当采用丙 B 类油品时,油罐与注汽锅炉间之间的距离应保持 12 m;其余可不受限制。

⑤ [b] 生水罐与站内建(构)筑物和设施的距离只需满足安装要求。

⑥ [c] 单罐容积小于或等于 200 m³ 的燃料油储罐与注汽锅炉间间距可按本表减少 5 m。

4.2.3　丙 B 类和单罐容积小于或等于 200 m³ 的燃料油储罐周围可不设防火堤,但应设简易围堤,围堤高度不应低于 0.5 m。

4.2.4　燃煤注汽站内部的总平面布置防火间距应符合表2的规定。

表 2　燃煤注汽站内部的总平面布置防火间距表　　　　　　　单位:m

名　称	注汽锅炉间	生产辅助用房
注汽锅炉间	—	
生产辅助用房	10	

续表 2

名 称	注汽锅炉间	生产辅助用房
煤场(棚)	6	5
渣 场	5[a,b]	5[a,b]
热水炉	—	—

注:① "—"为操作安装需要的距离。

② [a] 生水罐与站内建(构)筑物和设施的距离只需满足安装要求。

③ [b] 渣场与站内建(构)筑物和设施的距离为注汽锅炉干式除渣的距离,湿式除渣时距离不限。

4.2.5 注汽站内宜设置满足设备检修的场地,并应方便与外部道路系统的连接。

4.2.6 燃油注汽站内宜设置满足燃油卸车的道路或场地。

4.2.7 煤场和渣场的地面宜采用水泥混凝土面层,并应满足装卸车要求。

4.2.8 煤场和渣场宜位于站内常年最小频率风向的上风侧。

4.2.9 站内建(构)筑物和场地的布置应充分利用地形,使填挖方量最小,排水良好。

4.2.10 当采用汽车衡称重计量时,汽车衡应设在重车通行一侧,并宜在汽车衡两端设置一个车长的平坡直线段。

4.3 注汽锅炉间、辅助间和生活间的布置

4.3.1 注汽站宜设置修理间、仪表间、化验室等生产辅助间,并宜设置值班室、更衣室、浴室、厕所等生活间。当就近有生活间可利用时,可不设置。

4.3.2 移动式注汽站的辅助房间宜从简,但应满足生产要求。

4.3.3 注汽站生产中产生较大噪声的设备宜集中布置在一个单独的房间内,应进行隔声降噪处理。

4.3.4 化验室应布置在采光较好、噪声和振动影响较小处。

4.3.5 固定式注汽锅炉间的出入口不应少于 2 个,分别设在两侧;当炉前走道总长度不大于 12 m,且面积不大于 200 m² 时,出入口可只设 1 个。

4.3.6 注汽锅炉间通向室外的门应向外开,与注汽锅炉间相邻的其他辅助间通向注汽锅炉间的门应向注汽锅炉间内开。

4.4 工艺布置

4.4.1 设备布置应紧凑并保证设备安装、维修和运行监视方便。

4.4.2 注汽锅炉操作地点和通道的净空高度不应小于 2 m,并应满足起吊设备操作高度的要求。当不需要操作和通行时,其净空高度不应小于 0.7 m。

4.4.3 注汽锅炉与建筑物之间的净距,应满足操作、检修和布置辅助设施的需要,并应符合表 3 的规定。

表 3 注汽锅炉与建筑物的净距表
单位:m

单台注汽锅炉容量 /(t·h⁻¹)	炉 前		锅炉两侧和后部通道
	燃煤锅炉	燃气(油)锅炉	
≤23	4.00	2.5	1.5
>23	5.00	3.5	1.8

4.4.4 水处理间主要设备操作通道的净距不应小于 1.5 m,辅助设备操作通道的净距不宜小于 0.8 m。

4.4.5 注汽锅炉半露天布置时,应符合下列要求:

(1) 注汽锅炉应适合半露天布置,室外布置的测量控制仪表和管道阀门附件应有防雨、防风、防冻和防腐等措施。

(2) 注汽锅炉压力、温度等测量控制仪表应集中设置在操作室内。

(3) 严寒、寒冷地区风机室外吸风时,宜有冷风加热的措施。

4.4.6 管道阀门的布置应方便检查和操作。

5 燃煤系统

5.1 燃煤设施

5.1.1 锅炉的燃烧设备应与所需要的煤种相适应。

5.1.2 选用层式燃烧设备时,宜采用链条炉排;当采用结焦性强的煤种及碎焦时,其燃烧设备不应采用链条炉排。

5.1.3 原煤仓、落煤管的设计,应根据煤的水分和颗粒组成等条件确定,并应符合下列要求:

(1) 原煤仓的内壁应光滑、耐磨,壁面倾角不宜小于 60°;斗的相邻两壁的交线与水平面的夹角不应小于 55°;相邻壁交角的内侧应做成圆弧形,圆弧半径不应小于 200 mm。

(2) 原煤仓出口的截面不应小于 500 mm×500 mm,其下部宜设置圆形双曲线或锥形金属小煤斗。

(3) 落煤管与水平面的倾角不宜小于 60°;当条件受限制时,应根据煤的水分、颗粒组成、黏结性等因素,采用消堵措施,此时落煤管的倾斜角也不应小于 55°;可设置监视煤流装置和单台锅炉燃煤计量装置。

5.2 煤、灰渣的贮运

5.2.1 煤场设计应贯彻节约用地的原则,贮煤量应根据煤源远近、供应的均衡性和交通运输方式等因素确定,并宜满足 5～10 d 的注汽站最大计算耗煤量。

5.2.2 煤场宜为露天设置。在经常性连续降雨的地区,宜将煤场的一部分设为干煤棚,其贮煤量宜为 3～5 d 的注汽站最大计算耗煤量。

5.2.3 除灰渣系统的选择,应根据灰渣量、灰渣特性、输送距离、地势、气象和运输等条件确定。

5.2.4 灰渣场的储量宜为 3～5 d 的注汽站最大计算灰渣量。

5.2.5 距离居住区较近的燃煤注汽站,应在远离居住区一侧设置煤场,并宜在与居住区相邻处设隔尘设施。

5.2.6 锅炉上煤系统宜采用皮带式上煤系统。

5.2.7 锅炉除渣系统宜采用重型刮板式除渣系统。

6 燃油和燃气系统

6.1 燃油的储存

6.1.1 燃油注汽站应设置专用储油罐,其数量不宜少于 2 个。储油罐的总容量应根据

油品的运输方式和供油周期等因素确定,宜符合下列规定:

(1) 汽车油罐车运输时,按 3~6 d 注汽站的最大计算耗油量。

(2) 管道输油时,按 2~3 d 注汽站的最大计算耗油量。

6.1.2　燃料油罐内油的加热最高温度应低于当地大气压力下水的沸点 10 ℃,且应低于油的闪点 10 ℃,取两者中的较低值。

6.1.3　卸油泵不应少于 2 台,其中最大 1 台停用时,其他卸油泵宜在 30 min 内将单台油罐车运输的油输送到储油罐内。

6.2　燃油设施

6.2.1　燃用重油的注汽站,当冷启动点火缺少蒸汽加热重油时,应采用重油电加热器或设置柴油、燃气的辅助燃料系统。

6.2.2　固定式燃油注汽站采用电热式油加热器时,应限于启动点火或临时加热,不应作为经常加热燃油的设备。移动式燃油注汽站采用何种加热方式,应经技术经济比较确定。

6.2.3　不带安全阀的容积式供油泵,在其出口的阀门前靠近油泵处的管段上,应装设安全阀。

6.2.4　集中设置的供油泵应符合下列要求:

(1) 供油泵的台数不应少于 2 台。当其中任何 1 台停止运行时,其余泵的总排量不应小于注汽站最大计算耗油量和回油量之和。

(2) 供油泵的排出压力应不小于下列各项之和:

① 供油系统的沿程和局部阻力损失之和。

② 供油系统的油位差。

③ 燃烧器前所需的油压。

④ 不低于本款上述 3 项和的 10% 富裕量。

6.2.5　燃油注汽站点火用的液化石油气罐,应存放在注汽锅炉间外的专用房间内。气罐的总容积应小于 1 m³。

6.2.6　燃用重油注汽锅炉的对流段翅片管宜设置吹灰装置。清灰时应有控制灰尘扩散的措施。

6.2.7　注汽锅炉的燃烧器宜成套供货,并应能够在 50%~100% 注汽锅炉负荷的范围内调整。

6.3　燃油管道

6.3.1　重油供油系统宜采用经锅炉燃烧器的单管循环系统。

6.3.2　燃油管道宜采用地上敷设。

6.3.3　通过油加热器及其后管道内油的流速,不应小于 0.7 m/s。

6.3.4　油管道宜采用顺坡敷设,但接入燃烧器的重油管道不宜坡向燃烧器。轻柴油管道的坡度不应小于 0.3%,重油管道的坡度不应小于 0.4%。

6.3.5　在重油供油系统的设备和管道上,应装吹扫口。吹扫口位置应能够吹净设备和管道内的重油。吹扫介质宜采用蒸汽,亦可采用轻油置换,吹扫用蒸汽压力宜为 0.6~1 MPa(表压)。

6.3.6　固定连接的蒸汽吹扫口,应有防止重油倒灌的措施。

6.3.7　每台锅炉的供油干管上应装设关闭阀和快速切断阀。每个燃烧器前的燃油支管上,应装设关闭阀。当设置 2 台或 2 台以上锅炉时,尚应在每台锅炉的回油总管上装设止回阀。

6.3.8 在供油泵进口母管上,应设置油过滤器 2 台,其中 1 台备用。滤网流通面积宜为其进口管截面积的 8～10 倍。油过滤器的滤网网孔宜符合下列要求:

(1) 离心泵、蒸汽往复泵为 8～12 目。

(2) 螺杆泵、齿轮泵为 16～32 目。

6.3.9 采用机械雾化燃烧器(不包括转杯式)时,在油加热器和燃烧器之间的管段上应设置油过滤器。油过滤器滤网的网孔不宜小于 20 目。滤网的流通面积不宜小于其进口管截面积的 2 倍。

6.3.10 燃油管道宜采用输送流体的无缝钢管,应符合现行国家标准《输送流体用无缝钢管》(GB/T 8163)的有关规定;燃油管道除与设备、阀门附件处可用法兰连接外,其余宜采用氩弧焊打底的焊接连接。

6.3.11 油箱(罐)的进油管和回油管应从油箱(罐)体顶部插入,管口应位于油液面下,并应距离油箱(罐)底 200 mm。

6.3.12 燃油管道与蒸汽管道上下平行布置时,燃油管道应位于蒸汽管道的下方。

6.3.13 在卸油箱入口处宜设置滤网。

6.3.14 燃油系统附件严禁采用能被燃油腐蚀或溶解的材料。

6.4 燃气设施

6.4.1 燃气注汽站的设计应对气体燃料的易爆性、毒性和腐蚀性等采取有效措施。

6.4.2 注汽锅炉应采用干气。

6.4.3 当燃气压力过高或不稳定,不能适应燃烧器的要求时,应设置调压装置。

6.4.4 注汽锅炉的燃烧器宜成套供货,并应能够在 50%～100% 注汽锅炉负荷的范围内调整。

6.4.5 当燃气质量不符合燃烧要求时,应在调压装置前或在燃气母管的总关闭阀前设置除尘器、油水分离器和排水管。

6.5 燃气管道

6.5.1 注汽站燃气管道宜采用单母管。

6.5.2 在引入注汽锅炉间的室外燃气母管上,在安全和便于操作的地点,应装设与注汽锅炉间燃气浓度报警装置联动的总切断阀,阀后应装设气体压力表。

6.5.3 注汽站燃气管道宜架空敷设。

6.5.4 燃气放散管应符合下列要求:

(1) 燃气管道上应装设放散管、取样口和吹扫口,其位置应能满足将管道与附件内的燃气或空气吹扫干净的要求。

(2) 放散管可汇合成总管引至室外,排出口应高出注汽锅炉间屋脊 2 m 以上,并使放出的气体不致窜入附近的建筑物和被通风装置吸入。

6.5.5 燃气放散管管径应根据吹扫段的容积和吹扫时间确定。吹扫量可按吹扫段容积的 10～20 倍计算,吹扫时间可采用 15～20 min。吹扫气体可采用氮气或其他惰性气体。

6.5.6 每台注汽锅炉燃气干管上应配套性能可靠的燃气阀组,阀组前燃气供气压力和阀组规格应满足燃烧器最大负荷需要。阀组基本组成和顺序应为:切断阀、压力表、过滤器、稳压阀、波纹接管、2 级或组合式检漏电磁阀、阀前后压力开关和流量调节蝶阀。

6.5.7 每台注汽锅炉的燃气干管上,应装设关闭阀和快速切断阀。每个燃烧器前的燃气支管上,应装设关闭阀,阀后串联装设 2 个电磁阀。

6.5.8 燃气管道应采用输送流体的无缝钢管,应符合现行国家标准《输送流体用无缝钢管》(GB/T 8163)的有关规定;燃气管道的连接,除与设备、阀门附件等处可用法兰连接外,其余宜采用氩弧爆打底的焊接连接。

6.5.9 燃气管道与附件严禁使用铸铁件。在防火区内使用的阀门,应具有耐火性能。

7 烟风、除尘脱硫和噪声防治

7.1 烟风

7.1.1 注汽锅炉的鼓风机和引风机宜单炉配置。

7.1.2 风机的选择应符合下列要求:

(1)风机应选用高效、节能和低噪声的产品。

(2)风机的风量和风压,应根据注汽锅炉额定负荷、燃料品种、燃烧方式和烟风系统的阻力计算确定,并计入当地大气压、空气和烟气的温度和密度对风机特性的修正。

(3)单炉配置风机时,风机风量的富裕量宜为 10%,风压的富裕量宜为 20%。

(4)风机在常年运行中应处于较高的效率范围。

7.1.3 注汽锅炉的通风系统的设计应符合下列要求:

(1)风、烟道宜平直布置且气密性好、附件少和阻力小。

(2)几台注汽锅炉共用一个烟囱或烟道时,宜使每台注汽锅炉的烟风阻力均衡。

(3)烟道宜采用地上方式,并应在其适当位置设置清扫人孔。

(4)烟道和热风道设计时应分析热膨胀的影响。

(5)在适当位置应设置必要的热工测点。

7.1.4 燃油、燃气注汽锅炉的烟道和烟囱应采用钢制或钢筋混凝土结构。

7.2 除尘脱硫

7.2.1 注汽锅炉排放的大气污染物,应符合现行国家标准《锅炉大气污染物排放标准》(GB 13271)及所在地有关大气污染物排放标准的规定。

7.2.2 除尘器的选择,应根据注汽锅炉在额定负荷下的出口烟尘浓度、燃料含硫量和除尘器对负荷的适应性等因素确定,并应采用高效、低阻、低钢耗和经济的产品。

7.2.3 除尘器及其附属设施的设计应符合下列要求:

(1)除尘器应具有防腐蚀和防磨损的措施。

(2)除尘器应设置可靠的密封排灰装置。

(3)除尘器排出的灰尘应设置运输和存放的设施。

7.2.4 采用湿式除尘系统,应符合下列要求:

(1)除尘系统应有可靠的防腐措施。

(2)除尘系统应采用水循环系统,并设置灰、水分离装置。

(3)严寒、寒冷地区的灰、水处理系统应有防冻措施。

7.2.5 燃煤注汽站宜采用除尘和脱硫功能一体化的除尘脱硫装置。一体化除尘脱硫装置应符合下列要求:

(1)应有防腐措施。

（2）应采用闭式循环系统，并设置灰水分离设施，外排废液应经无害化处理。

（3）应采取防止烟气带水和在后部烟道及引风机结露的措施。

（4）严寒地区的装置和系统应有防冻措施。

（5）应有 pH 值、液气比和 SO_2 出口浓度的检测和自控装置。

7.3 噪声防治

7.3.1 注汽站的噪声控制应符合现行国家标准《工业企业厂界环境噪声排放标准》（GB 12348）的规定。

7.3.2 注汽锅炉间的操作地点和水处理间的操作地点应采取措施降低噪声；注汽站内的仪表控制室和化验室的噪声不应大于 70 dB(A)。

7.3.3 注汽站内的风机、空压机、柱塞泵、水泵以及燃煤注汽站内煤的破碎、筛选装置等设备宜选用低噪声产品，同时宜采用隔声室或隔声罩以降低噪声。

7.3.4 注汽站内的高噪声设备宜单独布置，且布置在隔声室内。

7.3.5 注汽站内鼓风机的吸风口应设置消声器。

7.3.6 注汽锅炉本体上的紧急放空设施和站内设备的紧急排放口，宜采用有效措施控制其噪声。

8 注汽站汽水系统

8.1 注汽锅炉给水及水处理

8.1.1 干度小于或等于80%的注汽锅炉的给水水质条件应符合表4的规定。当选用高干度或过热蒸汽注汽锅炉时，应满足所选用设备的给水水质要求。

表 4 给水水质条件表

序号	项 目	单 位	数 量	备 注
1	溶解氧	mg/L	≤0.05	
2	总硬度	mg/L	≤0.1	以 $CaCO_3$ 计
3	总 铁	mg/L	≤0.05	
4	二氧化硅	mg/L	≤50[a]	
5	悬浮物	mg/L	≤2	
6	总碱度	mg/L	≤2 000	以 $CaCO_3$ 计
7	油和脂	mg/L	≤2	
8	可溶性固体	mg/L	≤7 000	
9	pH 值	—	7.5～11	

注：[a] 当碱度大于3倍二氧化硅含量时，在不存在结垢离子的情况下，二氧化硅的质量浓度不大于 150 mg/L。

8.1.2 注汽锅炉给水及水处理装置采用成套设施或集中配置，应经过技术经济比较后确定。

8.1.3 水处理装置产生的废水宜回收和利用。

8.1.4 注汽站宜设置专用的贮水罐。贮水罐的总容量应根据供水方式和水源可靠程度确定，宜为运行注汽锅炉在额定蒸发量时所需3～6 h的平均耗水量。

8.1.5　在严寒、寒冷地区,水罐应采取保温防冻措施。

8.2　注汽站汽水管道

8.2.1　汽水管道设计应根据热力系统和注汽站工艺布置进行,并应符合下列要求:

(1)应便于安装、操作和检修。

(2)管道布置宜短捷、整齐。

(3)管道宜沿墙和柱敷设。

(4)管道不应妨碍门、窗的启闭和室内采光。

(5)管道敷设在通道上方时,管道(包括保温层或支架)最低点与通道地面的净高不应小于 2 m。

8.2.2　在满足安全生产和方便检修条件时,管道宜采用同架布置。

8.2.3　管道宜与道路和建筑物平行布置。主要干管宜靠近建筑物和支管较多的一侧,管线之间或管线与道路之间,宜减少交叉,必要时宜采用直角交叉。

8.2.4　注汽锅炉本体、除氧器和减压装置上的放气管、安全阀的排汽管应接至室外,2 个独立安全阀的排汽管不应相连。经排放管排出的扩散蒸汽流,不应危及工作人员和邻近设施。

8.2.5　汽水管道应考虑受热膨胀时的补偿措施,并充分利用管道的自然补偿。当自然补偿不能满足其要求时,应设置方型或其他可靠型式的补偿器。

8.2.6　汽水管道的支、吊架设计应符合国家现行标准《火力发电厂汽水管道设计技术规定》(DL/T 5054)的有关规定。

8.2.7　汽水管道的低点和可能积水处,应装设疏、放水阀。放水阀的公称直径不应小于 DN20,汽水管道的高点应装设放气阀,放气阀的公称直径可取 DN15～DN20。高压注汽管道放水、放气应采用双阀串联安装。

8.3　注汽锅炉的启、停排放装置

8.3.1　注汽锅炉应设置启、停排放装置,排放水宜回收和利用。

8.3.2　启、停排放装置应安全可靠。排出的蒸汽和液体不得危及人员和设施。

8.4　汽水分离装置

8.4.1　汽水分离装置分离水热量应回收利用,分离水宜回收利用。

8.4.2　汽水分离装置分离水出口宜设置 2 个安全阀,安全阀排出的蒸汽和液体不得危及人员和相邻设施。

9　化验和检修

9.1　化验

9.1.1　注汽站的分析化验工作宜安排在附近具有相应检测能力的化验室进行。确实有困难时,可在注汽站内完成水质的硬度、碱度、悬浮物、pH 值、溶解氧等项目的测试,检测环境要求无振动、低噪声、无粉尘。

9.1.2　以煤为燃料时,化验室宜具备对煤的水分、挥发分、固定碳和飞灰、炉渣可燃物含量的分析能力;以油为燃料时,宜具备对燃油的动力黏度和闭口闪点的分析能力。

9.2　检修

9.2.1　注汽站宜设置检修间,对注汽锅炉、辅助设备、管道、阀门及其附件进行维修、保养和小修工作。

9.2.2　不能在注汽站内检修的设备,应有运往站外检修的通道;在注汽站内检修的设备,应有检修吊装措施和检修场地。

10　保温隔热和防腐

10.1　保温隔热

10.1.1　热能输送、利用和防冻的设备、管道、阀门及附件应保温。

10.1.2　不需保温或要求散热,且外表面温度高于 60 ℃的裸露设备及排汽管、放空管、排放水管道,在下列范围内应采取防烫伤的隔热措施:

(1) 距地面或操作平台的高度小于 2 m 时。

(2) 距操作平台周边水平距离小于或等于 0.75 m 时。

10.1.3　保温材料的选择,应符合下列要求:

(1) 宜采用成型制品。

(2) 保温材料及其制品的允许使用温度,应高于正常操作时设备和管道内介质的最高温度。

(3) 应优先选用导热系数低、吸湿性小、密度低、强度高、耐用、价格低、便于施工和维护的保温材料及其制品。

10.1.4　保温层外的保护层应具有阻燃性能。当热力设备和架空热力管道布置在室外时,保护层应具有防水、防晒和防锈性能。

10.1.5　采用复合保温材料及其制品时,内保温层应选用耐高温且导热系数较低的材料,内层保温材料及其制品的外表面温度应低于或等于外层保温材料及制品的允许最高使用温度的 0.9 倍。

10.1.6　阀门及附件和其他需要经常维修的设备和管道,宜采用便于拆装的成型保温结构。

10.1.7　立式热力设备和热力立管的高度超过 3 m 时,应按管径大小和保温层重量,设置保温材料的支撑圈或其他支撑设施。

10.1.8　注汽管道管托宜采用隔热结构。

10.1.9　架空管道硬质保温材料在纵向和环向接缝处应填塞耐高温、导热系数小、弹性好的密封垫或软质保温材料,组成无缝隙保温层。

10.1.10　注汽管道保温计算如下:

(1) 注汽管道保温材料、保温结构优化和保温厚度计算应采用最小年费用法,对于用经济厚度保温不能满足注汽采油工艺要求的管道,应按允许散热损失法计算。

(2) 保温设计中主要参数的选择。

① 管道外表面温度 T 按公式(1)计算。

$$T = \frac{T_1 t_1 + T_2 t_2}{t_1 + t_2} \tag{1}$$

式中　T——管道外表面温度,℃;

　　　T_1——吞吐阶段首末两轮蒸汽算术平均温度,℃;

　　　t_1——吞吐阶段总的注汽时间,d;

T_2——汽驱阶段蒸汽的平均温度,℃;

t_2——汽驱阶段总运行时间,d。

② 散热损失附加系数。

a.普通型管道支座附加系数取 10%~15%。

b.施工质量、接缝、保温材料的稳定性与均匀性附加系数取 5%~10%。

c.隔热管托的附加系数取 2%~4%。

③ 其计息年数及计算方法参照现行国家标准《工业设备及管道绝热工程设计规范》(GB 50264)的有关规定。

10.1.11　当注汽管道的保护层或保温层的表面需要涂色或色环时,应做出箭头标示内部介质的流向。涂色或色环应符合国家现行标准《油气田地面管线和设备涂色规范》(SY/T 0043)的有关规定。

10.2　防腐

10.2.1　注汽系统设备、管道及其附属钢结构外表面应涂防腐涂料。

10.2.2　防腐涂料的选择应根据运行工况条件、使用环境及被涂钢结构材质确定。

10.2.3　防腐涂料的性能应符合现行国家标准《钢质管道外腐蚀控制规范》(GB/T 21447)及国家现行标准《石油化工设备和管道涂料防腐蚀设计规范》(SH/T 3022)的有关规定。

10.2.4　室外布置的设备和架空管道,采用玻璃布或不耐腐蚀的材料做保护层时,表面应涂敷防腐涂料。

11　热工监测和控制

11.1　注汽锅炉及其附属设备过程参数的监测

11.1.1　注汽锅炉应设置以下过程参数进行监测:

(1) 蒸汽压力就地显示、集中显示、低限报警和高限报警。

(2) 蒸汽温度就地显示、集中显示和高限报警。

(3) 对双流程管壁温度集中显示和高限报警。

(4) 排烟温度集中显示和高限报警。

(5) 燃烧器前燃油压力低限报警。

(6) 燃烧器前燃油温度集中显示和低限报警。

(7) 燃烧器前燃气压力就地显示、集中显示、低限报警和高限报警。

(8) 雾化蒸汽或雾化空气压力低限报警。

(9) 仪表风压力就地显示和低限报警。

(10) 过热注汽锅炉过热器出口蒸汽压力和蒸汽温度就地显示、集中显示、高限报警。

(11) 燃烧器鼓风机压力低限报警。

(12) 燃烧器运行状态集中显示和熄火报警。

(13) 燃烧器门位置异常报警。

(14) 燃料流量集中显示、积算和记录。

(15) 给水流量集中显示、积算、记录和低限报警。

(16) 燃煤注汽锅炉炉膛温度就地显示、集中显示。

（17）燃煤注汽锅炉炉膛负压就地显示、集中显示。

（18）注汽锅炉应采用计算机监控系统，并预留通信接口与上位机和其他橇装设备控制系统进行数据通信。

11.1.2　辅助设施应设置以下检测和监测：

（1）注汽锅炉给水泵润滑油压力低限报警。

（2）注汽锅炉给水泵出口压力就地显示；注汽锅炉给水泵入口压力就地显示和低限报警。

11.1.3　燃油、燃气注汽锅炉间内应设置可燃气体浓度检测，超高限报警并自动联锁。现场检测器的布置应符合现行国家标准《石油化工可燃气体和有毒气体检测报警设计规范》（GB 50493）的有关规定。

11.1.4　用于交易结算的计量仪表精度应符合国家现行标准《石油及液体石油产品流量计交接计量规程》（SY 5671）的规定。

11.2　注汽锅炉及其附属设备过程参数的控制和联锁保护

11.2.1　注汽锅炉应设置程序点火、停炉程序控制和熄火保护装置、燃烧自动控制、给水自动调节、安全联锁保护自动控制。

11.2.2　热力除氧设备应设置液位自动控制和蒸汽压力自动控制。

11.2.3　真空除氧设备应设置液位自动控制和真空度自动控制。

11.3　仪表风

11.3.1　仪表风源应符合国家现行标准《石油化工仪表供气设计规范》（SH/T 3020）的有关规定。

11.3.2　空气压缩机应设一套空气干燥及排水装置；在额定工况下，当空气相对湿度达到 100％时，排水装置容积应能够满足 24 h 安全供气的要求。

12　采暖通风与空气调节

12.1　采暖

12.1.1　集中采暖的热媒宜采用热水。

12.1.2　注汽站设计集中采暖时，各类房间的冬季采暖室内计算温度宜符合表 5 的规定。

表 5　采暖室内计算温度

序号	房间名称	室温/℃
1	注汽锅炉间	5
2	油泵房、水泵房、阀组间、空气压缩机房、除氧间	5
3	厨房、维修间、水冲厕所	16
4	水处理间	10
5	化验间、餐厅、会议室、值班控制室、办公室、休息室	18
6	淋浴间、更衣间	25

12.1.3　计算全封闭式注汽锅炉间的冬季采暖热负荷，可不计算设备、管道等散热量及

注汽锅炉鼓风机通风耗热量。

12.1.4 燃油、燃气注汽锅炉间的设备、管道等如采取防冻措施,注汽锅炉间可不设置采暖。

12.1.5 采用蒸汽做热媒的采暖系统,不应采用钢制柱型、板型和扁管等类型的散热器。

12.2 通风

12.2.1 注汽锅炉间应采用有组织自然通风进行全面换气。当自然通风不能满足要求时,可采用机械通风。

12.2.2 注汽锅炉间的自然通风装置应有调节通风量的措施。

12.2.3 油泵房、阀组间、化验率除采用自然通风外,还应设置机械排风装置进行定期排风,换气次数宜为 10 次/时。油气挥发场所的通风装置应防爆。

12.2.4 燃气注汽锅炉间应设每小时换气不应低于 12 次的事故通风装置。通风装置应防爆。

12.2.5 事故排风的吸风口的位置应符合下列规定:

(1) 应设在爆炸危险性气体或有害气体、蒸气散发量可能最大的地点。

(2) 对于在放散温度下比空气的密度小的可燃气体或蒸汽,吸风口应紧贴顶棚布置,上缘距顶棚不应大于 0.4 m。

(3) 当正常排风系统兼作事故排风时,宜在可能发生事故的设备附近布置一定数量的吸风口。

12.3 空气调节

12.3.1 控制室应设空气调节装置。

12.3.2 当采用一般的通风措施不能满足配电间的设备、元器件对空气温度、湿度及空气洁净度的要求时,配电间应设空气调节装置。

13 电气

13.1 供配电

13.1.1 固定式注汽站的用电负荷等级应为二级,移动式注汽站的用电负荷等级可为三级。注汽站的信息系统应设置不间断供电电源,后备时间不应少于 30 min。

13.1.2 注汽站的配电室、值班室、炉前及蒸汽安全阀等处应设应急照明,应急照明可采用蓄电池做备用电源,连续供电时间不应少于 30 min。

13.1.3 注汽站主要生产作业场所的配电电缆宜采用铜芯电缆,并宜直埋敷设。直埋电缆的埋设深度不宜小于 0.7 m。电缆穿越行车道路部分,应采取保护措施。电缆不应与油品、天然气及热力管道同沟敷设。

13.1.4 注汽站爆炸危险区域的划分及电气装置的选择,应符合现行国家标准《爆炸危险环境电力装置设计规范》(GB 50058)和国家现行标准《石油设施电气设备安装区域一级、0区、1区和2区区域划分推荐做法》(SY/T 6671)的有关规定。

13.1.5 柱塞泵宜根据工艺要求设置变频装置,变频装置宜布置在低压配电室内。

13.1.6 在炉内检修工作时,手提行灯的电压不应超过 12 V。

13.1.7 注汽锅炉间、检修间应设置供检修用的动力电源。

13.2 防雷

13.2.1 注汽站内建(构)筑物的防雷分类及防雷措施,应符合现行国家标准《建筑物防雷设计规范》(GB 50057)的有关规定。

13.2.2 站内露天布置的钢储罐、容器等的防雷设计,应符合现行国家标准《石油天然气工程设计防火规范》(GB 50183)的有关规定。

13.2.3 注汽锅炉、水处理装置、除氧器、水罐等工艺装置应设防闪电感应接地。接地点不应少于 2 处,接地点应沿装置均匀或对称布置。

13.2.4 注汽站内信息系统的配电线路首末端需与电子器件连接时,应装设与电子器件耐压水平相适应的过电压保护(电涌保护)器。

13.2.5 防雷接地装置冲击接地电阻不应大于 10 Ω,当仅做防闪电感应接地时,冲击接地电阻不应大于 30 Ω。

13.3 防静电

13.3.1 地上或管沟内敷设的油品、天然气管道的始末端、分支处以及直线段每隔 200 m 处,应设防静电和防闪电感应的联合接地装置,其接地电阻不应大于 30 Ω。接地点宜设置在固定管墩(架)处。

13.3.2 防静电接地装置的接地电阻不宜大于 100 Ω。

13.3.3 注汽站内防雷接地、防静电接地、电气设备的工作接地、保护接地及信息系统的接地,宜共用接地装置,其接地电阻值应按照被保护设备要求的最小值确定。

13.3.4 油罐车卸车场所,应设罐车卸车时用的防静电接地装置。

13.3.5 地上注汽管道同架空输电线路交叉时,管网的金属部分(包括交叉点两侧 5 m 范围内钢筋混凝土结构的钢筋)应接地,接地电阻不应大于 10 Ω。

14 建筑和结构

14.1 建筑

14.1.1 建筑物的火灾危险性分类、耐火等级和防火应符合下列要求:

(1) 注汽锅炉间应属于丁类生产厂房,注汽锅炉间建筑不应低于二级耐火等级。

(2) 轻柴油(闪点大于或等于 60 ℃)及重油油箱间、油泵间和油加热器间应属于丙类生产厂房,其建筑不应低于二级耐火等级,上述房间布置在与注汽锅炉间相邻的辅助间内时,应设置防火墙与其他房间隔开。

(3) 其余建筑物的火灾危险性分类、耐火等级和防火要求应符合现行国家标准《建筑设计防火规范》(GB 50016)的有关规定。

14.1.2 注汽锅炉间的外墙或屋顶至少应有相当于注汽锅炉间占地面积10%的泄压面积。泄压方向不得朝向人员聚集的场所、房间和人行通道,泄压处不得与这些地方相邻。

14.1.3 燃油、燃气注汽锅炉间与相邻的辅助间之间的隔墙应为防火墙;隔墙上开的门应为甲级防火门;朝注汽锅炉间操作面方向开设的玻璃大观察窗,应采用具有抗爆能力的固定窗。

14.1.4 油泵间的地面应易于清洗并有防油措施;有酸、碱侵蚀的水处理间的地面、地沟等应有防酸、防碱措施。

14.2 结构

14.2.1 有爆炸危险性的建(构)筑物应采用框架结构或排架结构,并符合现行国家标准《建筑设计防火规范》(GB 50016)的有关规定采取泄压设施。没有爆炸危险性的建(构)筑物可采用砌体结构。

14.2.2 地震区建筑物的抗震及隔震、消能减震设计应符合现行国家标准《建筑抗震设计规范》(GB 50011)的有关规定,构筑物抗震设计应符合现行国家标准《构筑物抗震设计规范》(GB50191)的有关规定。

14.2.3 湿陷性黄土、膨胀土地区的建(构)筑物设计,除执行本规范外,还应分别符合现行国家标准《室外给水排水和燃气热力工程抗震设计规范》(GB 50032)、《湿陷性黄土地区建筑规范》(GB 50025)、《膨胀土地区建筑技术规范》(GB 50112)的有关规定。

14.2.4 受腐蚀介质作用的建筑物和构筑物防腐蚀设计应符合现行国家标准《工业建筑防腐蚀设计规范》(GB 50046)的有关规定。

14.2.5 管架应采用钢筋混凝土结构、钢结构,管墩应采用混凝土结构,并宜采用预制,还应分别符合国家现行标准《石油化工管架设计规范》(SH/T 3055)和《化工、石油化工管架、管墩设计规定》(HG/T 20670)的有关规定。

15 给水、排水及消防

15.0.1 注汽站给水系统的选择应根据注汽站内生产、生活、消防用水对水质、水温、水压和水量的要求,结合当地水文条件及外部给水系统等综合因素,经技术经济比较后确定。

15.0.2 注汽站给水设计供水量应为生产、生活、绿化及其他不可预见水量之和,且满足消防给水的要求。

15.0.3 注汽站给水、排水设计应符合国家现行标准《油气厂、站、库给水排水设计规范》(SY/T 0089)的有关规定。

15.0.4 燃煤注汽站煤场应设置洒水和消除煤堆自燃用的给水点。煤场和灰渣场应设置防止煤屑冲走和积水的设施。

15.0.5 湿法除尘、脱硫、水力除灰渣、燃油系统储存装置排出的废水以及水处理间、化验室排出的含酸、碱废水应进行处理。外排污水应符合现行国家标准《污水综合排放标准》(GB 8978)的有关规定。

15.0.6 注汽锅炉生产用水宜优先采用油田采出水。

15.0.7 注汽站消防设计应符合下列规定:

(1) 注汽站消防设计应符合现行国家标准《建筑设计防火规范》(GB 50016)和《石油天然气工程设计防火规范》(GB 50183)的有关规定。

(2) 注汽站建筑灭火器配置应符合现行国家标准《建筑灭火器配置设计规范》(GB 50140)的有关规定。

(3) 注汽锅炉间、运煤栈桥、转运站、碎煤机室,宜设置室内消防给水系统,相连接处宜设置水幕防火隔离设施。

16 注汽管道设计

16.1 材料选择和应力计算

16.1.1 注汽管道材料的选择应符合下列要求:

(1) 注汽管道应采用无缝钢管,当工作压力大于 5.9 MPa,技术标准应符合现行国家标准《高压化肥设备用无缝钢管》(GB 6479)或《高压锅炉用无缝钢管》(GB 5310)的规定。管道材料宜采用 20G、16Mn、15 MnV。

（2）管道中的受压元件与紧固零件材料的选取应符合现行国家标准《工业金属管道设计规范》（GB 50316）的规定。

（3）钢材的许用应力应执行附录 A 的规定。当采用型钢锻造时，可取材料的基本许用应力；当采用钢锭锻制时，可取材料基本许用应力的 90%。

16.1.2　注汽管道设计安装温度，当采用低碳钢管材时，对于采暖地区可按室外采暖计算温度选取，但不应低于 -20 ℃。对于非采暖地区可按最低环境温度选取。当采用低合金钢管材时，温度不应低于焊接最低允许环境温度。

16.1.3　注汽管道的应力计算及验算方法应符合国家现行标准《发电厂汽水管道应力计算技术规程》（DL/T 5366）的规定。

16.1.4　注汽管道焊接接头的组对、坡口形式、热处理要求及焊接质量检验均应符合现行国家标准《工业金属管道工程施工规范》（GB 50235）、《工业金属管道工程施工质量验收规范》（GB 50184）、《现场设备、工业管道焊接工程施工规范》（GB 50236）和《现场设备、工业管道焊接工程施工质量验收规范》（GB 50683）的规定。

16.1.5　注汽管道的试验验压力应符合下列规定：

（1）注汽管道安装完毕，应对管道进行强度试验和严密性试验。

（2）强度试验应采用水压试验，试验压力应按公式（2）计算：

$$p_T = 1.5 p \frac{[\sigma]_T}{[\sigma]^t} \tag{2}$$

式中　$[\sigma]_T$——钢材在试验温度下的许用应力，MPa；

　　　$[\sigma]^t$——钢材在设计温度下的许用应力，MPa；

　　　p_T——试验压力（表压），MPa；

　　　p——设计压力（表压），MPa。

当 $[\sigma]_T / [\sigma]^t$ 大于 6.5 时，取 6.5。

当 p 在试验温度下，产生超过屈服强度的应力时，应将试验压力 p_T 降至不超过屈服强度的最大压力。

（3）严密性试验应采用水压试验，试验压力应为设计压力。

16.1.6　注汽管道附件的允许工作压力与公称压力的关系见公式（3）：

$$[p] = PN \frac{[\sigma]^t}{[\sigma]_x} \tag{3}$$

式中　$[\sigma]_x$——决定组成件厚度时采用的计算温度下材料的许用应力，MPa；

　　　$[p]$——允许的工作压力，MPa；

　　　PN——管道附件的公称压力，MPa。

碳素钢及合金钢管件的公称压力和最大工作压力，应执行附录 B 的规定。

16.2　水力计算

16.2.1　管道内介质流速不应大于流体的冲蚀速度。流体的冲蚀速度按公式（4）计算：

$$v_c = \frac{C}{\sqrt{\rho_m}} \tag{4}$$

式中　v_c——流体冲蚀速度，m/s；

C—— 经验常数,间断工作的取 153,连接工作的取 122;

ρ_m—— 在平均工作压力及温度条件下汽-液两相流的密度,kg/m³。

16.2.2 管道压力降的校核应按公式(5)计算:

$$\Delta P = \Delta P_1 + \Delta P_2 \tag{5}$$

式中　ΔP—— 管道的压力降,kPa;

ΔP_1—— 管道的沿程阻力,kPa;

ΔP_2—— 管道的局部阻力,kPa。

管道的沿程阻力和局部阻力,宜按附录 C 的计算方法计算。

16.2.3 流通能力的校核计算应按公式(6)进行计算:

$$G = \frac{\pi}{4}\rho_m D_i^2 v \times 10^{-6} \tag{6}$$

式中　v—— 流体在管道内的速度,m/s;

D_i—— 管道内径,mm;

G—— 介质的质量流量,kg/s。

16.2.4 计算管道压降时,应分别对吞吐、汽驱或 SAGD 阶段进行校核计算。

16.3　管道壁厚的计算

16.3.1 管道壁厚应分别按吞吐期和汽驱或 SAGD 期的设计压力和腐蚀裕量进行计算,取较大壁厚者作为管道计算壁厚。

16.3.2 管道强度计算设计参数的选择应符合下列规定:

(1) 吞吐阶段设计压力应取吞吐期最大工作压力的 1.15 倍。

(2) 汽驱或 SAGD 阶段设计压力应取汽驱期工作压力的 1.15 倍。

(3) 设计温度为设计压力下蒸汽的饱和温度或设计压力下过热蒸汽温度。

16.3.3 管道的取用壁厚不应小于管道的设计壁厚。管道的设计壁厚应按下列方法确定。

(1) 当直管计算厚度小于管道外径的 1/6 时,直管的计算厚度应按下列公式计算:

$$t_s = \frac{pD_0}{2([\sigma]^t E_j + pY)} \tag{7}$$

$$Y = \frac{2C + D_i}{D_i + D_o + 2C} \tag{8}$$

$$C = C_1 + C_2 \tag{9}$$

$$C_1 = A_1 t_s \tag{10}$$

式中　t_s——直管计算厚度,mm;

D_o——管道外径,mm;

E_j——焊接接头系数,无缝钢管取 1;

C——厚度附加量之和;

C_1——材料厚度负偏差,mm;

A_1——管道壁厚负偏差系数,根据钢管产品技术中规定的壁厚允许偏差按表 6 取用;

C_2——附加腐蚀裕量,mm,管道壁厚腐蚀量 C_2 应根据管道工作特点、使用年限和环境条件确定;① 根据管道腐蚀速度确定运行年限内的总腐蚀裕量;② 地上管道吞吐期腐蚀裕量,根据运行年限和运行状况取 0.5~1.5 mm,连续注汽 10

年以上的管道腐蚀裕量不应小于 2 mm。

Y——系数。

表 6   管道壁厚负偏差系数表

管道壁厚负偏差/%	0	−5	−8	−9	−10	−11	−12.5	−15
A_1	0.050	0.105	0.141	0.154	0.167	0.180	0.200	0.235

注：① 弯管弯曲半径不小于 4 倍的外径。

② 表中已考虑弯管减薄量补偿的裕度 5%。

系数 Y 的确定,应符合下列规定：

当 $t_s < D_o/6$ 时,按表 7 选取；

当 $t_s \geq D_o/6$ 时,按公式(8)计算。

表 7   系数 Y 值

材 料	温度/℃					
	≤482	510	538	566	593	≥621
铁素体钢	0.4	0.5	0.7	0.7	0.7	0.7
奥氏体钢	0.4	0.4	0.4	0.4	0.5	0.7
其他韧性金属	0.4	0.4	0.4	0.4	0.4	0.4

注：介于表列的中间温度的 Y 值可用内插法计算。

(2) 当直管计算厚度大于或等于管道外径的 1/6 时,或设计压力与在设计温度下材料的许用应用力和焊接接头系数之乘积之比 $\left(\dfrac{p}{[\sigma]^t E_j}\right)$ 大于 0.385 时,直管厚度的计算需按断裂理论、疲劳和热应力的因素予以分析确定。

(3) 弯管在弯制成形后的最小厚度应不小于直管计算厚度 t_s,弯管的计算厚度(位于 $\alpha/2$ 处)应按下列公式计算：

$$t_s = \frac{pD_o}{2([\sigma]^t E_j/I + pY)} \tag{11}$$

式中 α——弯管的转角,(°)；

I——计算系数。

I 系数的确定应符合下列规定。

① 当计算弯管的内侧厚度时：

$$I = \frac{4(R/D_o) - 1}{4(R/D_o) - 2} \tag{12}$$

② 当计算弯管的外侧厚度时：

$$I = \frac{4(R/D_o) - 1}{4(R/D_o) + 2} \tag{13}$$

③ 当计算弯管中心线处厚度时：

$$I = 1.0 \tag{14}$$

式中 R——弯管在管子中心线处的弯曲半径,mm。

16.3.4　管道计算壁厚按公式(15)计算：

$$t_{sd} = t_s + C \tag{15}$$

式中　t_{sd}——直管计算厚度,mm。

16.4　管道的布置与敷设

16.4.1　注汽管道通过耕地时,管网应采用中支架架空敷设,保温层底面净空高度不应小于 2.5 m;当架空跨越不通航河流时,保温层底面与 50 年一遇最高水位垂直净距不应小于 0.5 m;当位于戈壁或干燥地区时,管网应采用低支架(墩)敷设,保温层底面净空高度不应小于最大积雪厚度。

16.4.2　注汽管道与采油树连接处,应设置补偿器。

16.4.3　注汽站集中输汽时,宜在注气井口集中处设置等干度分配计量装置。等干度分配计量装置宜靠近井场布置。汽驱或 SAGD 注汽管道在分支处宜采用 T 型等干度分配;吞吐注汽管道同时向分支支线注汽时,分支处宜采用 T 型等干度分配。

16.4.4　注汽管道不宜通过村镇及交通繁忙地段,如必须通过时管托应有防滑落措施,并在管道上设警示标志,穿过村镇应采用中支架架空敷设。从公路下穿过应采用加套管或设涵洞的形式;从公路上跨越,应采用高支架架空敷设,一般矿区公路架空高度不得小于 4.5 m,跨越国家级公路架空高度不得小于 6.0 m。

16.4.5　注汽管道从公路下穿越时,其交叉角不宜小于 45°,管顶距公路路面不应小于 0.70 m,套管的两端伸出路肩不应小于 2 m;公路边缘有排水沟时,应延伸出排水沟 1 m。

16.4.6　根据油田生产运行的实际情况,在注汽管道的适当处应设置阀门。

16.4.7　注汽管道宜设有坡度,其坡度不应小于 0.2%,连续运行的注汽管道可不设坡度。

16.4.8　对注采合一流程,应在配汽装置前的注汽管道上设置止回阀。

16.4.9　注汽管道在架空输电线路下通过时,管道应采用绝缘保护层,保护层的边缘应超出导线最大风偏范围。

16.4.10　注汽管道有垂直位移的部位,应设置弹簧支吊架。弹簧型号的选择计算应符合国家现行标准《火力发电厂汽水管道设计技术规定》(DL/T 5054)的规定。

16.5　管道附件

16.5.1　注汽管道附件材料选择应满足使用条件,宜与所连接的管道材料一致。

16.5.2　注汽管道中的管件,宜选用热压件或锻制件,其公称压力的选择应根据介质的压力、温度、管件材料与加工方法校核计算确定。

16.5.3　注汽管道与管件的连接,应采用焊接方式。

16.5.4　注汽管道与阀门的连接,宜采用焊接方式,阀门公称压力的选择应根据介质的压力、温度与阀体材料确定。

16.5.5　注汽管道的放水,应在管道可能积水的低点处或支线的末端串联 2 个截止阀。如果管线不能发生冻结或采取其他措施的情况下,可不设放水阀。注汽管道放气,在管道高点处应串联 2 个截止阀。2 个放水阀或放气阀之间的连接长度不宜小于 100 mm。

16.5.6　布置注汽管道时,宜利用管道的"L"形或"Z"形管段对热伸长做自然补偿,当自然补偿不能满足时,管道补偿应选用安全可靠、补偿能力大、力矩小的补偿器。

16.5.7　当选用方型补偿器与自然补偿器时,计算方法应符合国家现行标准《火力发电厂汽水管道应力计算技术规程》(DL/T 5366)的规定。管道弯管处不应采用冲压弯头,宜选用正偏差的整根直管段煨制,煨弯半径不小于 5 倍的外径。

16.5.8　方型补偿器中的焊口应选择在其弯矩较小的部位。补偿器两侧 40 倍内径距离处,应装设导向支架,管道焊口与管支架的间距不得小于 100 mm。

16.5.9　方型补偿器应尽量布置在相邻固定支架的中点,没有条件时,较长一边的长度不应大于固定支架间距的 60%。

16.5.10　采用方型补偿器时,应对管道进行冷紧,冷紧比宜取 0.5,冷紧口宜选在管道弯矩较小且便于施工处。

16.5.11　注汽管道支吊架间距,应按强度及刚度等条件确定,取最小值作为最大允许支吊架间距。

附录 A　钢材的许用应力表

表 8　钢材的许用应力表　　　　　　　　　　单位:MPa

温度/℃	钢　　号						
	20G		St45.8/Ⅲ	16Mn		15MnV	
	厚度/mm			厚度/mm		厚度/mm	
	≤16	17~40		≤15	16~40	≤16	17~40
20	137	137	136	163	163	170	170
250	110	104	123	147	141	166	159
300	101	95	106	135	129	153	147
350	92	86	93	126	119	141	135
400	86	79	86	119	116	129	126
425	83	78	78	93	93	—	—

附录 B　碳素钢及合金钢制件的公称压力和最大工作压力

表 9　碳素钢及合金钢制件的公称压力和最大工作压力

材　料	介质工作温度/℃							
20,20G	至 200	250	275	300	325	350	375	400
16Mn	至 200	300	325	350	375	400	410	415
15MnV	至 200	300	350	375	400	410	420	430
公称压力/MPa	最大工作压力/MPa							
1.0	1.0	0.92	0.86	0.81	0.75	0.71	0.67	0.64
1.6	1.6	1.5	1.4	1.3	1.2	1.1	1.05	1.0
2.5	2.5	2.3	2.1	2.0	1.9	1.8	1.7	1.6
4.0	4.0	3.7	3.4	3.2	3.0	2.8	2.7	2.5
6.4	6.4	5.9	5.5	5.2	4.9	4.6	4.4	4.1

续表 9

公称压力/MPa	最大工作压力/MPa							
10.0	10.0	9.2	8.6	8.1	7.6	7.2	6.8	6.4
16.0	16.0	14.7	13.7	13.0	12.1	11.5	10.5	10.2
20.0	20.0	18.4	17.2	16.2	15.2	14.4	13.6	12.8
25.0	25.0	23.0	21.5	20.2	19.0	18.0	17.0	16.0
32.0	32.0	29.4	27.5	25.9	24.3	23.0	21.7	20.5

附录 C 两相流水力计算方法

C.0.1 沿程阻力宜按下式计算（一）：

$$\Delta P_1 = 8.742 \times 10^9 \frac{D_i + 91.44}{D_i^6} G^2 L \upsilon_p \tag{16}$$

式中 ΔP_1 —— 管道的沿程阻力，kPa；

   G —— 介质的质量流量，kg/s；

   D_i —— 管道内径，mm；

   υ_p —— 该管段内介质平均比容，m³/kg；

   L —— 管道长度，m。

C.0.2 沿程阻力宜按下式计算（二）：

$$\Delta P_1 = \Psi\lambda \frac{L}{D_i} \frac{\rho\omega}{2\,000} \upsilon' \left[1 + x\left(\frac{\upsilon'}{\upsilon''} - 1\right)\right] \tag{17}$$

$$\lambda = \frac{1}{[1.74 + 2\lg(D_i/2K)]^2} \tag{18}$$

式中 $\rho\omega$ —— 介质的质量流速，kg/(m²·s)；

   υ' —— 水的平均比容，m³/kg；

   υ'' —— 蒸汽的平均比容，m³/kg；

   x —— 蒸汽的平均干度；

   λ —— 摩擦阻力系数；

   K —— 管道的绝对粗糙度，按表 10 选取；

   Ψ —— 修正系数。

表 10 各种管壁的绝对粗糙度

表面性质	绝对粗糙度/mm
锅炉用碳钢管及珠光体合金钢管	0.08
锅炉用奥氏体钢管	0.01
干净的黄铜、铜及铝制管道	0.001 5~0.01
精致的镀锌钢管	0.25
普通的镀锌钢管	0.39

表面性质	绝对粗糙度/mm
普通的新铸铁管	0.25~0.42
在煤所管路上使用一年后的钢管	0.12
钢板制成的管道及整平的水泥管	0.33
涂柏油的钢管	0.12~0.21
旧的生锈钢管	0.60

当 $\rho\omega > 1\ 500$ 时：

$$\Psi = 1 + \frac{x(1-x)(1\ 500/\rho\omega - 1)\rho'/\rho''}{1 + (1-x)(\rho'/\rho'' - 1)} \tag{19}$$

当 $\rho\omega < 1\ 500$ 时：

$$\Psi = 1 + \frac{x(1-x)(1\ 500/\rho\omega - 1)\rho'/\rho''}{1 + x(\rho'/\rho'' - 1)} \tag{20}$$

式中　ρ''——蒸汽的平均密度，kg/m^3；

　　　ρ'——水的平均密度，kg/m^3。

C.0.3　局部阻力宜按下式计算：

$$\Delta P_2 = \Delta P_\omega \left(1 + \frac{B}{X} + \frac{1}{X^2}\right) \tag{21}$$

$$X = \left(\frac{x}{1-x}\right)^{0.9} \left(\frac{\rho'}{\rho''}\right)^{0.5} \left(\frac{\mu'}{\mu''}\right)^{0.1} \tag{22}$$

式中　ΔP_2——局部阻力，kPa；

　　　ΔP_ω——单独用液体单相流的局部阻力，kPa；

　　　X——马蒂内利系数；

　　　μ'——水的平均动力黏度，$Pa \cdot s$；

　　　μ''——蒸汽的平均动力黏度，$Pa \cdot s$；

　　　B——系数，按下式确定：

$$B = B_1 \left(\sqrt{\frac{\rho'}{\rho''}} + \sqrt{\frac{\rho''}{\rho'}}\right) \tag{23}$$

式中　B_1——系数，按下列不同结构确定：

（1）弯头：

$$B_1 = 1 + 35\frac{D_i}{l} \tag{24}$$

式中　l——管子弯头部分长度，如果管道上游小于 56 倍直径处有挠动，则按下式计算：

$$B_1 = l + 25\frac{D_i}{l} \tag{25}$$

（2）三通：$B_1 = 1.75$。

（3）闸阀：$B_1 = 1.5$。

（4）球阀：$B_1 = 2.3$。

（5）控制阀：$B_1 = 1$。

稠油注汽热力开采安全技术规程(节选)

(SY 6354—2016)

1 范围

本标准规定了稠油注汽热力开采中地面注汽系统、采油、集输和污水处理、高温高压测试、增产措施等安全技术要求。

本标准适用于额定工作压力小于或等于 26.0 MPa,额定工作温度低于 400 ℃工况下的陆上稠油油田注汽开采所用设备、管道、井下工具、注汽生产、热采作业及措施的安全技术要求。

2 规范性引用文件

下列文件对于本文件的应用是必不可少的。凡是注日期的引用文件,仅注日期的版本适用于本文件。凡是不注日期的引用文件,其最新版本(包括所有的修改单)适用于本文件。

GB/T 4272	设备及管道绝热技术通则
GB/T 8174	设备及管道绝热效果的测试与评价
GB 8978	污水综合排放标准
GB/T 17745	石油天然气工业 套管和油管的维护与使用
GB 50183	石油天然气工程设计防火规范
GB 50350	油气集输设计规范
GB 50819	油气田集输管道施工规范
SY/T 0027—2014	稠油注汽系统设计规范
SY/T 0441	油田注汽锅炉制造安装技术规范
SY/T 0480	管道、储罐渗漏检测方法标准
SY/T 4109	石油天然气钢质管道无损检测
SY 5225	石油天然气钻井、开发、储运防火防爆安全生产技术规程
SY/T 5324	预应力隔热油管
SY/T 5328	热采井口装置
SY/T 5587.3	常规修井作业规程 第3部分:油气井压井、替喷、诱喷
SY/T 5587.4	常规修井作业规程 第4部分:找串漏、封串、堵漏
SY/T 5587.5	常规修井作业规程 第5部分:井下作业井筒准备
SY/T 5587.9	常规修井作业规程 第9部分:换井口装置
SY/T 5587.10	常规修井作业规程 第10部分:水力喷砂射孔
SY/T 5587.11	常规修井作业规程 第11部分:钻铣封隔器、桥塞
SY/T 5587.12	常规修井作业规程 第12部分:打捞落物
SY/T 5587.14	常规修井作业规程 第14部分:注塞、钻塞
SY 5727	井下作业安全规程
SY 5854—2012	油田专用湿蒸汽发生器安全规范
SY/T 6081	采油工程方案设计编写规范

SY/T 6089	蒸汽吞吐作业规程
SY/T 6120	油井井下作业防喷技术规程
SY/T 6130	注蒸汽井参数测试及吸汽剖面解释方法。
SY 6137	含硫化氢油气生产和天然气处理装置作业安全技术规程
SY 6186	石油天然气管道安全规程
SY/T 6277	含硫油气田硫化氢监测与人身安全防护规程
TSG D0001—2009	压力管道安全技术监察规程　工业管道
TSG G0001	锅炉安全技术监察规程

3　地面注汽系统

3.1　范围及压力等级

3.1.1　地面注汽系统包括油田专用蒸汽发生器、注汽管道、注汽井口等。

3.1.2　地面注汽系统的设计、施工、使用应在同一压力等级。

3.2　油田专用蒸汽发生器

3.2.1　油田专用蒸汽发生器指为稠油热采提供蒸汽的设备,包括湿蒸汽发生器、过热注汽锅炉、循环流化床锅炉、超临界注汽锅炉等。

3.2.2　油田专用蒸汽发生器设计、制造、安装、改造、修理、使用检验等有关安全规定应符合 TSG G0001 的规定。

3.2.3　油田专用蒸汽发生器水质指标应符合 SY/T 0027—2014 中 8.1 的规定。

3.2.4　油田专用发生器的启动、运行、停止、应急处理等安全操作应符合 SY 5854—2012 的规定。

3.2.5　油田专用蒸汽发生器的制造、安装、调试、运行、验收等有关安全规定应符合 SY/T 0441 的规定。

3.3　注汽管道

3.3.1　工程设计应由具有相应设计资质的单位承担。

3.3.2　设计应符合 SY/T 0027—2014 中第 16 章的要求。

3.3.3　施工队伍应具有进行高压管道施工的资质。

3.3.4　施工及验收应符合 GB 50819—2013 的规定。

3.3.5　地面注汽管道保温工程的检测应符合 GB/T 8174 的规定。

3.3.6　地面注汽管道与热采井口连接应消除张力影响。

3.3.7　注汽安全应符合以下要求:

(1)地面注汽管线严禁车辆碾压和行人在上面行走。

(2)地面注汽管线在注汽使用时应设立高温、高压警示标志。

(3)冬季停炉应及时扫线,防止管线冻结。

(4)地面活动式注汽管线应清除周围 1.0 m 内和井口周围 3.0 m 内的易燃物,防止发生火灾。

(5)凡是注汽所接放空和放喷管线应固定牢靠。

(6)活动注汽管线连接卡瓦接头应做好保温隔热,防止人员烫伤。

3.3.8　注汽管道存在下列问题之一应停止使用:

(1) 腐蚀、磨损,壁厚小于安全使用厚度。

(2) 严重损坏(注汽管道内径变形大于或等于10%)。

(3) 注汽管道上的补偿器经检测不符合 GB 50819—2013 中 8.4 的规定。

(4) 保温结构已损坏,热损失不符合 GB/T 4272 的规定。

3.3.9 地面注汽管道的连接件应满足设计要求,试压合格。

3.3.10 注汽阀门的安装应符合 GB 50819—2013 中 8.3.14 的规定。

3.3.11 注汽阀门的检验应按 GB 50819—2013 中 4.4 的规定执行。

3.3.12 注汽截止阀不应用作限流使用。

3.3.13 注汽阀门开启和关闭应按"投注时先开注汽阀,后关排空阀;停炉时先开排空阀,后关注汽阀"的过程依次操作。操作者应站在阀门体的侧位,开启和关闭应平稳。

3.3.14 注汽管道、阀门的维修应在注汽管网断汽、断水及泄压状态下进行,不应带压和高温作业。

3.3.15 注汽阀门经检测有下列情况之一者应停止使用:

(1) 阀体内受压端均匀腐蚀、磨损,厚度小于设计安全厚度。

(2) 阀体损坏,影响正常注汽生产。

3.4 注汽管道的检测

3.4.1 定期检验应执行 TSG D0001—2009 中第 6 章的规定。

3.4.2 对接焊缝的射线照相及质量分级和注汽管道对接焊缝的超声波探伤及质量分级应符合 SY/T 4109 的规定。

3.4.3 检测后应按等级使用,不满足工艺要求的应及时更换。

4 采油

4.1 一般规定

4.1.1 稠油热采井套管和井口装置应按设计要求进行试压。

4.1.2 稠油热采井常规修井作业应符合 SY/T 5587.3、SY/T 5587.4、SY/T 5587.5、SY/T 5587.9、SY/T 5587.10、SY/T 5587.11、SY/T 5587.12 和 SY/T 5587.14 的规定。

4.1.3 稠油井作业场地、设备、用电、施工作业及安全管理应符合 SY 5727 的规定。

4.1.4 注汽井作业施工程序及安全要求应符合 SY/T 6089 的规定。

4.2 注汽及生产

4.2.1 注汽应按照注汽工艺设计方案执行。

4.2.2 注汽后焖井、开井自喷应符合 SY/T 6089—2012 中 4.4 的规定。

4.2.3 具有自喷能力、安装了游梁式抽油机的油井停机时,应将抽油机驴头停在上死点,刹紧刹车,紧固盘根,抽油机断电。

4.2.4 下泵转抽、汽驱见效油井,防喷盒内应装高温耐磨盘根。

4.3 井口装置、井下工具及操作

4.3.1 热采井口装置。

4.3.1.1 制造、试验、检验、包装、运输、贮存及安装应符合 SY/T 5328 的规定。

4.3.1.2 使用前应进行耐压试验。密封性试验压力为额定工作压力,强度试验压力为额定压力的 2.0 倍,稳压 5 min 以上,不渗不漏,合格才能使用。

4.3.2 普通油管。

4.3.2.1 油管起下作业、运输、装卸和储存应符合 GB/T 17745 的规定。

4.3.2.2 下井前应检查螺纹完好程度,螺纹有损伤应更换,并对螺纹进行彻底清洗后涂螺纹脂。

4.3.3 隔热油管。

4.3.3.1 生产、产品质量检验、运输和贮存应符合 SY/T 5324 的规定。

4.3.3.2 起下应使用螺纹保护器,下井时螺纹应涂高温密封脂。

4.3.3.3 距水源地保护区、自然保护区等敏感区域 1 km 范围内的油井应采取防汽窜措施。

4.3.4 伸缩管。

4.3.4.1 应满足注蒸汽井所需各种工况的机械性能和在高温高压条件下的密封性能。

4.3.4.2 有效伸缩距应大于理论管柱延长计算值,并位于合理位置。

4.3.4.3 存放应置于工具架上,不应重叠,防止雨淋,防止接触酸、碱、盐等腐蚀性物质。

4.3.5 热采封隔器。

4.3.5.1 性能应符合设计要求,检测合格。

4.3.5.2 下井速度应符合 SY/T 6089—2012 中 4.2.8 的规定。

4.3.5.3 密封件有划伤、变形不应下井。

4.4 井控

4.4.1 稠油热采井井下作业时,防止井喷应符合 SY/T 6120 的规定。

4.4.2 起下管柱作业应连续施工,确实需要停工时,应及时安装简易防喷井口或关闭防喷器。

4.4.3 注汽时应采集相关采油井的产液量、含砂、温度、压力等数据,及时发现压力、温度急剧变化现象,并采取措施,防止井筒及地层窜流造成井喷。

4.4.4 起带有封隔器的注汽管柱,应先解封,并控制上提速度。

4.4.5 下泵转抽作业过程中应注意观察井口液面变化,当井口溢流速度加快时,应采取防喷措施。

4.4.6 抽油机井口应采取固定措施。

4.4.7 热采井口装置在注汽过程中不应带压敲打、整改。

4.4.8 注汽井注汽期间,与注入层相邻的油井不能进行井下作业,范围按地质部门的风险提示确定。

4.4.9 水平井、定向井注汽期间应按规定录取相邻生产井资料,防止汽窜、井喷。

4.4.10 水平井、定向井注汽期间与水平段相邻井不得进行井下作业。

4.4.11 不具备安装防喷器作业的双管井、问题井应做好防喷防范措施。

4.4.12 水平井、定向井的杆柱应进行扶正、防脱设计。

5 集输和污水处理

5.1 稠油集输处理

5.1.1 处理方式应符合 GB 50350 的规定。

5.1.2 储罐、管道的设计、施工、使用管理、修理和改造以及安全管理应符合 GB 50350、GB 50819、SY 5225 的规定。

5.1.3 加热方式应符合设计工艺方案的要求。

5.2 污水处理。

5.2.1 处理方式、工艺设计、施工、使用管理应符合 GB 50183 的规定。

5.2.2 管道的设计、施工、使用管理、修理和改造等方面的安全管理应符合 SY 6186 的规定。

5.2.3 回用油田专用湿蒸汽发生器的处理后净化水应符合 SY/T 0027—2014 中 8.1 的规定。

5.2.4 污水排放应符合 GB 8978 的规定。

5.2.5 管道、储罐渗漏检测应符合 SY/T 0480 的规定。

6 高温高压测试

6.1 一般规定

6.1.1 测试项目应列入地质（工艺）方案中，并按照测试方案执行。

6.1.2 测试井井场、道路应坚实、平整，车辆摆放应符合 SY 5727 的规定。

6.1.3 测试施工时风力应不大于 5 级并且在白天进行，测试设备应摆放在上风口。

6.1.4 测试施工过程中不应关闭注汽生产阀门和总阀门。

6.1.5 测试施工人员应穿戴劳动防护用品，以防烫伤。

6.2 井筒测试

6.2.1 防喷管、入井钢丝、电缆、仪器及仪表应满足测试工况要求。

6.2.2 井筒的测试应符合 SY/T 6130 的规定。

7 生产措施

7.1 一般规定

7.1.1 生产措施包括蒸汽吞吐、汽驱、压裂酸化、防砂、解堵、调剖封堵、电加热、注氮、降黏及分注分采等。

7.1.2 所有下井工具应与注汽管柱的温度、压力等级匹配。

7.1.3 入井化工产品应具有国家授予检测资质部门检测的合格证书。

7.1.4 入井流体使用前需进行安全评估，并与产层配伍。

7.1.5 氯、硫超标的化工产品不应入井。

7.1.6 入井流体及反应物应与集输、污水处理药剂的配伍性进行评价。

7.1.7 在注汽井中注入的氮气纯度应大于 95％。

7.1.8 采油井拌热工艺应符合稠油热采工艺设计要求。

7.1.9 热采井下电加热设施性能应符合 SY 5225 的规定。

7.1.10 措施设计应符合 SY/T 6081 的规定。

7.2 现场施工

7.2.1 施工设计应有安全技术要求。

7.2.2 施工现场应按设计落实各项安全生产措施和应急处置措施。

7.2.3 地面与井口连接管道和高压管汇应试压合格并有可靠的加固措施。

7.2.4 设备发生故障和管汇泄漏时,不应带压处理。具备带压作业条件的,应设计相应的带压作业方案和应急处置措施,按作业程序审批后方可作业。

7.2.5 现场施工人员应穿戴好劳动防护用品。

8 个体防护

(1) 有毒有害气体的防护包括 H_2S、CO、CO_2、CH_4、N_2 等。

(2) 进入有毒有害气体危险场所作业前,应根据作业内容对有毒有害气体危险场所进行危害识别和风险评估,制定相应的作业程序及安全措施。

(3) 含硫化氢的油气生产按照 SY 6137 的规定执行。

(4) 含硫油气田现场施工中硫化氢监测与人身安全防护按照 SY/T 6277 的规定执行。

(5) 在可能存在一氧化碳的环境中作业应采取浓度检测、通风、防火、防爆、戴防护面具、现场监护及安全防护措施。

(6) 在可能存在天然气的场所作业应采取浓度检测、防火、防爆、防窒息、现场监护及安全防护设施。

(7) 有毒有害气体危险场所应有醒目的警示标志和风向标。

(8) 在噪声场所作业应佩戴职业健康防护用品。

油田专用过热蒸汽发生器操作规程(节选)

(Q/SY LH 0443—2013)

1 范围

本标准规定了辽河油田公司油田专用过热蒸汽发生器操作准备、启动、停止、运行检查、运行调整、保养等基本要求。

本标准适用于辽河油田公司油田专用过热蒸汽发生器。

2 规范性引用文件

下列文件中的条款通过本标准的引用而成为本标准的条款。凡是注日期的引用文件,其随后所有的修改单(不包括勘误的内容)或修订版均不适用于本标准,但是,鼓励根据本标准达成协议的各方研究是否可使用这些文件的最新版本。凡是不注日期的引用文件,其最新版本适用于本标准。

引用文件:

SY/T 6086—2012　　　　热力采油蒸汽发生器运行技术规程

SY/T 5854—2012　　　　油田专用湿蒸汽发生器安全规范

Q/SY LH 0233—2007　　稠油污水回用于湿蒸汽发生器水质指标及水质检验方法

3 术语

(1) 过热蒸汽:在一定压力下,温度高于饱和温度的蒸汽称为过热蒸汽。

（2）油田专用过热蒸汽发生器：油田专用于原油热采，通过加热产生过热蒸汽，并连续地输送过热蒸汽的设备。

4　操作准备

4.1　配电系统
4.1.1　检查供电电压，符合设备要求。

4.1.2　合上动力盘总电源开关，检查动力盘内各空气开关处于工作位置。

4.2　给水系统
水处理等给水设备运行正常，水质符合 SY/T 6086—2012、Q/SY LH 0233—2007 的要求。

4.3　水汽系统
4.3.1　检查确认水汽流程中阀门处于待用状态。

4.3.2　检查确认水汽流程各类仪器仪表，符合运行要求。

4.4　燃料系统
4.4.1　燃气要求。

（1）检查天然气分离器内无油污及积水。

（2）确认流程畅通，并密封。

（3）天然气供气压力在 0.10～0.25 MPa 之间。

4.4.2　燃油要求。

（1）储油罐液位在 1/2 以上，油罐内油温：原油控制在 50～60 ℃，渣油控制在 60～70 ℃。

（2）供、回油流程畅通，流程无渗漏。

（3）炉前燃油压力控制在 0.35～0.8 MPa，温度控制在 80～130 ℃之间。

4.5　机泵系统
4.5.1　检查柱塞泵、空压机固定件无松动。

4.5.2　检查柱塞泵及空压机曲轴箱润滑油液位在 1/2～2/3 之间，油质合格。

4.5.3　盘车检查柱塞泵及空压机运转正常。

4.6　监控系统
4.6.1　操作盘控制开关处于要求位置。

4.6.2　各仪器仪表齐全完好。

4.6.3　检查确认报警工作正常，报警项目见附表1（本书略）。

5　启动操作

（1）接通电源开关，消除报警。

（2）调节参数确认正常。

（3）启动点火。

① 将各控制开关置于工作位置。

② 消除报警。

③ 将点火开关置于点火位置。

④ 按下启动按钮进行启动点火。

（4）主燃火点燃，小火运行 5 min，将调火开关转至"大火"位置，进入大火运行状态，调节火量使蒸汽温度缓慢上升。

（5）适当控制蒸汽出口放空阀门，待蒸汽温度升至 230 ℃以上，进行注汽井投注操作。

（6）燃油时，待蒸汽干度达到 40％以上，进行雾化切换，转为蒸汽雾化。

（7）当蒸汽出口压力小于等于 14 MPa，辐射段出口蒸汽干度达到 60％以上时，汽水分离器进行汽水分离，将控制开关由"饱和"转至"分离"；转换过程控制方式，启动过热运行报警系统，系统进入过热运行状态。

6 运行检查

（1）每 1 h 巡回检查机泵、监控仪表、火焰燃烧、工艺流程、锅炉本体 1 次，并通过声音、气味、温度、震动等情况确认设备运行无异常，各参数符合运行要求。

（2）每 1 h 取样分析 1 次辐射段出口干度，检查蒸汽出口过热度，并调整好蒸汽品质。

（3）每 1 h 按要求检查各运行参数并记录，掌握运行状况，记录见附件 1（本书略）。

（4）每 4 h 对注汽管线和注汽井口进行检查，并记录注汽井口参数。

（5）每 8 h 对空压机及天然气分离器进行检查，放掉积水。

7 运行调整

（1）检查火焰燃烧稳定，观察火焰形状，火焰应处于炉膛正中位置，应及时调整助燃风，不允许烧燎炉管。

（2）注意观察水罐液位及天然气压力变化，调整控制好水罐液位及天然气供气压力。燃油时：注意观察油罐液位、油温、油压和雾化压力，并及时作出适当调整。

（3）当蒸汽出口压力高于设备允许压力时，调整注汽流量，控制蒸汽出口压力。

（4）当蒸汽出口压力无法满足过热运行要求时，应降低火量，至过热段出口温度降到饱和温度以下，转换过程控制方式，停止过热运行报警系统；将控制开关由"分离"转回"饱和"，停止汽水分离器分离，系统转为湿饱和运行状态。

（5）蒸汽品质发生变化时，应根据工况适当调整火量，调整后注意运行参数变化，不允许出现超范围运行。

8 停运操作

8.1 正常停运

8.1.1 将调火开关转至"小火"位置，观察确认蒸汽出口温度下降。

8.1.2 分离器必须达到满液位后，运行 5～10 min，再将过热蒸汽发生器"过热控制"转回至"湿饱和控制"。

8.1.3 缓慢打开蒸汽出口放空阀门，并缓慢关闭蒸汽出口生产阀门。

8.1.4 将锅炉点火开关转至"断开"位置，锅炉灭火后进入后吹扫控制。

8.1.5 后吹扫 30 min 后，各机泵自动停止，将操作盘各控制开关置于停运位置。

8.2 长期停运

8.2.1 放净或吹出炉内存水，使炉管干燥，并用氮气取代空气。

8.2.2　检测炉管出口处氧含量小于等于 0.2%。

8.2.3　关闭水汽流程出入口阀门,保持该水汽流程内压力大于等于 0.06 MPa,并防止出现泄漏。

8.2.4　拆除各仪表及引压管路。

9　停运保养

9.1　日常停炉保养

9.1.1　对设备进行保养操作。

9.1.2　对喷淋减温器喷嘴进行清洗。

9.1.3　排放液位变送器引压管路杂质。

9.1.4　燃油时,对油喷嘴进行清理维护。

9.1.5　烟温超标,要及时清除对流段翅片管和辐射段内积灰。

9.2　定期检查维护

9.2.1　每季度对报警校验 1 次。

9.2.2　每半年对压力表校验标定 1 次。

9.2.3　每半年对燃烧器瓦口及炉衬进行检查,有脱落或开裂应及时进行修补。

9.2.4　每年对变送器校验标定 1 次。

9.2.5　每年对安全阀校验 1 次。

9.2.6　其余检查、检测按照 SY/T 5854 的规定执行。

参考文献

[1] 赵文英,盖轶,申海燕.热注运行工读本.沈阳:辽宁科学技术出版社,2007.

[2] 李同德,王建之,赵礼全,等.工业锅炉安装.北京:劳动人事出版社,1990.

[3] 沈贞珉,方立,王伟祥.锅炉安全知识问答.北京:中国劳动社会保障出版社,2008.

[4] 全国锅炉压力容器无损检测人员资格鉴定考核委员会.锅炉压力容器检测基础知识.
     北京:劳动人事出版社,1989.

[5] 曲明艺,许宝燕.油田注汽锅炉技术问答.北京:石油工业出版社,1994.

[6] 中国安全生产科学研究院.石油天然气安全生产许可达标与危险源辨识、重大事故应
     急救援及安全操作规程和国家标准法规大典.北京:中国知识出版社,2007.

[7] 陈兴华.水力学 泵与风机.北京:水利电力出版社,1987.

[8] 方盛奎,周宝湘.工业锅炉的电气控制.北京:北京科学技术出版社,1991.

[9] 胜利石油管理局钻井职工培训中心.石油作业硫化氢防护与处理.东营:中国石油大学
     出版社,2005.

[10] 孔元发.热工自动控制设备.3 版.北京:水利电力出版社,1994.

[11] 武汉电力学校,程上琬.热工学理论基础.北京:水利电力出版社,1987.

[12] 高魁明.热工测量仪表.北京:冶金工业出版社,1987.

[13] 熊德仙,李政学.化工测量及仪表.北京:化学工业出版社,1985.

[14] 李正华.工业锅炉检验.北京:北京科学技术出版社,1992.

[15] 王来忠,史有刚.油田生产安全技术.北京:中国石化出版社,2007.